农业生态学原理

曹林奎　主　编

上海交通大学出版社

内 容 提 要

近年来,随着我国资源节约型和环境友好型社会的建设,农业环境和生态安全问题日益受到社会各界的广泛关注。本书在系统总结和全面吸收了近年来有关农业生态学领域的教学、科研和实践成果的基础上编写而成。全书共分 10 章,全面系统阐述了农业生态学的基本原理、技术、模式及其应用。全书内容新颖实用、案例丰富、可读性强。

本书可作为高等院校农业相关专业的专业基础课程使用,也可供其他相关专业人员阅读参考。

图书在版编目(CIP)数据

农业生态学原理/曹林奎主编. —上海:上海交通大学出版社,2011

农学教材系列

ISBN 978 - 7 - 313 - 07098 - 2

Ⅰ. ①农… Ⅱ. ①曹… Ⅲ. ①农业科学:生态学-教材 Ⅳ. ①S181

中国版本图书馆 CIP 数据核字(2011)第 015111 号

农业生态学原理

曹林奎 主编

上海交通大学出版社出版发行

(上海市番禺路 951 号 邮政编码 200030)

电话:64071208 出版人:韩建民

上海交大印务有限公司印刷 全国新华书店经销

开本:787 mm×1092 mm 1/16 印张:20.75 字数:487 千字

2011 年 3 月第 1 版 2011 年 3 月第 1 次印刷

印数:1~3 030

ISBN 978 - 7 - 313 - 07098 - 2/S 定价:39.00 元

前　言

　　随着全球经济和社会的快速发展，人口、环境、资源、能源和粮食等问题日益突出，农业生产发展与生态建设的关系日益受到学界、政界和公众的关注。在我国资源节约型和环境友好型社会建设，以及社会主义新农村建设的推进过程中，农业环境与生态安全问题越来越受到各界人士的广泛重视。农业生态学原理作为一门大学专业基础课程，今后在高等农业院校农业生态学的教学和科研中将发挥重要作用，也必将为我国现代农业发展与生态文明建设作出更大的贡献。

　　本教材在参考国内外大量资料的基础上，根据编著者多年的教学和科研经验，结合当今世界农业生态学研究领域的发展前沿，系统地阐述了农业生态学的基本原理、技术、模式及其应用，包括农业生物多样性原理、农业生态系统的结构原理、农业生态系统的功能原理、农业生态系统的调控机制、农业生态系统的模式构建等内容。本教材可供农业生态学研究领域相关专业本科生和研究生使用，也可供从事以上相关专业的普通高等农业院校师生、农业科研和农村技术人员参考。

　　本教材于2008年列入上海交通大学重点教材建设出版计划，经过各位同仁两年多的通力合作，终于完成了编写任务。本教材编写分工如下：第一章由曹林奎、黄国勤执笔；第二章由刘志诚执笔；第三章由史利莎、严力蛟执笔；第四章由姜芃、严力蛟执笔；第五章由邬岳阳、严力蛟执笔；第六章由申广荣执笔；第七章、第八章由沈健英执笔；第九章由黄国勤执笔；第十章由曹林奎、董召荣执笔；全文由曹林奎统稿。本教材主审

FOREWORD

金桓先教授对本教材的编写提出了许多宝贵意见和建议,在此表示诚挚的谢意。

本教材在编写过程中,吸收了国内外有关方面著作和教材的研究成果,引用了大量的参考文献,对此,我们表示衷心感谢。由于本教材内容涉及面广,编者水平有限,在教材体系及内容上难免存在错误和不足之处,敬请同行专家不吝赐教,也欢迎广大读者批评指正。

编 者

2010 年 10 月 10 日

目 录

第一章 绪论　　　　　　　　　　　　　　　　001

　第一节　农业生态学的产生与发展　　　　　001

　第二节　农业生态学研究内容与方法　　　　008

　第三节　现代农业与农业生态系统　　　　　011

　思考题　　　　　　　　　　　　　　　　　021

　参考文献　　　　　　　　　　　　　　　　021

第二章 农业生态系统的种群与群落　　　　023

　第一节　农业生态系统的生物与环境　　　　023

　第二节　农业生态系统的种群　　　　　　　032

　第三节　农业生态系统的群落　　　　　　　042

　第四节　农业生态系统的生物多样性　　　　046

　思考题　　　　　　　　　　　　　　　　　051

　参考文献　　　　　　　　　　　　　　　　051

第三章 农业生态系统的结构　　　　　　　052

　第一节　概述　　　　　　　　　　　　　　052

CONTENTS

农 · 业 · 生 · 态 · 学 · 原 · 理

第二节　农业生态系统的水平结构　　　　　054

第三节　农业生态系统的垂直结构　　　　　062

第四节　农业生态系统的时间结构　　　　　076

第五节　农业生态系统的营养结构　　　　　081

思考题　　　　　　　　　　　　　　　　087

参考文献　　　　　　　　　　　　　　　088

第四章　农业生态系统的能量流　　　　　091

第一节　能量流动的基本规律　　　　　　091

第二节　农业生态系统的能量关系　　　　096

第三节　初级生产的能量转化　　　　　　108

第四节　次级生产的能量转化　　　　　　114

第五节　农业生态系统中的辅助能　　　　120

思考题　　　　　　　　　　　　　　　　126

参考文献　　　　　　　　　　　　　　　127

第五章　农业生态系统的物质流　　　　　129

第一节　物质循环的基本规律　　　　　　129

第二节　几种重要物质循环概述　　　　　136

CONTENTS

农 · 业 · 生 · 态 · 学 · 原 · 理

第三节　农业生态系统中的养分循环　　　155

第四节　物质循环中的环境问题　　　165

思考题　　　172

参考文献　　　173

第六章　农业生态系统的信息流　　　175

第一节　农业生态系统信息流的特征　　　175

第二节　农业生态系统组分间的信息流　　　179

第三节　信息技术在农业生态系统中的应用　　　183

思考题　　　205

参考文献　　　205

第七章　农业生态系统的价值流　　　208

第一节　农业资源概述　　　208

第二节　农业资源利用原理及效率评价　　　223

第三节　农业生态系统的资金流　　　235

思考题　　　244

参考文献　　　244

第八章　农业生态工程与技术　　　247

第一节　农业生态工程原理　　　247

CONTENTS

农 · 业 · 生 · 态 · 学 · 原 · 理

第二节 农业生态工程的规划与设计 252

第三节 农业生态工程技术模式与运用 257

思考题 274

参考文献 274

第九章 农业生态安全与健康 277

第一节 农业生态安全 277

第二节 农业生态健康 288

第三节 农业生态文明 295

思考题 301

参考文献 301

第十章 农业可持续发展与都市农业 303

第一节 可持续发展的理论与实践 303

第二节 可持续农业的概念、原理及其实施 307

第三节 都市农业的可持续发展对策 312

思考题 321

参考文献 321

第一章 绪 论

农业生产的本质是人类利用生物群体转化环境资源而形成各种农业产品的过程。农业生产本身是调节生物与环境关系的一个生态过程。传统农学学科如土壤学、农业气象学、作物栽培学等通常是从某一侧面研究生物与环境之间的相互关系。农业生态学(agricultural ecology)是用生态学和系统论的原理和方法,将农业生物与其环境作为一个整体,研究其中的相互作用、协同演变,以及社会经济环境对其的调节控制规律,促进现代农业可持续发展的学科。

第一节 农业生态学的产生与发展

全球性资源、能源、环境、人口和粮食危机严重困扰着当今社会,"坦博宣言"和"21 世纪议程"吹响了"可持续发展"的号角。现代农业是以生物体为核心的一种优化的"生物-科技-经济-社会"复合生态系统。现代农业以资源节约和可持续发展为其最高理念。

农业生态学主要研究农业生物与其环境之间相互关系、作用机制及调节控制规律,它是应用生态学的一个重要分支学科。其目标是要实现现代农业生产的"高产、优质、高效、安全、生态",实现农业生态系统的经济效益、社会效益和生态效益的统一性,并最终达到农业生态系统可持续发展的目的。

一、生态学的概念及其分支学科

1. 生态学的概念

生态学(ecology)是研究生物与其环境相互关系的学科。生物的环境既包括光、热、水、气、各种元素等非生物环境(abiotic environment),也包括动物、植物、微生物等生物环境(biotic environment)。"ecology"这个词是 1869 年德国生物学家 Ernst Haeckel(厄尔斯特·赫克尔)提出的。赫克尔在其动物学著作中定义生态学是:研究动物与其有机及无机环境之间相互关系的科学,特别是动物与其他生物之间的有益和有害关系。

生物的生存、活动、繁殖需要一定的空间、物质与能量。生物在长期进化过程中,逐渐形成对周围环境某些物理条件和化学成分,如空气、光照、水分、热量和无机盐类等的特殊需要。各种生物所需要的物质、能量以及它们所适应的理化条件是不同的,这种特性称为物种的生态特性。

任何生物的生存都不是孤立的,同种个体之间有互助有竞争,植物、动物、微生物之间也存在复杂的相生相克关系。人类为满足自身的需要,不断改造环境,环境反过来又影响人类。

随着人类活动范围的扩大与多样化,人类与环境的关系问题越来越突出。因此,近代生态学研究的范围,除生物个体、种群和生物群落外,已扩大到包括人类社会在内的多种类型生态系统的复合系统。人类面临的人口、粮食、资源、环境、能源等五大问题都是生态学关注的研究内容。

2. 生态学的分支学科

在人类历史的早期,生态学还仅仅是一种实践兴趣。大约从 1900 年开始,生态学成为一门公认的、独立的科学领域。最初生态学的研究领域是根据分类学界限来严格划分的(如植物生态学和动物生态学)。生态学经过 100 多年的理论发展和实践应用,生态学已经成为一门综合性的学科,它不单是生物学的一门分支学科,它还融了生物、物理和社会科学的内容(E. P. Odum,1977)。生态学在应用中还产生了很多应用性分支学科。因此,生态学是链接自然科学和社会科学的桥梁。同时,由于生态学是一门广泛的、多层次的学科,它与其他相对较狭窄的传统学科有很好的交叉,其相关的交叉领域也被发展成为一些新兴的学科。具体来说,生态学的分支学科有以下几种分类方法:

(1) 按生物组织层次划分,可分为分子生态学、个体生态学、种群生态学、群落生态学、生态系统生态学、景观生态学等。

(2) 按生物类别划分,可分为动物生态学、植物生态学、微生物生态学、人类生态学等。

(3) 按环境类别划分,可分为陆地生态学和水域生态学。前者又可分为农田生态学、森林生态学、草原生态学、荒漠生态学等,后者又可分为海洋生态学、湖沼生态学、河流生态学等。

(4) 按应用领域划分,可分为农业生态学、森林生态学、家畜生态学、渔业生态学、草地生态学、工业生态学、城市生态学等。

(5) 按不同研究方法划分,可分为野外生态学、实验生态学、理论生态学等。

(6) 按交叉学科划分,可分为生态经济学、生态工程学、生态毒理学、生态伦理学、数学生态学、物理生态学、化学生态学、系统生态学等。

二、农业生态学的产生及发展

20 世纪初叶至中叶,随着人口猛增、环境污染和资源枯竭三大社会问题的日益突出,生态学越来越受到人们的重视,于是人们开始向生态学寻求解决问题的途径,使生态学具有越来越大的应用价值,农业生态学、人类生态学、城市生态学等生态学的应用性分支学科应运而生,并得到了迅速发展。半个世纪以来,国内外农业生态学的学科研究和实践应用相当活跃,取得了显著进展。目前,农业生态学已基本成为具有特定研究对象、研究方法和理论体系的独立学科。

(一) 国外农业生态学的发展历程

1. 农业生态学的形成与产生

20 世纪 50 年代之前,即是国外农业生态学的形成与产生期。20 世纪初,意大利科学家 Girolamo Azzi(阿兹齐)即开始从事农业生态学的有关工作,至 1920 年得到公认从而使农业生态学成为生态学的一个学科分支,于 1929 年在意大利正式开设农业生态学课程。

1938 年,Papadakis 的《农业生态学》问世。该书着重论述农田的气候、土壤的生产能力与作物特性的关系。1942 年,美国科学家 K. H. W. Klages 出版了《生态学的作物地理学》。该书以生态学理论为指导,研究了作物地理分布的特点和规律,指出应对影响特定作物品种的分布和适应能力的一些生理学因素和农学因素予以考虑,以便认识农作物与其环境之间的复杂关系。同时,Klages 还将其研究范围扩展到包括影响作物生产的历史、技术和社会经济因素等方面。可以说,Klages 开创了作物生态学、农田生态学的研究范畴。

1956 年,G. Azzi 正式出版了《农业生态学》著作。该书主要是研究环境、气候、土壤对农作物遗传、发育、产量和质量影响的科学。这时的农业生态学基本上属于个体生态学的范畴。

2. 农业生态学的发展与完善

20 世纪 60 年代至 80 年代,即是国外农业生态学的发展与完善期。20 世纪 60 年代开始世界面临的"人口、粮食、资源、环境、能源"等五大生态危机的根源是对生态系统缺乏整体认识。人们逐步认识到从生态系统水平认识农业的重要性。客观上要求农业生态学在解决上述危机中发挥独特作用,加上系统论、信息论、控制论即"新三论"的发展,为农业生态学解决上述"五大危机"提供了方法论基础。或者说,"五大危机"的出现,使农业生态学的发展成为"客观必要",而"新三论"的发展则为农业生态学解决上述问题提供了"现实可能"。在这样的背景下,国外农业生态学的发展很快,农业生态学的学科体系也日趋完善。

1964 年起,国际生物学计划(IBP)开展了全球生态系统生物生产力研究,其中,大量涉及农业生态系统初级生产力的测定和农业生态系统的能量及物质平衡的研究。从 20 世纪60 年代开始,国外兴起了"替代农业"(alternative agriculture)的实践与探索。在这一时期,除各国对替代农业模式进行探索之外,农业生态学的实验和应用研究也得到广泛重视。

从 20 世纪 70 年代开始,以生态系统为核心的农业生态学逐步建立起来。1972 年,日本小田桂三郎出版了《农田生态学》,作者运用系统生态学的原理、系统分析的方法,以及计算机模拟技术,对农田种群关系、农田生态系统进行了定量的描述和模拟。这标志着计算机技术和系统分析方法开始应用于农业生态学。

1974 年,国际科学期刊 *Agroecosystems* 创刊,该刊物后更改为 *Agriculture, Ecosystems and Environment*,发表了大量农业生态学方面的研究论文。此外,国外农业生态学方面的杂志,如英国的 *Journal of Applied Ecology*,荷兰的 *Agriculture Ecosystems and Environments* 等均发表大量农业生态学方面的学术论文和研究报告。

1976 年,在荷兰召开了国际环境专题讨论会,会后由 M. J. 福里赛尔主编出版了会议论文集《农业生态系统的矿质营养循环》,该书首次通过统一的生态系统概念模型,把世界各地有关农业生态系统物质循环的研究归纳起来。1978 年,G. W. Cox 出版《农业生态学》一书。1983 年,Richard B. Norguard 在美国加州大学出版了《农业生态学》一书,该书写道:"农业生态学,简单地说,是生态科学在农业中的应用,或者更准确地说,是生态系统途径用于农业发展(的学科)。"

3. 农业生态学的开拓与创新

20 世纪 90 年代开始,即是国外农业生态学的开拓与创新期。从 20 世纪 90 年代开始,全球气候变化、生物多样性保护和可持续发展成为全球关注的三大热点问题,农业生态学也围绕上述三大问题开展广泛而深入的研究。

为适应这一发展形势的要求,各国农业生态学科技工作者积极投身到农业生态学的科学研究之中。一是由研究单一大田作物,向农业植物、动物和微生物拓展;二是由研究单一农业(种植业)生态系统,向农林复合生态系统拓展;三是由农田生态系统向整个农业生态系统扩展;四是由研究"平面农业"向"立体农业"方向发展;五是由单纯研究农业生态系统的结构、功能向综合研究农业生态系统的结构、功能、演替和调控及其综合作用的方向发展;六是向边缘学科、交叉学科、新兴学科的研究方向拓展,特别重视与相关学科的"交叉"研究和"综合"研究。如开展土壤学与农业生态学的"交叉"研究;耕作学与农业生态学的"交叉"研究等。

这段时期内,国外农业生态学发展迅速,研究成果丰硕。C. Ronald Carroll 等于 1990 年出版了一本题为《农业生态学》的论文集。1991 年 4 月,联合国粮农组织在荷兰的 Den Bosch 召开了世界农业与环境会议,会后发表了《Den Bosch 可持续农业与农村发展宣言》。1995 年,美国 M. A. Altieri 出版了《农业生态学:可持续农业的科学》,将农业生态学定义为"为提高生产力、保护资源、文化敏感、社会公正、经济赢利的农业生态系统提供研究、设计和管理方面的基本生态学原理的学科"。1997 年,美国加州大学的 Stephen R. Gliessman 出版了《农业生态学:可持续农业的生态学过程》,将农业生态学定义为"运用生态学概念和原则,设计和管理可持续农业生态系统"的学科。

2002 年,美国 M. A. Altieri 在 *Agriculture*, *Ecosystems and Environment* 学术刊物上发表了题为"农业生态学:贫困地区农民对资源进行管理的科学",从资源管理的角度对农业生态学的原理和方法进行了阐述,或者说,用农业生态学理论和方法指导农民进行资源管理。2005 年,Gliessman S. R. 出版了《农业生态学:可持续食物系统的生态学》,从生态学角度对食物生产系统的可持续发展进行了分析和研究。

(二)我国农业生态学的发展现状

我国古代很早就有朴素的农业生态学思想,如用地养地、基塘系统养分循环、生物防治等。20 世纪 70 年代末期提出生态农业(ecological agriculture)是对农业生态学的很好实践。1978 年,我国实行改革开放政策,为我国科学事业的发展带来了历史性机遇,这为我国农业生态学学科的建立与发展带来了生机和活力。

1. 农业生态学教改与课程建设

(1) 开设系列课程。从 20 世纪 70 年代末,全国有关农业院校已陆续开始开设农业生态学课程或农业生态学专题。至今,在全国各高等农业院校中,先后为本科生、研究生开设的农业生态学及其相关课程主要有《农业生态学》、《农业生态学基础》、《农业生态学原理》、《农业生态系统研究》、《农业可持续发展研究》、《高级农业生态学》等。

(2) 出版新教材。1986 年 2 月,福建农林大学吴志强教授根据 1981 年全国农业生态学教学研讨会商订的教学大纲,编写出版了《农业生态学基础》,并作为当时全国部分农业院校本科生、研究生的农业生态学课程教材,颇受欢迎。1987 年 10 月,骆世明、陈聿华、严斧共同编著出版了《农业生态学》,该书广泛作为有关农业院校大学生、研究生的教材,并于 1990 年荣获全国首届"兴农杯"荣誉奖。之后,全国陆续有多本农业生态学教材问世,如:杨怀森主编的《农业生态学》(全国高等农林专科统编教材);王留芳主编的《农业生态学》;邹冬生等编写的《农业生态学》;沈亨理主编的《农业生态学》(全国高等农业院校教材);尹钧主编的《农业生态学基础》;王兆骞主编的《农业生态系统管理》(全国高等农业院校教材,经全国高等农业院校教材指导委员会审定);陈阜主编的《农业生态学教程》;骆世明主编的《农业生态学》(面向 21 世纪课程教材);陈阜主编的《农业生态学》(面向 21 世纪课程教材)等。教材的开发顺应了农业生态学的发展,开发出了一批内容新、质量高的教材。

(3) 改进教学手段与教学方法。传统教学手段与教学方法,虽有很多优点,且在各历史时期的教学工作中均起到了重要作用,但随着知识化、信息化、国际化时代的到来,传统方法已很难适应现代教学的要求。在这种新形势下,全国各农业院校纷纷将电化教学、多媒体教学引入农业生态学课程的教学实践中,取得了良好效果。实践证明,通过多媒体授课是进一步压缩课时数、增加信息量、提升教学效果的有效办法。多媒体课件具有处理信息的集成性、交互性、多维性和可视性,能全面、生动、准确地传递各种各样的知识信息,图文并茂、形象生动,通过它对农业生态学中的典型案例进行剖析,可以把理论与实践、经验与教训等有机地结合起来,使课堂讲解的内容更直观、更生动,易被学生接受。

(4) 建设示范课程、精品课程。华南农业大学、山东农业大学等校的《农业生态学》课程均已建设成为"国家级双语教学示范课程"、"国家级精品课程",这些都是我国农业生态学学科发展取得的重大成就和重要标志。

2. 农业生态学科研与学术交流

(1) 科研项目。一是教研课题,华南农业大学骆世明教授先后主持完成多项国家级、省级农业生态学课程教研课题"《农业生态学》国家精品课程建设"(教育部资助项目)、"《农业生态学》广东省精品课程建设"(广东省教育厅资助项目)等;二是科研课题,据统计,1982～1992 年,国家自然科学基金资助的生态学科应用基础研究项目共 136 项,其中农业生态就占49 项,占 11.5％。在最近 20 多年国家科技攻关项目、省部级重点科研项目中,农业生态研究项目所占份额更是越来越大。

(2) 科研成果。一是发表了大量论著。从发表的农业生态学论文来看,据《中国知网》(www.cnki.net)2009 年 7 月 2 日搜索结果,从新中国成立至今,全国就发表"农业生态学"理论研究论文 302 篇。从出版的农业生态学著作来看,更是多种多样,如影响比较大的研究专著有:马世骏、李松华主编的《中国的农业生态工程》;骆世明、彭少麟编著的《农业生态系统分析》;李文华主编的《生态农业——中国可持续农业的理论与实践》;李文华主编的《农业生态问题与综合治理》等。二是多项成果获奖。据有关统计,1986～1994 年,全国有 59 项生态学研究成果获奖,其中农业生态项目成果 15 项,约占总量的 1/4。

(3) 学术交流。1981、1982 和 1984 年中国生态学会农业生态专业委员会先后主持召开了 3 次全国农业生态学术讨论会。随后,基本上坚持每两年召开一次全国农业生态学研讨会,总结、交流全国各教学、科研单位(有时还包括有关行政管理部门)在农业生态学的教学、科研和推广工作方面的最新成果、最新进展,并提出今后发展的方向。1985 年 9 月,中国国家环保局与美国东西方中心环境与政策研究所在南京联合召开了农村生态系统研究国际学术讨论会,并出版了《农村生态系统研究国际学术讨论会论文集》(中国环境科学出版社,1987)。农业部教育司先后在广州召开了全国高等农业院校农业生态学教学研讨会(1980),举办了农业生态学师资培训班(1983)和农业生态科技人员培训班(1984)。1997 年 11～12

月,由人事部、农业部委托浙江省人事厅、农业厅主办的"全国高等农业院校《农业生态学》教学高级研修班"在中央农业管理干部学院浙江农业大学分院开班,全国各有关高等农业院校的青年教师约50人参加了培训,取得了显著成效。进入新世纪以来,中国农业生态学的学术交流更趋活跃、更趋频繁。

3. 农业生态学学科与基地建设

农业生态学已为推动生态农业建设、实现农业可持续发展、实现人与自然的协调提供了重要科学基础,也为我国培养了一大批具有生态环境意识和实际工作能力的各类农业科技人才。

(1) 学科建设与人才培养。自20世纪80年代以来,全国各高等农业院校不断加速农业生态学学科建设,大力加快农业生态学人才培养。1986年全国部分农业院校开始试办农业生态本科专业,有些院校还正式设立农业生态学硕士点,1991年于浙江农业大学(现为浙江大学)建立了我国第一个农业生态学博士点,之后,华南农业大学、中国农业大学、湖南农业大学、西北农林科技大学、华中农业大学等均建成了农业生态学博士点以及博士后流动站。至今,这些院校已为全国培养了大批农业生态学学士、硕士、博士(后),对推动我国农业生态学科的发展起到了极大的作用。

(2) 建立农业生态研究站。近30年来,中国科学院先后建立了一系列农业生态研究站,如:红壤生态开放试验站(位于江西省余江县内,建于1985年12月)、千烟洲试验站(江西省泰和县境内,始创于1983年)、海伦农业生态试验站(黑龙江省海伦市西郊,建于1978年)、栾城农业生态试验站(河北省石家庄市栾城县聂家庄乡,始创于1993年1月)、禹城农业综合试验站(山东省禹城县西南,1979年筹建,1983年建成)、盐亭紫色土农业生态试验站(四川盆地中北部的盐亭县林山乡,建于1980年)、常熟农业生态试验站(江苏省常熟市辛庄乡境内,始建于1987年)、封丘农业生态试验站(位于河南省封丘县潘店乡,成立于1983年)、沈阳生态站(沈阳市苏家屯区十里河镇,始建于1990年)、桃源农业生态系统综合观测试验站(位于湖南省桃源县,建于1979年)、安塞水土保持综合试验站(陕西省安塞县境内,建于1973年)、长武农业生态试验站(位于黄土高原中南部的陕甘交界处,始建于1984年)、拉萨高原生态试验站(位于青藏高原的腹地拉萨市达孜县,始建于1993年)等。

(3) 组建农业生态研究所。2002年3月,中国科学院黑龙江农业现代化研究所与中国科学院长春地理研究所整合组建了中国科学院东北地理与农业生态研究所;2003年10月,中国科学院长沙农业现代化研究所更名为中国科学院亚热带农业生态研究所;浙江大学建立农业生态研究所;华南农业大学设立热带亚热带生态研究所;南京农业大学设立应用生态研究所,并将农业生态学作为重要研究方向。

(4) 建设农业生态重点实验室。许多农业院校先后分别建成了国家级、部级(农业部或教育部)或省级重点实验室,如华南农业大学建成了"农业部生态农业重点实验室",将生态农业的理论与实践、农业生态学的学科发展等作为重要研究内容;江西农业大学建成了"教育部/江西省作物生理生态与遗传育种重点实验室",并将农业生态学、农田生态学作为其重要研究方向。

(三) 农业生态学的研究展望

农业生态学在现代农业科学中占有重要地位,在促进农业可持续发展等方面起着重要作用。20 世纪农业生态学有了较快发展,进入新世纪,农业生态学的发展又面临新的机遇和挑战。

（1）在理论研究上,深化应用基础研究。农业生态学的一个重要任务就是要揭示农业生物与环境、农业生物与生物之间相互作用的规律,这就必须加强学科的理论研究,特别是深化农业生态学的应用基础研究。农业生态学的应用基础研究主要包括:① 农作物的化感作用机制及其应用;② 退化生态系统的类型、特征、机制及其恢复与重建途径;③ 农业资源的种类、数量、特征及时空分布规律,开发利用潜力及其保育方式、方法和技术措施;④ 分子生态学原理及其应用,如转基因作物的生态安全与检测等;⑤ 农业生物多样性规律的揭示和利用;⑥ 高效生态农业的模式、特征、效益及前景等。

（2）在技术体系上,突出技术组装、配套与集成。农业生态学的重要目标之一就是要建立促进农业生态系统良性循环的技术集成体系,这就要求做到两点:一是技术体系的系统性和完整性。如农业生态系统中废弃物的循环利用体系,则要同时建立减量化的技术体系,资源化的技术体系和无害化的技术体系,缺一不可;农业生产中,既要考虑生产中的生态技术,还要考虑生产前、生产后的生态技术,要求"产前、产中、产后"整个过程的生态技术组装和配套。二是技术体系的集成。若只能在传统技术上或零碎技术上"转来转去",很难符合现代农业发展的要求。技术集成就是创新,在新世纪,必然要求根据农业生态学原理,探索新的生态技术体系,把农业传统技术或零碎技术集成,形成技术集成体系,有利于在农业上示范推广应用。例如,在防治农作物病虫害过程中,就要求从预防病虫害发生,到病虫害发生后的综合治理,都要探索一系列新的集成技术,包括生物农药、生态控制、灾害恢复和重建等各个技术环节的集成。

（3）在研究方法上,加强实验研究和长期定位研究。农业生态学是一门实验性很强的生态学应用分支学科。和许多自然科学一样,农业生态学的研究方法将由定性研究趋向定量研究,由静态描述趋向动态分析;由单一方法逐渐向多层次的综合研究发展;同时,与其他某些学科的交叉研究日益显著。因此,要使农业生态学得到更快、更好、更深入的发展,必须大力强调农业生态学的实验研究和长期定位研究,这包括以野外调查和观测为基础的实验研究和以室内实验为基础的实验研究,通过建立农业生态研究站开展长期定位研究。如中国科学院中国生态系统研究网络(CERN)建立的野外台站网络和实验基地就可对农业生态系统进行长期、全面的监测和研究。

（4）在实践应用上,强调农业生态系统典型模式的推广应用。农业生态学是一门综合性的农业应用学科,因而具有很强的实践性。这就要求在进行农业生态学的科学研究时,要时时刻刻注重其实践应用性,要使成果具有很强的实用性和可操作性,这样才能适应现代农业发展的要求。当前,应特别强调农业生态系统典型模式的推广应用。农业生态系统典型模式是指结构相对稳定且已经或有可能被广泛采纳的农业生态系统。一般来说,某地区农业资源利用的基本格局决定了该地区将采用哪种农业生态系统模式组合。国内研究的模式包括小流域综合利用模式、刀耕火种及其替代模式、山坡地综合利用模式、低洼地基塘系统模式、高畦深沟模式、庭院利用模式、农牧结合模式、农林结合模式、种养加结合模式等,国外研究防止水土流失的模式有苏丹防沙林网模式、秘鲁山地水平植物带模式、波多黎亚多种树混种模式等。

(5) 在人才培养上,大力培养有创新意识和实践能力的复合型人才。农业生态学学科的发展最终只有依靠从事农业生态学的全国农业高等院校的教师和广大科技人员、管理人员。同时,从事农业生态学方面工作的各级各类人才,不仅要有生态学的知识,还要有农学方面的知识,另外,还应有计算机、外语等方面的才能,即要求是一个复合型人才,是一个有较强创新意识和丰富实践经验的复合型人才。而要达到这一要求,就必须在我国各科研院所、大专院校,加强学术交流和合作,加速农业生态学的人才培养。同时,在全社会营造一种"尊重知识、尊重人才"的氛围,广泛宣传农业生态知识,真正在全社会造成一种学习农业生态学知识的良好风气,从根本上提高全民的生态意识和生态素质。只有这样,新世纪农业生态学学科的发展才大有希望。

第二节　农业生态学研究内容与方法

一、农业生态学的任务

农业生态学的任务就是运用农业生态学的理论和方法,分析研究农业领域中的生态问题,揭示农业生态系统各种内外因子相互关系的规律,协调农业生态系统组分结构及其功能,探讨最佳农业生态系统模式,促进现代农业生产的持续高效发展。它不仅是阐述农业生态原理,而且要面对农业生产现实,提出协调各种关系和推动农业可持续发展的各种可行方案。

农业生态学的研究对象主要是农业生态系统。在基础和应用基础研究方面,农业生态学要揭示农业生态系统的结构组成规律、功能运转规律、输入输出构成规律、效率与效益提高规律、系统调控规律、系统演变规律等。在应用研究方面,农业生态学为生态农业建设、农村可持续发展、健康安全食品生产等开展现状评估、诊断和预测,提供农业优化模式的工程设计,并对配套的技术和政策提供建议。

农业生态学原理作为一门大学本科课程或研究生课程,重点介绍现代农业发展中经济效益、社会效益和生态效益即"三效益"矛盾统一的基本事实;阐述农业生态系统相互关系的基本原理;理清各种农业可持续发展的基本思路;展现农业生态系统或生态农业的基本模式;探讨农业生态系统的调查研究基本方法等。

二、农业生态学的研究内容

1. 农业生物多样性原理

农业生物多样性原理主要是研究生物与环境的统一性,生物与环境相互依存、协同进化的关系,环境因子的作用规律,光、温、水、土、气等生态因子对生物的影响及生物的适应和反作用;研究种群的基本特征、数量动态、空间分布,种群间相互作用原理,群落的组成、结构及动态规律,种群及群落生态原理在农业生态系统中应用;研究农业生物多样性原理及其在生态农业建设中的应用,注重加强研究不同作物构成的多样性和品种生态型多样性,注重利用菌根、K 细菌、放线菌等微生物与蚯蚓和青蛙等动物多样性,注重利用杂草、覆盖作物等植物多样性,转基因作物的生态安全与检测等。

2. 农业生态系统的结构原理

农业生态系统的结构原理主要是研究农业生态系统的组分结构、空间结构、时间结构和营养结构等四大结构原理。农业生态学的研究不是注重于系统的组成成分,而是诸多组分间的关系,把每一个组分看作因素,从能量、物质、信息、资金上研究它们之间的相互联系、耦合、转化、反馈等。如充分认识农业生态系统的各种结构形态特征,开展农业景观水平有关结构变化研究。同时,研究农业生态系统结构与功能的关系等。

3. 农业生态系统的功能原理

农业生态系统的功能原理主要研究农业生态系统的能量流、物质流、信息流和价值流等四大功能原理。如研究能量流动途径及能量效率,农业生态系统生产力,物质循环的类型、过程与特点,农田养分循环与平衡以及物质循环中的环境问题,环境资源的生态经济规律,农业景观水平能流与物流的关系等。今后,化学生态学向农业的渗透研究领域,将对揭示和利用生物间相互关系,建立合理生物群体结构,减少农业化学用品使用量产生更重要的作用。

4. 农业生态系统的调控机制

农业生态系统的调控机制主要研究农业生态系统调控机制的基本特点,农业生态系统的调控层次,农业生态系统的稳定性与自我调控,农业生态系统人工调控的主要方法;研究农业生态工程与技术,如农业生态工程的基本原理,农业生态工程的规划与设计,农业生态工程技术体系,农业生态工程模式及其应用;研究农业生态安全与健康,如农业生态安全、农业生态健康和农业生态文明等。目前,健康食品生产是社会关注的焦点,依据农业生态学原理制定有机食品、绿色食品等生产标准研究亟待进一步加强。

5. 农业生态系统的模式构建

农业生态系统的模式构建主要研究农业可持续发展战略,如可持续发展的理论与实践,可持续农业的概念、原理及其应用,农业可持续发展的技术体系;研究典型农业生态系统的模式构建,如在我国大都市地区创建各具特色的都市农业可持续发展的产业形态(模式),我国生态农业模式研究与国际类似研究相比尚缺乏由旧农业模式向新农业模式转变的规律探讨,我国不同类型的农业生态工程模式缺乏长期比较研究,如退耕还林、退田还湖及绿化恢复等模式的长期效果值得进一步追踪研究。

三、农业生态学研究方法

农业生态学的传统研究方法有:室内分析、野外调查、田间试验、统计分析、资料查阅及其他有关研究方法。进入20世纪90年代之后,由于现代生物技术、信息技术等高新技术的快速发展,使农业生态学的研究方法在继承传统研究方法的同时,有了"全新"的发展。农业生态学的现代研究方法主要有两种。宏观方法:计算机模拟、"3S"技术(遥感、地理信息系统、全球定位系统);微观方法:分子生物学技术等。

(一)传统研究方法

1. 野外与现场调查分析

农业生态系统研究涉及各组分的结构功能、投入产出等信息材料,需要到野外或实地调查收集第一手数据。首先要熟悉研究对象；其次需要多学科协作，多系统大跨度比较，选择适当的研究单元及研究层次；最后对调查和收集的研究数据进行分析整理，形成调查报告。

2. 田间试验与统计分析

农业生态试验很多都是在田间进行，农业生物有机体的生长发育、生理活动、生长变化及有机体受外界环境因素的影响（光照、温度、水分、土壤条件等），都使其试验研究结果有较大的差异性，这种差异性往往会掩盖农业生物与其环境之间相互关系的特殊规律。农业生态学研究实践证明，只有正确地应用生物统计的原理和分析方法对试验进行合理设计，对数据进行客观分析，才能得到科学的结论。农业生态学研究中也运用常见的实验设计方法，如正交设计、回归设计、均匀设计以及常见的数理统计方法，如方差分析、回归分析等。

3. 农业气象与土壤分析

人类活动与温室气体引起的长期气候变化，对农业生产影响的战略研究与对策研究已引起广泛的重视，这就使得农业气象的研究与气候系统、大气科学、环境科学及农业生态学等将有更密切的结合。农业土壤学分析主要研究农业土壤的物质组成、性质及其与植物生长的关系，通过耕作施肥等管理措施来提高农田土壤肥力和生产力等。农业气象与土壤分析的相关技术有：① 稳定同位素技术；② 根区观察窗或微根管技术；③ 野外气体分析技术；④ 能量测定技术；⑤ 控制性实验，如自由大气 CO_2 浓度增高技术、连续 CO_2 梯度技术。

（二）现代研究方法

1. 数学模型与计算机模拟

目前，在农业生态学研究中广泛应用数学模型与计算机模拟，如以各组分的微分方程为核心的系统动力学模型，以偏微分方程为核心的流动与扩散模拟和以矩阵为基础的种群模型，用主元分析进行的聚类和因子分析，用线性规划研究生态经济系统的优化配置和可持续发展，建立专家系统处理非结构化的农村与农业生产问题。用马尔科夫转移矩阵研究群落发展，用能流图分析生态系统中种群的能量制约，利用蒙特卡罗法设计取样方法，利用灰色系统模型预测系统的变化，利用哈密顿函数求生态经济系统如牧场的最优处理等。由于农业生态学研究常涉及系统问题，因此以数学和计算机为主要工具的系统分析方法已经成为农业生态研究中最具特色的研究方法。系统分析方法包括对农业生态系统的运动模拟、关系分析、类型划分、效益评价、优化设计、发展预测等。

2. "3S"（RS、GIS、GPS）技术

遥感（RS）是一种以物理手段、数学方法和地学分析为基础的综合性应用技术，具有宏观、综合、动态和快速的特点。遥感是农业田间信息获取的关键技术。地理信息系统（GIS）是一种管理与分析空间数据的计算机系统，其基本功能包括图形数字化输入，查找和更新数据，分析地理数据以及输出可读数据。它可以构建农作物精准管理空间信息数据库，表达和处理田间信息。全球定位系统（GPS）用于信息获取和实施精确定位。如数据采集定位，即土壤养分、作物长势、田间杂草等田间变异信息采集；导航监控，即指挥农机行驶路线，并实施田间处方作业，如变量施肥、喷药、灌溉、作物收割等。

3. 分子生物学技术

由于分子生物学和基因工程的长足进展，一方面分子生物学方法可以应用到农业生态学研究中，研究生物与环境关系在基因水平的表现，促进了农业分子生态学的产生与发展；

另一方面基因工程生物的安全性又要求研究这类生物在生态环境中的扩散、转移、生殖、传递等后果。目前,在农业分子生态学中常用的分子生物学方法有核酸探针杂交技术、基于聚合酶链反应(PCR)技术的研究方法、特异 DNA 片段的序列分析、DNA 扩增片段梯度凝胶电泳检测技术等。常用的分子标记方法有蛋白质标记的应用、DNA 分子标记的应用等。

第三节　现代农业与农业生态系统

现代农业就是利用农业生态学原理,运用当代先进科学技术对农业生态系统进行经营管理的一种可持续发展的农业。现代农业既不同于自给自足的原始农业,又不同于精耕细作的传统农业。它既是以生物技术、信息技术和工程技术为先导的、技术高度密集的科技型产业,又是面向全球经济一体化的"技—农—工—贸"相结合的现代企业。其发展目标是建成一种多元化和综合性的新型产业,同时又是一种开源节资和可持续发展的绿色产业。因此,现代农业是一个很新很宽的概念和领域,这对我国农业生态系统的研究和管理既是一个挑战,也是发展的一个机遇。

一、现代农业的类型及发展趋势

(一)发达国家现代农业的模式

世界农业可划分为原始农业、传统农业和现代农业等三大发展阶段。在 20 世纪 50 年代后,发达国家的农业已经率先实现了由传统农业向现代农业的历史性转变,但广大发展中国家仍处于传统农业阶段或由传统农业向现代农业转变的过渡时期。纵观当今世界农业格局,虽然仍是现代农业和传统农业并存,但总的发展趋势是传统农业向现代农业转变,现代农业向更高层次发展。发达国家的现代农业特征是:农业生产的科学化、集约化和产业化,以及大量辅助能量(特别是化石能源)的投入,使农业生产力和农产品商品率大大提高。发达国家的现代农业大致可归纳为两大模式:一是以提高土地生产率为主的节地型集约农业,如人均耕地相对较少的日本、荷兰等国的现代农业;二是以提高劳动生产率为主的节劳型集约农业,如人均耕地相对较多的美国、加拿大等国的现代农业。

发达国家的现代农业以大量投入商业能量为特征,使农业由粗放到集约,由劳动集约到能量、资金和技术的集约。在经营方式上,由小型自给农业向大规模专业化、市场化农业发展,使农业的工业化程度越来越高。因此,发达国家的现代农业曾被称为"工业化农业"或"石油农业"。"工业化农业"高投入、高产出的生产方式,曾对解决人类食物供应作出巨大的贡献,但也给人类带来了许多生态问题,如水土流失、环境污染、能源过量消耗、生产成本增加和农业自然资源减少等弊端。

针对"工业化农业"的种种困惑和隐患,西方一些发达国家开始寻找一种新的农业生产体系,以取代高能耗、高投入的现代农业。于是在 20 世纪 70 年代西方掀起了一场"替代农业"运动,并逐渐波及到东方。"替代农业"模式有许多种,代表性的有自然农业、有机农业、生物农业、生物动力农业和生态农业等。这些"替代农业"尽管思想和做法不尽一致,但有许多共同点,如重视农业自然资源保护、农业生物技术应用和拒绝使用农用化工品等。然而,在发达国家开展的各种替代农业模式一直没有得到大范围的运用,其主要原因是这些模式过分注重农业生态效益,而忽视其经济和社会效益。尤其对那些食物需求压力很大,经济水平落后的发展中国家和地区,更是难以推广。因此,从农业发展思潮上又开始客观地看待替代农业与现代农业的优劣,从实际出发考虑农业发展方向。在这种背景下,对农业的含义及内涵的理解也不断深入和发展。于是,在20世纪90年代初,产生了一种追求生态、经济和社会三效益相统一的农业可持续发展战略——可持续农业。可持续农业是对未来农业的一种追求,是全球现代农业发展的一种大趋势,也可以说是替代农业运动进一步发展的一个新阶段(见表1-1)。

表1-1 世界农业各发展阶段的系统特征

农业类型	经营方式	生态系统	技术系统	经济系统
原始农业(转移性农业)	种植业上刀耕火种,畜牧业上游牧半游牧	寻求人类适应在自然生态系统中的生态位	手工农具,采集及放牧	原始公有制(适者生存)
传统农业(自给性农业)	农产品自给自足,外部资源投入较少	农牧结合,轮作换茬。如早期的有机农业	畜力或半机械化农具,采用人工栽培、饲养及育种技术	自然经济体制(追求丰衣足食的社会效益)
现代农业(工业化农业)	农产品商品率高,投入大量的工业辅助能(农机、农用化工品等)	农牧关系削弱,作物单一。如发达国家的石油农业	农业机械化、化学化、水利化、设施化、良种化	市场经济体制(追求发财致富的经济效益)
可持续农业(可持续集约农业)	农业生物化与工业化结合,依靠劳力、智力的高集约投入	种养加一体化,生物工程与生态工程结合。如中国的生态农业	农业生物技术、信息技术、工程技术	生态与经济协调发展体制(追求可持续发展的生态、经济、社会三效益统一)

(二)我国现代农业的类型

众所周知,农业是我国国民经济的基础,但是在不同时期和不同的地区,对农业视角的基础地位是不一样的。随着社会经济的不断发展,社会赋予农业承担的功能日益丰富。目前,我国各地正在加速建设各具特色的现代农业,根据地域不同,现代农业可分为农区/牧区农业、城郊农业和都市农业等类型。现就当前我国建设的三种现代农业类型的主要特征分析比较如下(见表1-2)。

1. 农区/牧区农业

农区农业是指我国"以农为主"的广大农村地区的农业。农区农业以生产粮食、棉花、油料、肉、禽、蛋等大宗农牧产品为主,自给自足的传统农业特征明显,农产品商品率和生产力水平较低。牧区农业是指我国"以牧为主"的广大边疆地区的农业。我国牧区主要分布在东北平原西部、内蒙古高原、黄土高原北部、青藏高原、祁连山以西、黄河以北的广大地区。牧区农业的特点表现为:地处陆地边疆,少数民族聚居;牧区资源丰富,自然条件复杂;自然灾害多;生产不稳定;畜牧业历史悠久,商品经济不发达;交通通信不便,农业科技落后。

表 1-2　我国 3 种现代农业类型的主要特征比较

特征\农业类型	农区/牧区农业	城 郊 农 业	都 市 农 业
城乡关系	联系少	城乡结合	城乡融合
空间地域	农村地区/边疆地区	城市郊区	都市区域范围
城区人口	<20 万	20 万～100 万	>100 万
经济结构	一产为主	一、二产为主	一产与二、三产融合
农业功能	生产农产品	提供副食品	功能多元化
关注焦点	社会、经济效益	经济、社会效益	生态、经济、社会效益
本质特征	农村自养	服务城市	服务城市,依托城市
投入重点	人力＋畜力＋物化技术	资金＋物化技术	资金＋信息＋智力
劳动生产率	低	较高	高
土地生产率	低	较高	高

因此,对广大农区和牧区来说,农村经济大多处于自然经济状态,要建设具有高度市场经济特征的现代农业,任重而道远。

2. 城郊农业

城市郊区的农业概括为城郊农业,城郊农业不同于一般的农区农业,它处于城市与一般农区之间。城郊农业又可分为近郊农业和远郊农业。其中,近郊农业以种植蔬菜、果树,饲养奶牛等为主,提供城市居民生活必需的副食品,并达到基本自给。而远郊农业则在种植业上以生产水稻、小麦等粮食作物,以及棉花、油菜等经济作物为主,并建立适度的商品粮基地;在畜牧业上以养猪、养禽为主。相对于农区农业而言,城郊农业的开放度和商品化程度都较高,而且在为城市服务的同时,也获得了较高的经济效益。

3. 都市农业

都市农业的空间地域划定在都市区域范围,既包括城市化地区的农业,也包括城市郊区的农业以及域外基地农业。所以,它既是现代农业的一种地域分工,又是城郊农业的一种高级形式。都市农业直接受到城市及其扩展的影响,它生产市民所需的特色蔬菜、瓜果和奶制品等新鲜高档农副产品;为市民提供优良的生活环境,提高生活质量;在绿化、美化、净化都市生态环境的同时,也为市民提供了能休息、娱乐的休闲农业场所。因此,都市农业除了具有的经济效益外,其提供的旅游休闲、保护环境、文化教育等公益功能还具有很强的生态效益和社会效益。

(三) 我国现代农业的发展趋势

农业有万年以上的历史,每一次科技上的重大突破和革命,都将农业推上一个新台阶,进入一个新的历史时期。可持续发展的理念,以生物技术与信息技术为主导的新的农业科技革命,使我国的传统农业迈上了建设现代农业的步伐。现代农业既是一种技术密集型的知识产业,又是一种可持续发展的生态产业。现代农业的建设将是一项长期的系统工程,是一个由量变到质变、从低级到高级的发展过程。因此,我们一定要用新的观点、新的思路来认识和研究现代农业。我国现代农业的发展趋势主要表现为以下几方面:

1. 农业产业结构的市场化

随着我国市场经济的发展,人民的生活水平不断提高,消费需求发生了很大变化。现代农业一定要以市场为导向,调整农业产业结构,不断地满足人们的两种基本消费需求,一种是有形的物质需求,另一种是无形的生态需求(精神需求)。现代农业可以通过合理布局生产保障型产业,生产粮食、蔬菜、肉禽蛋奶等常规农副产品和开发名、特、优、新农副产品,调整并优化种植业结构和养殖业结构,来满足人们的物质需求;通过发展以绿化、美化为目标的园林产业,开拓融观光性、游乐性、休养性为一体的休闲农业、观光农业等农业旅游产业,即开发生态建设型产业,来满足人们的生态需求。传统农业是一种计划农业,而现代农业是一种市场农业。市场农业就是要农民树立起农产品的质量意识、商品意识、市场意识,以促进农业创名牌。

农业产业结构的市场化就是要根据农产品市场的供求情况并结合我国各地的农业自然资源条件和社会经济条件,确定适宜开发的主导产业和主导产品,发展产加销一体化的市场农业和高度开放的外向型农业,开拓国内外市场。如日本大阪现代农业市场化程度很高。大阪目前有中央批发市场3个,地方性批发市场几十个。批发市场内有4个大型批发公司,中间批发公司197个,此外,还有运输、饮食、邮电、加工厂等近50个相关部门,并且火车直通批发市场。日本农业市场化的另一个中间环节就是农协。日本农协名目繁多,有生产中的农协,也有上市农协。农协设有农产品加工、配送、金融、保险等部门,主要功能是组织上市,传递市场信息,以此形成"农户—农协—批发市场—零售商"纽带链。现代农业在培育主导产业和建设大规模农产品基地时,要特别注意避免在资源趋同的地区形成雷同的产业和产品,要因地制宜,扬长避短,做到"人无我有,人有我优"。同时,要建立政府与市场相结合的调控机制。一靠市场导向,二靠政府部门有规划的引导。

2. 农业生产方式的集约化

集约化生产是现代农业的基本特征之一。要实现集约化生产,就必须改变过去的粗放型、兼业化的生产方式,向机械化、良种化、专业化、规模化融为一体的生产方式发展。如日本大阪的现代农业集约化程度很高,大多数农户农机设备齐全,水稻插秧、收割和耕作等早已实现机械化、良种化。同时,日本农产品储运配送的集约化程度也很高,很多农户都有冷库、冷藏车,以及配送设施。和歌山一家农协的配送中心,装运采用机器人,配送时通过电脑测定每一只橘子的大小、糖度和含水量,并根据品质和形状分为近20个不同等级。又如上海农业集约化程度也在不断提高。上海奉贤区近年来就崛起了一批特种作物专业化生产基地,有光明的黄桃、奉城的方柿、邵厂的哈密瓜、江海的莲藕、邬桥的青梅等。种植业的专业化生产就要求生产相对专一和集中、种植单一的农作物,可以是"一村一品",也可以是"一乡一业"。同时,专业化的发展必须以适度规模作基础。

目前,土地规模经营被看成是提高农业劳动生产率,从而提高农业比较效益的根本途径。但是,从全国范围来看,农业土地规模经营的进展不快,主要原因是现实条件的限制。实现土地规模经营的最基本的前提是,大批农村剩余劳动力稳定转移到非农产业,土地经营不再作为他们的谋生手段。在实践中,各地把60%~70%的农村劳动力稳定地转入非农产业,作为实行规模经营的起步条件。就上海郊区总体来看,已具备这个条件,郊区从事乡镇工业、建筑业和服务业等二、三产业的劳力占农村总劳力的比例已经较高。但是,有些区、县农村劳动力仍大量集中在第一产业,对于有偿转让土地使用权、集中经营承包等还有种种顾虑。因此,农业土地适度规模经营应该是一个渐进的过程,不能一蹴而就。

3. 农业经营形式的产业化

农业一直被认为是一种初级产业，是一种与传统的、落后的生产方式和生产条件相联系的产业，农业似乎只是种植业和养殖业的生产，而农产品的加工被看成第二产业，农产品的流通被看成第三产业。长期以来，由于生产、加工、销售分割，利润分配不合理，导致农产品价格波动大，农业生产效益不稳定。现代农业的建设首先要解决这一问题，真正实现农业产业化。如上海为了加快农业产业化建设的步伐，正在构筑农业"六大产业高地"，即种子种苗产业、温室产业、农机产业、农副产品加工产业、农业生物技术产业、农艺软件和先进农用生产资料产业等，以确立上海农业在全国的优势和领先地位。

现代农业的产业化就是要做到：① 组建龙头企业，架起市场与农户的桥梁。龙头企业是农业产业化中一种新的生产实体，为加快农业产业化进程，必须高起点培育、组建各种大型的龙头企业，采取股份合作制、国营、集体投资等多种形式，组建农业龙头企业；还可利用外资，发展外向型的农业龙头企业。同时，采用"公司＋基地或农户"的组织载体，纵向实行种养加、产加销、贸工农一体化，横向实行土地、资金、技术、劳力的集约化经营，从而建立农副产品生产、深度加工和市场销售相结合的生产经营体系。② 协调龙头企业与基地或农户的利益关系。重点对龙头企业与基地或农户全面推行契约化经营、合同化管理，组织龙头企业与基地或农民签订产销合同，并经公证机关公证，以法律形式明确界定产销双方的权利和义务，强化对龙头企业和基地或农户的双向约束，使双方真正结成风险共担、利益共享的经济利益共同体。③ 树立农业企业形象，创立品牌，注册商标。要借鉴现代工商企业在生产与营销等方面的管理方式，树立农业企业形象，开发自己的主导产业和特色产品，在市场竞争中处于优势地位。要采用先进的科学技术和设备来武装龙头企业，按市场需求确定农产品生产、加工的规模，避免主导产业趋同，超出市场容量，从而产生超越市场需求的生产、加工能力的过剩。

4. 农业生产技术的智能化

科学技术是第一生产力。农业科技是现代农业的强大动力和支持。未来的农业科技将在探索作物、畜禽等动植物和微生物生命奥秘，挖掘增产潜力方面取得重大突破，从而使农业生产的"高产、优质、高效、生态、安全"目标达到一个全新的水平。现代农业一定要发展成为技术先进的智能化农业。首先，要实现生产设施的自控化和生产技术的智能化。依靠科技进步，通过引进、消化和吸收，建设和发展具有国内外一流水平的设施化现代农业生产基地和示范区，并体现先进设施、技术的辐射功能。如在国家科委的支持下，上海自行设计、研制的"上海型"智能温室，已投入生产性运行。该智能温室采用计算机逻辑智能调控技术，显示了上海农业迈向 21 世纪的科技水平。现代农业还应当有高新技术的装备和一大批高智能人才的支撑，才能带动整个农业向科技化更高层次发展。届时，可借助现代生物高新技术，如转基因技术、克隆技术等，农业生物种质将得到定向改造；依靠先进的计算机技术、信息技术等，农业生产环境、生产过程将得到自动化控制。

其次，要实施科教兴农战略，使现代农业获得强有力的技术依托。一要实行农科教结合。以科技为先导，以教育为支撑，以统筹实施科教兴农重点攻关项目为突破口，并以提高全体农业劳动者的素质为基点，推进农科教结合，使农业科研出成果、农业教育出人才。二要开展多种形式的科技服务。要充分发挥农业科技队伍的作用，如上海金山区钱圩镇农业公司从农作物的栽培技术、化学除草、良种选用等方面,开展技术咨询服务,并会同镇科协坚持办好《钱圩科普》月刊。要健全农技推广体系,积极组织大专院校、科研单位投身农业产业化,使科研成果与产品开发结合,专业队伍与群众结合,形成各方共同参与的技术推广网络。

5. 农业生产管理的信息化

全球科技、经济的发展,越来越显示"信息经济"新时代正在到来。我国现代农业要赶超世界发达国家的现代农业,必须采用"超常规"的发展方式,不是沿着它们走过的道路走,一步一步赶,而是要依靠信息、知识,才能真正做到"超常规",更快地缩短与发达国家的差距。我国目前"信息高速公路"、电子信息和多媒体技术等产业的开发已经启动,咨询服务业也将拓展新的领域,并发挥更大作用。因此,涉农信息业有望成为又一个新兴产业,使现代农业进入信息化时代。农业信息化理应成为现代农业优先发展领域。首先,要用现代信息技术改造传统农业,使农业由定性走向定量、由经验走向科学、由粗放走向精确。如美国应用现代精确农业技术,对化肥、农药作精确喷施,计算机可自动判别某个区点应喷多少量的配合肥料和农药,控制量可达到几株作物。还有一些国家,已尝试用计算机设计植物品种,通过计算机模拟生物工程技术,育种专家不仅可以预先决定植物的品种、产量、口味和营养成分,而且还可限定其叶片生长的角度和果实的色泽与形状,从而培育出高光效的农作物新品种。

其次,要发展农业科技、商贸信息市场,为"三农"提供信息服务,使农业由分散封闭到信息灵通、由微观管理到宏观管理。通过信息、交通、邮电、通信、金融等方面的配套建设,逐步形成融农业信息发布与交流,新产品推销,技术转让与推广,农业物化技术与专家系统软件促销,农业商贸信息服务,远距离教学培训为一体的农业信息中心。一般信息服务包括天气预报、农资价格、期货市场行情、汇率与利率变化等信息的服务。如美国的玉米、大豆、小麦等粮食的储备量一向很少,如果因天气等灾害而歉收,其价格肯定狂升。所以谷物期货市场对天气变化最为敏感,农场主也需要根据天气情况安排种植计划与管理措施(确定播种和收割时间等)。美国国家气象局目前所提供的天气资料无法满足这种需要,于是私营天气预报服务公司应运而生,为农场主或农户制定经营决策提供帮助。同时,开拓农业咨询业的新领域,如开展宏观决策、产业规划、产品调整与策划、市场定位、科技抉择、灾情预报等多方面的咨询服务。

二、农业生态系统概念及其特征

(一)生态系统

1. 生态系统的基本组分

生态系统(ecosystem)是在一定的空间内的全部生物和非生物环境相互作用形成的统一体。生态系统是生态学研究的核心,这个概念是英国植物群落学家坦斯利(A. G. Tansley)在20世纪30年代提出来的。

生态系统在结构上包括两大基本组分:生物组分和环境组分。

(1)生物组分。包括生产者、大型消费者和小型消费者。其中,生产者(producers)是指自养生物,主要指绿色植物,也包括一些化能合成细菌;大型消费者(macroconsumers)是指以初级生产者的产物为食物的大型异养生物,主要指动物;小型消费者(microconsumers)是指利用动植物残体及其他有机物为食的小型异养生物,主要是指真菌、细菌、放线菌等微生物。

(2)环境组分。是指生态系统中的各种无生命的无机物、有机物和各种自然因素,如辐射(radiation)、气体(air)、水体(water)、土体(soil)。

2. 生态系统的特点

每一个生态系统都有一定的生物群落与其栖息的环境相结合,进行着物种、能量和物质的交流。在一定时间和相对稳定条件下,系统内各组成要素的结构与功能处于协调的动态之中。生态系统除了具有一般系统的共性之外,还具有不同于一般系统的特点。

(1)在组成成分方面,不仅包括各种无生命的物理、化学成分,还包括有生命的生物成分。生物群落是生态系统的核心。

(2)在空间结构方面,生态系统通常与特定的空间相联系,因而都有一定的地区特点和空间结构。

(3)在时间特征方面,生物都具有生长、发育、繁殖、衰老和死亡的规律,所以生态系统也出现明显的时间特征,具有从简单到复杂、从低级到高级的演变发展规律。

(4)在内部功能方面,生态系统的代谢活动是通过生产者、大型消费者和小型消费者这三大功能类群参与的物质循环和能量流动过程完成的。这种联结使得生态系统的各组分之间处于动态的平衡中。

(5)在外部关系方面,任何一个生态系统都是程度不同的开放系统,不断地从外界输入能量和物质,经过转换变为各种输出,从而维持系统的有序性。

3. 生态系统的主要类型

(1)根据环境的性质,生态系统可划分为陆地生态系统(terrestrial ecosystem)、淡水生态系统(freshwater ecosystem)和海洋生态系统(ocean ecosystem)。陆地生态系统又可分为森林、草原、农田等生态系统。淡水生态系统又可分为湖泊、河流、池塘、水库等生态系统。

(2)根据受人类干扰的程度,生态系统可划分为自然生态系统(natural ecosystem)、半自然生态系统(seminatural ecosystem)和人工生态系统(artificial ecosystem)。自然生态系统基本上不受人类活动的干预,是一种"自给自足"的生态系统。半自然生态系统,是自然生态系统经人类驯化的产物,其典型系统是农业生态系统。城市生态系统就是人造组分与人工过程为主的人工生态系统。

(二)农业生态系统

1. 农业生态系统的概念

农业生态系统(agricultural ecosystem)是人类利用农业生物之间,以及农业生物与环境之间的相互作用建立的,并按人类社会需求进行物质生产的有机整体。农业生态系统介于自然生态系统与人工生态系统之间,是一种被人类驯化了的半自然生态系统。它不仅受自然的制约,还受人为过程的影响。它既受自然生态规律的支配,又受社会经济规律的调节。

2. 农业生态系统的基本组分

生物组分:可分成以绿色植物为主的生产者(初级生产者),以动物为主的大型消费者和以微生物为主的小型消费者。农业生态系统占据主要地位的生物是经过人工长期驯化的农业生物,如农作物、家畜、家禽、家蚕、家蜂等,以及与这些农业生物关系密切的生物类群,如专食性害虫、寄生虫、根瘤菌、杂草等。农业生态系统中其他生物种类和数量一般较少。

在生物的多样方面往往低于同一地区的自然生态系统。农业生态系统最大的特点是增加了一个最重要的大型消费者——人类。

环境组分：包括自然环境和人工环境。自然环境组分是从自然生态系统继承下来的，但已受到人类不同程度的调控和影响。人工环境组分包括各种生产、加工、储藏设备和生活设施，如温室、禽舍、畜棚、水库、渠道、防护林、加工厂、仓库等。人工环境组分是自然生态系统中没有的。人工环境组分在研究中常常部分或全部被划在农业生态系统的边界之外，而归入社会系统范畴。

3. 农业生态系统的基本结构

（1）组分结构（component structure）。农业生态系统的组分结构可分成环境结构和物种结构。在不同区域，农业生态系统由比例不同的各种地貌类型构成，山、水、田的面积比例差异很大。相应的生物种类不同，它们之间数量关系也不同。人们不但可以通过建水库、修沟渠、挖鱼塘、造温室等方式改变农业生态系统的环境结构，而且可以通过选择优良品种、改变种植制度等方式调整农业的物种结构。

（2）空间结构（space structure）。农业生态系统的空间结构可分成水平结构和垂直结构。环境组分可因地理原因形成纬向或经向的水平渐变结构，也可因社会原因形成同心圆式的水平结构。农业生物组分随之形成相应的条带状或同心圆式的水平分布。其他非地带性因子的作用还会使生物形成镶嵌分布，生物个体间会形成规则的、随机的、成丛的各种水平结构格局。农业生态系统的垂直结构又称立体结构。环境因子可因山地高度、土层和水层深度变化形成垂直渐变结构，在不同的垂直环境中有不同的生物类型或数量。在农业生态系统中，不同的物种可配置成不同类型的立体种植结构，实现多层次利用空间资源。

（3）时间结构（temporal structure）。环境因子随着地球自转和公转有明显的时间变化，形成光温水湿等因子的年节律和日节律，生物组分也形成相应的节律，表现出不同的时相。在农业生态系统中可以合理安排各种生物种群，使它们的生长发育及生物量积累时间错落有序，充分利用当地自然资源。调节农业生态系统的时间结构的方式有：作物套作、轮作、轮养，以及农业生产模式的演替等。

（4）营养结构（nutritious structure）。生物间通过营养关系联结起来的结构，称为营养结构。一般而言，农业生态系统的多种生物按营养顺序从植物→草食动物→肉食动物次序排列，并形成食物链或食物网。研究设计合理的食物链结构，有利于提高农业生态系统的生产力和经济效益，促进物质的良性循环和能量的多级利用。实现一个系统的产出（农业废弃物）作为另外一个系统的投入，农业废弃物可以在生产过程中得到多次利用。

4. 农业生态系统的基本功能

农业生态系统的能量流、物质流、信息流和价值流是相互交织着的。能量、信息和价值都依附一定的物质形态，物质流又要靠能量的驱动。信息流则调节着系统的能量流和物质流，使系统更加协调和稳定。

（1）能量流（energy flow）。农业生态系统不但利用太阳能和其他自然能源，如风能、潮汐能、地热、水势能等，而且还利用人力、畜力、有机肥等生物能，直接或间接利用煤、石油等工业能。在农业生态系统中太阳能首先为农作物所固定，继而在食物链其他生物组分中被转换、消耗。太阳能以外的生物能和工业能的输入常对食物链上的能量转换有辅助作用。能量还以产品和非产品形态离开系统。因此,随着农业生产力的不断提高,农业生态系统除了输入太阳能外,还输入了大量的人工辅助能,这也带来的资源、环境等一系列问题。

(2) 物质流(matter flow)。各种化学元素在生态系统中被生物吸收并传递,在生物与环境之间以及生物与生物之间形成连续的物质流。农业生态系统从大气、水体和土壤等环境中获得营养物质,通过绿色植物吸收,进入生态系统,被其他生物重复利用,最后再归还于环境。物质循环在生态系统中是时刻进行的,并与能量流动紧密结合在一起,它们把各个组分有机地结合在一起,共同构成极其复杂的能量流动与物质循环网络系统,从而维持了生态系统的稳定。

(3) 信息流(information flow)。农业生态系统通过信源的信息产生,信道的信息传输和信宿的信息接收形成信息流。自然生态系统中生物体通过产生和接收形、声、色、香、味、压、磁、电等信号,并以气体、土体和水体作为介质,频繁地转换和传递信息,形成一个无形的信息网。农业生态系统保留了自然生态系统这种信息网的特点。同时,农业生态系统中还有许多人工信息的转换和传递。在农业生态系统信息的传递过程中同时伴随着一定量的物质和能量的消耗。但是信息流并不像物质流那样是循环的,也不像能量流那样是单向的,而往往是双向的,有从输入到输出的信息流,也有从输出向输入的信息反馈流。

(4) 价值流(value flow)。在农业生态系统中投入一定劳动的社会资源,经过劳动生产,成为新的农产品产出,并在销售后实现了更高的价值,这就形成了价值流,即价值可以在农业生态系统中被转换成不同的形式,并可以在不同组分间转移。例如,农业生产资料是价值的实物形态,在人类劳动的参与下,通过农业生物转化环境资源这一过程,形成价值的生产形态,最后以增殖了价值的农产品形态出现。

5. 农业生态系统的特征

农业生态系统是一种驯化了的半自然生态系统,既受生态规律的制约,又受经济规律的制约。农业生态系统与自然生态系统相比,有很多显著的差异,其中最大差别就是多了一个人为调节控制子系统(见图 1-1)。

(1) 农业生态系统的生物组分是以人工驯化培育的农业生物为主,人是其中最重要的调控力量,人也是农业生态系统中一个重要的消费成员。农业必须发展或保留选择和引入新基因、新品种的能力以适应不断变化的环境。

(2) 农业生态系统的环境组分多了人工环境组分。也就是说,农业生态系统的环境组分大多是经人工改造或受人工调控的环境。如农业生态系统中的土壤、水体等也受到了人类活动的深刻影响。

(3) 农业生态系统的稳定性较弱。农业生态系统的物种结构单一化,自我调节机制被削弱,代之以更多的人工调控,以人工调控取代自然的调控使农业生态系统稳定。自然生态系统主要通过自我调控机制,维持生物多样性及其生态系统较高的稳定性。

(4) 农业生态系统是一个更加开放的系统。农业生态系统的生产除满足系统内部的需求外,还要满足系统外部和市场所需,有大量的农、林、牧、渔等产品离开系统,参与系统内再循环的残留物质数量较少。同时,还伴随着一些非目标性的输出,如水土流失、温室气体排

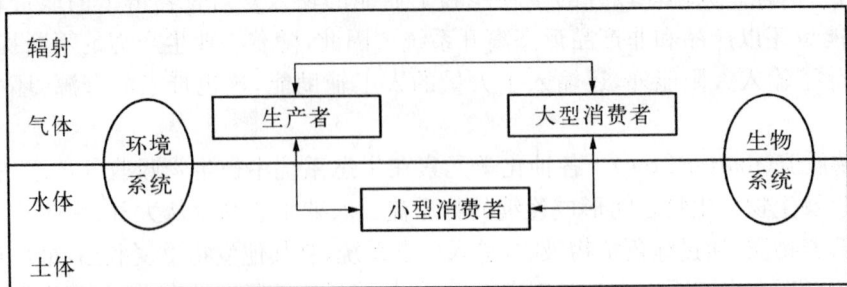

（A）自然生态系统

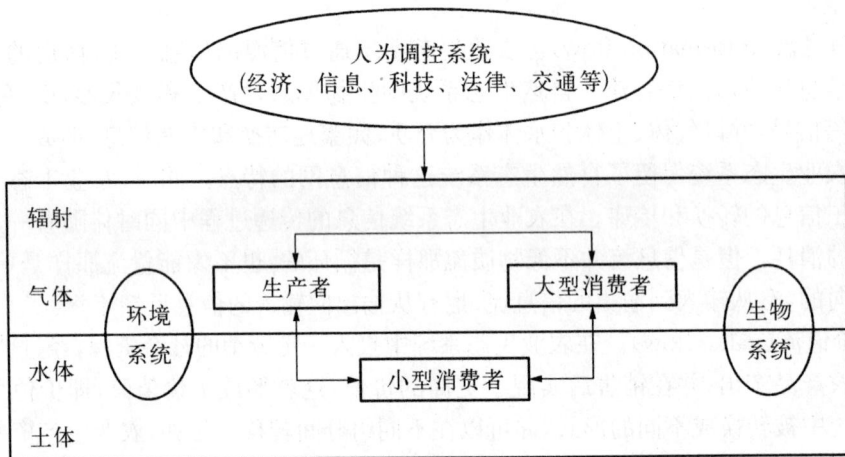

（B）农业生态系统

图1-1 农业生态系统(B)与自然生态系统(A)的结构比较

放(CO_2、CH_4、N_2O)等。为了维持系统的再生产过程,要向系统输入大量化肥、农药、机械、电力、灌溉水等物质和能量。农业生态系统的这种"大进大出"现象,表明它的开放性远超过自然生态系统。

（5）农业生态系统的净生产力比较高。由于品种的改良、环境的改善、生物低呼吸消耗等因素,使得农业生态系统的净生产力要高于一般自然生态系统。随着农业生物技术的不断发展,将培育出更加优质高产的良种,加上农业生产管理的集约化,更有利于提高农业生产力水平。

（6）农业生态系统既服从自然生态规律,又服从社会经济规律。农业生态系统比自然生态系统更加复杂。这是因为农业是人们利用自然和社会经济资源进行的综合生产活动,农业也是由生物和非生物环境相互作用而组成的复杂的系统。人们要发展农业生产必须调控管理农业生态系统,也必须服从生态、经济的客观规律。

（7）农业生态系统目标是为了满足人类日益增长的需要,是以人类的需求为中心的。而自然生态系统的目标是使生物的现存量最大,总生产接近总消耗。农业是一种产业,就是在整个农业生态系统有限的资源条件下,运用现代化生产投入和科学技术,生产出足够的农产品。与此同时,合理调控农业资源与环境,确保农业生态系统的良性循环。

思考题

1. 农业生态学发展的科学基础和社会动力是什么？
2. 为什么说农业生态学在中国有发展的需要和发展的基础？
3. 请阐述国内外农业生态学的发展历程及未来展望。
4. 发达国家现代农业发展模式有哪些？其值得借鉴的经验和教训是什么？
5. 我国现代农业的主要类型有哪些？其发展趋势是什么？
6. 生态系统仅仅是一组存在同一地点的生物与其环境的总和，还是有坚实物质联系的整体？还是介于两者之间？
7. 为什么说农业生态系统是深深地打下了人类社会印记的生态系统，是被人类驯化了的生态系统？
8. 农业生态系统研究的主要趋向有哪些？
9. 农业生态系统与自然生态系统的区别主要有哪些？
10. 从农业生态系统的结构和功能出发，谈谈如何科学地调控和管理现代农业生产？

参考文献

[1]　张德永.21世纪现代农业的发展——关于农业新纪元的时代特征、中国特色、都市型特点的若干思考[J].上海农学院学报,1997,15(1)：1～7.

[2]　曹林奎.都市农业导论[M].上海：上海科学技术出版社,1999.

[3]　邹先定.宏观农业原理与现代农业建设[M].成都：成都科技大学出版社,1999.

[4]　骆世明.农业生态学近年研究领域与研究方法综述[J].生态农业研究,1999,7(1)：19～22.

[5]　艾云航.抓住机遇加快牧区经济发展[J].甘肃农业,2000,(3)：32～34.

[6]　骆世明.农业生态学[M].北京：中国农业出版社,2001.

[7]　段华平,彭廷柏,邹冬生.农业生态系统研究进展[J].作物研究,2001,(3)：42～46.

[8]　Jackson W. Natural systems agriculture：a truly radical alternative [J]. Agric Ecosyst Environ, 2002,88(2)：111～117.

[9]　黄国勤.论农业生态学及其发展趋势[J].江西农业大学学报（自然科学版）,2002,24(5)：656～660.

[10]　曹凑贵.生态学概论[M].北京：高等教育出版社,2002.

[11]　章家恩,骆世明.经济全球化背景下中国农业生态学面临的新问题与新任务[J].农村生态环境,2003,19(3)：45～48.

[12]　石元春.建设现代农业[J].求是,2003,(7)：18～20.

[13]　李春霞,吕静霞,王小霞,等.现代农业生态学研究进展及其应用[J].河南科技大学学报（农学版）,2004,24(3)：72～75.

[14]　骆世明.农业生态学研究的主要应用方向进展[J].中国生态农业学报,2005,13(1)：

　　　　　　1～6.

[15]　Odum E P，Barrett G W．Fundamentals of Ecology（Fifth Edition）［M］．US：Cengage Learning，2005．

[16]　杨瑞吉，王龙昌，郑钦玉．农业生态学的教学改革与人才培养研究［J］．西南农业大学学报（社会科学版），2007,5(1)：166～169．

[17]　黄国勤．国外农业生态学的发展［J］．世界农业，2008,(3)：44～48．

[18]　黄国勤．中国农业生态学的发展［J］．江西农业学报，2009,21(8)：178～181．

第二章　农业生态系统的种群与群落

　　由以农业生物为主的多种生物构成的种群和群落,既是农业生态系统的重要组分,又是农业生态系统能量流动和物质循环的核心。分别从个体、种群和群落水平研究生物之间、生物与环境之间的相互关系及其作用规律,是农业生态学研究的基础和核心,也是农业生态系统调节控制和系统生产力提高的理论基础之一。

第一节　农业生态系统的生物与环境

　　生物离不开环境,并受环境的影响和制约;同时,生物也反作用于环境,对环境产生一定的影响。农业生态系统是人们利用农业生物与非生物环境之间,以及生物种群之间相互作用建立的,并按人类社会需求进行物质生产的有机整体。研究农业生态系统的结构与功能,必须研究环境系统的特点及环境系统的生态作用,以便通过改变环境以适应生物的生长发育,同时通过改良和选择生物种类来充分利用环境资源,从而最大限度地发挥农业的生产潜力。

一、生态因子概述

　　环境(environment)是指某一特定生物体或生物群体周围一切事物的总和。生态因子(ecological factor)是指环境中对某一特定生物体或生物群体的生长、发育、生殖、分布等有直接或间接影响的环境要素。

　　生态因子的类型多种多样,分类方法也不统一。生态因子通常可分为生物因子(biotic factor)和非生物因子(abiotic factor)。前者包括同种和异种的生物个体。同种个体间形成种内关系,异种个体间形成种间关系,如捕食、竞争、寄生、互利、共生等。后者包括温度、湿度、风、光、大气、土壤等理化因素。有的学者又将非生物因子中的土壤因子独立出来。因为土壤本身是由母岩风化后的物质与生物共同作用形成。也有将生物因子中的人为因子也独立出来,用以强调人的作用与其他生物有原则性的区别。

　　史密斯(Smith,1935)从生态因子对于种群数量变动的角度,将生态因子分为密度制约因子(density dependent factor)和非密度制约因子(density independent factor)两类。前者主要包括寄生物、病原微生物、捕食者和竞争者等生物因子,它们的作用随种群密度而变化,例如密度升高,病原微生物流行加速。非密度制约因子主要指非生物因子,较典型的是气候因子,其作用一般不随密度升降而变化。

　　另外生态因子还可简单地分为条件因子(condition)和资源因子(resource)。条件因子是指能引起有机体发生生理和行为上的反应,但不能被有机体所消耗的因子,如温度、湿度、酸碱度等;而资源因子是指能引起有机体的反应,并且能被有机体所消耗的因子,如食物和空间等。当然,条件因子的划分和资源因子的划分也是不绝对的,它们依有机体对象的不同而变化。如阳光对昆虫属于条件,但对植物则成为了资源。同一因子也可能既是条件因子又是资源因子,如水对植物是资源因子,但当水过多时又转变为抑制生存的条件。

从系统论的观点来看生物与环境的关系,各生态因子之间既是一个整体的相互关系,又有其分散的个别关系;既存在相互依赖、相互制约,又有它们各自的个性。环境与生物之间也存在不可分割的关系,非生物因子对生物的影响,一般称为作用。例如,异常的高温或低温可造成有机体的死亡,或生殖力下降。一定温度和光周期变化引诱某些昆虫的滞育发生、解除等。生物对环境的影响,一般称为反作用,表现为改变非生物条件。例如,一块土地生长了作物,则改变了土地的水分、热量等条件,动、植物的尸体分解后加入了土壤,使环境发生了很大变化。

二、生态因子的作用

(一)光的生态作用

光是保证地球上有生命存在的因子。太阳辐射的强度、质量及其周期性变化对生物的生长发育和地理分布都产生着深刻的影响,生物本身对这些变化的光因子也有着多样的反应。

1. 光质

植物的生长发育是在日光的全光谱照射下进行的,但是不同的光质对植物的光合作用、色素形成、向光性、光形态建成的诱导等影响不同。光合作用的光谱范围只在可见光区(380~760 nm)。其中,红橙光能够被叶绿素吸收,蓝紫光能够被叶绿素和类胡萝卜素吸收,这部分光辐射称为生理有效辐射;绿光很少被吸收称为生理无效辐射。

光质对动物的影响主要表现在视觉行为和体色变化上。大多数脊椎动物的可见光波范围与人接近,但昆虫的可见光波范围则偏于短波,它们看不见红外光,却看得见紫外光。昆虫的趋性与光谱波长间的关系最密切。许多昆虫都有不同程度的趋光性,例如,二化螟(*Chilo supprssalis*)对330~400 nm的趋性最强。测报上常用的黑光灯的光波在365~400 nm;棉铃虫和烟青虫(*Heliothis assulta*)以330 nm的紫外光诱集最好。在农业上利用汞灯诱杀农业害虫,就是针对它们对光反应的这种特性而采取的措施。淡水水域中的鱼类,一般背部体色较暗,腹部白色,就是由于光从上面照射下来,深色的背部不易被敌害从上面发现,白色的腹部从下面向上看也不易发现。显然鱼类的颜色是对环境的一种适应,使其有较多的生存机会。

2. 光照强度

光能促进细胞的增大和分化,影响细胞的分裂和伸长;光还能促进组织和器官的分化。在一定的生态条件下,光照强度制约着光合作用及有机物产量。植物的光合器官叶绿素必须在一定光强条件下才能形成,许多其他器官的形成也有赖于一定的光强。一般认为在花的发育中,光照强度不够时,生殖器官发育不正常,不孕率也高。光强有利于果实的成熟和色素的形成。光对果实的品质也有良好的作用,如苹果、梨、桃等在强光下能增加果实的含糖量和耐储性。

根据植物对光强的适应性,可将其划分成 3 种不同的生态类型:① 阳性植物。在强光下生长发育良好,在荫蔽或弱光条件下生长发育不良的植物。森林中的上层乔木,草原和沙漠植物以及栽培的落叶果树和大多数的农作物都是阳性植物;② 阴性植物。在较弱的光照条件下比在强光下生长良好的植物。多生长在密林内、沼泽群落的下部等潮湿、背阴的生境中;③ 耐阴植物。在全日照下生长最好,但也能忍受适度的荫蔽。农作物中,大豆、绿豆、豇豆等豆科作物比高粱、玉米等禾本科作物耐阴,烟草、马铃薯、黄花菜也较耐阴。蔬菜中,一般认为叶菜类比果菜类耐阴。

光强对动物的生长发育也有一定影响。如蛙卵在有光的条件下比在无光的条件下发育较快且正常,而贻贝和海洋深处的浮游生物在暗的情况下生长较快。光照强度也与很多动物的行为有着密切的关系。如依据昆虫生活与光照强度的关系可分为 4 大类:① 白天活动型。如双翅目中蝇类、鳞翅目蝶类、同翅目中蚜虫等;② 夜间活动型。如许多鳞翅目夜蛾科幼虫、鞘翅目金龟甲科等;③ 黄昏活动型。如小麦吸浆虫(*Sitodiplosis mosellana*)等;④ 昼夜活动型。如家蚕(*Bombyx mori*)、柞蚕(*Antherea pernyi*)幼虫等。

3. 光周期现象

各种植物开花季节很有规律,深受光照和黑夜时间长短变化的制约,这种现象称为植物的光周期现象。根据植物的光周期性,可将植物划分为 4 类:① 长日照植物。在其生长过程中,需要有一段时间每天的日照时间在 12 小时以上才能开花的植物。作物中的冬小麦、大麦、菠菜、油菜、甘蓝、萝卜等都属于长日照植物;② 短日照植物。在其生长过程中,需要有一段时间每天的日照时间在 12 小时以下才能开花的植物。如水稻、玉米、大豆、烟草、棉花、向日葵都属于短日照植物;③ 中日照植物。只有当昼夜长短的比例近于相等时才能开花的植物。如甘蔗的某些品种只有在接近于 12 小时的日照条件下才能开花,长于或短于这个日长都不能开花;④ 中间型植物。指开花对日照长短没有严格要求的植物。这类植物只要其他条件适合,在不同的日照下都能开花,如番茄、黄瓜、四季豆等。日照长度还与植物的休眠和地下储藏器官的形成有关,短日照可以促使植物进入休眠,而长日照则常促进营养生长。动物也同样对光照的变化规律有反应,光照周期主要是对昆虫的生活起着一种信息作用。例如,豌豆蚜(*Acyrthosiphum pisum*)若虫期在短光照每日 8 小时、温度 20℃时即产生有性繁殖后代;在长光照每日 16 小时、温度 25～26℃或 29～30℃即产生无性繁殖后代。

(二)温度的生态作用

1. 植物的温周期现象

植物的生长发育与温度昼夜变化同步的现象称为温周期现象。昼夜变温对植物的影响主要表现在:① 变温能促使种子萌发,提高种子的发芽率;② 变温对植物生长有明显促进作用;③ 变温有利于开花结实;④ 变温能提高产品品质。总之,昼夜变温对植物的有利之处在于白天适当高温有利于光合作用,夜间适当低温使呼吸减弱,减少消耗,增加光合产物的累积量。

2. 物候

植物适应一年中温度、水分的周期性变化,形成与之相适应的发育节律称为物候。其发芽、生长、开花、结果、落叶等发育阶段称为物候阶段。在农业生产中,可以利用各个物候期来预报农时和害虫发生的时期。

3. 植物的感温性与对低温的要求

不同地区温度的变化有一定的规律,植物长期适应于环境中这种温度的规律性变化而形成了感温特性。如有些植物,特别是起源于北方高海拔地区的植物种子,必须经过一定时间的低温刺激(感低温效应)后才能发芽。这种通过冷冻而获得或增强种子萌发或开花的能力称为春化作用。春化作用在什么阶段感应与植物的生活型有关。一年生植物(如谷类作物)是在种子阶段,二年生植物是在幼苗阶段,而某些木本植物是在发芽阶段。

4. 温度指标

(1)农业指标温度。常用的农业指标温度及其意义见表2-1。

表 2-1 常用的农业指标温度及意义

指标温度	表示的意义		备注
	始现期—终现期	持续期	
日均温≥1℃	土壤解冻和结冰、田间耕作和结束	农耕期	
日均温≥5℃	喜凉作物和大多数牧草开始生长和停止生长	喜凉作物生长期	喜凉作物如麦类、马铃薯、胡麻、油菜等
日均温≥10℃	喜温作物开始生长和停止生长	作物活跃生长期	喜温作物如玉米、谷子、高粱、大豆、水稻、棉花等
日均温≥15℃		喜温作物安全生长期	热带作物(如橡胶树)生长期
日最低气温≥2℃	终霜期和初霜期	无霜期	

(2)积温。作物生长发育需要一定的温度(热量)条件。在作物生长发育所需要的其他条件均得到满足时,在一定温度范围内,作物生长发育速度与气温成正相关,并且要求气温累积到一定的温度总和,才能完成其发育期,这个温度的累积数称为积温。分为活动积温和有效积温两种。

活动积温:作物都有一个生长发育的下限温度(或称生物学起点温度),这个下限温度一般用日平均气温表示。低于下限温度时,作物便停止生长发育,但不一定死亡。高于下限温度时,作物才能生长发育。我们把高于生物学下限温度的日平均气温值叫做活动温度。作物某个生育期或全部生育期内活动温度的总和,称为该作物某一生育期或全生育期的活动积温。如某作物的生物学最低温度为10℃,从播种到出苗期间的平均温度为18℃经历7 d,则≥10℃活动积温为18×7=126日·度。

有效积温:活动温度与生物学下限温度之差,叫做有效温度。也就是说,在这个温度作物的生育才是有效的,作物某个生育期或全部生育期内有效温度的总和叫做有效积温,如上例的有效积温(≥10℃)为(18-10)×7=56日·度。

积温是表示热量资源的有效方法,比用年平均温度指标更有意义。因此,人们可以根据各地的积温来确定适宜种植的作物。

(3)越冬最低温度和最热月温度。积温值可以代表某一地方的热量资源状况,但能否被充分利用,还受其他热量因子的影响,其中主要有越冬最低温度和最热月温度。在我国,某种植物的越冬最低温度往往成为该植物安全种植的北界。通常用最热月平均气温作为作物所需的高温指标。

（三）水的生态作用

水是生物最需要的一种物质,水的存在与多寡影响生物的生存与分布。生物的新陈代谢是以水为介质进行的,生物体内营养物质的运输、废物的排除、激素的传递以及生命赖以存在的各种生物化学过程都必须在水溶液中才能进行,而所有物质也都必须以溶解状态才能进出细胞。

1. 植物需水及水分平衡

水分在植物体内以两种方式参与生理过程,一是植物根部吸收的大部分水分从叶片的气孔蒸腾出去;二是少部分水参与光合作用制造有机物质。绿色植物每生产 1 g 干物质需 $200\sim800$ 毫升水,这一数值也称为植物的需水量。不同的植物需水量不同,一般是 C_4 植物(如玉米、甘蔗、高粱等)比 C_3 植物(如大豆、水稻、小麦等)需水少,作物比牧草需水少,麦类比马铃薯、水稻需水少。强光下需水量降低,弱光下需水量反而增加。

植物一生的需水量是相当大的,因而只有吸水、输导、蒸腾三方面协调时才能维持植物的水分动态平衡。当叶蒸腾大于根系吸水时,植物本身还有一定的调节能力,如气孔变小、叶片卷曲等以防止过度蒸腾。但如果土壤长期缺水,植物体的水分严重失调,会造成植物体的永久萎蔫,这对植物的生长发育极其有害。

2. 植物对水分的适应

根据栖息地通常把植物划分为水生植物和陆生植物。水生植物生长在水中,长期适应缺氧环境,根、茎、叶形成连贯的通气组织,以保证植物体各部分对氧气的需要。水生植物的水下叶片很薄,且多分裂成带状、线状,以增加吸收阳光、无机盐和 CO_2 的面积。水生植物又可分成挺水植物、浮水植物和沉水植物。生长在陆地上的植物统称为陆生植物,可分为湿生、中生和旱生植物。湿生植物多生长在水边,抗旱能力差。中生植物适应范围较广,大多数植物属中生植物。旱生植物生长在干旱环境中,能忍受较长时间的干旱,其对干旱环境的适应表现在根系发达、叶面积很小、发达的储水组织以及高渗透压的原生质等。

3. 动物对水分的适应

动物按栖息地也可以分为水生动物和陆生动物两类。水生动物主要通过调节体内的渗透压来维持与环境的水分平衡。陆生动物则在形态结构、行为和生理上来适应不同环境的水分条件。动物对水因子的适应与植物不同之处在于动物有活动能力,在自然生态系统中动物可以通过迁移等多种行为途径来主动避开不良的水分环境。

（四）大气的生态作用

大气的主要成分是氮(78.09%)和氧(20.95%),还有一定数量的氩(0.93%)、二氧化碳(0.03%)和一些稀有气体(氢、氖、氦、氪、氙)以及臭氧、氨等。此外,还有一些不固定的成分,如水汽、尘埃等。但对生物影响最大的是二氧化碳。

1. 二氧化碳

CO_2 是植物进行光合作用的主要原料,在高产作物中生物产量的 90%～95% 来自空气中的 CO_2,只有 5%～10% 来自土壤中的矿物质。CO_2 从大气进入叶绿体内的速度慢,效率低,因此,在强光下,作物生长盛期CO_2的不足是光合生产的主要限制因素。现在作物生产中常使用根部追肥(干冰)和叶面喷施(液态CO_2)等方法来提高CO_2的浓度,实现作物高产。

由于煤炭、石油等的燃烧排出的CO_2越来越多,加之森林、草原的乱伐滥垦,使吸收CO_2的绿地面积大大减少,导致大气中的CO_2浓度有逐年上升的趋势。CO_2浓度增加会吸收从地面再辐射的红外线,提高地球温度,形成所谓的"温室效应"。

2. 氧气

大气中的氧(O_2)最初由植物产生,有了早期的植物后,才有可能进化出来需要氧进行代谢的高等动植物。氧是生物生存的重要条件,没有氧气,动物就会死亡,高等植物的有氧呼吸也将停止。植物是环境中CO_2和O_2的调节器。植物光合作用中,每消耗44 g二氧化碳就能释放32 g氧。

3. 风

空气的水平波动称为风,风对生物的影响分为有害和有利两个方面。风对某些植物的传粉和果实、种子的传播具有重要的作用。如松树、柏树、杨树、椰树、胡桃、板栗、小麦、玉米、水稻等都是靠风来传送花粉的植物,叫做风媒花植物;再如蒲公英果实上的冠毛,榆树、臭椿等的翅果,都可借助风来进行传播,以扩大自身的分布区域。强风不利于植物的生长,因此,种植树木一般要选择静风或风小的环境。栽植果树和城市绿化植物时,常要用木架把幼树捆扎固定,目的是避免摇摆,以提高幼树的成活率。风在动物(如昆虫)的主动迁移上也有很主要的作用,风向决定它的飞行方向,而风速大小则影响其迁移的距离。

(五) 土壤的生态作用

土壤是陆地生态系统的基础,是具有决定性意义的生命支持系统,其组成部分有矿物质、有机质、土壤水分和土壤空气。土壤肥力是土壤本质的特性,它是指土壤在植物生长发育全部过程中不断地供给植物以最大量的有效养分和水分能力,同时具有自动协调植物生长发育过程中最适宜的土壤空气和土壤温度的能力。所以,土壤有了肥力植物就能生长,没有肥力就没有植物生长。

1. 土壤质地

土壤中各种大小土粒的百分比称为土壤质地,通常分为沙土、壤土和黏土3类。沙土质地疏松,通气透水性好,利于土壤中好气(氧)动物和微生物的活动。但由于沙粒多,易漏水、漏肥,易受热增温,也易散热降温,所以在生产上常常采用掺黏改土的方法进行改良。黏土质地黏紧,通气透水性差,利于土壤中嫌气(氧)动物和微生物的活动,因而,保肥性好,但由于黏土易积水,故土温上升慢,群众称此为"冷土"。这种土壤需要通过深翻挖土、种植绿肥、增施有机肥和掺沙来促进土壤结构的形成。壤土是较好的土壤质地,其特点是既不太松,也不太紧,通气透水,不冷不热,有一定保水保肥和供水供肥能力,宜于农业耕种,只要施用适量有机肥,不断培肥,作物可实现增产。

2. 土壤结构

土壤中的土粒常被腐殖质交结成大小形状不同的土团,这种土团称为土壤结构。土壤结构是构成土体的一个重要因素。它可分为块状或核状结构、团粒结构、片状结构、柱状或棱状结构等。其中,团粒结构是农业上最理想的土壤。具有团粒结构的土壤,在其团粒内部的毛细管孔隙既可保持水分,也是嫌气(氧)微生物活动的场所,有利于有机质的积累,具有保水、保肥的特点；而团粒之间的非毛细管孔隙则充满空气，在好气（氧）微生物的作用下，有机质很快被分解为有效养分，因此，又具有排水、通气和供肥的特点。可见，具有团粒结构的土壤，能协调土壤中水、肥、气、热的矛盾。

3. 土壤有机质

土壤有机质是动植物残体的腐烂分解物质和新的合成物质，包括腐殖质和非腐殖质两大类。非腐殖质是原来的动植物组织和部分分解的组织，主要是碳水化合物和含氧化合物；腐殖质是土壤微生物分解有机质时，重新合成的具有相对稳定性的多聚体化合物，主要是胡敏酸和富里酸。

土壤腐殖质为黑色或棕色的胶体物质，具有很强的保水保肥能力，是土壤有机质的主要组成部分，一般占土壤有机质总量的 80%～90% 以上。腐殖质被微生物分解后的产物，是植物营养重要的碳源和氮源，土壤中的氮素有 99% 以上是以腐殖质形态存在的。因此腐殖质对氮素的保存和有效氮的提供起着重要作用。腐殖质也是作物所需的各种矿物质养分的重要来源，还能与某些微量元素形成配位化合物，提高这些元素的有效性。

4. 土壤矿质养分

植物所需要的营养元素，除碳与氧来自空气中的 CO_2，氢来自水外，其他元素都来自土壤，这些元素以溶于土壤水分中的离子状态被植物根系吸收而进入植物体内。矿质元素的自然补充除岩石的风化不断供给外，还随降水向土壤中补入。此外，生物固氮、雷电也可以向土壤移入一定量的氮。在农业生产中，仅靠自然的矿质元素补充是远远不够的，还必须人工施肥添加矿质元素，以获得高产。

5. 土壤酸碱度

土壤溶液的酸碱度通常用 pH 值表示。pH<5.0 为强酸性，pH 值在 5.0～6.0 为酸性，pH 值在 6.5～7.5 为中性，pH 值在 7.5～8.5 为碱性，pH>8.5 为强碱性。

土壤酸碱度与植物的营养有密切的关系。首先，土壤酸碱度通过影响矿质盐分的溶解度而影响养分的有效性。当 pH 值为中性或弱酸性时，各种元素的有效性较大，对植物生长最适宜；当 pH 值向两极变化时，有效养分就变得不溶解或溶解度很低而不能利用，而有些却超量溶解，导致发生毒害作用。其次，土壤酸碱度通过影响微生物的活动而影响养分的有效性和植物的生长。细菌的硝化作用在 pH<6.0 和 pH>7.7 时就受到阻碍。根瘤菌、固氮菌也要求中性反应条件，在酸性反应中只适于真菌活动。

土壤 pH 值除了影响土壤养分供应外，还直接影响植物的生活力。pH<3 或 pH>9 时，多数维管植物根细胞的原生质受到严重损害。

根据植物对土壤酸碱度的反应，可将植物划分为如下类型：① 酸土植物。只能生长在 pH<6.5 的酸性土壤上的植物，它们在碱性土壤或钙质土上不能生长或生长不良，也叫嫌钙植物。如铁芒萁、石松、茶树、油茶等是较典型的酸土植物；② 碱土植物。只能在 pH>7.5 的碱性土壤上生长的植物，它们在酸性土壤中不能生长。如南天竹、甘草、柏木等是较典型的碱土植物；③ 中性土植物。生长在 pH 值为 6.5～7.5 的中性土壤上的植物。大多数的农作物都属此类，但某些种类也略能耐酸碱。如作物中荞麦、甘薯、烟草等的耐酸性较强；而甜菜、高粱、棉花等则耐碱性较强。

6. 土壤生物

在土壤生物中，土壤微生物（细菌、真菌、放线菌等）起的作用最大。土壤微生物是生态系统中的分解者或还原者,促进生态系统的养分循环。它们直接参与土壤中的物质转化,一方面把动植物残体分解成多种简单物质(称为矿质化过程),释放出无机营养,供植物吸收利用;另一方面,又把一些物质合成为新的复杂的含氮化合物——腐殖质(称为腐殖化过程)。腐殖质在土壤中比较稳定,有利于养分的积累,在一定条件下(如改善通气条件),它又能缓慢分解,释放出养分,供植物利用。此外,土壤中还含有大量动物(如昆虫、蚯蚓等)以及对植物生长有影响的其他微生物。

(六)生物的生态作用

生物因素的生态作用影响着种群分布和发展动态,同时也会对其生存环境产生多方面的影响与作用,或改善环境,使环境更有利于生物生存;或对环境资源和质量造成不良影响。

1. 森林

主要是涵养水源,保持水土;调节气候,增加降雨量;防风固沙,保护农田;净化空气,防治污染;降低噪声,提供燃料,增加肥源。

2. 草原

增加植被覆盖,保持水土,涵养水源;改良土壤,特别是多年生豆科牧草,能增加土壤中的养分及有机质含量。

3. 农田生物

农田作物通过合理轮作,能够培肥地力;通过作物合理密植,能够改善农田小气候;农田土壤微生物净化能力较强,它能够分解多种农田污染物,使其失去毒性;通过种养结合,改善农业生态环境;建设防风林带,使栽培的农作物或其他经济植物不因过度的土壤蒸发、植物本身的蒸腾作用以及风的机械作用而受到损伤。

4. 淡水水域生物

淡水水域中的浮游生物能吸收水中各种矿物质养分,保持水体的洁净度,增加水体的溶氧量;鱼类能摄食浮游植物和细菌,使水质变清;水生植物能净化、改善水域环境。

三、限制因子的原理

(一)李比希最小因子定律(Liebig's law of minimum)

1840年,农业化学家J. Liebig在研究营养元素与植物生长的关系时发现,植物生长并非受到得到充分供应的营养物质的限制,而是受到最得不到满足的营养元素的影响。因此,他提出"植物的生长取决于那些处于最少量因素的营养元素",后人称之为Liebig最小因子定律。随后,许多学者把这个定律推广到所有理化因子,甚至包括时间因素(例如,光照时间)。Liebig之后,还有不少学者对此定律进行了补充。如Mitsherlich发现,当限制因子增加时,开始增产效果很好,继续下去,效果渐减。他还提出,如土壤中的氮(N)供给支持其最高产量的80%,磷(P)供给支持90%,最后实际产量是72%,而不是80%。E. P. Odum(1973)建议对Liebig定律做两点补充:这一定律只适用于稳定状态,即能量和物质的流入和流出处于平稳的情况下才适用;要考虑生态因子之间的相互作用。同一个生态因子,由于伴随的其他因子不同,对生物所起的作用也不同,如光强度不足时,CO_2浓度的提高可得到部分补偿,使光合作用强度有所提高,因而最低因子并不绝对。

(二)谢尔福德耐性定律(Shelford's law of tolerance)

生物的耐性原理,是Shelfold于1913年首先提出,他认为:"任何一个生态因子在数量或质量上不足或过多,当这种不足或过多接近或达到某种生物的耐性上下限时,就会使该生物衰退或不能生存下去。"这就是 Shelfold 的耐性定律。该定律把最低量因子和最高量因子相提并论,把任何接近或超过耐性下限或耐性上限的因子都称作限制因子。

生态因子对生物的影响,通常有三方面,即选择性(preference)、耐性(tolerance)和抗性(resistance)。现以温度为例,选择性就是生物(动物、植物)喜欢的那个温度范围,又叫最适范围;耐性是指生物能生存下来,且尚能繁殖后代的温度范围,包括耐性上限到耐性下限这样的区间,耐性范围又叫生态幅;抗性是指生物生命周期(生活史)中的某个特殊时期(如胞囊、虫卵、种子、花粉)能经受最恶劣环境条件的范围。以上三个方面的特性范围,不仅对不同种生物不一样,而且对同一种生物的不同生活阶段也可能有很大差别。然而其中最重要的是耐性范围,因为它决定该种生物能否在当地存活下来。如玉米生长发育的温度最低不能低于 9.4℃,最高不能超过 46.1℃。后来的研究对 Shelford 耐受定律也进行了补充:每种生物对每个生态因子都有一个耐性范围,耐性范围有宽有窄;对所有因子耐性范围都很宽的生物,一般分布很广;生物在整个发育过程中,耐性不同,繁殖期通常是一个敏感期;在一个因子处在不适状态时,对另一个因子的耐性能力可能下降;生物实际上并不在某一特定生态因子最适的范围内生活,可能是因为有其他更重要的因子在起作用。

最小因子定律和耐性定律合称为限制因子(limiting factor)原理。限制因子的定义是:当生态因子(一个或相关的几个)接近或超过某种生物的耐性极限而阻止其生存、生长、繁殖、扩散或分布时,这些因子就成为限制因子。限制因子的概念指明了生物的生存与繁衍取决于环境中各种生态因子的综合,也就是说,在自然界中,生物不仅受制于最小量需要物质的供给,而且也受制于其他的临界生态因子。最小因子定律和耐性定律只适用于稳定环境,因为处在剧烈变动中的环境(例如,严重污染的环境),限制因子常可能被暂时掩盖起来。比如,淡水藻类在正常水体中,磷元素可能是限制因子,但如果大量含磷污染物(如合成洗涤剂)排入水体后,磷就不再是限制因子,但这只是暂时的,因为一旦污染物降解或排除后,磷又转变为藻类的限制因子。

(三)生物对主要生态因子的耐性范围

任何生物对生态因子都有一定耐性范围,耐性范围越广的生物,适应性越广。据此,可将生物大体上分为广适性生物和窄适性生物。

1. 温度的耐性范围

生物生存的最大温度范围是 −200～100℃。实际上,大多数生物的生存温度在 −40～50℃。不同的生物对温度的耐性范围不同。松、栎等为广温性植物,橡胶、椰子等为狭温性植物。

2. 水分的耐性范围

生物对水分的耐性范围,主要表现在降水量、干燥度和土壤含水量等方面。各类植物具有特定水分耐性范围和形态生理特点。土壤含水量常用田间持水量和凋萎系数这两个有效水分上限和下限临界值来表示。

3. 太阳辐射的耐性范围

生物对太阳辐射的耐性范围主要表现在光照强度、光周期和光质三个方面。绿色植物对光强的耐性范围在光饱和点与光补偿点之间；对光周期的耐性范围，短日照植物要在超过某一临界暗期下才能转向生殖生长，而长日照植物则要在短于某一临界暗期下才能转向生殖生长，超出所要求的临界暗期，植物则不能开花结实；而光质则主要影响生物的光合作用。光合作用在红光及蓝紫光下效率较高，在黄绿光下较低；紫外光、蓝紫光和青光都能抑制植物伸长生长，使植物变矮；在紫外光辐射下，许多微生物不能生存。

4. 矿质元素和土壤(水体)酸碱度的耐性范围

一般植物适应的 pH 值为 6～7，在强碱土壤中容易发生铁、硼、铜、锰、锌等元素不足；在强酸土壤中容易发生磷、钾、钙、镁的不足，活性铁、铝过多，对作物生长不利。

5. 氧气的耐性范围

根据生物对大气含氧的适应范围，可分为广氧性和窄氧性生物，绝大部分动植物都属窄氧性生物，微生物也有厌气菌和好气菌。根据水生动物与氧气的关系，可分为专性厌氧动物、兼性厌氧动物和需氧动物。

第二节　农业生态系统的种群

一、种群的基本概念

种群(population)是在一定空间范围内同种生物个体的集合，是由生物个体组成的，它具有可与个体相类比的特征。但是由于种群是一个群体的单元，所以其特征往往可以用个体特征的平均值或众数等统计量来表达。例如，个体中的出生、死亡、寿命等即表示种群的出生率、死亡率和平均寿命。此外，作为群体，种群还具有一些个体所没有的特征，例如密度等。

种群作为具体的研究对象又可分为自然种群(如稻田中的褐稻虱种群)和实验种群(如实验条件下人工饲养的褐稻虱种群)，单种种群(如观察田间稻纵卷叶螟种群)和混合种群(如寄主与寄生物群体)。

二、种群的空间特征

(一) 种群分布

生物的分布取决于其生存的生态条件、生物的移动性、其进化历程中曾促进或抑制过种群扩大的气候和地质因素，以及人为因素等综合作用。种的分布是进化尺度上种群的适应过程。每个物种都有自己特定的空间范围，即分布区。这一分布区的形成，一方面是物种从散布中心和起源中心传播开来的结果；另一方面也是散布的限制因子作用的结果。实际上，很少有一个 Mendel 种群(或繁育种群、混交种)组成一个物种。通常是形成许多隔离的、彼此位于分布区不同地段并缺乏相互基因交流的混交群，彼此之间存在一定的生态和遗传分化。根据种群间空间隔离的程度和基因交流的可能性，物种可能由以下 3 种类型的种群构成：

(1) 同地种群(sympatric population)。占据相同的空间或重叠的空间，个体间存在交配的可能性。

(2) 异地种群(allopatric population)。彼此相隔很远,不存在交配的可能性。

(3) 邻接种群(parapatric population)。生活在毗邻的地区,在空间上是邻近的或没有空间隔离,但不是生活在一起或占据相同的空间,在接触区可能相互交配。

种群分布可分为连续和间断两种极端类型,一般的种群分布类型是两种极端情况的某种中间类型。

连续分布的种群是在生境一致的广大空间出现的种群,大片的草原和森林类似于这种分布,但一方面表面一致的生境实际上可能是不一致的;另一方面不可能达到完全的随机交配。

连续分布有种特殊的情形,即连续的生境呈线状分布,如水系、海岸等。在这种生境中,种群呈线状分布(linear distribution)。线状分布兼具间断与连续的性质,如同一水系不同支流上游地区的种群间是彼此隔离的。

间隔的种群分布,一般称作岛屿模型(island model)分布,一个种的有利生境被不利生境分割开来,形成彼此隔离的岛屿种群。

线状分布与岛屿模型结合的种群分布形式称作踏脚石模型(stepping stone model),生境兼含有连续分布和间断分布的性质,形成线状岛式种群系列。

(二) 种群分布格局

在分布区内,个体不一定是均匀一致地分布,但种群内个体的空间组合有一定的规律性。由于种群栖息地生物(物种特性、种内或种间关系)和非生物(如气象、地形、土壤条件等)环境间的相互作用,形成了种群在特定水平空间范围内个体扩散分布的相应形式。这种形式称为种群的空间分布型(spacial distribution),或种群的空间格局(spatial pattern)。种群的空间格局不但因种群而异,而且同一个种在不同的发育阶段、种群密度和生境条件下有明显的区别。种群的空间格局是种的分布特征在分布的群落中的表现形式,也是在生态系统的时空尺度内种群适应的结果。

1. 种群分布格局的类型

种群的空间格局是物种特性、种间关系和环境条件的组合作用下形成的种群空间特性,既是一种种群在长期进化历程中形成的适应能力,也是一种对现实环境波动的适时的生态学反应。从理论上讲,种群内个体空间分布型有随机(random)、均匀(uniform)和聚集(gregariousness,clumping,或集聚 contagious)3 种。Whittaker(1975)提出第 4 种分布型,即嵌式分布(mosaic distribution)。Merrell 也认为聚群散布本身又可以是随机的、均匀的或聚集的,这使得种群的空间格局更为复杂。

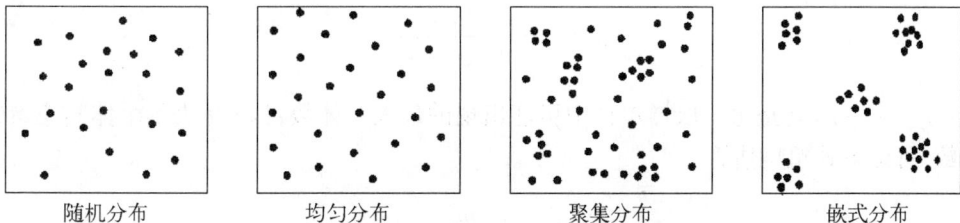

| 随机分布 | 均匀分布 | 聚集分布 | 嵌式分布 |

图 2-1　种群分布格局的类型(引自 R H Wright, 1975)

（1）随机分布。随机分布是指种群个体的分布完全与机会相符。换句话说，种群内个体的活动或生长位置完全是由随机因素决定的。个体彼此独立生存不受其他个体的干扰，它的出现与其余个体无关，任何个体在某一位置上出现的概率相等。随机分布在自然条件下并不多见，在生境条件基本一致或者生境中的主导因素是随机分布的时候，才会出现种群的随机分布。如种子随机散布形成的幼苗种群随机分布，森林中的蜘蛛种群、海岸潮间带的蚌类种群等。

（2）均匀分布。个体间保持一定的平均距离，形成等距分布。均匀分布的情形在自然条件下极其罕见。竞争的个体间形成均匀相等的间隔，如领域性的动物通常表现为均匀分布。此外，如果地形或土壤等物理条件呈均匀分布，或者存在自毒现象（autotoxin）也能导致均匀分布。人工栽培的植物种群一般都是均匀分布的。

（3）聚集分布。个体的分布很不均匀，常成群、成簇、成斑块地密集分布。聚集分布是最为广泛的一致分布格局，在多数自然条件下，种群个体常为聚群分布。

（4）嵌式分布。嵌式分布表现为种群簇生结合为许多小的集群，而这些集群间又是有规则地均匀分布。嵌式分布的形成原因与聚集分布相同，原本属于聚集分布的范畴，由Whittaker(1975)将其独立成为新的一类。

2. 种群空间格局的研究方法

种群空间格局的研究方法有多种，主要可以分为4类。

（1）直观判断。植物群落学中早期的一些学派都有关于个体聚集度（社会性等级）的指标体系，如 Braun-Blanquet(1931)的5级制，还有 Malmgren(1979)的9级社会性等级等。

（2）分布格局模型。通过离散分布（discrete distribution）的理论拟合，来判别种群的分布型。主要有：

A. 泊松分布（Poisson distribution）——随机分布

在调查样方中，包含 x 个个体的样方出现概率 P_x，符合泊松分布。其一般式为

$$P_x = \frac{e^{-m}m^x}{x!}$$

式中：P_x 为在某个取样单位中，刚好有 x 个个体的概率（$x=1, 2, 3, \cdots$），e 为自然对数的底，m 为每个取样单位中的平均数。

B. 正二项分布（binomial distribution）——均匀分布

个体必须是独立的。调查样方中，空白和密度大的样方出现的频率都极少，而接近平均个体数的样方出现的频率最大，个体均匀分布。其一般式为 $(p+q)^n$ 的展开式

$$p(k) = \frac{n!p^nq^{n-k}}{k!(n-k)!}$$

式中：$q = 1-p$，n 是每个取样单位中可能出现的最大个体数目，k 是表示个体间集聚强度的参数，可由下式粗略估算

$$k = \frac{m^2}{S^2-m}$$

式中：S^2 是取样单位的方差，m 是每个取样单位中的平均个体数。

C. 负二项分布（negative binomial distribution），集群分布。一般式为 $(p+q)^{-n}$ 的展开式。

D. 奈曼 A 型分布（Neyman distribution），集群分布。

（3）聚集强度（intensity）测定。分布格局的理论拟合曾经是研究种群空间格局的主要方法，但是许多拟合的结果往往符合两种甚至两种以上的分布，出现生态学意义的混乱，甚至自相矛盾的解释。20 世纪 50 年代后期出现了聚集强度指标体系，采用聚集强度指数的分析判断种群空间格局的方法日益兴盛。聚集强度指数既可用于种群分布型的判断，在一定程度上还可以提供种群个体行为和种群扩散在时间序列上的信息。以后发展迅速，日益受到数量生态学家和种群生态学家的重视。

聚集指数有 10 多种，常用的有平均拥挤度（m^*）和聚块性指数（m^*/m）、丛生指数、Cassie 指数、扩散指数、负二项参数、m^*-m 回归分析法、幂函数等。

（4）格局分析（pattern analysis）。反映的是种群聚集分布的尺度（scale）、集聚斑块（patchiness）的大小和格局纹理的粗细，广泛使用的是 Greig-Smith 的区组分析（block analysis），采用棋盘式的相邻格子样方法，以聚集程度随样方大小的变化来提供格局的信息。

三、种群的数量和动态

空间和数量是衡量种群是否昌盛的两个指标。对于有活动能力的种和存在世代重叠的种，种群统计（population demography）存在理论和方法上的困难。

（一）种群统计参数

1. 种群大小和密度

种群大小（size）可以定义为在某一特定时刻种群中个体的总数。种群密度（density）是指单位面积或容积内的个体数目。种群大小在种群生态学和种群遗传学中都是特别重要的参数，而种群密度通常是种群生态学更关心的方面。种群大小和种群密度是不同的概念，在许多情形下两者并不相等。研究种群大小和密度的方法通常是以设置样方来进行，对于移动的动物，采用捕获—标记—释放—再捕获技术。

密度有粗密度（crude density）和生态密度（ecological density）之分。粗密度是指单位总空间内个体数，生态密度则是指单位栖息空间（种群实际占据的有用的面积或空间）的个体数。也有人用种群的相对丰度（relative abundance）来描述种群的个体数目。

2. 出生率和死亡率

影响种群动态的两个因素：

（1）最大出生率（maxium natality）与实际出生率（realized natality）或生态出生率（ecological natality）。最大出生率是指种群处于理想条件下（即无任何生态因子的限制作用，生殖只受生理因素所限制）的出生率。出生率的高低取决于性成熟速度、每次繁殖的后代数量、繁殖次数。

（2）最低死亡率（minimum mortality）与实际死亡率（realized mortality）或生态死亡率（ecological mortality）。最低死亡率是种群在最适环境条件下的死亡率，种群中的个体都是自然衰老死亡的,即都活到了生理寿命(realized longevity)。种群的生理寿命是种群处于最适条件下的平均寿命(不是特殊个体的最长寿命),种群在特定条件下的平均寿命称为生态寿命。多数情况下,个体往往死于捕食、疾病、不良气候等。

最大出生率和最低死亡率是理论上的概念,是种群的常数,可以反映出种群的潜在能力和实际能力之间的差异。

此外,还需注意区分生育力(fecundity)和繁殖力(fertility)的差异。生育力是指雌性产卵的数目,是雌性个体固有的特征。繁殖力是指发育成幼体的受精卵数目,是由雌雄个体共同决定的特征。

3. 迁入和迁出

迁入(immigration)和迁出(emigration)也是影响种群动态的两个因子,是种群间基因交流的生态过程。有效的遗传迁移才有基因流的发生。

4. 种群年龄结构和性比

种群由不同年龄的个体组成,各龄级的个体数与种群个体总数的比例成为年龄比例(age ratio)。按从小到大的年龄比例绘图,即是年龄金字塔(age pyramid),它表示种群年龄结构分布(population age distribution)。种群的年龄结构是判定种群动态的重要方面,根据年龄金字塔的形式,可分为增长型种群、稳定型种群和衰退型种群。

昆虫的自然种群,尤其是世代重叠比较明显的种群内,一般都包含有不同年龄的个体。不同年龄的个体对作物的危害程度不同,抗逆性不同,栖息习性不同,甚至空间分布状况也有差异。所以,在昆虫种群的研究中关注种群的年龄组配很有必要。

性比(sex ratio)是反映种群中雌雄个体数比例的参数。受精时(受精卵)的性比称为初始性比或第一性比,第一性比大致是1∶1。但随后雌雄个体经过差别死亡,性比将发生改变。经过出生(孵化)或断奶(长羽)、亲代停止照料或性成熟后,形成第二性比。此后,还有充分成熟的个体性比称为第三性比。大多数昆虫种群内都包括有雌虫和雄虫两类。雌虫个体数量与雄虫个体数量的比值称为雌雄性比。也有用雌虫数量占种群总个体数的比率来表示。昆虫的性比依种类不同而不同,同一种群的性比也会因环境变化而变化。对一些若孤雌生殖昆虫,如蚜虫、介壳虫、蓟马等,以及部分螨类,因其种群在大部分时间中只有雌性个体存在,所以在分析种群结构时,可以忽略其性比。

(二)种群动态描述

1. 生命表

生命表(life table)亦称寿命表,创始于17世纪。起初用于人口统计学,并在人寿保险业中得到广泛的实际应用。在生态学研究中,最早是由昆虫种群生态学家所采用。

生命表是描述种群死亡过程的有用工具。它可以系统完全地记录自然条件的实验统计下,种群在整个生命周期内各个年龄阶段或发育阶段的死亡数、致死原因和生殖力。通过死亡因素的分析,可以明确致死因素对种群波动的作用。根据出生和死亡的数据可以预测种群将来消长的趋势。

在生态学研究中流行应用的生命表有特定年龄生命表和特定时间生命表两种主要形式。此外,还有图解生命表(diagrammatic life table)和动态混合生命表(dynamic composite life table)等。这里主要介绍在农业生态学研究中广泛应用的前两种生命表(见图2-2)。

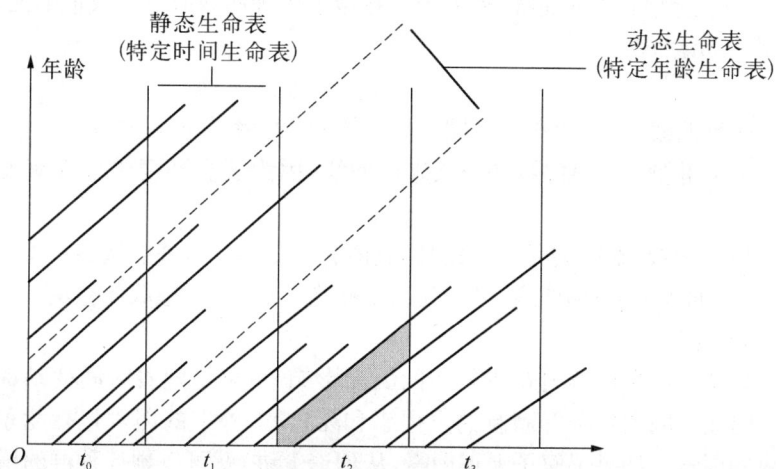

图 2 - 2　静态生命表和动态生命表

（1）特定年龄生命表。特定年龄生命表（age-specific life table）又称动态生命表（dynamic life table），或水平生命表（horizontal life table）。这种生命表以种群的年龄阶段作为划分时间的标准，系统观测记录一个同生群（cohort，统计群），即同时出生的个体群，在不同的发育阶段或年龄阶段的死亡与存活、死亡原因、繁殖数量。这种生命表需要抽取种群中的一个同生群，纵向地跟踪收集这一同生群从出生到最后死亡的全部资料。所观测的同生群都经受了相同的环境条件。在实际中要获得所需的完整数据比较困难，特别是对世代重叠、寿命较长的种群。

（2）特定时间生命表。特定时间生命表（time-specific life table）又称静态生命表（static life table），或垂直生命表（vertical life table），是在一个特定的时间断面观察种群各龄级的存活状况，并以此来估计每个年龄组的死亡率。静态生命表反映的是不同出生时间的个体经历不同环境条件后的种群特征，现存个体的年龄结构复合了以往的出生率和死亡率。这种生命表编制基于以下 3 个假说：① 种群数量是静态的，即密度不变；② 年龄组合是稳定的，即种群的年龄结构与时间无关；③ 个体的迁移是平衡的，即迁入等于迁出。静态生命表在自然种群，特别是世代重叠，寿命较长的种群中应用价值很大。

2. 存活曲线

存活曲线（survivorship curve）是以个体死亡数来表述特定年龄的死亡率，根据生命表中的存活数（l_x）的对数值相对于时间变量绘制而成，是描述种群数量特征的基本方法之一。与生命表一样，存活曲线不是某一标准种群特有的，它是不同生境、不同时间下种群的性质。Deevey（1947）以相对年龄（即平均年龄的百分数）作横坐标，以存活数（l_x）作纵坐标，绘制存活曲线，划分出了 3 种基本类型。有的学者作了进一步细分，见图 2 - 3 。

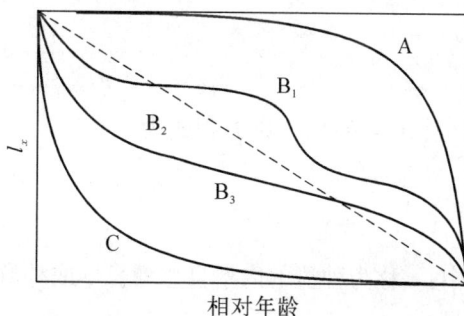

图 2 - 3　存活曲线示意图

A 型(Deevey I 型):凸形曲线,种群个体在接近生理曲线时仅有较低的死亡率,达到生理寿命后,则大量死亡。

B 型:

B_1 型:台阶型曲线,在生活史的不同阶段个体的死亡率有较大的差异。

B_2 型(Deevey II 型):呈直线,是一条理论曲线,因为现实环境中很少有死亡率恒定的情况。

B_3 型:近似 S 曲线,幼体的死亡率较高,成体的死亡率降低并且接近于不变。

C 型(Deevey III 型):凹形曲线,早期死亡率极高,以后死亡率低而稳定。

3. 种群增长模型

种群的数量(密度)在种群内在或外在的因素影响下,总是随着时间变动保持动态的平衡或者改变。内在的因素指种群固有的出生率和死亡率,外在的因素包括竞争、捕食,以及物理环境方面的因素。如果了解了上述因素,从理论上讲,就可以预计种群的增长率。

一般而言,种群数量因出生和迁入得到补充,同时因死亡和迁出而损失,随时间的变化(t 到 $t+1$ 时刻),种群数量的改变将是

$$N_{t+1} - N_t = B + I - D - E$$

式中:B、I、D、E 是一段时间内种群的出生数、迁入数、死亡数和迁出数。

(1)指数增长模型。指数增长(exponential growth),也称作对数增长(logarithmic growth),也就是 Malthus(1798)所说的几何级数的种群增长(geometric growth)。种群增长的方程式为

$$N_t = R_0^t N_0$$

式中:R_0 为每代的生殖力,N_0 为起始的种群大小,t 为世代数。

指数曲线呈 J 型,所以指数增长也叫 J 型增长。

在上式中,如果 $R_0 > 1$,种群将以指数方式增长;如果 $R_0 = 1$,种群将保持恒定;如果 $R_0 < 1$,种群将缩小。

满足指数增长的 3 个条件:① 种群处于无限环境条件下,即个体增长不受空间或密度与资源限制;② 个体不死亡;③ 每代的生殖力保持恒定。

但通常情况下,每个种群都有一定的死亡率(d)和出生率(b),假设不发生种群迁移,环境依然无限,出生率和死亡率与种群大小无关,此时种群的瞬时变换率为

$$\frac{\mathrm{d}N}{\mathrm{d}t} = (b-d)N$$

令 $r = b - d$,则方程式为

$$\frac{\mathrm{d}N}{\mathrm{d}t} = rN$$

式中:r 称为种群的内禀自然增长率或种群瞬时增长率,是种群生物潜能或生殖潜能的一种度量。

(2)逻辑斯谛增长模型。种群的无限增长在自然条件下很少发生,通常要受到有限环

境条件的制约,而且种群的增长过程与密度相关,即种群的出生率和死亡率并非与种群数 N 无关。我们将有限环境和与密度有关的种群增长称为逻辑斯谛增长(logistic growth)。逻辑斯谛增长曲线呈 S 型,此曲线有一条上渐近线,即环境对种群增长的限制。该种群增长的数学模型由比利时学者 Verhulst 于 1838 年创立,1920 年后才引起人们的重视。

逻辑斯谛方程是

$$\frac{\mathrm{d}N}{\mathrm{d}t} = rN\left(1 - \frac{N}{K}\right)$$

式中: r 为种群的瞬时增长率,与净增长率不同; N 为种群实际大小; K 为常数,是种群大小的上限,也叫做环境容纳量(carrying capacity)。

逻辑斯谛增长成立的条件: ① 种群中的所有个体具有相同的基因型和表型,具有相同的死亡和生殖特征;② 种群的个体数量是合适的计量单位;③ 种群内禀自然增长率 r 不随种群数量的变化而改变,即 r 是常数;④ 种群大小的上限或环境容纳量(K)固定不变。但是,无论是指数增长模型还是逻辑斯谛增长模型,都是将种群波动的过程过分简化了,出生与迁入和死亡与迁出之间的平衡、环境条件的改变及生殖的不连续性等因素,都可以引起种群数量的动态改变。种群的空间和数量特征是进化中的固有特征,种群的分布式样和数量表现与特定的环境有关,并随环境变动表现出不同的动态特征。掌握分布与数量特征是认识和描述种群的基础,进而可以说明种群在不同环境中的适应与分化,及决定种群分化适应的内在本质。

四、种群间的相互作用

生物种群之间存在着各种各样的相互依存、相互制约的关系,根据种间关系的性质,这种相互作用可以分为 3 种类型:一是正相互作用,结果一方得利或双方得利;二是负相互作用,结果至少一方受害;三是中性作用,结果是双方无明显的影响。分别以"+"、"一"、"0"符号代表上述关系(见表 2-2)。

表 2-2　两种群相互作用性质分析

作 用 类 型	物种 1	物种 2	相互作用的一般特征
1. 中性作用	0	0	两个种群彼此都不受影响
2. 竞争:直接干涉型	—	—	两个种群直接相互抑制
3. 竞争:资源利用型	—	—	资源缺乏时的间接抑制
4. 偏害作用	—	0	种群 1 受抑制;种群 2 不受影响
5. 寄生作用	+	—	种群 1 寄生者得利;种群 2 宿主受抑制
6. 捕食作用	+	—	种群 1 捕食者得利;种群 2 猎物受抑制
7. 偏利作用	+	0	种群 1 共栖者得利;种群 2 宿主不受影响
8. 原始合作	+	+	对种群 1、2 都有利,但不发生依赖关系
9. 互利共生	+	+	对双方都有利,并彼此依赖

应当指出,生物种群之间相互关系的性质在不同的环境条件下,或在不同的时期(生长发育的不同阶段)是可以变化的。在某些条件下,它们是互利关系;在另一条件下,可能是竞

争关系;在第3种条件下,可能又是无关的。种群间相互作用的形式是多种多样的,有各种形式的直接作用,但更多地是通过环境而发生的间接作用。

(一)正相互作用

生物种间的正相互作用包括偏利作用、原始合作和互利共生。

1. 偏利作用

偏利作用又称单惠共生,是指相互作用的两个种群一方获利,而对另一方则没什么影响。如吸附在鲨鱼腹上的鱼。

2. 原始合作

原始合作,即两种生物在一起,彼此各有所得,但两者之间不存在依赖关系。如作物间作、稻田养鸭。

3. 互利共生

互利共生是一种专性的、双方都有利并形成相互依赖和能直接进行物质交流的共生关系。如菌根、豆科植物与根瘤菌、反刍动物及其前胃中的原生动物与微生物。

(二)负相互作用

生物种间的负相互作用包括竞争、捕食与寄生等。负相互作用使受影响种群的增长率降低,但并不意味着有害。从长期存活和进化论的观点看,负相互作用能增加自然选择率,产生新的适应。

1. 竞争

生物种群的竞争通常包括种间竞争和种内竞争。通常把发生在两个或更多物种个体之间的竞争称为种间竞争。生物种群越丰富,种间竞争越激烈。发生在同种个体之间的竞争称为种内竞争。种间竞争有两种形式:一为直接干涉型,如动物之间的格斗;二为资源利用型,如与水稻一起生长的稗草对阳光、水分和养分的争夺。

种间竞争不论其作用基础如何,竞争的结果均是向两个方向发展,其一是一个种完全排挤另一个种;其二是两个种各占有不同的空间(地理上分隔),捕食不同的食物(食性特化),或其他生态习性上的分隔(如活动时间分离)等,从而使两个种之间形成平衡而共存。

竞争的结局取决于种内和种间竞争的大小。如果种群的种间竞争强度大,而种内竞争小,则该物种取胜,反之该物种在竞争中失败。从理论上讲,两种群竞争结果可能产生以下4种结局:① 物种1取胜,物种2被排挤掉:表示物种1的种内竞争小于它对物种2的种间竞争强度,而物种2的种内竞争却大于它对物种1的种间竞争,因此结局是物种1取胜;② 物种2取胜,物种1被排挤掉,其情况与上述相反;③ 两物种共存,两物种种内竞争强度均大于种间竞争强度,形成平衡稳定局面;④ 两物种种内竞争强度均小于种间竞争强度,因而谁胜谁负的问题取决于两个种群的初始状态对谁更有利。

2. 捕食

捕食与被食是常见的种间直接的对抗性作用关系,也就是吃与被吃的关系。广义的捕食包括4种类型:① 肉食动物吃草食动物和其他肉食动物;② 昆虫的拟寄生者,如寄生蜂在寄生昆虫的体内或体外产卵,其幼虫在生长、发育过程中取食寄主。这与真正的典型寄生不同。一般拟寄生者总是杀死寄主,而真寄生者并不杀死寄主;③ 食草动物取食植物根茎叶等,通常植物并未被杀死,而仅是部分受损;④ 同类相食,属捕食现象特例,指捕食者与被捕食者为同一物种。

捕食作用的意义可归纳为：① 捕食者是它所取食的物种种群的重要调节者。对害虫的生物防治技术正是基于这一观点；② 捕食者在维持被食者种群的适合度中起作用。所谓适合度是指被食者维持一个健康的、有生气的种群的能力。一般来说，捕食者吃掉的多是不适者，如被食动物中的病、残、弱者等，食草动物例外；③ 捕食者在猎物进化过程中起着选择性因素的作用；④ 群落中能量在食物链中的流动都是通过捕食作用实现的。

3. 寄生

寄生现象相当普遍，如寄生在其他动物体内的蛔虫、血吸虫等，寄生于其他植物的旋花科的菟丝子、玄生科的小米草、列当属植物等，几乎所有生物在其生活过程中都或多或少地受到寄生物的侵害，就是小小的细菌也逃不脱噬菌体的寄生。

4. 偏害作用

偏害作用是指某些生物产生的化学物质对其他生物产生毒害作用。如青霉产生的青霉素可以杀死多种细菌和植物的化感作用。

五、种群的适应与对策

生物种群对不利条件有着一定的适应性。种群适应指种群在其生活史各阶段中，为适应其生存环境而表现出来的环境生物学特性。

（一）形态适应

种群在与环境相互作用中，在形态上有一系列表现特征：① 在生物个体的形态习性上：如仙人掌科植物为适应干热环境，表现出明显的旱生特征，叶退化为刺状，体内储水组织发达等；② 在个体大小上：个体大小与世代时间呈显著正相关。这一现象的产生可能是由于寿命与单位体重代谢活动成反比，亦即与生物个体越小代谢越快有关；此外，可能与个体越大其初始生殖时间越晚有关。个体大的植物更有利于种子的远距离传播等等。

（二）生理适应

生物不仅通过本身形态的改变适应其生境的变化，而且以不同的代谢方式或代谢程度的强弱与其生境相协调。植物中常见的例子如 C_3 植物、C_4 植物和 CAM 植物在进化过程中适应其特殊生境所形成的特有代谢特征。

（三）生态对策

生态对策就是生物为适应环境而朝不同方向进化的"对策"，也即生物以何种形态和功能特征的适应而在其生境中生存和繁衍后代。生态对策有两种基本的类型，即 r-对策者和 k-对策者。从进化生态的观点，前者可称为 r-选择者或 r 类有机体，后者则为 k-选择者或 k 类有机体。

r-对策者，其生活期短、个体小、死亡率较高且无规律，生育时间早，终身仅繁殖一次，但生殖耗能大。对繁殖的高能量分配是 r-对策者的特征之一。r-对策者往往是临时性生境的占据者，适应多变的栖息环境，其对策基本是机会主义的，可以产生种群突然爆发或猛烈消亡。r 对策者虽竞争力弱，但繁殖率高，平衡受破坏后恢复的时间短，灭绝的危险性小。

k-对策者，其生活周期长、个体大、死亡率属密度制约，且有规律；种群大小常在 K 值上下波动，因而种间竞争相当激烈。k-对策者常生活在相对较稳定的环境中，生殖耗能较少，大部分能量用于逃避死亡和提高竞争能力。k-对策者,遭到激烈的变动后,恢复平衡的时间长,种群容易走向灭绝。如大象、鲸、恐龙等。这类生物对稳定生态系统有重要作用,应加强保护。

在大的分类单位间作生态对策比较时,大型乔木和脊椎动物可视为 k-选择者,而昆虫和某些低等藻类以及原生动物可视为 r-选择者。可见,r 对策者和 k 对策者是两个进化方向不同的类型,其间有各种过渡类型。而飞蝗两种对策交替使用,群居相是 r-对策者,散居相是 k-对策者,即 r-对策者和 k-对策者存在于一个连续的系统,称为 r-k 连续体。如果说 k-对策者在竞争中是以"质"取胜,那么,r-对策者则是以"量"取胜。

第三节 农业生态系统的群落

一、生物群落的概念

生物群落(biotic community)是指一定地段或一定生境内具有直接或间接关系的各种生物种群构成的结构单元,具有复杂的种间关系。组成群落的各种生物种群不是任意地拼凑在一起的,而是有规律地组合在一起才能形成一个稳定的群落。如在农田生态系统中的各种生物种群是根据人们的需要而组合在一起的,而不是由于它们的复杂的营养关系组合在一起,所以农田生态系统极不稳定,离开了人的因素就很容易被其他生态系统所替代。

每个生物群落都有一定特征的生态环境,在不同的生态环境中有不同的生物群落。生态环境越优越,组成群落的物种种类数量就越多,反之则越少。

二、群落结构

群落结构是指群落的物种组成及其在空间和时间上的分布。包括水平结构、垂直结构和时间结构。

(一) 群落的水平结构

群落的水平结构是指群落的在水平方向上的配置状况或水平格局,也称作群落的二维结构。农业生产中的农、林、牧、渔以及各业内部的面积比例及其格局是农业生态系统的水平结构。控制农业生物群落的水平结构有两种基本方式。① 在不同的生境中因地制宜选择合适的物种,宜农则农,宜林则林,宜牧则牧;② 在同一生境中配置最佳密度,并通过饲养、栽培手段控制密度的发展。各种农作物、果树、林木的种植密度、鱼塘的养殖密度、草场的放牧量等都对群落的水平结构及产量有重要影响。

(二) 群落的垂直结构

群落的垂直结构是指群落的不同物种或类群出现在地面以上不同的高度或水面以下不同的深度。它是群落充分利用空间的一种途径,如森林群落的分层和水体中不同藻类的分层。群落的地上成层性主要取决于光、温要求,具有各自的小环境特点。从光照角度看,总的趋势是层次越低,耐阴性越强,在群落底层,只能生长阴生植物。地下的成层现象一般和地上成层性是相应的。如森林群落中乔木根系分布最深,其次为灌木根系,再次为草本植物根系。

群落的成层现象反过来引起生物群落的环境分化，使不同层次的光照、温度、湿度、空气成分等各有不同。据此，如果使具有不同生态特性的生物分别占据群落的不同空间位置，就可减少种间竞争，促使群落繁荣，使单位面积内能容纳更多的生物种类和数量，生产更多的生物量。如作物的间套作、特殊类型（稻田养鱼、鱼塘养鸭等）、鱼的分层放养等。

（三）群落的时间结构

光、温度和水分等很多环境因子有明显的时间节律（如昼夜节律、季节节律），受这些因子的影响，群落的组成和结构也随时间序列发生有规律的变化。这就是群落的时间结构。时间结构是群落的动态特征之一，它包括两方面的内容：一是自然环境因素的时间节律所引起的群落各物种在时间结构上相应的周期变化；二是群落在长期历史发展过程中，由一种类型转变成另一种类型的顺序变化，亦即群落的演替。

三、群落演替

演替（succession）是指一群生物被另一群具有不同特征的生物所更替的现象，包括植物、动物和微生物，但主体是植物，后两者是随植物而变化的。演替是一个动态过程，但从本质上看，它已不再是一个严格意义上的时间动态概念，同时也是指在生态系统发育的时间动态过程中形成的一个客观结果，或者，就是指在时间演替上相互关联的一系列的生物群落。通常演替是一个地区内的植被、动植物和微生物区系、土壤和小气候随着时间的推移而发生的许多变化所组成的一个连续过程。

演替的类型有如下几种：

演替从发生地点的初始状况、驱动力、方向等方面，可以区分为：

原生演替（primary succession）和次生演替（secondary succession）；

自生演替（autogenic succession）和异生演替（allogenic succession）；

前进演替（progressive succession）和退化演替（retrogressive succession）；

自养演替（autotrophic succession）和异养演替（heterotrophic succession）；

定向演替（directional succession）和循环演替（cyclic succession）。

原生演替和次生演替的主要类型和区别如下：

原生演替 { 稳定基质上的演替，如火山岩、冰碛岩上的演替；
不稳定基质上的演替，如流动沙丘上的演替。

次生演替 { 弃耕地演替；
采伐或火烧演替；
侵入种演替。

Tansley（1935）区分了自生演替和异生演替，自生演替是指演替变化主要由生态系统内部的相互作用决定，生物是变化的内因。若外部力量有规律地影响或控制着演替变化则称为异生演替，此时生物只是对气候和地理变化作出反应。这种理解演替的方式，是基于群落具有新陈代谢的观点，多少有一点人为划分的味道。

外部输入的物质或能量、地质因素、风暴、人为干扰等都确实能改变、抑制或扭转群落的演替进程。如果异生的影响不断地超过内在的作用,生态系统就不可能达到稳定,而且将会"绝灭",如湖泊富营养化的过程。这里所指的自生力量是内部的输入或反馈,理论上这将驱使生态系统导向某种平衡状态。异生力量是阶段性的外部输入干扰,将阻止或改变固有的轨迹。

原生、次生演替与自生、异生演替并不是完全对等的,原生与次生演替依据演替发生的初始环境背景差异来区分,自生和异生演替的差异在于过程中主导因素和动力的不同。一般而言,原生演替通常是自生的,而次生演替则是异生的。

演替导致群落越来越高的结构复杂性和生物量,丰富的物种多样性,此种演替称为前进演替。相反,导致物种数量下降、结构简化、土壤养分丧失等的演替称为退化演替。

Odum 将演替开始时 $P>R$ 的演替称为自养演替,$P<R$ 称为异养演替。P 为总生产量(gross production),R 为群落呼吸消耗(community respiration)。

通常讨论的演替只是通过逐渐变化最终导致整个群落的变化,这种变化是有方向性的,最后将走向顶极群落。但是即便在顶极群落内,演替依然进行,因为上层树种的寿命有限,上层树木的倒下必然形成林窗,带来种的入侵及随后的更替,这一演替过程是循环性的,是小尺度范围内的变化,有人也称之为局部演替(local succession)。通常这是节律性的干扰因素在起作用,如或多或少有规律的间隔性扰动(台风、暴风雨),或是环境输入的循环性(雨季来临),以及群落自身发育的循环性。循环演替更加真实地反映出顶极群落内部的动态过程(见图2-4)。

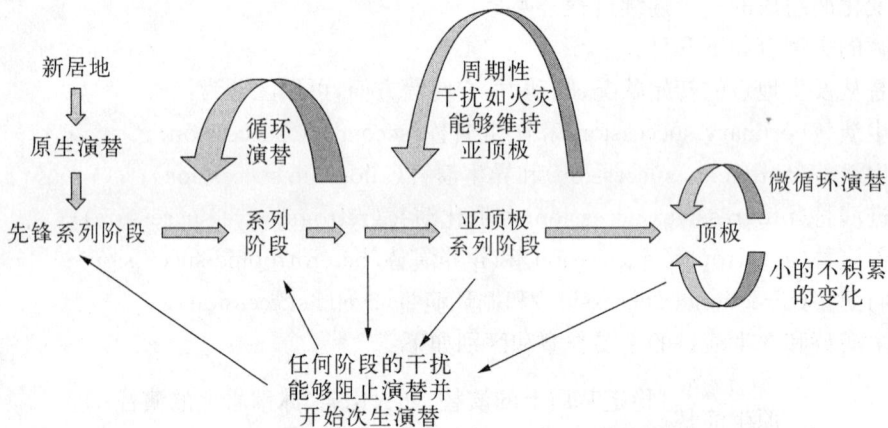

图 2-4 不同演替类型的图示途径(Barbour 等,1987)

四、协同进化

Ehrlich 和 Raven(1965)研究蝴蝶与植物的关系时提出了协同进化(coevolution)概念,他们认为植物通过偶然的突变或重组,产生与基础代谢途径无直接关系,并对正常生长和发育无作用的次生化学物质。某些这样的物质碰巧降低了对植食动物的可口性,于是植物避免了植食昆虫的采食,达到一个新适应区。此类具有新适应的植物接着发生进化辐射,最终成为一个科或一类相关的科。植食昆虫也相应地因为生理障碍而发生进化。如果一个突变出现在昆虫的一个种群中,使其个体能够取食先前受保护的植物,选择也会将此支系带入新的适应区,允许其在缺乏其他植食者竞争的情况下发生多样化,这样植物多样性不仅能够使植食动物的多样性增加,而且趋同的过程也可能发生。其实,昆虫对杀虫剂的抗性进化与昆虫对植物次生代谢产物的进化也是同样的道理。协同进化不仅发生在两种类群之间,也可以发生在多个分类群之间,而且可涉及食物链中的多个等级。

严格地说,协同进化是这样一种过程,如果物种 A 的特征因物种 B 的存在而发生进化性改变,反过来,物种 B 的特征也因物种 A 的存在而发生变化,这时就发生了协同进化。这是狭义的协同进化概念,也是通常所说的协同进化,也称为配对的协同进化(pairwise coevolution)。此类协同进化的特点表现为:① 特殊性:即一个物种各方面特征的进化是由另一个物种引起的;② 相互性:即两个物种的特征都是进化的;③ 同时性:即两个物种的特征必须同时进化。这种类型的协同进化可能较少,相对普遍的是弥散的协同进化(diffuse coevolution),即广义的协同进化概念,如受到许多昆虫取食的不同植物类群,在选择作用下,植物往往形成广泛的防御策略,事实上植物的化学防御是针对许多昆虫、脊椎动物和致病微生物的,同样的情形还有害虫的抗药性。

种间互作(interspecific interaction)可以是多种生态和进化过程的结果,这些过程除相互的协同进化和弥散的协同进化外,还有相互趋同(mutual congruence)和进化追随(evolutionary tracking)。相互趋同是巧合因素形成的性状,可能被解释为协同进化。例如靠哺乳动物传播种子的果实性状与哺乳动物的食性需求可能通过协同进化产生,也可能在哺乳动物进入植物生长的地区以前就建立了自己的食性,在新的栖息地里它只是按需求采食适合的果实。当然要区分协同进化和相互趋同有时是比较困难的。进化追随是指相互作用的物种间,一方引起另一方的进化性改变而本身不变化,即只存在来自一方的选择压力。

五、群落的多样性与稳定性

(一)多样性的含义

群落多样性包括两方面的含义:其一表明群落所含物种的多寡,即丰富性;其二与群落中物种的多度有关。即一个群落中如果物种数多,而且它们的多度非常均匀,则说明该群落有高的多样性;反之,该群落有低的多样性。可见,多样性取决于群落中两个独立的性质,其含糊性有时是不可避免的。如一个物种少而均匀度高的群落,其多样性可能与另一个物种多而均匀度低的群落相似。

(二)稳定性的特征

稳定性有两个组成成分:恢复力(resilience)和抵抗力(resistance)。这两个指标描述了群落在受到干扰后的恢复能力和抵御变化的能力。复杂性被认为是决定群落恢复力和抵抗力的重要因素。然而群落越复杂并不意味着群落越稳定,复杂性增加已经显示会导致不稳定。此外,群落的不同组分(如种丰富度和生物量)也许对干扰有不同反应。具有较低生产力的群落(如冻原)其恢复力是最低的。相反,较弱的竞争可以使许多的物种共存,从而减少群落的不稳定性。

食物链的长度也许能够影响群落的恢复力。具有不同营养连接水平的许多群落模型,显示复杂性导致恢复力和稳定性下降。然而,这样的研究应该被谨慎地解释,因为真正的群落所具有的特性在零群落模型中并没有被发现。稳定性也依赖于环境状况,如一个脆弱的

（复杂的或多样的）群落也许能够在一个稳定和可预知的环境中持续下去，而在一个多变的和不可预知的环境中，仅仅简单的和生长旺盛的群落才能够生存下去。

（三）稳定性的机制

群落是一个具有反馈机制的、能在一定程度上保持自身稳定的系统。所谓反馈，简单地说就是构成系统的某一成分的输出与输入之间的关系，或者说是输出变成了决定系统未来功能的输入。

反馈分为正反馈和负反馈两种。正反馈是指输出导致输入的增加，如种群持续增长过程中数量不断上升；负反馈是指输出导致输入的减少，如种群密度制约。正负反馈对系统未来功能的作用迥然不同，如天敌与害虫种群系统，由于天敌对其猎物害虫在时间、数量、空间上的跟随现象，导致在系统刚开始运行的一段时间，天敌对害虫的自然控制能力一般较差，常不足以抑制害虫数量的增长。害虫种群数量增加这一信息反馈回来，意味着给天敌提供了更丰富的食料，使天敌数量增加，这是正反馈。当天敌数量增加到某一阈值，天敌对害虫的自然控制能力将超过害虫种群的繁殖能力，导致害虫数量下降，这一信息返回来刺激天敌数量下降，亦即输出导致输入减少，这是负反馈。在这一系统中，正负反馈相互交替。群落也正是依靠各种各样的反馈机制维持着自身的系统稳定性。

（四）稳定性与多样性的关系

当一个群落包含了更多的生物种类，且每个种的个体数比较均匀地分布时，它们之间就容易形成一个较为复杂的相互关系。这样群落对于环境的变化、干扰或来自群落内某些种群的波动，有较强的缓冲能力。从群落能量学的角度来看，多样性高的群落，食物链和食物网更趋复杂，群落的能流途径更多。如果其中的某一条途径受到干扰破坏，群落的后备能力就可能提供其他的线路予以补偿。如在种间捕食关系上，由许多捕食者和多样猎物构成的系统，能使捕食者数量保持比较稳定，而猎物种群不致遭受过渡捕食而趋于灭亡。

总的来说，群落的结构越复杂，多样性越高，群落也越稳定。因此，常把群落多样性作为其稳定性的一个重要尺度。

第四节 农业生态系统的生物多样性

生物多样性是所有生物种类、种内遗传变异和它们生存环境的总称，可分为遗传多样性（genetic diversity）、物种多样性（species diversity）和生态系统多样性（ecosystem diversity）（又称景观多样性，landscape diversity）3 个层次。生物多样性又可分为自然生物多样性和农业生物多样性。农业生态系统生物多样性是全球生物多样性整体研究不可缺少的重要组成部分。了解农业生态系统生物多样性的特点、功能和保护途径，对于完善生物多样性的研究和建立持续稳定的农业生态系统均有着重要意义，以满足人口不断增长的需要。

一、农业生物多样性的特点

由于农业生态系统在功能和所处地理位置上的某些特殊性，其中的生物多样性问题也就具有了特殊意义。农业生态系统中生物多样性是指各种生命形式的资源，包括栽培植物和野生植物,与之共生的植物、动物、微生物,各个物种所拥有的基因和由各种生物与环境相互作用所形成的生态系统,以及与此相伴随的各种生态过程。农业生物多样性也可分为农业产业结构多样性、农业利用景观多样性、农田生物多样性、农业种质资源与基因多样性几个尺度水平(见图2-5)。

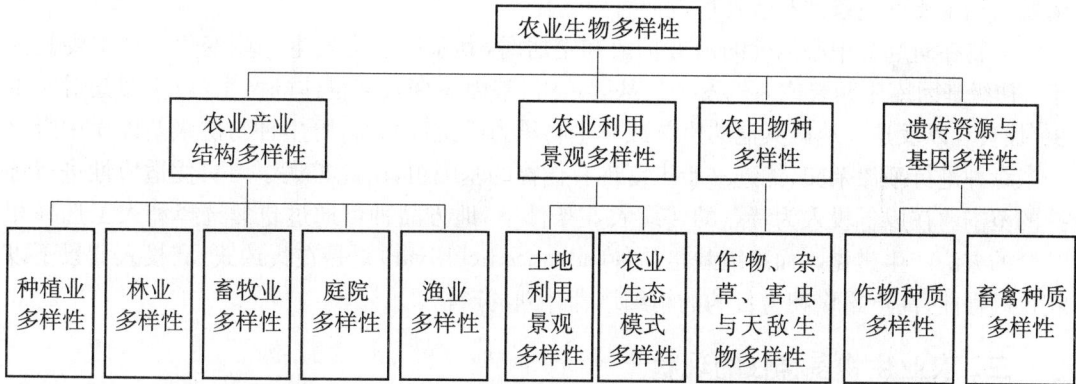

图 2-5 农业生物多样性的层次与类型(章家恩,1999)

二、农业生物多样性的起源和进化

驯化(domestication)或栽培(cultivation)可被定义为将全部或部分的(对人类有用的)野生种群"有效地"纳入人类社会的过程。因此,所有的栽培作物,直接地或间接地都起源于野生物种。它们的进化通过人类无意或有意地对其优良特性的选择来实现。

就某些栽培种而言,由于植物个体在驯化作用下或多或少地要经历形态、生理以及其他方面的变化,因此在野生祖先和由其驯化出后裔之间产生了很大的差异。而就另外一些栽培种而言,它们与野生种之间的界限是非常模糊的。对于许多森林、草原种类以及热带果树(如油棕榈)来说尤其如此。在许多情况下,进化的连续性将野生种与当前的栽培种连接起来;野生种和栽培种亦可通过半栽培种而具有生态学上的关联性。野生祖先与由其驯化出的栽培种之间的生态和进化上的连续性、关联性在两个方面非常重要:① 野生种不断地被驯化,尤其是当土地的利用强度加大以及获取新工业原材料的压力增大时;② 野生亲缘种能够为栽培种的品种改良提供必需的遗传资源,以提高产量、性能或对抗包括疾病在内的各种环境压力,其重要性正日益受到关注。

(一)驯化作用

驯化被认为是农作物多样性的基础。这个基础首先产生出了原有的地方产品,即农民耕种的多种多样的作物。在近100年的时间里,它们最终形成了现代栽培品种(cultivar)。某些栽培品种驯化的速度非常快,而另一些则需要几个世纪的时间。对某些栽培品种而言,其驯化过程的细节仍不为人所知。而对多数现代作物而言,我们已经知道了驯化过程的一些要素。这些要素包括:① 具有野生祖先;② 驯化开始时与强化时的地点或地区;③ 驯化时间的选择;④ 驯化过程是一次性的还是可重复的事件。

驯化的过程不仅导致了新变种的进化,而且在许多类群中产生了大大超出祖先原有变种数目的新变种。一个典型的例子见于花椰菜(*Brassica oleracea*),现在可被利用的变种如羽衣甘蓝、甘蓝、花椰菜、椰菜、大头菜和球芽甘蓝等。

（二）扩散和多样化

人类在作物基因库的多样化进程中发挥了重要作用。许多考古学证据显示，栽培种在世界不同地方传播得非常快主要得益于人类的活动。在其传播到的所有地方，这些作物都随着当地主要环境条件和栽种惯例而有所变化。

作物在向起源中心以外的地方扩散和定居时，其基因型会发生一些变化。这主要是由于：初级基因库中频繁或偶尔发生的基因重组、基因突变及多倍体的产生（可实现其对寄生虫/捕食者以及这些地区其他的生物或非生物压力的抗性）。将野生种与次级基因库中野化的亲缘种进行渐渗杂交，能进一步丰富现有作物的基因组，由此扩大了对更优适应性进行选择的范围。在以低投入为特点的传统农业条件下，地方品种可通过自然选择和人工选择相结合的方法产生进化。而高级栽培品种（advanced cultivar）则是在集约式、高投入背景下以获得高性能、高产量作物为目的的精细培育计划的产物。

三、农业生物多样性的现状

就作物多样性而言，当栽培种的数量增多时，食用及用作其他目的的野生种的数量就下降了。在目前已知的 511 科植物中，仅有 173 科有栽培种的代表。在这 173 科中，禾本科中驯化种的数目最多——380 种（占所有驯化种的 15.2%）；豆科其次，有 340 种（13.6%）；蔷薇科排第三，有 158 种（6.32%）。接下来是茄科（155 种，4.6%）、菊科（86 种，3.44%）、葫芦科（53 种，2.12%）、唇形科（52 种，2.08%）、芸香科（44 种，1.76%）、十字花科（43 种，1.72%）、伞形科（41 种，1.64%）、藜科（34 种，1.36%）、姜科（31 种，1.24%）、棕榈科（30 种，1.2%）。大约有 50 个科，每科只有一个驯化种。虽然大多数驯化种是作为食物资源的，但也有一些是由于可以提供纤维（棉花、大麻、亚麻等）而被驯化。被认为在不同医学体系中有用或已被利用的 25 000 种植物中，只有很少一部分得到了驯化，如：芸香科的吐根（*Cephaelis ispecacuanha*），作为一种吐根资源可治疗阿米巴痢疾；金鸡纳树（*Cinchona officinalis*），作物奎宁资源治疗疟疾以及用作镇静剂的墨西哥缬草（*Valeriana mexicana*）。

栽培种的数目由于人类对于多样性的需求而增加，但在 20 世纪却出现了急剧的减少。在估计有 400 000 种而实际上只有 300 000 种记录的植物中，4 000 种是可食用的。早期人类至少将 3 000 种植物作为食物，但仅有 150~200 种用于栽培以至成为世界商业中的一部分。随后的趋势就是只对其中最有效用的种类进行栽培。当今世界人口仅由 15~20 种植物养活，甚至在其中也只有 4 种是主要的作物（水稻、小麦、玉米、马铃薯），它们供应了人类 50% 以上的食物需求。由此可看出，栽培作物的遗传多样性水平从最初被选择开始（也就是农业社会前的狩猎–采集时期）到 20 世纪前的时间里，在物种水平上经历了深刻的变化。

虽然驯化作物的物种总数下降了，但人们正致力于提高所筛选出的物种的种内多样性。也就是说，所筛选出的物种的种内变异增加得很快。例如，水稻（*Oryza sativa*）约有 130 000 个独特的品种。近 20~30 年间，在科学的培育体系下，人类对于种内变异的利用有了急剧的下降，这是人类的取向、生产成本、作物潜在的产量/性能等方面作用的结果。与此同时，用于培育地方品种的育种区面积也在急剧减少，导致每种作物只拥有很少的优良品种，作物的遗传结构由此变得脆弱。这些具有一致性和相似性特点的品种替代了遗传上不同且并不脆弱的品种,作物种类的遗传多样性已被大大削弱了。

在许多农业生态系统中,尤其是在发达国家,原有地方品种几乎消失了。这是通过引入现代栽培品种或高投入的技术对传统耕作系统进行改变造成的。相反地,许多部落或乡下的居民仍主要依赖于传统作物的原有地方品种。玉米、马铃薯、胡椒、豆类、番茄和南瓜等作物的原有地方品种在中美洲坡地、安第斯山脉、南美低地等地区仍很流行。

在这里有必要对已驯化了的微生物及其多样性做一个简要介绍,尤其是那些用于生产重要产品或是对人类社会有价值的微生物变种或菌株。微生物的菌种已被用来生产抗体、疫苗、维生素和食物,以及发酵产品如酒精和有机酸。牛奶的发酵和奶制品(黄油、干酪、酸乳酪、酪乳)以及以蔗糖为基质所生产的酒精和有机酸,从公元前5000年就开始为人所知。近些年人类已经开发出了一些专性的微生物类群,如乳杆菌($Lactobacillus$)、乳球菌($Lactococcus$)、明串珠球菌($Leuconostoc$)、链球菌($Streptococcus$)、酵母[克鲁维酵母属($Kluyveromyces$)、假丝酵母属($Candida$)、酵母菌属($Saccharomyces$)、裂殖酵母菌属($Schizosaccharomyces$)]、青霉属($Penicillium$)、根霉属($Rhizopus$)、曲霉属($Aspergillus$)、芽孢杆菌($Clostridium$)、苏云金芽孢杆菌($Bacillus thuringiensis$)和肠杆菌科的成员,目的包括发酵、生产抗体等。已经驯化了的各种菌类,如双孢蘑菇($Agaricus bisporus$)、香菇($Lentinus$)、食用菌($Pleurotus$)、草菇($Volvariella$)、木耳($Auricularia$)、木菇($Flammulina$)、银耳($Tremella$)。许多驯化的微生物菌种一直保持着从野化恢复到野生的趋势。

四、农业生物多样性丧失的主要原因

(一)单一化驯化和栽培

长期的人工驯化和栽培,人为地选择具有较高生产力但物种数量极其有限的农作物和家畜家禽品种,许多与之有亲缘关系的野生动植物则被人类淘汰或破坏,造成遗传基因与种质资源的消失,农业物种单一化程度增高。农作物物种单一化栽培与驯养将会导致某些农业物种的专化性增强,对病虫害的防御能力和对环境变化的适应能力减弱,这些变异对农业生态系统的生产力、稳定性、持续性及抗逆能力将会产生重要影响。以下的实例可阐明这一点。菲律宾农民早先使用几百个品种的水稻,但近几年超过90%的种植面积内种的是两个品种。在阿根廷,苋菜的地方品种几乎已被现代品种所代替。中国在1949年有10 000个小麦品种,而在1979年仅剩有1 000个。斯里兰卡在1959年有2 000个品种的水稻,而现在只种植5个品种。在美国,农业部的档案里到1904年还记录有7 098个苹果品种,而如今约86%已经消失了。类似的消失也发生在甘蓝品种(95%)、豌豆品种(94%)和番茄品种(81%)上。从1903~1983年,芦笋、甜菜、洋葱及其他蔬菜品种在美国的消失率为87%~98%。

(二)外来物种引进或入侵

相比而言,农业生态系统是一类较为脆弱的生态系统,外来物种或有害病菌的引进或入侵可以直接通过捕食、竞争、疯长、化感作用或传播疾病等方式改变农田生态系统的组成和种群结构,扰乱原有的生态学过程与生态联系。许多外来种通常具有较强的生存与繁殖能力,而农作物和家养动物则由于长期的栽培与驯化,许多原有天然的野生的特性消失,抗病

和竞争力等抗逆能力下降,不适宜在恶劣环境下生存。因此,当它们与外来物种共生时,势必在光、温、水、肥等资源生态位上产生激烈竞争,结果大多数农业物种往往因竞争力差,导致其所需的资源和空间减少而逐步萎缩和被淘汰,一些外来物种(如农田杂草)则可能会疯长而过度繁殖,占据整个农田生态系统。另一方面,外来物种还可通过携带和传播病菌或分泌有害化学物质来诱发各种疾病,抑制其他作物的正常发育。一些动物(如鼠类、鸟类)可直接以农作物为食,来破坏农作物的生长。因此,在农业生产中,不能盲目地引进物种或让外来物种入侵与传播,特别是一些有害物种和病菌。

（三）农业环境污染

由于工业"三废"和生活污水的肆意排放以及农用化学制剂的大量使用,土壤、水体与大气污染问题十分突出。目前我国受到污染的土地面积约 0.14 亿公顷,其中约有 1/5 为耕地;有 20%~30% 的地表水不符合农田灌溉水质标准;80% 的河流遭受不同程度的污染;约有 50% 的地表水不符合渔业水质标准。农业污染分布广,且多为复合污染,这种全方位的污染可导致农作物的生理与生长过程受阻,发育迟缓,生产力下降乃至死亡。一些化学农药的施用,在杀死靶标生物的同时,对许多有益昆虫和天敌生物也会产生致命影响,而且一旦农药致死残留量消失后,则有可能导致新的具有抗药能力的物种或种群暴发。总之,环境污染会给整个农业生态系统的物种多样性以及各种生理学过程和生态学过程带来严重威胁。

（四）农业过度开发

由于经济利益的驱使,人们对某些具有食用与商业价值的物种进行过度捕杀和开发,导致这些物种种群数量急剧下降,乃至灭绝。过度开发对某些物种来说是比生境丧失更具有选择性的威胁。在农业上,过度开发表现在对林地的过伐、对草地的过牧、对农田野生鸟类的过猎、对一些农业昆虫(如蝴蝶)的过采、对经济鱼类的过捕等,这些活动不仅可直接造成物种的减少和消失,而且对整个农业生态系统的平衡和稳定带来较大威胁。

五、农业生物多样性的保护

1. 就地保护措施

就地保护措施主要指在全国范围内设立自然保护区、基本农田保护区、商品粮基地等;开展生态农业建设;治理和改善农业生态环境等系列措施,以维持农业生物多样性。也就是通过必要的行政、法律和经济手段强化对耕地的保护与管理,防止耕地的非农业利用与流失。运用一定生物、生态与工程措施和农业技术对退化环境进行恢复与重建。利用景观生态原理对农田面积、分布格局、道路与防护林结构、水利设施等进行合理布局与设计,做到山、水、田、林、路的全面规划与综合治理。同时,优化作物种植模式和土地耕作管理,改单一种植模式为复合立体种植模式,采用复合农林业和生态农业技术,实现不同作物的轮作与间作套种,以充分利用空间与环境资源,从而维持农业生态系统的生物多样性。

2. 迁地保护措施

迁地保护措施是指对各类生物资源采取的一系列异地保护措施,以维持农业生物多样性。具有措施有:① 建立种质资源库(圃)。主要是农作物野生资源和品种资源的收集和保存;② 野生植物引种栽培。有些珍稀植物如银杏、水杉,已开始作为绿化植物引进栽培。农业上还引进种植了观赏植物、药用植物、能源植物等经济价值较大的植物种类;③ 野生动物驯养。野生动物驯养主要解决了人工条件下繁殖和大量生产问题,在客观上人为地保存了物种,减少了因经济需要而滥肆捕杀的风险;④ 人工繁殖与生态养殖。对珍稀水产动物采取人工繁殖,同时建立人工生态养殖区,放养珍稀水生动物;⑤ 异地放养珍稀动物。在充分调研基础上,将珍稀动物迁至生境相似的保护区生长,以利于异地集中保护;⑥ 离体人工保存动物精液。动物精液的冷冻保存是一种常用的保存技术等等。

思考题

1. 农业生态因子有哪些?
2. 什么是限制因子?其作用规律有哪些?
3. 群落演替分为哪几个阶段?各阶段有何特点?
4. 简述种群空间分布格局的类型和基本成因。
5. 生物种群间关系分为哪几种类型?
6. 举例说明种间关系在农业生产中的具体应用。
7. 分析群落多样性与稳定性关系理论在农业生态系统管理中的意义。
8. 农业生物多样性丧失的主要原因是什么?
9. 生物多样性原理在农业生态系统中如何应用?(请举例说明)

参考文献

[1] 周纪纶,郑师章,杨持. 植物种群生态学[M]. 北京:高等教育出版社,1992.

[2] Virchow D. Conservation of Genetic Resources [M]. Springer-Verlag, Berlin. 1998.

[3] 章家恩. 中国农业生物多样性及其保护[J]. 农村生态环境,1999,15(2):36~40.

[4] 骆世明. 农业生态学[M]. 北京:中国农业出版社,2001.

[5] 张孝羲. 昆虫生态及预测预报[M]. 3 版. 北京:中国农业出版社,2002.

[6] 付增光. 生态学基础[M]. 陕西:西北农林科技大学出版社,2004.

[7] 李洪远. 生态学基础[M]. 北京:化学工业出版社,2006.

[8] 杨京平. 环境生态学[M]. 北京:化学工业出版,2006.

[9] Krishnamurthy K V ,张正旺(译). 生物多样性教程[M]. 北京:化学工业出版社,2006.

[10] 王崇云. 进化生态学[M]. 北京:高等教育出版社,2008.

[11] Alexer A. Sharov. 种群生态学网站[EB/OL]. http://home. comcast. net/~sharov/popechome/welcome. html,2010.

第三章 农业生态系统的结构

第一节 概　述

一、农业生态系统结构的概念

农业生态系统结构是指农业生态系统的构成要素以及这些要素在时间、空间上的配置和能量、物质在各要素间的转移、循环途径。

农业生态系统的结构状况将直接影响系统的稳定性、功能、转化效率以及生产力。一般来说，生物种群结构复杂、营养层次多、食物链长并联系成网的农业生态系统，稳定性较强；反之，结构单一的农业生态系统，即使有较高的生产力，稳定性也差。因此，在农业生态系统中必须保持耕地、森林、草地和水域有一定的适宜比例，从结构上保持农业生态系统的稳定性。

调整和改变农业生态系统的结构可以改善系统的功能。改变不良环境条件以维持生物良好的生长发育，需要较大的投资，并受到社会经济条件与农村发展水平的限制。改变生物种群遗传特性和改良栽培管理技术的生物控制，需要较多的时间、物质和能量的投入。只有改变不合理的农业生态系统结构，充分利用生物种间关系以挖掘自然资源潜力，进行系统的结构控制，才是最为经济有效的途径。我国经济发展水平较低，不可能大量投入工业辅助能，改变不合理的结构往往更具有现实意义。所谓结构控制就是根据生物的遗传特性和对环境的要求，以及环境资源特点构建一个"环境-生物群落"的有机整体，使不合理的系统结构改变成为最佳结构，这样就可以在不增加或少增加辅助能投入的情况下提高产品的输出。因此，研究农业生态系统的结构是十分必要的。

二、农业生态系统结构的内容

农业生态系统的结构包括组分结构（生物组分即物种结构及其环境组分）、空间结构（多层次配置）、时间结构（时序排列）和营养结构（食物链结构）等。

1. 农业生态系统的物种结构

农业生态系统的物种结构即农业生物（植物、动物、微生物）的组成结构及农业生物种群结构。它是农业生态系统物质生产的主体，不同生物种类的组成与数量关系构成农业生态系统的物种结构。

2. 农业生态系统的空间结构

农业生态系统的空间结构是指生物群落在空间上的水平和垂直格局变化构成空间三维

结构格局。这种空间结构包括生物的配置与环境组分相互安排与搭配,因而形成了所谓的水平结构和垂直结构。

(1) 水平结构。指在一定的生态区域内,各种生物种群所占面积比例、镶嵌形式、聚集方式等水平分布特征。农作物、人工林、果园、牧场、水面是农业生态系统平面结构的第一层次,然后是在此基础上各业内部的平面结构,如农作物中的粮、棉、油、麻、糖等作物。

(2) 垂直结构(立体结构)。是指在一个农业生态系统区域内,农业生物种群在立面上的组合状况和分布格局。系统在地上、地下和水域都可形成不同的垂直结构,将生物与环境组分合理地搭配,可以最大限度地利用光、热、水等自然资源,以提高生产力。

3. 农业生态系统的时间结构

农业生态系统的时间结构是指在一定的生态区域内与特定的环境条件下,各种生物种群生长发育及生物量的积累与当地自然资源协调吻合的状况。时间结构是自然界中生物进化同环境因素协调一致的结果。所以在安排农业生产及品种的种养季节时,必须考虑如何使生物需要符合自然资源变化的规律,充分利用资源、发挥生物的优势,提高其生产力。使外界投入物质和能量与作物的生长发育紧密协调,这也是要在时间结构调整与安排中给予重视的。

4. 农业生态系统的营养结构

农业生态系统的营养结构是指农业生态系统中的多种农业生物营养关系所联结成的多种链状和网状结构,主要是指食物链结构和食物网结构,是生物之间借助能量、物质流动通过营养关系而联结起来的结构。食物链结构是农业生态系统中最主要的营养结构之一,建立合理有效的食物链结构,可以减少营养物质的耗损,提高能量、物质的转化利用率,从而提高系统的生产力和经济效率。

三、建立合理的农业生态系统结构

农业经济的不断发展对农业生态系统的结构提出了更高的要求。要建立合理的农业生态系统结构,必须因地制宜,适应市场需要,使农、林、牧、渔业之间都相互协调、相互促进。建立合理的农业生态系统结构,对保护农业环境、改善环境质量、适应商品经济发展都是非常必要的。

合理优化的农业生态系统结构应有以下几方面的标志:

(1) 能充分发挥和利用自然资源和社会资源的优势,消除不利影响。在尊重自然规律的前提下,合理配置农、林、牧、渔等生物种群,使它们协调生长,依照人类生活所需的目标,进行能量转化、物质循环。根据自然资源特点,从最佳结构、土地资源利用、耕作制度等方面促进生态目标与经济目标的统一。

(2) 能维持生态平衡。主要体现在输入与输出的平衡;农、林、牧、渔比例合理适当,生态系统结构保持平衡;农业生态系统中的生物种群比例合理、配置得当。

(3) 具有多样性和稳定性。一般来说,农业生态系统是一种组成成分多,作物种群结构复杂,能量转化、物质循环途径多的生态系统结构,抵御自然灾害的能力强,而且较稳定。这就要求系统中各种生物群体之间能科学衔接、紧密配合,实行多样种植和多种经营,使能量和物质在转化循环中得到多级利用与充分利用。

（4）能保证高的光能利用率和高的生物能循环利用率。只有高的光能利用率和生物能循环利用率，才能获得最高的系统产量和优质多样的产品，以满足人类的需要。

而要建立合理的农业生态系统结构就必须从建立合理的水平结构、垂直结构、时间结构以及营养结构等方面着手进行。孙鸿良(1996)结合模式所遵循的生态学原理将中国生态农业的主要种植模式划归为 10 种类型：南方稻田动植物共生模式(共生互惠原理)、农林间作或混林农业模式(地域性和生态位原理)、多种多收的时间结构优化模式(种群演替原理)、多层高效空间结构优化模式(生态学山地垂直气候分带及农田多种群相居而安原理)、基塘结合大循环模式(边缘效应原理)、生物能多层次循环再生模式(食物链原理及物质循环再生原理)、庭院立体经营模式、多样性有序性增强抗灾力模式(食物链、生态位和自适应原理、多样性意味着稳定性原理)、人工林复合经营模式和多系统与多种群结合提高整体效应模式。

第二节　农业生态系统的水平结构

一、不同自然环境条件对农业生态系统水平结构的影响

我国的种植业与环境条件关系密切，从北到南，不同气候类型条件下适宜种植的农作物和耕作制度存在较大的差异(见表 3 - 1、3 - 2)。

我国耕地复种指数也与不同地区环境的温度、湿度有明显的关系(见表 3 - 3)，从东到西，降雨逐渐减少，使得复种指数也呈下降趋势。

表 3 - 1　我国不同温度区域与农作物布局的关系(朱忠义,1992)

温度带	≥10℃积温	生长期/天	分布范围	耕作制度	主要农作物
热带	>8 000℃	365	海南全省和滇、粤、台三省南部	一年三熟	水稻、甘蔗、天然橡胶等
亚热带	4 500～8 000℃	218～365	秦岭-淮河以南、青藏高原以东	一年二至三熟	水稻、冬麦、棉花、油菜等
暖温带	3 400～4 500℃	171～218	黄河中下游大部分地区及南疆	一年一熟至两年三熟	冬麦、玉米、棉花、花生等
中温带	1 600～3 400℃	100～171	东北、内蒙古大部分地区及北疆	一年一熟	春麦、玉米、亚麻、大豆、甜菜等
寒温带	<1 600℃	<100	黑龙江省北部及内蒙古东北部	一年一熟	春麦、马铃薯等
青藏高原区	<2 000℃（大部分地区）	0～100	青藏高原	部分地区一年一熟	青稞等

表 3-2 我国不同湿度区域与农作物布局的关系(朱忠义,1992)

	年降水量/mm	干湿状况	分布地区	植被	土地利用
湿润区	>800	降水量>蒸发量	秦岭-淮河以南、青藏高原南部、内蒙古东北部、东北三省东部	森林	水田为主的农业
半湿润区	>400	降水量>蒸发量	东北平原、华北平原、黄土高原大部、青藏高原东南部	森林-草原	旱地为主的农业
半干旱区	<400	降水量<蒸发量	内蒙古高原、黄土高原的一部分、青藏高原大部	草原	草原牧业、灌溉农业
干旱区	<200	降水量<蒸发量	新疆、内蒙古高原西部、青藏高原西北部	荒漠	高山牧业、绿洲灌溉农业

表 3-3 1989 年我国部分省区的复种指数(骆世明等,2001)

沿最东部从北到南	黑龙江	吉林	辽宁	河北	山东	江苏	浙江	福建	广东	海南
	95.8	102.2	103.6	133.6	157.2	183.8	249.2	214.5	219.8	182.1

沿北纬 35°从东到西	山东	河北	山西	陕西	甘肃	青海	新疆
	157.2	133.6	108.2	136.5	102.9	93.0	95.5

二、农业区位和社会经济条件对农业生态系统水平结构的影响

农业生态系统的水平结构除了受到自然环境条件的影响之外,不同农业区位和社会经济条件对其也有重要影响,如该地区的人口、交通、生产技术、资金、信息等。

1. 不同区位对农业生态系统水平结构的影响

(1)自然区位。同样种植一种作物,自然条件较差的地区往往要增加投入,造成生产成本上升,对生产者产生不利影响。这样,自然条件差异成为农作物与牲畜结构安排的重要影响因素。在农业生产处于满足生产者自身需要时,商品交换少,这时自然条件由于影响到产量与收成,成为农业生物区域分布的主要制约因素。

如我国南方低湖平原区,地势低洼,经过历代的围垦,形成了"围湖成垸,垸底留湖,湖垸同体"的大大小小的湖垸,如同蜂窝,这种微地貌使农业生态系统在水平空间上的布局呈现出独有的特色。例如,湖北地处江汉平原腹地,盆碟式的湖垸构成了低湖平原区农业的微地貌基本单元,其中的水土资源呈环带状分布,即以垸底湖为圆心,依次为易涝地、渍害地、良水田、旱地、垸堤和洲滩。岭南佳果荔枝、香蕉,由于其对气候环境的特殊要求,在我国主要分布在北纬 18°~30°的狭窄区域,柑橘则主要分布在北纬 18°~37°的区域。骆驼能适应干旱、气温变化大、风沙大等气候特点。因此,大多数分布于我国北部干旱半干旱沙漠地区,主要集中在内蒙、新疆等地;牦牛则耐寒性强,主要分布于青海、西藏、川西北地区(占全国的 92%)。

(2)杜能的农业经济区位。在商品经济发展初期,农业生产的产品必须能够到达市场

才能获取效益,然而不够发达的运输条件以及加工、储藏、保鲜技术成为商品生产的制约条件。这样,在原有的自然区位上,增加了一个以杜能农业经济区位理论为代表的,受城乡运输制约形成的农业专业生产区域。德国人杜能于1926年出版了《孤立国对于农业及国民经济之关系》一书。书中杜能假设这样一个与世隔绝的孤立国:① 在农业自然条件一致的平原上,农产品能够实现销售的唯一市场是中心城市;② 农产品的唯一运输工具是马车;③ 农产品的运费与重量及运输距离成正比;④ 农作物的经营以获取最大利润为目的。根据这样的假设,杜能为孤立国推断出围绕中心城市的6个同心圈层,每个圈层分别有不同的最适农业生产结构(见图3-1)。

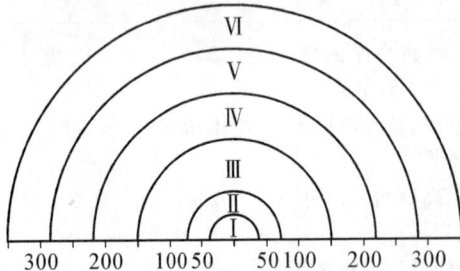

图 3-1　杜能的农业圈

Ⅵ—荒芜地;Ⅴ—牧业区;Ⅳ—谷草区;
Ⅲ—谷物区;Ⅱ—林业区;Ⅰ—自由农作区

第1圈层为自由农作圈。这一圈层紧靠城市,地租很高,只有采用高度集约化的耕作方式才能获取较大的收益。以蔬菜、牛奶、鲜花为主,并包括其他不易运输、运费昂贵或易于腐烂的农产品,如供奶牛食用的新鲜苜蓿、牧草等。

第2圈层为林业圈。当时城市居民燃料主要是薪柴,再加上建筑、家具用木材,用量很大,运输距离必须限制得很短。但木材不易腐烂变质,单位面积收益也较低,所以配置在自由农作圈以外的第2圈层。

第3圈层为谷物农作圈。该圈层提供的农产品主要是谷物和畜产品。特点是经营比较粗放,在轮作中增加牧草的比重,而且出现了休闲地,农业中畜产品的比重明显加大。

第4圈层为谷草圈。这一圈层由于距城市较远,运输费用很大,农业经营粗放,土地休闲。三圃式的形式是谷物-牧草-休闲。

第5圈层为牧业圈。这一圈离城市太远,大量土地用来放牧或种植牧草,以牲畜及乳制品供应市场。

第6圈层为荒芜圈。是以休闲、狩猎为主的灌木林带。

杜能的农业圈理论说明了农业布局不但取决于自然条件,而且取决于离城市的距离。据此,杜能得到两个结论:第一个是生产集约度理论。越靠近中心城镇,生产集约程度越高。在那里,劳力仍是农业的主要投入。因此,可用单位土地投入的劳动力来衡量生产的集约程度。越靠近中心城镇,单位土地投入的劳动力越多。这个理论可用图3-2和图3-3来解释。

单位土地面积生产获得的纯利润(B)等于总收入减去生产成本和运费。即:

$$B = (WP - C) - Wdt$$

$$= a - Wdt \tag{式 3-1}$$

式中:B是纯利润;W是农产品在单位面积土地上的产量;C是单位面积土地上的生产成本;P是农产品在市场上的单价;d是产地与市场的距离;t是单位重量单位距离的农产品运费价格;a是未扣除运费前的收益。

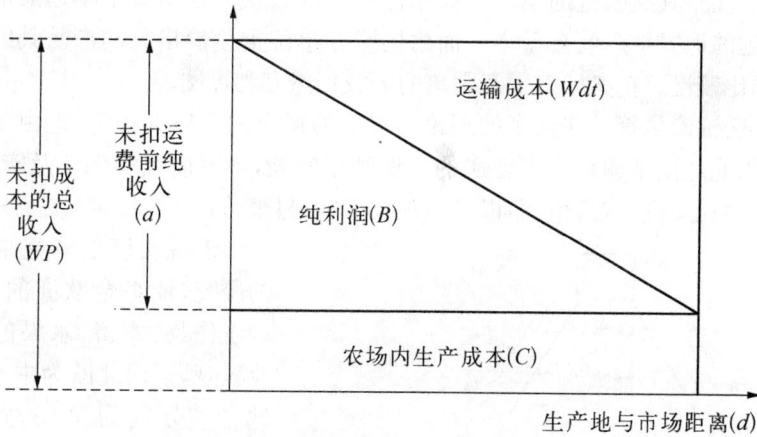

图 3-2　在杜能平原上运输距离与各项收支的关系(骆世明等，2001)

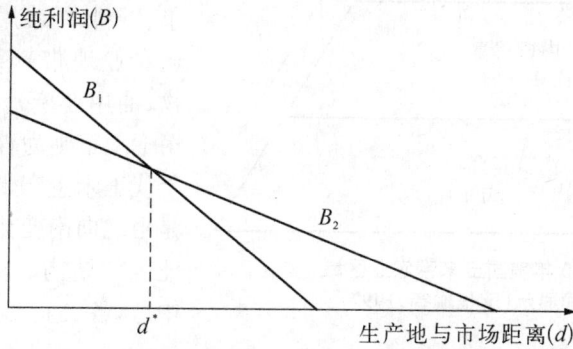

图 3-3　集约度不同的两种生产方式的纯利润随距离变化的特点(骆世明等，2001)

B_1：为集约度高、产量高、运费贵、利润下降快生产方式
B_2：为集约度低、产量低、运费低、利润下降慢生产方式
当 $d < d^*$ 区域适宜采用 B_1 生产方式
当 $d > d^*$ 区域适宜采用 B_2 生产方式

对于同一生产方式，纯利润(B)必然随着距离(d)的增加而下降(见图 3-3)。现有两种生产方式生产同一种产品，一种是较集约的(如一年三熟制)，其平均单产为 W_1；另一种是较粗放的(如一年两熟制)，其平均单产为 W_2，且 $W_1 > W_2$。由于集约生产对自然资源利用较充分，扣除运费前的收益是 $a_1 > a_2$。集约生产的产品运量大，因此纯利润随距离下降的速度也较快。从图 3-3 中可看出，从市场到 d^* 点的范围内，生产者采用集约生产方式能较多地获得利润，而从 d^* 开始，离城较远的生产者采用较粗放的方式能获得较多利润。可通过以下关系得到 d^*。

$$d^* = \frac{a_1 - a_2}{(W_1 - W_2)t}　　　　(式3-2)$$

杜能得到的另一个结论是生产结构理论。即易腐烂变质、不耐储藏和单位重量价格低的农产品在靠近城市的区域生产，反之亦然。因为离城市越远，不耐储藏、易腐烂和单位重量价格低的农产品,其纯收益随运输距离增加而下降较快。在离城市不远的地方纯收益就会变为零,再远的地方生产就会亏本。而耐储藏和单位重量价格高的产品其纯收益随距离的增加而下降比较慢。在离城市一定距离的区域仍然有利可图。

杜能农业区位论尽管是在众多的理论前提下演绎出的一般性理论,但由于抓住了问题的本质,可以用此理论来解释许多现实的土地利用问题,主要研究实例涉及宏观尺度(国家或大洲范围)、中观尺度(城市范围)以及微观尺度(农村聚落范围)。

宏观尺度的研究事例有乔纳森的研究,他综合欧洲的人口密度,各种农作物、家畜、水果的分布以及农业景观,以西北欧为中心划分出七大地带。分别为第一地带(温室、花卉),第二地带(园艺、果品、马铃薯、烟草),第三地带(奶酪制品、肉用牛羊、饲料、纤维用亚麻),第四地带(普通农业地带),第五地带(面包用谷物、油用亚麻),第六地带(牧场),而第七地带则为森林。美国 20 世纪 50 年代玉米生产带农业地域差异,大致是由北向南变化的,类似于杜能的农业区位结构。以芝加哥为农业集市中心,各农业类型向南呈四环状分布

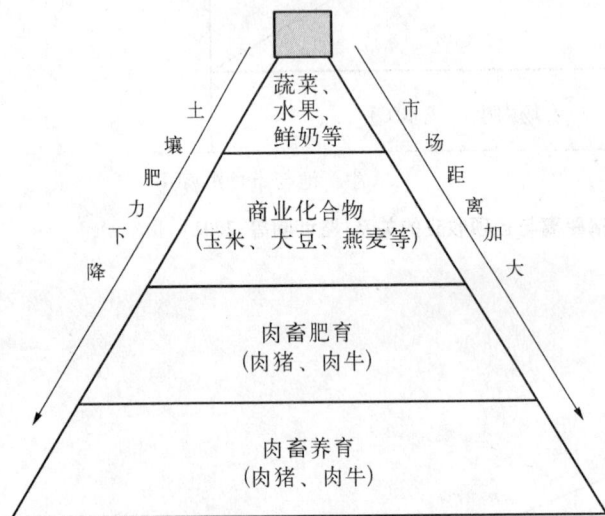

图 3-4　1950 年美国玉米带农业区域差异显示(蒋长瑜等,1997)

(蒋长瑜等,1997),见图 3-4。

由于农业生产力的提高,农民在完成规定产量和上缴任务的同时可以自主决定农产品的种类和产量。为了获得最大利润,在决定农产品种类和产量时,农民必须考虑区位因素,如市场距离、土地状况等。所以通常城市近郊的农民种植蔬菜等新鲜产品,稍远一些则种植林果,更远的才会种植小麦、水稻这些粮食作物。区位地租就可以用来指导郊区农业生产的总体规划,确定各种经营方式的科学组合,同时在很大程度上支配城市各项用地的合理安排。

在我国,20 世纪 80 年代初,上海市郊区的农业类型围绕城区形成 4 个圈域:第一圈为距市中心 10 km 以内的地区,以蔬菜、奶牛、花卉为主的圈层;第二圈为距市中心 10～20 km 的地区,是以棉花、蔬菜、奶牛、自给性粮食生产为主的圈层;第三圈为距市中心 20～35 km 的地区,是以商品粮、棉花、季节性蔬菜为主的圈层;而第四圈为距市中心 35 km 以外地区,以商品粮、棉花、渔业和奶牛为主的圈层。从整体上看,大致可反映出杜能的环状结构来。另外,北京市郊区也有同样的圈层结构表现,近郊区为蔬菜、鲜奶、蛋品;远郊区内侧为粮食和生猪,外侧为粮食、鲜瓜果、林木;而外围山区则为林业、牧业和干果。

纳瓦佛等的研究表明,在发展中国家存在有以农村聚落为中心的同心圆状土地利用形态,从而验证了微观尺度的杜能圈模式。在中部非洲卢旺达的丘陵地带,围绕农村居住聚落呈现同心圆状的土地利用状态。即从内向外,依次为:① 居住聚落;② 芭蕉林;③ 内侧耕

地,无休闲地,集约度高;④ 咖啡栽培地;⑤ 外侧耕地,有休闲地,集约度低;⑥ 丘陵冲积地上的耕地。这种围绕农村聚落为中心的土地利用形态是基于节约时间而出现的,即费时的耕作布局在村落附近。

(3) 生态经济区位。经济的高速发展,交通、运输、储藏、保鲜、加工能力的增强,销售网络的健全,使得运费迅速下降,自然资源条件对农业的生产结构格局影响力上升,也使得农业不同地块与中心城镇的相对位置不再是农业布局与安排的唯一影响因素。这样,逐步在有利的自然环境条件下,按市场需求形成效应规模的专业化生产区域,这种变化趋势可用以下关系式来理解。两个不同地区生产同一种产品的纯收入差异为:

$$\Delta B = B_2 - B_1$$
$$= (a_2 - W_2 d_2 t) - (a_1 - W_1 d_1 t)$$
$$= (a_2 - a_1) - (W_2 d_2 - W_1 d_1)t \qquad (式3-3)$$
$$= \Delta a - \Delta c$$

式中符号同公式(3-1)、(3-2),Δa 是在去除运输成本前的产品利润差异,受产地自然条件的生产力影响很大,Δc 为产品运输费用的差异。可见,由于运输费用差异(Δc)的下降,两个地区产品的利润差异受产地自然环境条件的影响越来越大。

美国的蔬菜生产原来主要集中在城市郊区,后来由于冷冻车、高速公路的出现,使得全国新鲜蔬菜生产的1/4集中于远离大城市的东南部气候温暖的区域,形成专业生产区。与此同时,美国还形成了像玉米带、棉花带这样一些大规模的、主要与自然条件相适应的专业化生产区域。又如广东省的高州市、化州市,远离大城市,但由于其所处热带亚热带,自然环境条件优越,分别形成了全国著名的水果和冬种北运蔬菜基地。这类专业化生产有利于提高劳动生产率和自然资源的利用效率。

2. 社会经济条件对农业生态系统水平结构的影响

(1) 人口密度梯度。人口密度对农业生态系统结构的影响是综合的。人口密度增加使人均资源量减少,劳动力资源增加,对基本农产品的需求上升。这样,必然使农业向劳动密集型转化。人口超负荷时,需求弹性高的生产项目必然让位给满足基本社会需求的生产项目,如粮食生产,随着农业人口密度的上升,农业人均耕地不断减少,农业复种指数则逐渐增加。

(2) 城乡经济梯度。农业生态系统受城镇的影响,即离城镇的远近。在研究广东省农业生态系统结构的规律时,曾使用过城市作用相对强度指数(RSI)(骆世明,1986):

$$RSI_i = \sum_{j=1}^{n} \frac{P_i}{D_{ij}}$$

式中第 i 个县的RSI是用该县有关的几个城市的人口(P_i,单位:万人)以及城市与该县的直线距离(D_{ij},单位:km)来计算,县内各地到本县县城的距离用平均经验半径,在广东 $D_{ij} = 16\,\text{km}(i=j)$,温洋(1988)用有关 n 个城市的年工业总产值(I_i,单位:亿元)来代替上式中的 P_i,计算出某一县受到的城市影响指数(CII):

$$CII_i = \sum_{j=1}^{n} \frac{I_i}{D_{ij}}$$

1984 年对广东农村的研究表明(表 3-4):当农业生态系统受到城镇影响越大,即 RSI 或 CII 增大,则:① 农业输入的化肥、农药、电力增加;② 以粮食单产,甘蔗单产、生猪出栏率和塘鱼产量为代表的农业生产水平提高,农业人均农林牧副渔产值上升;③ 生产结构中以畜牧业收入和淡水鱼养殖面积为代表的鲜活产品增加;④ 农产品加工业、城市扩散的工业等发展加快,人均工副业产值上升;⑤ 农民的收入水平上升。这一研究结果表明,离城镇的距离不同,农业生产的结构、布局也不一样。

表 3-4   城市相对作用强度指数(RSI)对广东典型县农业生产结构的影响(骆世明等,1986)

	y	回 归 式	自由度	F 值
输入	化肥用量(kg/667 m²)	$y = 0.564 + 9.935RSI$	1/8	18.4**
	农药用量(kg/667 m²)	$y = 0.682 + 0.186RSI$	1/8	11.1**
	农电用量(度/667 m²)	$y = -63.45 + 12.82RSI$	1/10	25.5**
生产水平	粮食单产(kg/667 m²)	$y = 97.35 + 81.21\ln RSI$	1/10	27.0**
	甘蔗单产(kg/667 m²)	$y = -350.6 + 1879.51\ln RSI$	1/10	223.3**
	猪出栏率(%)	$y = 24.06 + 1.22RSI$	1/10	36.51**
	淡水鱼产量(kg/667 m²)	$y = -12.01 + 13.37RSI$	1/9	41.28**
	农业人均收入(元/人)	$y = 192.37 + 10.465RSI$	1/10	8.94**
生产结构	农业人均畜牧产值(元/人)	$y = 20.27 + 3.21RSI$	1/10	26.98**
	淡水面积(667 m²)	$y = 1.124EP(0.1216RSI)$	1/9	9.75**
	人均工副业产值(元/人)	$y = 13.95EP(0.125RSI)$	1/10	19.4**
	农民人均年分配(元/人)	$y = 114.3 + 22.2RSI$	1/9	34.5**

** $F < 0.01$

三、农业生态系统的水平结构设计

1. 农业生态景观多样性

农业景观可以是由大小为几公顷、几十公顷或几百公顷农田的景观单元所组成的景观,也可以是由农田、人工草地、人工林、池塘等类型的景观单元所组成的农、林、牧、渔相结合的景观。流域或区域农业景观中,除包含有各种类型的农田、牧场、人工林、村屯等景观单元外,河流、湖泊、山脉、交通干线也是其中的景观单元。由此可以认为,不同等级的农业景观结构,即不同层级农业生态系统在水平空间上的组合与分布。

农业景观是由多种在景观上有差异的农业生态系统的集合所组成的区域。如耕地、人工草地、水库等都可以是不同的农业景观。区域农业景观格局过程是区域自然景观的人为破碎化过程,且取决于农业景观生态系统的生产能力。通过景观格局指标度量农业景观合理与否,研究景观格局的时空变化特点,为指导农业生产和农业生态景观设计与发展规划提供科学依据,是农业结构研究的一个重要方面。

对于景观多样性(landscape diversity)来说:① 只有多种生态系统的共存,才能保证物种多样性和遗传多样性;② 只有多种生态系统的共存,并与物质的立地条件相适应,才能使景观的总体生产力达到最高水平;③ 只有多种生态系统的共存,才能保障景观功能的正常发挥,并使景观的稳定性达到一定水平。例如,大面积的同质农田(同一作物),最易促进病虫害的蔓延;而不同作物在空间上镶嵌搭配,可减缓这种趋势。大面积的同质针叶林,会促进森林火灾的蔓延从而造成巨大的灾害;而如果针叶林中间夹有河流、湿地或落叶阔叶林等,则可对林火的蔓延起一定的阻隔作用。

2. 边缘效应与生态交错带

在农业景观中不同斑块连接之处的交错区域为生态交错带(ecotone)。在生物圈中,有如下一些交错带类型:

(1) 城乡交错带。在城市与农村之间的过渡地带。由于人口数量和质量、经济和物质能量交换水平等因素,使得这一过渡带表现出十分活跃和不稳定的特征。

(2) 干湿交错带。从比较湿润向比较干燥变化的过渡地带。

(3) 农牧交错带。在农区和牧区的衔接处形成的交界地带。

(4) 水陆交界带。在水体和陆地之间的交界面,如河岸、湖堤、河滩等。

(5) 群落交错带。不同生物群落之间的交界地带,如森林与草原、草原与湖泊之间的交界地带。

在这些交错地带,环境条件明显区别于两个斑块的内部核心区域,生物种类和系统结构都有明显的变化。由于生态环境的过渡性,两个斑块间能量、物质和信息交换频繁,生物种类繁多,生产力较高,形成明显的边缘效应。积极合理地开发利用这些边缘地带,可使其维持高生产力状态,促进经济发展。

农业生产上,单一种群(落)的物种多样性低,资源利用率低,抗逆能力弱,其稳产高产的维持依赖于外部人工能量的持续输入,由此带来生产成本高,产品竞争力弱。立体种植则是利用边缘效应原理,构建一个多层配置、多种共生的垂直多边缘区,以此实现各边缘区对资源的划分和各生态位的"谐振",从而提高产量和生产效率。

如在我国南方的"茶树-橡胶"立体种植结构中,橡胶与茶树在地上和地下形成边缘区,避免了两者对光照和水肥的竞争,实现了资源的合理配置与充分利用。轮作则是利用群落的时间边缘效应,如前茬种植的豆科作物能够改善土壤中的氮素状况,为后茬作物创造一个较理想的生长环境。在我国东北农牧交错带,既有一定面积的草地、林地,又有一定面积的农田与之交错分布,因此既有来自天然草地的牧草,又有丰富的农作物秸秆资源。在冷季,天然草地各种牧草均已停止生长,草地所提供的饲草数量与营养都难以满足牲畜需要,这时农作物秸秆可以充分发挥作用。以秸秆为粗饲料,再补充以玉米、大豆籽实等精饲料,从而克服了草地畜牧业的季节性波动问题。通过合理利用草地资源和丰富的农作物副产品,主要是作物秸秆,将秸秆资源优势转化为畜牧业发展优势,从而构建农牧交错地区"草地-秸秆畜牧业"的合理发展模式。

与农业种植类似,人们在长期农业养殖实践中发现,在各动物种群之间也存在着边缘效应。于是,基于边缘效应的多元化养殖成为提高养殖效益的有效途径。多元化养殖的原理是:将生态位不同、生态习性互利或相容的动物类群按适当的比例混养在一定空间内,创造多重边缘,实现充分利用空间、饲料资源,强化养殖区内的物质循环,保持养殖系统的高效与稳定。如湖泊中蟹、鱼混养，利用了河蟹与草鱼的食性及生态位的互补优势，蟹的饲料多为谷物，其残饵及食草后造成的漂浮于水面的断草，可被草食性草鱼利用。如此，既减少了残饵在水中的残留及由此引起的腐败作用，又达到了充分利用饵料的目的。

利用边缘效应，可充分开发利用边缘地带。

（1）城郊农业。城市郊区地处城市和乡村的边缘地带，交通方便，信息灵通，可以较快地引进城市的先进技术，又可以将优势辐射到周围农村。因此，不少城市郊区利用这种特点，逐步建立以生产蔬菜和副食品为主的生产体系，在发展种植业的基础上，大力发展畜牧业和水产养殖业，使郊区成为城市市场的蔬菜和农副产品供应的重要生产基地。

（2）基塘系统和滩涂养殖。充分利用水陆交接地带的边缘效应，如珠江三角洲地区在低洼地处抬高基面，降低水面，形成基面种植桑、蔗、蕉、果、菜、花等，水面养鱼、虾等颇具特色的各种基塘系统；沿海一带利用滩涂生产海带、紫菜、石花菜和各种贝类、鱼、虾、海参等。

（3）农户庭院经济。农户的住地与周围农地也有一个交错区，这就是广义上的庭院。在丘陵区农户利用四周的坡地栽种果树、经济林木等；在平原或郊区利用庭院种植蔬菜、果树、药材、花卉，培育食用菌等；在湖、塘等水面较多的地区一般以养殖为主。

3. 生态农业结构的水平设计

生态农业结构的水平设计是指在一定区域内，按照不同的地貌部位，确定作物种群或类型，各种农业产业部门所占的比例和分布区域，并进行合理布局，使之"各得其所"，也就是通常所说的农业区划或农业规划布局。如我国山区一般以发展林业为主，丘陵地区农林业相结合，而平原地区则以发展粮食作物和经济作物为主。无论是种植哪些作物都要有合理的种植密度，才能在单位土地面积上生产较多的生物产量；而饲养动物则又要与种植作物相匹配，使它们在"供与需"之间达到相协调、相适应。

第三节　农业生态系统的垂直结构

一、农业生态系统垂直结构的概念

农业生态系统的垂直结构（又称立体结构），是植物群体在土地上的纵向序列和层次，纵向序列分地上序列和地下序列，前者按照株高由低到高、需光由弱到强、喜阳性植物在上而耐阴性植物在下安排；而后者按照根深由浅到深的原则安排。农业生物之间通过在空间垂直方向上的配置组合，即在一定单位面积上（或水域、区域），根据自然资源的特点和不同农业生物的特征、特性，在垂直方向上建立由多物种共存、多层次配置、多级质能循环利用的立体种植、养殖等的生态系统，从而最大化地利用自然资源，增进土壤肥力，减少环境污染，获得更多的物质产量，达到经济、生态和社会效益的统一。

二、自然地理位置与农业生态系统的垂直结构

农业生态系统在不同的地理位置条件下，由于受气候、地形、土壤、水分、植被等生态因

子的综合影响,其垂直结构也呈现出一系列的变化。

1. 流域位置与垂直结构

农业生态系统从一个流域环境的上游到下游,海拔、高度、水土环境等均存在较大的差异,从而对作物的种植结构和产量产生很大影响。如河北中南部的海河流域自西至东,按其自然景观可分为山地丘陵区、山麓平原区和低平原区。在山地丘陵区,海拔高,坡度陡,重力过程强烈,土壤水分和养分向低地流动,形成了干旱和贫瘠的生态环境,农田生产力较低;在山麓平原区,由于处于山地丘陵区水分、物质向低平原区运动的过渡地带,对土壤水分和养分的积累作用适中,生态环境良好,农田生产力较高;在低平原区,海拔低,坡度缓,地下水潜流不畅,形成了物质的过度积累条件,地下水潜流不畅,土壤水分、养分和盐分大量积累,土壤易发生盐渍化,限制了作物对养分和水分的吸收,从而影响作物生产力的提高(见表3-5)。

表3-5 冀中南海河流域不同地区的水土环境及农田种植结构(王建江等,1990)

项 目	山地丘陵区	山麓平原区	低 平 原 区
海拔高度/m	>100	50~100	<50
坡降	1/1 000~1/200	1/2 000~1/1 000	1/6 000~1/5 000
无霜期/d	197	189	200
降水量/mm	561.0	505.5	620.8
平均温度/℃	12.44	12.70	12.40
土壤类型	棕壤、褐壤	褐土、草甸褐土	草甸土
地下水矿化度/(g/L)	<1	1~2	2~5
土壤 pH	6.7~7.2	7.0~7.4	8.0~8.5
土壤有机质/%	0.51~1.14	0.82~1.18	0.75~1.21
全氮/%	0.059~0.075	0.065~0.08	0.060~0.092
全磷/%	0.030~0.045	0.035~0.067	0.058~0.065
全钾/%	2.58~2.62	2.61~2.70	2.27~2.37
速效氮/(mg/kg)	39~63	58~65	59~74
速效磷/(mg/kg)	4.5~6.4	5.0~10.0	6.9~10.0
速效钾/(mg/kg)	82~118	115~157	110~190
人口密度/(人/km²)	250	646	328
垦殖率/%	26.98	72.23	48.09
复种指数/%	146.4	175.1	140.8
粮食播种面积占总播种面积/%	83.0	79.1	76.0
粮食产量/(kg/hm²)	3 306.0	4 729.5	2 614.5
棉花产量/(kg/hm²)	535.5	904.5	766.5
油料产量/(kg/hm²)	1 276.5	2 527.5	1 170.0

2. 地形变化与垂直结构

在水平农业气候带的背景基础上,受海拔、高度和局部地形等因素的影响而在农业生态系统内部形成农业的垂直地形气候,影响着农业生态系统的垂直组分。

(1) 大尺度的地形变化。如四川、云南高原独特的地貌、气候条件,随着海拔的变化,农业生态系统的结构也发生不同的变化,从而出现不同的农业发展类型。

在低热层(海拔<1 300 m)的河谷地带,甘蔗含糖率和单产均比长江流域其他甘蔗区高得多,具有明显优势。这里冬春季生产的各种暖季蔬菜,可供应北方城市,成为中国重要的天然温室和南菜北调基地;香蕉、芒果等热带性水果和南药等在此也有发展前途。低热层的丘陵、低山地带,适宜发展柑橘、油桐、白蜡树等亚热带经济林木。中暖层(海拔在1 300～2 400 m)发展粮、油、生猪、蚕桑、烤烟,其下部地带可发展水产养殖,上层地带,气候温暖干燥,宜于苹果、核桃、生漆等经济林木及云南松等用材林生长。高寒层(海拔>2 400 m)的下部地带适宜发展以细毛羊为主的草畜生产基地。在海拔3 000 m以上的更高寒地带,森林是以冷杉、铁杉为主的暗针叶林区(见图3-5)。

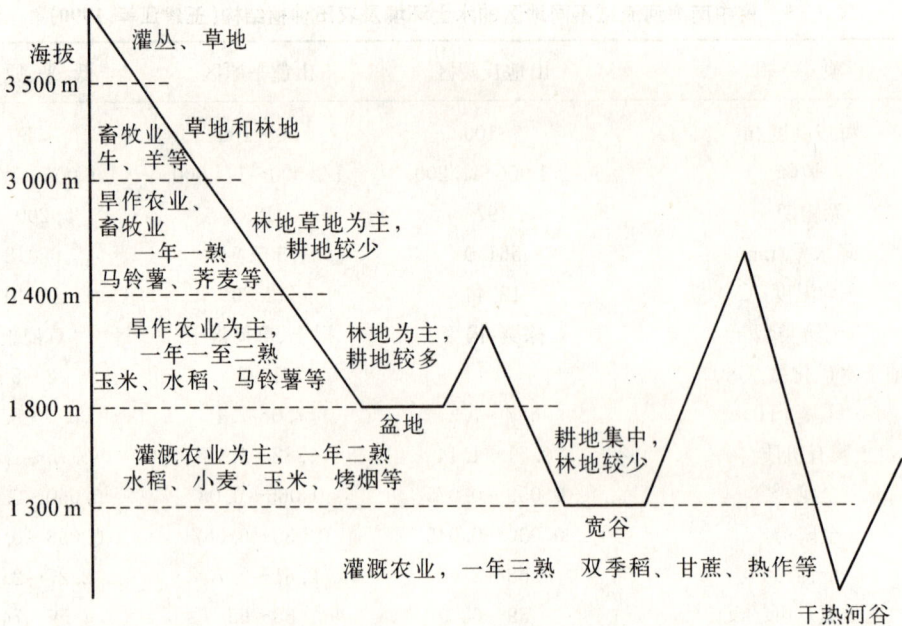

图3-5　川滇高原海拔变化的农业生态系统的结构(孙颔,1994)

又如四川省米易县属高海拔、低纬度、高原型内陆山地“岛状”南亚热带气候类型,从河谷到山顶,海拔从980 m到3 477 m,农业生产结构出现不同变化。在河谷低山区(海拔980～1 500 m),以粮、蔗、菜、猪和常绿果树为主体的多种组合种养模式;而在中山区(海拔1 500～2 000 m),采取了以工程措施(改造中低产田、蓄水、引水等)和生物措施相结合的方式,大力推行以粮、菜、猪、落叶果树为主体的综合种养模式;在高山区(海拔2 000～3 477 m),实行以牧为重点,突出开发林副土特产品,逐步建成林、药等土特产品和草食牲畜商品生产基地,见图3-6。

方创琳等(2003)针对三峡库区复杂多样的地形地貌,提出了5种不同类型的高效生态农业发展模式,即沿江河谷地“粮-菜-猪-沼-渔”水陆循环型高效生态农业模式,浅山丘陵“橘-粮-经-畜-桑-沼”共生互惠型高效生态农业模式,低山区“林-粮-油-薯-畜”水土保持型

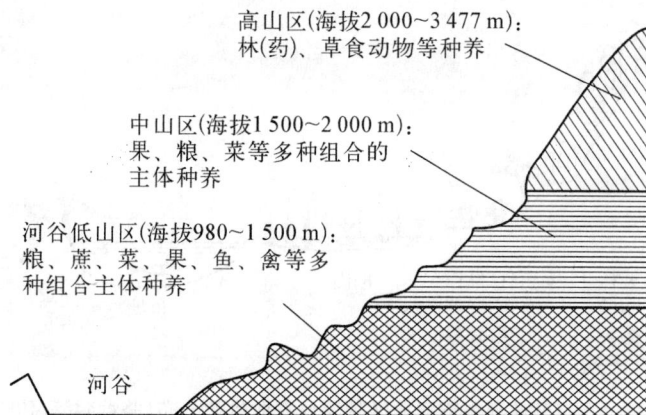

高山区(海拔2 000~3 477 m)：
林(药)、草食动物等种养

中山区(海拔1 500~2 000 m)：
果、粮、菜等多种组合的
主体种养

河谷低山区(海拔980~1 500 m)：
粮、蔗、菜、果、鱼、禽等多
种组合主体种养

河谷

图3-6　四川省米易县农业综合开发示意图(卢良恕,1993)

高效生态农业模式,中高山区"干果-药-茶-烟-菜-草"名优土特型和庭院"果-菜-花-禽-沼-渔"小循环型高效生态农业模式。

(2) 小尺度的地形变化。在丘陵或一些低海拔山地,由于地貌复杂多变,从山顶、半山到山脚,生态条件不同,农业生态系统的垂直结构也表现出不同的变化。

罗宏和杨志峰(1999)对鄂西南峡谷暖区农业发展战略进行决策分析,研究表明,峡谷在垂直结构上的不同海拔高度影响着农业结构的组成,各层的农业结构组成权重见表3-6。

表3-6　鄂西南峡谷暖区不同垂直层农业结构组分权重

垂直层	种植业	林业	畜牧业	副业	渔业
300 m以下	0.391	0.130	0.241	0.185	0.053
300~600 m	0.370	0.209	0.263	0.158	0
600~800 m	0.353	0.249	0.255	0.143	0

王爱民等(2001)也注意到人地系统的垂直分异,提出了河谷型城镇"人地系统-河谷城郊农业人地系统-中高山林业人地系统-高原牧业人地系统"垂直结构模式。

四川省江津县大桥乡山地开发,其结构是：① 山顶松杉带帽：在山顶宜林地采用育苗造林、护林,树种以松杉为主;② 半山果棕缠腰：在山腰栽种果棕、锦橙,同时在果园进行间作套种绿肥或牧草、豆类、薯类、蔬菜;③ 沟坝田土间套：对水田、田坝、田壁等采取稻、桑、豆、鱼的种养,田土种植小麦、蔬菜、玉米、甘薯等;④ 低洼处养四大家鱼：利用低洼水面养殖鲤鱼、鲫鱼、鲢鱼、草鱼等。

广东省潮州市官塘区秋溪乡的农业生产布局,在丘陵坡顶种植以松树为主的用材林,坡腰种植橄榄、杨桃、三华李等果树为主的经济林,坡脚种植香蕉、大蕉等,村落建在坡脚。旱地种植蔬菜、甘薯,水田种植双季稻,低洼地作鱼塘,河堤草坡用于放牧和种植果树,见图3-7。

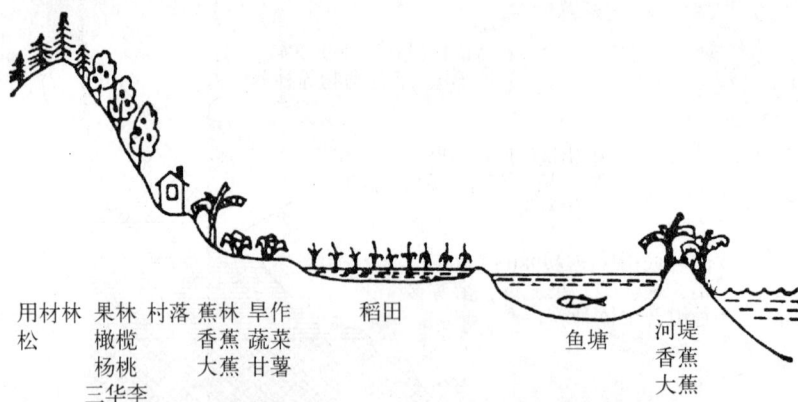

用材林　果林　村落　蕉林　旱作　　　稻田　　　　　　　　　　鱼塘　河堤
松　　　橄榄　　　香蕉　蔬菜　　　　　　　　　　　　　　　　　香蕉
　　　　杨桃　　　大蕉　甘薯　　　　　　　　　　　　　　　　　大蕉
　　　　三华李

图 3-7　广东省潮州市官塘区秋溪乡农业生产分布(骆世明等,1987)

三、垂直结构与农作物垂直组建类型

组建作物群体的垂直结构时需考虑地上结构与地下结构。地上结构指群体茎、枝、叶的分布特点。研究茎、枝、叶的合理分布,使群体的空间结构能最大限度地利用光、热、水、气资源。同时,多层分布的冠层,还可保护土地(土壤)少受或不受侵蚀,增强对风雹等不良环境因子的抗性,以及抑制杂草和昆虫的危害等。地下结构指系统种群根系在土壤中的分布特点,合理搭配作物使群体能最大限度地、均衡地利用不同层次的土壤水分和养分,同时收到种间互利、用养结合的效果。

根据群体空间结构地上和地下部分资源利用层次的不同,可分为若干类型。

1. Ⅰ-1型

即单一作物群体,这种结构的优点是便于机械化作业和区域化种植,往往在人少地多的地区实施。但由于单一作物群体的地上部冠层和地下部根系同处一个层次内,对光、热、水分、养分的利用不充分,总生物量低,稳定性差。生长前期因叶面积小,封垄晚,光热资源利用率低;中后期又因枝叶茂密,群体内部通风透光条件恶化,光能利用率自然不高。地下部根层中,一定层次内的水分、养分消耗大,加上养分的单一消耗,为满足作物的需要,就必须提高输入水平。

2. Ⅰ-2型

复合群体地上部分处同一层次内,地下部分入土深浅不同。例如,蚕豆与小麦间作。

3. Ⅱ-1型

地上高秆与矮秆搭配,地下根系分布在同一层次内。例如,棉花与芝麻间作、玉米与豆类间作。

4. Ⅱ-2型

地上高矮秆,地下深浅根。例如,枣粮间作、桐粮间作、玉米与花生间作、棉花与花生间作、果树与油菜或板蓝根间作等。由于地上、地下利用层的加厚,使环境资源得到充分利用。泡桐的吸收根 88% 分布在 40 cm 以下的土层中,小麦的根 80.1% 分布在 0~40 cm 的土层内。油菜和豆类可以养地,枣树和其他果树可以改善农田小气候,使农业生态系统的抗逆能力增强。小麦扬花时,枣树尚未长满枝叶。小麦灌浆时,枣树枝繁叶茂可挡住阳光,使小麦灌浆充分,增加产量。

5. Ⅲ-2型

在作物的高矮间作中,加入果树,形成地上部的"三层楼",使群体地上部分利用层加厚,使充分地利用空间和环境资源。我国南方广州、江浙一带利用优越的自然资源,建立地上部分多层复合结构的经验十分丰富。内地省份近几年来在商品经济的推动下,果粮间作的面积越来越大,例如山西省苹果-小麦及苹果与其他作物间作的面积很大,收到了较高的经济效益。

6. 特殊型

如稻田养鱼所形成的稻鱼结构,果园养食用菌形成的果菇结构等,它们都具有特殊的功能。"稻田养萍",具有灭草、改土和增产的作用。据吉林省珲春县的调查,稻田养萍,萍体平铺水面有明显抑制杂草的作用。两年养萍田土壤有机质比不养萍田增加91%,由于土壤养分充足,水稻增产4.7%。"果园养菇",果树株间距离较大,冠层离地面高,单一果树资源利用不充分。果树株间光照弱、湿度高、夏季温度低、风速小,很适合食用菌栽培所需环境条件,种菇后的基质和菇类剩余物(菌丝、残柄等)含有丰富的氮、磷、钾元素和果树所需的微量元素,而菇类释放的二氧化碳,可促进果树光合作用。

四、农业生态系统的垂直结构设计

农业生态系统的垂直结构设计是指运用生态学原理,将各种不同的生物种群组成合理的复合生产系统,以达到最充分、最合理地利用环境资源的目的。

在生物群落中,不同物种可配置不同形式的立体结构。在地势起伏明显、高低相差悬殊的山区,自然条件垂直地带性的分异现象造成农业生产的立体分布。正是由于农业生态系统垂直结构,才保证了农业生物更充分地利用空间和环境资源,并取得了显著的生态效益和经济效益。在单位土地面积上,通过种植业、养殖业、加工业的巧妙结合,有效地利用水、土、空气、光能等资源,从而取得较高的物质生物量,更好地开发利用并保护自然资源,使农业生产周期处于良性循环之中。

利用农业生态系统的垂直结构进行立体农业开发在中国已有2 000多年的历史。长期生产实践中形成的珠江三角洲的基塘农业,利用江河低洼地挖塘培基,水塘养鱼,基面栽桑、植蔗、种植瓜果蔬菜或饲草,形成"桑基鱼塘"、"蔗基鱼塘"或"果基鱼塘"等种植和养殖结合的生态农业系统,是一种比较理想的立体农业。在其他国家,如坦桑尼亚、斯里兰卡等也常见立体种植,美国、印度、印度尼西亚等国也正在兴起与中国立体农业相类似的混合种植、多层利用和农林牧渔结合的种植、养殖业。

农业生态系统的垂直结构大体有农田立体模式、水体立体模式、庭院立体种养模式、农林立体模式以及综合立体种养模式等。这种优化的农业生态系统人工生物群落形成了中国独具特色的立体农业模式。

(一)农田立体模式

农田立体模式是指在种植业中的间作套种和多熟种植。

1. 农作物间作与套作

间作是指在作物种植业中,同一田地上成行相间种植两种或两种以上作物,选配的植物其生态适应性在伴生期间大体相同,在适应的程度上又有所差异,形态特征和生理特性互相补充的一种种植模式。套作是指同一田地上成行相间种植两种或两种以上作物,但各作物的播种期与收获期相差较远,先后穿插,即前一作物尚未成熟收获之前的生长期中,便把另一种作物套种在前一作物行间的种植模式。如将不同株高、不同根深和不同营养特性的作物相搭配,实行合理的间作及套作,可以充分利用土地、光照、水分和养分等资源,利用生物之间的互补可减轻病虫害,实现高产、稳产和高效益。如玉米与大豆间作,有带状间作和宽行间作,间作总的产量比玉米单作增产 13.1% ~ 16.6%,比大豆单作增产20.6% ~ 38.3%。又如小麦与棉花套作,可减少病虫害,增加作物产量。据研究,麦棉套作有利于瓢虫由麦株向棉株转移,抑制棉蚜发生为害,减少农药用量,节省劳力。麦棉套作再套绿肥,一般每公顷农田可收小麦 3 000 kg,鲜绿肥 10 000 ~ 15 000 kg,皮棉 750 kg 以上,总体效益较好。陕西省农业科学院利用棉花与油菜间作可减轻棉田蚜虫、地老虎等棉花害虫的危害。此外还有玉米与甘薯、玉米与棉花、小麦与蔬菜、芝麻与甘薯等间作及套作方式。

农作物间作及套作的原则有以下几点:

(1) 从株型上,要"一高一矮"、"一胖一瘦"。即高秆作物和矮秆作物搭配;枝叶繁茂横向发展的作物和株型紧凑枝叶纵向发展的作物搭配,以形成良好的通风透光条件和复合群体。如玉米与马铃薯、高粱与大豆搭配。

(2) 从叶型上,要"一尖一圆"。即圆叶作物如甘薯、大豆等与尖叶作物小麦、玉米、高粱等搭配。豆科作物与禾本科作物搭配最符合这一原则。

(3) 从根系分布上,要"一深一浅"。即深根系作物与浅根系作物搭配,这样可以充分有效利用土壤中的水分和养分,促进作物生长发育,达到降耗增产的目的。

(4) 从品种生育期上,要"一早一晚"。即主作物成熟期应早些,副作物成熟期应晚些,这样可以在收获主作物后,使副作物获得充分的光能,优质丰产,主副作物两不误。

(5) 从种植密度上,要"一大一小"、"一宽一窄"。即主作物密度要大,种宽行;副作物密度要小,种窄行,保证主作物的增产优势,达到主、副作物双双丰产丰收。

农作物间作套作按群体数目多少可分为二元型如麦-棉套种,三元型如小麦-玉米-大豆套种和四元型如菜-蒜-棉-瓜间作套种等,它们的比例可用株比和行比及种植面积比来表示(见表 3-7)。原则上群体间互惠因素多,互克因素少,且生态条件优越的数目可多些,主要的和高价的植物所占比例可大些,如在玉米产区玉米大豆立体种植行比采用 4:2 或 2:2,大豆产区采用 2:6 或 4:8。

2. 稻田养鱼

稻田养鱼是利用稻田的浅湿环境,辅以人工措施,既种稻又养鱼。① 放养于稻田中的鱼类,既能取食大量的杂草、浮游植物、浮游动物和光合细菌,又能摄取水稻害虫为饲料,吞食落入水面的稻虱、叶蝉、螟虫等,将它们储存的能量转化为营养丰富的鱼产品。据统计,养鱼稻田两季水稻平均每 667 m² 用药防治病虫害 3.6 次,比未养鱼稻田(13.1 次)减少了 9.5 次,这既减少了农药用量又节省了开支和劳力;② 鱼在稻田中搅动,能疏松土壤,增加稻田氧气,有利于有机物的分解,促进水稻根系的呼吸和发育;③ 鱼类的粪便和排泄物又可以作为水稻的肥料,增加稻田土壤的养分含量,充分发挥稻田的功能。中国科学院上海生物研究所的试验测得,养草鱼稻田氮磷含量高出未养鱼稻田 1 倍以上(见表 3-8)。稻田养鱼使得稻、鱼相辅相成,相得益彰。一般稻田养鱼可使水稻增产一成左右,最高可增产四成,每

表 3 - 7　立体种植典型模式(杜心田、杜明,2000)

群落类型	组分	空间结构								时间结构			效益		
		株距/cm	行距/cm	幅宽/cm	每幅行数	间距/cm	带宽/cm	株高/cm	高差/cm	种植指数/%	种收时间/d	时间指数/%	产量/kg·hm⁻²	经济收入/元·hm⁻²	光能利用率/%
二元型	小麦	0.8	20.0	100.0	6.0	26.5	200.0	77.0		200.0	209.0	110.0	4 732.5	6 619.5	1.53
	棉花	20.0	47.0	47.0	2.0			13.0	64.0		193.0		1 347.0		
三元型	小麦	0.8	18.0	144.0	9.0	13.0	200.0	80.0	60.0	300.0	218.0	132.0	3 622.5	3 190.5	1.24
	玉米	30.0	30.0	30.0	2.0	68.5		20~200	125.0		132.0		3 403.5		
	大豆	5.0	33.0	33.0	2.0			75.0			132.0		600.0		
四元型	大白菜	40.0	174.0	—	1.0	37.0	174.0	40.0		400.0	86.0	168.0	31 995.0	33 585.5	2.12
	大蒜	15.0	250.0	100.0	5.0	13.5		10~50	30.0		263.0		11 640.0		
	棉花	37.5	47.0	47.0	2.0	23.5		20.0	30.0		173.0		1 440.0		
	西瓜	50.0	174.0	—	1.0			15.0	5.0		90.0		46 695.0		

667 m² 稻田可生产鱼种或食用鱼 100 kg 左右。我国是世界上稻田养鱼面积最大的国家,早在 1 700 多年前的三国时代,我国就有稻田养鱼的记载。1990 年全国已有稻田养鱼面积 70 多万公顷,主要分布在四川、湖南、江西、江苏、广西、贵州等 20 多个省、市,广东 1996 年面积达 3.6 万公顷,产量 16 731 吨。浙江省青田县龙现村的稻鱼共生系统,是联合国粮农组织确定的首批全球重要农业文化遗产保护试点之一,于 2005 年 6 月正式授牌。

表 3-8　稻田养鱼与未养鱼的土壤氮、磷含量比较表(单位: mg/L)(骆世明等,2001)

比 较 项 目	养草鱼稻田	未养草鱼稻田
总　　磷	3.60	1.80
氨　　氮	0.92	0.15
硝 态 氮	0.08	0.06
亚硝态氮	0.01	0.01

3. 稻萍鱼

这是一种多层次、高效益的立体农业结构,已形成比较稳定的配套技术,在福建、四川、湖南、广西、浙江等省(自治区)有较大分布。稻田采用垄作,垄上栽培水稻,水面放养红萍,水体养鱼,形成"稻-萍-鱼"立体结构。上层稻株为萍、鱼提供良好的生长环境;中层红萍可富集钾素营养、固氮,还能抑制杂草生长,同时为鱼类提供优良饲料;下层鱼类游动可松土、保肥、增氧、除虫等。这种方式充分利用了稻、萍、鱼的互利合作关系,并根据它们的空间生态位和营养生态位,巧妙地结合在一起,从而提高了稻田的物质、能量利用率和转化率,具有明显的经济效益、生态效益和社会效益。这可使水稻增产 5%～7%,每公顷增收鲜鱼 750～1 125 kg,氮素利用率可达 67%左右,每公顷纯收入增加 7 500 元。

4. 农田种菇

稻田栽种平菇,在稻丛间每 667 m² 放 1 000～5 000 袋发好菌丝的培养料,3～7 d 后就可出菇。稻菇模式具有很好的生态适应性,管理也较方便,在不影响稻谷产量的前提下每 667 m² 可增收平菇 500～1 000 kg,增加收入 400～800 元。在河北、山东等地,有些农民在玉米行间开沟套种平菇,并在旁边留浅沟以便干旱时灌水。试验表明,玉米套菇可使玉米增产 10%以上,每 667 m² 可产平菇近 1 000 kg。

在南方蔗区,不少农民利用甘蔗和蘑菇(白蘑菇)生长的时序差异,将甘蔗种植与蘑菇栽培合理地配置于同一空间内,使两者相得益彰。蔗田种菇一般比室内栽培蘑菇增产 24%～26%,最高增产 1 倍以上,生产成本降低约 30%。同时蔗田种菇也能促进甘蔗生长和提高其产量。蔗田种菇一般选择地势较高、平坦、不积水的农田,在两畦间的蔗沟内作菇床。蘑菇(白蘑菇)属喜暗菇类,生长发育过程中不需光照。甘蔗叶片茂密,为下层创造良好的遮阴环境。在甘蔗生长中、后期,通常要摘除甘蔗下层叶片,以利于蘑菇通风透气。福建省一般在 3 月份收获甘蔗,此时也是蘑菇的采收结束之日,在时序上不发生矛盾。蘑菇采收后,剩余培养料全部还田,能提高蔗田的土壤肥力。

(二)水体立体模式

水体立体结构是指对水体进行多层养殖开发,在上层、中层、下层分别饲养不同食性的鱼类,提高水体的空间、时间利用率,从而提高单位水体的产出率(见图 3-8)。

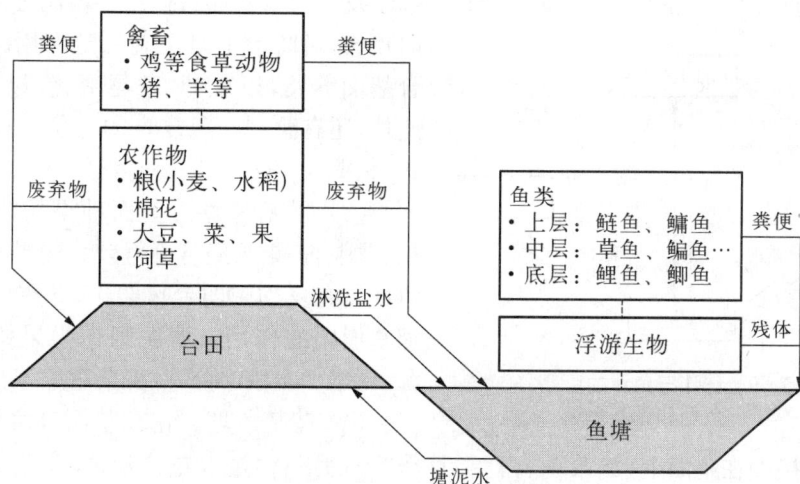

图 3-8　水体立体结构系统分层图

1. **鱼的分层放养**

分层立体养鱼主要是利用鱼类的不同食性和栖息习性进行立体混养。在水域中按鱼类的食性分为上层鱼、中层鱼和下层鱼。鲢鱼、鳙鱼,以浮游植物和浮游动物为食,栖息于水体的上层;草鱼、鳊鱼、鲂鱼主要吃草类,如浮萍、水草、陆草、蔬菜和菜叶等,居水体中层;鲤鱼、鲫鱼吃底栖动物和有机碎屑等杂物,居水体底层。通过这种混合养殖,可充分利用水体空间和饲料资源,充分发挥不同鱼类之间的互利作用,促进鱼类的生长。应用这种方法时应注意在混养时,在同一个水层一般适宜选择一种鱼类。此外,混养密度、搭配比例和养鱼方式要与池塘条件相适应。

2. **鱼牧结构**

如鱼鸭(猪、鸡、鹅等)混养。水面养鸭、养鹅,水下养鱼;塘边圈养蛋鸭、蛋鹅,以配合饲料养禽,或在鱼塘旁边建猪舍、鸡舍。将畜禽的废弃物,包括粪尿、残剩的饲料等流入鱼塘,可培养浮游生物或直接作为养鱼的肥料和饲料,使养畜养禽的饲料得到多层次利用,还节省了鱼饲料,可取得较好的经济效益和生态效益。以鱼鸭结合为例,一般以每公顷水面载禽量 1 500 只,建棚 225 m^2 为宜。一般农户规模为养鸭 800～1 500 只,养鱼 0.5～1 hm^2。

3. **基塘系统**

我国珠江三角洲、江浙一带和其他水网地区,利用低洼地抬高塘基,降低水面,形成各具特色的基塘系统。根据基面种植作物的不同,可分为桑基鱼塘、蔗基鱼塘、果基鱼塘、花基鱼塘和杂基鱼塘。通过长期的实践,一般基与塘的比例为 4:6 或 5:5 居多。

(1)桑基鱼塘。是基塘系统中最复杂也是最早的一种类型。它是我国水乡人民在土地利用方面的一种创造,也是我国建立合理的生态农业模式的开端。桑基鱼塘由基面种桑、水面养鱼,桑叶养蚕,蚕沙(蚕粪)喂鱼,鱼粪肥塘、塘泥上基作为桑树肥料构成。同时还发展了缫丝、桑葚酿酒等加工业。

(2)蔗基鱼塘。结构比桑基鱼塘简单。基面种植甘蔗,蔗叶、蔗尾和制糖后的渣泥投入鱼塘喂鱼,鱼塘向蔗基提供塘泥,塘泥对甘蔗催根发芽起重要促进作用。塘泥维持肥效的时间较长,对防治干旱也有一定作用。还可以结合基面养猪,以蔗叶、蔗尾喂猪,以猪粪肥塘。此外,还有桑-蔗-鱼复合的三位一体种养殖模式(见图3-9)。

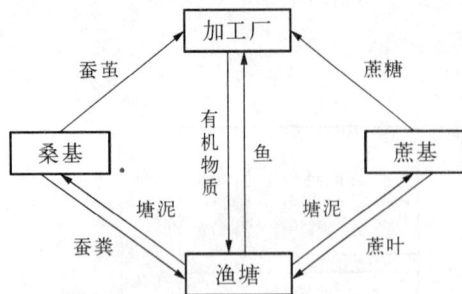

图3-9 珠江三角洲的蔗基鱼塘和桑基鱼塘

(3)果基鱼塘。基面种果树,如香蕉、荔枝、龙眼、芒果等经济价值较高的果树。果树对鱼塘具有夏季减弱台风袭击、冬季防寒和防止塘基崩塌的作用。塘泥则作为果树的有效肥源,可增加土壤水分,减少杂草危害。

(4)花基鱼塘。花在基面有两种情况:一种是将花直接种在基面上(如茉莉、白兰、月季等);另一种是以花盆栽种,而花盆放在基面上,利用塘泥作培养基,并用塘水灌溉。花基鱼塘特点是花卉较矮,不会遮挡鱼塘阳光,所以塘面阳光充足,加以杂草和淋花时的残肥,使塘鱼生长良好。据测算,鱼的产量在花基鱼塘比在蔗基鱼塘增加6%左右。花基鱼塘用工多、成本高,但纯收入也高。

(5)杂基鱼塘。基面种植的作物品种较多,如象草、黑麦草、蔬菜、玉米、花生、豆类、粉葛等。这种基塘类型,主要结合发展家禽(鸡、鸭)和家畜(猪、牛)产业,以基面种植的饲料作物喂养家禽、家畜,以畜禽粪肥塘,塘泥肥基。

为了更好地利用空间,有的农户在塘边搭棚,将基面上种的瓜藤引到棚上去,充分利用鱼塘的空间和光温条件,瓜藤蔓延的盛期,正是夏天酷热季节,浓密的藤蔓对鱼塘起到良好的遮阴作用,也提高了经济效益。

一般来说,传统的桑基鱼塘、蔗基鱼塘由于劳动力成本高,利润不高,已慢慢让位于果基鱼塘、菜基鱼塘、花基鱼塘等利润大、收入高的结构类型。不同基塘系统的经济效益比较见表3-9。

表3-9 各种基塘系统的经济效益比较(单位:元/公顷)(钟功甫,1993)

基塘类型	产 值	成 本	利 润	利润/产值	产值/成本	利润/成本
桑基鱼塘	13 479	7 661	5 818	0.43	1.76	0.76
蔗基鱼塘	13 006	7 521	5 485	0.42	1.73	0.73
花基鱼塘	200 231	44 639	155 592	0.77	4.49	3.49

(三)庭院立体种养模式

农户可根据自己的喜好,根据市场变化,组配高产高效模式。如庭院种植红提或者蔬菜,种养食用菌,养殖一些粗放管理的家畜家禽,使家禽家畜、果树和人工沼气形成一个良性循环。目前我国的庭院立体种养殖模式可分为以下3类:

1. 庭院立体养殖模式

在庭院的地面或水面上分层利用空间养殖各种农业动物或鱼类的饲养方式。如在南方的庭院池塘中养鱼,池塘上层搭架养鸭,鸭粪进入池塘作鱼饲料。也可形成系列化的养殖,如肉鸡系列化养殖,从引进亲代开始,孵化、育雏、产蛋、营销等,并附之养猪,将鸡粪配合饲料喂猪,猪粪养蚯蚓,蚯蚓喂鸡,从而形成良性循环养殖多级利用的食物链结构,使多种养殖项目相互连接、相互促进、协调发展,提高物质和能量的转化效率。

2. 庭院立体种养模式

在庭院内合理布局农业生物(动物、植物、微生物),使它们分层利用空间的种养结合方式。如南方的稻-萍-鱼种养,北方的林-果-菌方式。也可在庭院内栽植葡萄,葡萄架下养兔(鸡、猪)等。

3. 庭院种养加立体开发模式

在庭院内将种植、养殖、加工、沼气合理搭配的"四位一体"的生产模式。如在庭院内安装饲料加工设备,建沼气池、大棚,种植蔬菜(花卉)、养猪(鸡)。饲料养猪,猪粪进沼气池,沼液、沼渣作为种植的肥料,形成种-养-加-沼良性循环的生产模式(见图3-10)。

图 3-10 农户庭院种植-养殖-沼气系统

(四)农林立体模式

林业生产的立体结构主要是根据林木的立地条件,通过乔灌草上、中、下3层对林中时空资源进行充分合理开发利用,并根据生物共生、互生原理,选择和确定主要种群与次要种群,建造共存共荣的复合群落。对于农林业系统的定义,较有影响的是曾担任过联合国粮农组织总干事和国际农林系统研究委员会(ICRAF)第一任主席 K. F. S. King(1978)所给出的。他认为,农林系统是指在同一土地单元内将农作物生产与林业、(或)畜牧业生产同时或交替地结合起来,使得土地总生产力得以提高的持续性土地经营系统。

这种朴素而又有效的土地利用实践历史相当悠久,并具有许多成功的模式,但长期未受到足够的重视。直到20世纪70年代以来,随着世界人口的不断增长,发达国家由于对资源的过度消耗和发展中国家由于人口的压力以及对基本生活资料的需要,正在消耗人类赖以生存的自然资源,并导致生物多样性的减少和环境的污染和退化,进而影响到经济的增长和人民的生活。正是在这种背景下,农林业才日益地受重视起来。

农林业系统与其他土地利用系统相比,具有以下几方面突出的特征。

1. 复合性

农林业系统改变了常规农业经营对象单一的特点,它至少包括两个以上的组分。这里的"农"既包括第一性的生物产品如粮食、经济作物、蔬菜、药用植物、栽培食用菌等,也包括第二性产品如饲养家畜、家禽、水生生物和其他养殖业。所谓"林"包括各种乔木、灌木和竹类组成的用材林、薪炭林、防护林、经济林和果树(见图3-11、3-12、3-13)。农林业系统把这些成分从空间和时间上结合起来,使系统的结构向多组分、多层次、多时序发展。

2. 系统性

农林业系统是一种半人工生态系统,有其整体的结构和功能,在其组成成分之间有物质与能量的交流和经济效益上的联系。农林业系统是把系统的整体效益作为系统管理的主要目标。

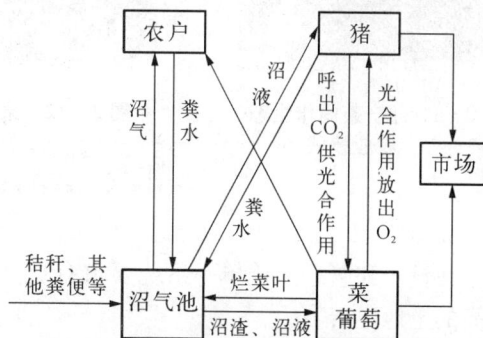

图3-11 胶-茶间作生态
农业模式

图3-12 果-药间作生态
农业模式

图3-13 桉树-菠萝间作
生态农业模式

(资料来源：华南农业大学农业生态学课程组)

3. 集约性

在投入和管理上比单一系统要求有更高的投入和技术。同时，农林立体系统也能获得较高的土地生产力。

农林业系统是一种有效的可持续发展的土地利用和综合生产途径。由于农林业系统有利于改善农业生产自然环境条件，同时也有助于减缓人们对珍稀自然资源(如热带雨林)的破坏速度，所以在一些发展中大国如中国、印度、巴基斯坦、印度尼西亚、巴西、尼日利亚等都得到了重视(李文华等，1994)。

(五)综合立体种养模式

除了在某一个农业部门内部发展立体农业外，在农业的不同部门间也可实施立体农业工程，将种植业、林业、牧业、渔业等多个农业系统综合起来，通过合理的组合配置，进行优化。如南靖五板桥农场于2000年建立一种"牧-沼-渔-果-草"的生态种养模式，以果为主，猪渔配套，种草(菜)相结合，即池塘养鱼，岸边和闲杂地种草(菜)，山上种果，山下平地建立猪圈养猪，猪圈边建立沼气池、生化池。猪粪尿通过沼气池厌氧发酵产生的沼液、沼渣作为养鱼的饲料和种果、菜、草所需的肥料。产生的沼气作为养猪保温和民用，草、菜作为养鱼、猪的青绿饲料，鱼塘泥作为果、草的基肥。它们之间的物质与能量相互转化，形成综合利用的良性循环，于2001年实现了经济效益和生态效益双丰收。

五、农业立体结构的生态学基础

运用生物之间互补原理，将形态、生态、生理不相同的生物种群，组建成合理的复合群体，可以利用种间互补受益，如高秆与矮秆之间的互补、深根与浅根之间的互补、喜光与耐阴之间的互补、直立与匍匐之间的互补、耗氮与固氮之间的互补、耗氧与增氧之间的互补，以及地面与地下、水上与水中之间的互补等，从而实现对环境资源的充分利用并增强系统的稳定性。

1. 对资源利用的种间互补

合理的复合群体结构对光热水土等资源的利用，具有在空间上、时间上和营养需求类型上的互补性，因而能最大限度地、有效地利用环境资源，增加产出。

(1)借助复合群体地上部分和地下部分利用层次的差异，可实现在空间上对资源利用的种间互补。例如,桐粮间作中,泡桐的吸收根88%分布在40 cm以下的土层内,而农作物(小麦、玉米、谷子等)主要根系分布在0～40 cm的土层内,桐粮间作分层利用土壤中的水分和养分,实现对土地资源的充分利用。林果园中种草、种药、养菇是对林地、果园空间的充分利用,池塘中分层养鱼、水面养鸭是对水体空间的充分利用。

(2)错开生长盛期可实现在时间上对资源利用的种间互补,如生育期85 d的粟和生育期150 d的高粱间作,由于较好地错开了两者对水分和养分的需求高峰,增产幅度高达80%。在淡水渔业生产中,改变过去一次投鱼种、一次捕捞成鱼的"春放冬捕"方法为分批补放大规格鱼种,同时分批捕捞达食用标准的成鱼上市,可使养殖水面不仅在时间上,并且在空间上都得到充分利用。

(3)借助对营养需求类型的不同,实现对资源利用的种间互补。例如,高粱是高氮营养型,与低氮营养型的大豆间作,由于高粱耗去土壤中的氮素,刺激大豆长出更多的根瘤,不仅大豆增产显著(30%),高粱也获得增产(8%)。在果菇间作中,果树树冠可为食用菌提供弱光照、高湿、低温条件,食用菌生产过程可为果树提供充足的光合生产原料——CO_2,菌床基料还可作果树的优质肥料。果树与食用菌之间的这种关系,也可以说是一种资源需求类型上的种间互补。

2. 对系统稳定性方面的互补

在复合群体结构中,利用生物种间互补作用,能够抵抗不良环境条件的干扰,保持系统的稳定性,获得持续高产,这体现在以下一些方面:

(1)抗灾能力的增强使产量稳定。国外有玉米与豆类间作,雹灾打死豆子,可以由玉米产量的增加来补偿。河北沧州地区农民利用枣树具有较强抗干旱、耐盐碱的能力,进行枣粮间作,以避干旱、盐碱之害,补粮食生产之短。

(2)生境条件的改善。如农林复合群体中,利用林木改善农田小气候,使风速减低,湿度提高,从而减轻干热风对小麦灌浆的不利影响。据河南瞧县测定,小麦灌浆期间,桐粮间作地风速比单作小麦地降低44%～58%,夏季气温下降0.1～0.2℃,地温下降0.3～2.8℃,土壤含水量提高4%～10%,空气湿度增高15%,土壤水分蒸发量减少24%～26%,因而有效地防止了干热风对小麦的危害。此外,生境条件的改善还可以改善产品的品质,如胶茶间作,泡桐与茶树间作,都有利于茶叶品质的改善。

(3)土壤肥力的提高。复合群体比单一群体的有机残落物多,可增加土壤有机质。间种的豆科作物是生物氮肥的重要来源。复合群体冠层以及间种作物对地面的覆盖作用,可保护土壤,减轻风沙水蚀。例如,琼海县彬山村四龄胶园中间种胡椒,地面覆盖由50.9%提高到88.1%,每年每公顷的残落物为7 735 kg,比纯胶园的残落物多69.4%,土壤有机质提高2.05%。胶茶林地的径流量比纯胶林减少29.5%,冲刷量减少70.4%。山东省花生研究所玉米与花生间作比单作玉米地土壤的含氮量提高3.5%,吉林省珲春县养萍稻田土壤有机质比不养萍稻田增加91.6%(相对值)。

(4)病虫草害的减轻。由于复合群体对地面的覆盖度增大,可抑制杂草生长。稻田养鱼,利用鱼捕食稻田害虫(稻螟虫、浮尘子、稻飞虱等)和杂草,化害为利。西南师范学院试验,稻田每公顷放3 000尾鱼,75 d后,除去杂草95%,且鱼粪肥田,鱼翻动泥土,促进养分分解,使土壤中速效N、P、K分别提高9.5%、16.4%和50%,每公顷节省化肥112.5 kg。河北试验棉花间种柽麻,可减轻棉蚜危害,百株棉蚜量比单作棉田减少2/3,节省用药2次。玉米与花生间作因捕食性天敌增多,玉米螟为害减轻;芝麻与高粱间作,凭借高秆作物的阻挡作用,芝麻蚜螟减少。此外,因化学分泌物的排斥作用也可使害虫减少,如番茄与甘蓝间作,小菜蛾减少;番茄与烟草间作,黄条跳甲减少。

第四节　农业生态系统的时间结构

一、农业生态系统时间结构的概念

由于农业生态系统中环境因子,例如光照强度、日照长短、温度、水分、湿度等,随着季节变化而变化,植物和动物的种类数量也有明显的季节变化,这就形成了农业生态系统的时间格局。

在社会资源中,劳动力的供应有农忙与农闲之分,电力、灌溉、肥料等的供应亦有松紧之分。因此,农业生产表现有明显的时间节奏,即农业生产有明显的季节性。农业生态系统的时间结构是指在生态系统内合理安排各种生物种群,使它们的生长发育及生物量积累时间错落有序,充分利用当地自然资源的一种时序结构。

农业生态系统时间结构涉及的因素有环境条件的季节性和生物的生长发育规律。时间结构的变化反映了生物为适应环境因素的周期性变化而引起整个生态系统组成外貌上的变化,同时也反映了生态系统环境质量好坏的波动变化。一般来说,环境因素在一个地区是相对稳定的。因此,时间结构控制主要是农业生物的安排,即根据各种生物的生长发育时期及对环境条件的要求,选择搭配适当的物种,实现周年生产。搭配的方法有长短生育期搭配,早、中、晚品种搭配,喜光作物与耐阴作物时序交错,籽粒作物和叶类、块根类作物交错,绿色生物与非绿色生物交错,设置控制措施延长生长季节,化学催熟,假植移栽等。如稻萍鱼中几种鱼混养,分期投放,分批捕捞,实现周年养鱼,也是得益于巧妙的时间结构。

二、农业生态系统时间结构的类型

农业生态系统时间结构的类型包括3个方面:

1. 种群嵌合型

根据资源节律将两种或两种以上的农业生物种群进行科学地嵌合,以充分利用环境资源。例如,棉花与大、小麦套作既可充分利用作物生长前期和生长后期的光热资源,又可解决有效积温不足与多熟种植的矛盾。

2. 种群密结型

根据资源节律将两种或两种以上的农业生物种群安排在同一生长环境中,或将某种农业生物以高密度的方式安排在同一环境中进行生产或繁育。例如,作物生产中的间作、混作和集中育苗,畜禽的集中育雏,水产养殖中的混养等,或者是充分利用幼龄期群体过小而存在的剩余资源,或者是充分利用多种农业生物种群间相互促进的种间关系,实现系统的高效率生产。

3. 人工设施型

通过人工设施改变对生物生长发育不利的环境因素,延长生长季节,实行多熟种植,变更产品的产出期,避开上市高峰,既解决产品淡季供应不足,又增加经济收入。例如,利用日光温室、塑料大棚和小拱棚等设施,栽培蔬菜,培育苗木,进行反季节栽培,延长或缩短光照时间使花卉提前或推迟开花,都属于人工设施型时间结构。

三、农业生态系统的时间结构设计

农业生态系统的时间结构设计指根据各生态区域内各种群生长发育及生物量积累与当地自然资源的协调吻合状况,根据各种农业资源的时间节律,设计出有效利用农业资源的生产格局,使资源转化率达到最高。因为各地区可供作物种群利用的自然资源大多数是随时间而变化,因此需要使作物需求符合自然资源变化规律,做到供求一致,实现资源充分利用,从而提高系统生产力。生态农业的时间设计包括种群嵌合设计(如间作、轮作、套作,轮养、套养等)、育苗移栽的设计、改变作物生长期的调控型设计等,来调节农业生物群落时间的结构方式。

1. 作物套作

将不同物种的不同生育时期安排在同一地块,按其生育特点嵌合在一起,充分利用空间、养分等资源,扩大产出。如在华北冬小麦套玉米、花生、棉花等,可充分利用小麦收获后的光温资源,还可解决小麦、玉米一年两熟所需积温和光照不足的矛盾,达到两茬作物互相兼顾、高产稳产的目的。

(1) 小麦套玉米。在我国华北地区,小麦与玉米是主要的栽培作物,以往都是小麦收获后播种玉米,这样在小麦收获后与玉米出苗之间就有 15～20 d 或更长时间的土地空白期,这期间有 24 267～32 261 J/cm^2 的太阳能和 360～380℃ 的积温不能得到利用而被浪费掉。现在通过在小麦收获前 15～20 d 将玉米套播在麦行间,由于小麦的遮阴挡风作用,使得玉米出苗期提早,出苗整齐,相应的收获期也提早,同时又防止了玉米的贪青晚熟,保证下茬小麦的适时播种。一般套作玉米比单作每公顷增产 1 050 kg 左右。在实行小麦与玉米套作时应注意采用合理的套种方式,选用适于套种的高产品种,确定合理的种植密度,适期播种,保证质量,加强苗期的肥水管理,培育壮苗。

(2) 麦-棉-绿肥间套作。这种方式在我国南北方粮棉种植区较为普遍。方法是:秋耕时作畦挖沟,畦宽 2.4 m,沟深 20 cm。畦中播小麦,畦边各点播一行蚕豆,麦豆间的空闲处种冬绿肥。次年 4 月中旬将绿肥深埋,用地膜播种棉花,每畦条播 4 行棉花,小行距 53 cm,大行距 79 cm,株距 20 cm。也就是冬季实行麦、绿肥间作,春季麦、棉套作。这样一方面可充分利用空间和光能,另一方面利用豆科绿肥的固氮能力可提高土壤的有机肥力。一般间作绿肥如蚕豆、苜蓿、紫云英,每公顷可产鲜绿肥 10 000～15 000 kg,按鲜绿肥含氮 0.33%～0.56%、磷(P_2O_5)0.08%～0.14%、钾(K_2O)0.23%～0.53%计算,土壤可获得氮 445～668 kg、磷 110～165 kg、钾 375～563 kg,从而提高了土地利用率,培肥了地力。实行麦、棉、绿肥间套作,每公顷可收小麦 3 000～4 500 kg,皮棉 750～900 kg,产量明显高于单作。

（3）作物与蔬菜套种。河北省南部地区种植小麦、菠菜、番茄、大白菜4种四收结构类型。头年9月中旬播种冬小麦，入冬前在垄背上种菠菜，第2年小麦拔节前收菠菜，6月上旬又在垄背上定植番茄，小麦收获后，又在麦茬上种植大白菜。这样，每公顷收获小麦4 500 kg、菠菜5 250 kg、番茄2 550 kg、大白菜75 000 kg。

（4）果农套作。在果树幼龄期间，树体较小，空地较多，为充分利用光能和土地空间，可套种生长期较短的一年生作物，待果树长成后，即可形成果园，保持水土，提高土壤肥力。在幼龄果园里套作农作物，果树北方为枣树、柿子、苹果、梨、葡萄等，南方为荔枝、龙眼、芒果、菠萝、柑橘等；可套作的作物为小麦、谷子、花生、油菜、紫云英、豆类、甘薯、西瓜、蔬菜、萝卜、绿肥、牧草等。

2. 轮作、轮养

（1）作物的轮作。湖南的"豆-稻"轮作：春天播种春大豆，大豆收获后种植晚稻，晚稻收割后耕翻土壤，冬闲冻垄。这种轮作，一方面可以使土地得到休养，通过冬天的冻土晒垄，改善土壤的理化性状，增强好气性微生物的活动能力，加速土壤有机质的分解；另一方面，大豆根瘤菌的固氮作用可使每公顷土壤增加游离氮素100～150 kg，相当于每公顷增施硫酸铵480～720 kg，从而促进农田养分平衡，减少化肥用量，提高稻谷产量。

太湖流域的"粮食作物-绿肥作物"轮作：一般在夏熟作物（大麦、小麦等）收获后翻耕土壤种植秋熟水稻，水稻收获前在稻田播种冬绿肥，第二年绿肥收完后种植水稻，稻收后再种麦类作物，形成两年三熟，两年一轮。

东北实行"玉米-大豆"等方式轮作。甘肃省礼县利用本区光热一季作物有余，两季不足的条件，在"余"上发挥更高的效益，从"粮食作物＋经济作物"的"二元结构"模式向"粮食作物＋饲料作物＋经济作物"的"三元结构"模式转化（周立华等，2001）。在小麦收获后，复种不需籽粒成熟的青饲玉米或高蛋白的饲草，以解决粮食与饲料争地的矛盾，发展草食畜牧业。

（2）稻鱼轮作。种一季稻，养一季鱼。种稻时不养鱼，养鱼时不种稻。有的为早稻晚鱼，有的为早鱼晚稻。养殖的鱼类品种有草鱼、鳙鱼、鲤鱼、鲢鱼、乌鳢等。鱼类放养时间较长，但产量较高，经济效益较好。此种类型需要供应较多的水量，往往出现在江河下游的低产田、冬闲地或水库边。

（3）动物的轮养、套养。珠江三角洲地区的鱼类养殖多采用分级轮养和套养相结合，以保证在大面积养殖中能及时有充足的鱼类上市。轮养与套养大体有3种类型：① 春季一次放足大小不同规格的鱼种，然后分期分批捕捞，使鱼塘保持合理的储存量。这种形式的养殖主要是草鱼和鲮鱼；② 同一规格的鱼种，多次放养，多次收获，使鱼塘的捕出和放入鱼种尾数基本平衡。这种形式适用于放养规格大、养殖周期短的鳙鱼、鲢鱼（每年轮捕轮放3～5次）；③ 同一规格的鱼种，春季放完，到冬季干塘时才收获一次，但由于饲养过程个体生长参差不齐，部分可以提早上市，因而该部分可以多次收获。这种形式以鲤、鳊、鲫等为主要对象。

（4）农牧结合。在我国北方草原，经常根据不同种类的畜群的采食特性进行轮牧。如牛对牧草要求高大、多汁，而羊、马采食种类广泛，并善于采食短草、再生草、干草等。因此，常采用先放牧牛，然后再放牧羊或马，以充分利用牧草资源，提高载畜量。以农带牧，农牧业产值的比例为 4.5∶5.5 或 5∶5。

3. 育苗移栽

育苗移栽技术是指对植物生长节律进行时间上的控制,这对于植物抗御干旱、寒冷、盐碱、病虫害,保证苗全、齐、匀、壮,缩短田间生长期,特别是多茬种植中具有很重要的意义,通过移栽可以提高单位面积产量。其中,无土移栽技术和机械化移栽技术的发展已较为成熟。例如,玉米的适时移栽,一方面能解决两季茬口矛盾造成的节令偏紧问题,提高苗的质量;另一方面能保证亩株数,达到全苗壮苗;此外,人工的移栽能做到定向密植,提高光合利用率,还可节省种子 30%～50%。

目前国内外的育苗移栽技术正逐步机械化,从钵苗整钵、断根、装盘到运输等一系列环节正逐步得到加强和完善。现已研制出多种自动、半自动移栽机,对于发展高产、高效农业具有重要意义。

4. 生长期的调控

作物在不同的生长期对土壤性质、各种养分、光照等的需求程度差别很大。例如,苗期是作物的"营养临界期",虽然在养分数量方面要求不多,但是要求养分必须齐全和速效,而且数量足够;而成体的生长则是一个缓慢吸收养分的过程。所以可以通过控制作物生长必需的各因素的条件和用量,来人为地对其生长期进行调控和设计,以取得良好的经济效益和环境效益。作物动态模拟和变量处方施肥是目前人工调控的一个主要方向,它是将不同空间单元的产量数据与其他多层数据(土壤理化性质、病虫草害、气候等)的叠合分析作为依据,以作物生长模型、作物营养专家系统为支持来实施。

四、农业生产模式的演替

在多年的农业发展中,由于自然环境和社会环境条件的变化,农业模式也相应地发生了有顺序的发展演替。农业生态系统的变化首先表现为结构的改变,系统的组成与结构因为环境条件与人为活动的共同作用发生变化,这种变化突出反映在土地利用的结构上。如川中丘陵区土地利用变化与耕地演替、林地与旱耕地的消长促发了农业生态系统结构的演替,导致农林复合生态系统的形成,同时农田生态系统结构也趋于复杂,见表 3-10(朱波等,2003)。

表 3-10　川中丘陵区典型县的土地利用变化与农业结构变化(朱波等,2003)

年份	面积和比例	水田	旱地	园地	林地	牧草地	居民点与工矿用地	交通用地	水域	未利用土地	合计
					南充						
1965	面积/10³ hm²	24.8	90.6	2.0	17.6	1.6	8.8	3.6	10.3	48.2	207.5
	比例/%	12.0	43.7	1.0	8.5	0.8	4.1	1.7	5.0	23.2	100
1985	面积/10³ hm²	39.9	42.8	4.2	41.8	0	12.9	4.9	14.5	40.0	201
	比例/%	19.8	21.3	2.2	20.8		6.4	2.4	7.2	19.9	100
1996	面积/10³ hm²	34.9	59.3	4.9	37.6	0	16.5	7.5	15.8	40.4	216.9
	比例/%	16.1	27.3	2.3	17.3	0	7.6	3.5	7.3	18.6	100

续 表

年份	面积和比例	水田	旱地	园地	林地	牧草地	居民点与工矿用地	交通用地	水域	未利用土地	合计
					盐亭						
1965	面积/10^3 hm²	8.8	72.8	2.0	12.2	3.0	3.8	0.3	4.1	40.1	147.1
	比例/%	6.0	49.5	1.4	8.3	2.0	2.6	0.2	2.8	2.7	100
1985	面积/10^3 hm²	11.3	30.2	0.5	67.0	6.4	6.7	0.6	5.0	20.2	147.9
	比例/%	7.6	20.4	0.3	45.3	4.3	4.5	0.4	3.4	13.7	100
1996	面积/10^3 hm²	15.4	36.1	4.6	69.1	0	13.1	2.2	7.6	16.0	164.1
	比例/%	9.4	22.0	2.8	42.0	0	8.2	1.4	4.6	9.6	100
					资阳						
1965	面积/10^3 hm²	15.5	68.2	2.3	6.6	1.8	4.2	1.3	6.8	16.8	123.5
	比例/%	12.6	55.2	1.9	5.3	1.5	3.4	1.0	5.5	13.6	100
1985	面积/10^3 hm²	20.8	56.2	4.1	16.3	1.3	5.6	2.3	8.8	9.9	125.3
	比例/%	16.6	44.9	3.3	13.0	1.0	4.5	1.8	7.0	7.9	100
1996	面积/10^3 hm²	23.3	57.4	6.6	13.7	0	16.4	2.6	11.0	32.1	163.1
	比例/%	14.3	35.2	4.0	8.4	0	10.1	1.6	6.7	19.7	100

在我国,旱地生态系统的演替十分活跃,20世纪80年代通过粮食作物如传统的小麦、玉米和甘薯的时间组合开展粮食作物的轮作,逐步形成了川中丘陵区较为稳定的麦-玉-苕轮作体系。20世纪90年代又通过与生态环境建设如退耕还林等相结合,引入乔木型中药材和中草药及林间牧草,形成林药、果药、林-果-草及林-粮-药等旱地农田生态系统衍生的复合生态系统,见表3-11(朱波等,2003)。

表 3-11　川中丘陵区农田生态系统的主要结构与变化(朱波等,2003)

年代	农田生态系统类型	结构组成	演替模式	作物产量/(千克/公顷)	产值/(元/公顷)
1960～1970	旱地	小麦、玉米轮作	单一旱作	粮食:6 300	3 150～5 625
	水田	水稻-冬水田	单一水田	粮食:11 250	
1980	旱地	小麦、玉米、甘薯、蔬菜、油菜、花生、棉花的间作、轮作	单一旱作→多种经营	粮食:3 260～8 500 经济作物:1 350～2 400	4 330～5 100
		核桃、柑橘、枇杷、桃、梨、苹果、泡桐、玉米、小麦、甘薯	旱地→果粮、林粮复合模式	果品:1 800～24 450 粮食:2 800～8 250	13 045～26 500
		小麦、玉米、甘薯、蔬菜、油菜、花生间作、轮作与畜禽养殖	旱地种植→种养复合	粮食:5 000～12 000	8 500～23 050
		桤柏混交林、旱地、水田镶嵌	旱地→农林复合		
	水田	水稻、小麦(油菜)轮作	水田→水旱轮作	粮食:11 250	5 625
		水稻、小麦(油菜)、桑	水旱轮作→稻桑复合	粮食:11 250 蚕茧:450	6 500
		水稻、鱼、鸭	水田→稻鱼复合	粮食:13 500	7 500

续　表

年代	农田生态系统类型	结　构　组　成	演替模式	作物产量/（千克/公顷）	产值/（元/公顷）
1990	旱地	具 1980 年代的所有类型			
		核桃、柑橘、枇杷、桃、梨、苹果、杜仲、银杏、玉米、小麦、牧草、中药材	旱地→果粮、林果、林粮、林药、林农牧复合		36 500
		桤柏混交林、旱地、水田镶嵌	旱地→农林牧复合		26 500
	水田	与 1980 年代基本相同			
		水稻、席草、鱼、菱角复合结构	水田→稻经复合		7 800

　　人们一般会在不同时间选择不同适应性的作物，以达到充分利用时间、增加产量的目的。例如，新开荒地可先种一些耐瘠薄的牧草、绿肥、木薯等作物。随着土壤的熟化和肥力的提高可种中产作物，继而可根据条件的变化改种需肥多的作物如小麦、玉米等，条件再变好也可以种植蔬菜、瓜果等。这样随着土壤条件的不断改善，农业生产模式的结构也出现一系列的变换。又如美国加州的中央谷地，因自然条件特别优越，可供选择的农业模式类型多，在经济的发展过程中曾经历了从放牧草场、大田谷物、经济作物、蔬菜、水果到花卉园艺等发展演替过程。

　　在动植物食品生产中，随着经济的发展和生活水平的提高，人们对食品质量和生产环境要求更为关注，从而食品生产出现了这样一个发展阶段：从传统食品生产到绿色食品生产，再到有机食品生产。

第五节　　农业生态系统的营养结构

　　农业生态系统的营养结构是指农业生态系统中的无机环境与生物群落之间，以及生产者、大型消费者与小型消费者之间，通过营养或食物传递形成的一种组织形式，它是农业生态系统最本质的结构特征。

　　按照物质循环和能量转化的一般规律，通过引入新的链环，延长或完善食物链组合，可增加第二、三级产品。一个复合农业模式通常具有 3 个不同营养级：植物生产者、动物消费者和微生物分解还原者。延长食物链的方式主要有增加生产环（绿色植物）、引入转化环（动物或微生物）和引入抑制环（生物防治等）。

一、农业生态系统营养结构的组成

　　生态系统中的各种成分之间最主要的联系是通过营养关系来实现的，即通过营养关系把生物与非生物、生产者与消费者连成一个整体。食物链（food chain）是生物成员之间通过取食与被取食的关系所联系起来的链状结构。食物链是生态系统营养结构的基本单元，是物质循环、能量流动、信息传递的主要渠道(见图3-14)。一般来讲,后一营养级只能利用前一营养级约10%的能量。但由于具体生物种类及环境条件的差异,这个比例随实际变化幅度也是很大的。在生态系统中,食物链主要有3种不同的类型:捕食食物链(predator food chain)、腐食食物链(saprophytic food chain)和寄生食物链(parasitic food chain)。此部分将在第四章第二节"农业生态系统的能量关系"中详述。

图3-14   (A)"向日葵-蝗虫-老鼠-蛇-鹰"食物链
(B)"浮游动物-虾-小鱼-大鱼-鲸"食物链
(资料来源:华南农业大学农业生态学课程组)

图3-15   池塘-农田生态系统食物网
(资料来源:华南农业大学农业生态学课程组)

在生态系统中,由于生物种类多,食物营养关系复杂,常常一种生物以多种食物为食,而同一种食物又被多种消费者取食,从而形成食物链的交错,多条食物链相连就构成了食物网(food web)(见图3-15)。食物网不仅维持着生态系统的相对平衡,推动着生物的进化和发展,而且是提高农业生态系统能量利用效率、农产品的产值效益和满足人类多方面需求的主要途径。

二、农业生态系统食物链(网)结构设计

生态农业的食物链设计是指根据当地实际和生态学原理,合理设计农业生态系统中的食物链结构,以实现对物质和能量的多层次利用,提高农业生产的效益。即根据物种间的捕食、寄生和相生相克等相互作用关系,人为地引入、增加物种,以建立生物间合理的食

物链结构或关系。食物链设计的一个重点就是食物链的合理加环或解链。食物链(网)结构设计的好坏将直接关系到农业生态系统生产力的高低和经济效益的大小以及系统结构的稳定性。

（一）食物链的加环

根据能量流动的原则,系统的食物链越简单,它的净生产量就越高。但是,在高度受人控制和影响的农业生态系统中,由于人们对生物和环境的调控及产品的期望不同,往往会在向系统外输出净生产量的过程中增加一些食物链环节,这反而能提高产品和系统的综合效益。在农业生态系统中约占80%的不能供人类直接利用的初级产品,大部分是第二、三级生产者的资源,在加入环节后能转化成人类直接需要的产品。

1. 食物链加环的作用

一是提高农业生态系统的稳定性。一般来说,农业生态系统中大多数食物链结构比较简单,由于这种单一的生物组成,生态系统中的生物种群之间相互制约机制降低,造成系统稳定性脆弱。如某种病虫害发生,常常引起农作物减产,甚至绝收。因此,通过在农业生态系统中引入捕食性昆虫或动物这样的营养级,可以抑制虫害的发生,大大减少由于病虫害而造成的经济损失,提高农业生态系统的稳定性。

二是提高农副产品的利用率。一般农作物只有20%～30%的主产品可供人类直接食用,而70%～80%则为副产品。如果在其中加入新的食物链环节,这一部分副产品也可供其他动物或菌类利用,并制造出更多的次级产品,为人类提供更多的食物,从而提高了农副产品的利用率和经济效益。

三是提高能量的利用率和转化率。生态系统中,食物链下一个营养级只能部分地利用上一个营养级所储存的有机物质和能量,总有一部分未被利用,而适当增加新的生物组分则可提高物质和能量的利用率。如农业生产中的一级产品苜蓿,如果直接当肥料施入农田,只能利用其物质,而能量则白白浪费。如用苜蓿饲养肉牛,能量转换率可达8%;如用作猪饲料,转换率高达20%;如饲养乳牛,乳牛可消化吸收其中65%的能量,其中有24%的能量可转化为牛乳,其能量利用率可达15%,大体上是转化成牛肉的2倍。

2. 食物链加环的途径

（1）引进捕食性动物,控制有害昆虫对农业生物生产量的消耗。如稻田养鸭,鸭可以消灭吃谷芽的螟蛉,螟蛉可以肥鸭。又如澳大利亚引入牛蜣螂,利用蜣螂处理牛粪,控制牛蝇的繁殖,虽然不是蜣螂直接吃食牛蝇,但由于牛蝇来不及繁殖就连同牛粪埋入土中,从而有效地控制了牛蝇的危害。

（2）增加新的生产环节,将人们不能直接利用的有机物转化为可以直接利用的农副产品等。如通过增加一些腐蚀性动植物,转化农业生态系统中产生的不能直接为人们利用的有机废弃物质(如粪便)等,以扩大系统的总体经济效益。这种加环主要是引入侧链,充分利用"废弃物"——秸秆、糠麸、饼粕、粪便等,即"十分之一"以外的部分,通过相应的有较好转化功能的生物类群,予以转化,其结果为能量的有效转化不是按十分之一递减,而是在"十分之一"的基础上增加。据测算,其中30%经新环节转化,可以生产出等于系统净生产量3%左右的产品,使整个系统产出的人类直接需要的产量由20%提高到23%以上。由人工生态系统形成的食物链,产生多级性的有效物质循环与转化,从而突破了"Lindeman十分之一定律"的局限。

3. 食物链加环的类型

(1) 食物链生产环。利用人类不能直接利用或利用价值较低的生物产品作为资源,通过加入一个新的生物种群进行能量和物质转化,以增加一种或多种产品的输出。生产环的增加,可以实现变废为宝、变低价值为高价值、变分散为集中、变粗为精、变滞销为畅销,从而提高整个系统的效益。生产环的加环可以加入一个或多个生产环节,要根据生态系统的资源种类、性质和数量来确定,见图 3-16。

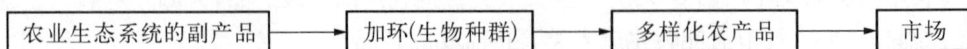

| 农业生态系统的副产品 | → | 加环(生物种群) | → | 多样化农产品 | → | 市场 |

图 3-16　食物链生产环设计流程

(2) 食物链增益环。在人工食物链中可以加入一些特殊的环节,这些特殊环节的生物种群可以提供给生产环所必需的资源,从而增加生产环的效益。食物链的增益环设计,对开发废弃物资源、扩大食物生产、保护生态环境等方面有很重要的意义,见图 3-17。

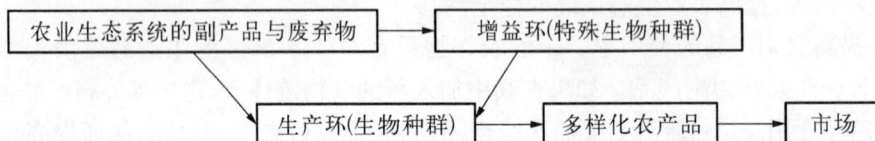

农业生态系统的副产品与废弃物 → 增益环(特殊生物种群) → 生产环(生物种群) → 多样化农产品 → 市场

图 3-17　食物链增益环设计流程

(3) 食物链减耗环。农业生态系统中的有害生物给各种农作物产量与品质造成了严重的损害,并且由于人类长期大量施用化学农药,已产生了一系列严重后果。目前,国内外普遍正在探索利用生物措施防治有害生物,这样可以抑制耗损环的生物种群。食物链减耗环的设计,一是要查清当地主要有害生物及其发生规律;二是要选择对耗损环生物种群具有拮抗、捕食、寄生等负相互作用的生物类型,见图 3-18。

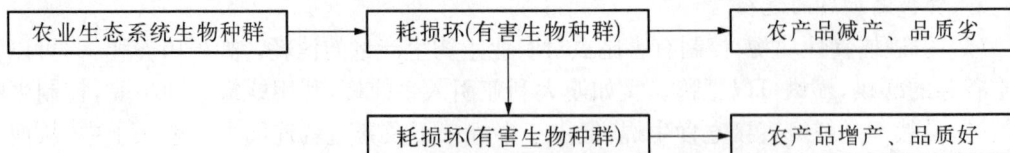

| 农业生态系统生物种群 | → | 耗损环(有害生物种群) | → | 农产品减产、品质劣 |
| | | 耗损环(有害生物种群) | → | 农产品增产、品质好 |

图 3-18　食物链减耗环设计流程

(4) 产品加工链。农副产品加工链的环节,虽然没有生物种群营养级,不属于食物链的环节,但农副产品加工业是农业生态系统的一个重要组分,对农业生态系统的经济流起着非常重要的作用。随着农产品商品率的提高,产品的包装、储藏、保鲜、加工所取得的效益越来越明显。在设计产品加工链时应充分考虑系统内的资源、产品和副产品的种类及数量,因地制宜地选择合适的加工项目和生产规模,见图 3-19。

(5) 食物链复合环。在农业生态系统中的有些生物或生产环节,既可以作为农业生态工程的减耗环或增益环,本身又能提供产品,是一个生产环。

```
┌─────────────────────┐   ┌──────┐   ┌──────┐   ┌──────┐   ┌──────────────┐
│  农业生态系统的副产品  │──▶│  加工  │──▶│  成品  │──▶│  加工  │──▶│  成品附加值较高  │
└─────────────────────┘   └──────┘   └──────┘   └──────┘   └──────────────┘
                             │
                             ▼
                          ┌──────┐   ┌──────┐   ┌──────┐
                          │ 副产品 │──▶│  加工  │──▶│  成品  │
                          └──────┘   └──────┘   └──────┘
                                        │
                                        ▼
                                     ┌──────┐   ┌──────┐   ┌──────┐
                                     │ 副产品 │──▶│  加工  │──▶│  成品  │
                                     └──────┘   └──────┘   └──────┘
```

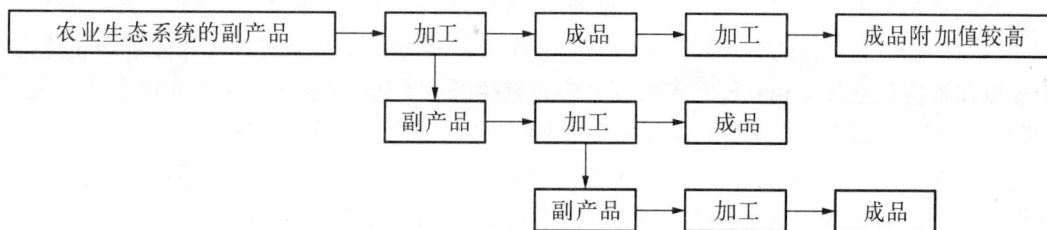

图 3-19　产品加工链的设计流程

4. 食物链加环时应注意的问题

食物链加环并非越长越好，关键是要尽早从链条中获取更多的产品。"十分之一"法则证明，链条越长，营养级层次越多，沿食物链损耗的能量也就越多。而且太长、太复杂的食物链在实际应用中也有许多技术与经济方面的困难。

食物链加环要讲究综合效益。不同食物链类型在社会效益、经济效益、生态效益方面的表现不同。比如，目的在于净化环境的食物链，可能具有较高的生态环境效益，但经济效益不一定高；目的在于实现废弃物资源化的食物链，可能具有较高的蛋白质利用效率，但不一定具有较高的能量转化效率。因此，加环应结合当地、当时的具体情况进行设计。

（二）食物链的解链

随着工农业的发展，各种工业"三废"的排放，矿山、核电站的建立，农业内部的化肥、农药、除草剂等的使用，使得各种有毒物质进入生态系统，被植物体吸收，并沿着食物链各营养级传递，最终在生物体内的残留浓度越来越高，严重地影响着生态系统的功能和人类健康。为了减少有毒物质通过食物链进入畜禽和人体，危害动物和人类的健康，可采用食物链"解链"的方法，即当有毒物质在食物链上富集达到一定程度时，使其与到达人类的食物链中断联系。

在进行食物链解链设计时要合理确定解链的时机和解链的方式，以达到最佳的效果。一是要改变产品用途，使它们脱离与人类食物相联的食物链，切断污染物进入人体的渠道；二是改变生物种群类型，种植观赏类植物或工业生产原料。农业生态系统中人工食物链的加环与解链设计，给生态农业建设提供了一些途径和方法。为了使生态农业建设取得更高的效益，在进行人工食物链加环与解链设计时一定要因时、因地制宜。

1. 处理污染土壤

在受污染的土壤上种植非食用的用材林、薪炭林等林木或能源植物，以及花卉等观赏植物，还可种植用来生产纤维用的各种麻类作物，使污染物离开食物链。

2. 处理污水

利用水生植物处理城市污水、生活污水和工业废水，可减轻有毒物质对人体、畜禽的危害。在污水处理中凤眼莲（又名水葫芦、水风信子）、浮萍、水花生、芦苇、宽叶香蒲、水葱等水生植物被广泛应用，其中应用最广、研究最多的是凤眼莲。大量研究表明，水生植物对多种污染物质以及氮、磷等营养元素具有较强的吸收净化能力。凤眼莲是公认的高产速生漂浮性水生维管束植物，在适宜条件下生长十分迅速，年产量每 667 m^2 可超过 10 万千克鲜重。据研究，凤眼莲每天每平方米可以去除 BOD_5（5 日生化需氧量）42.82 kg、氮 9.92 kg、磷

2.94 kg。据荷兰报道，用香蒲和浮萍处理生活污水，停留 10 d 以上，BOD_5 去除率可达 79.8%，总氮 95%，大肠埃希菌 98%。水生植物对有毒物质有很强的吸收和分解净化能力。水葱可在浓度高达 600 mg/L 的含酚废水中正常生长，每 100 g 水葱经 100 h 可净化一元酚 202 mg。1 hm^2 凤眼莲一昼夜可吸收酚 100 kg。水生植物对重金属有极强的富集能力。凤眼莲在汞 0.1 mg/kg、铅 0.5 mg/kg、镉 0.1 mg/kg、砷 0.2 mg/kg 的混合污水中，对这几种毒物都具有一定的吸收富集能力，富集倍数为几十倍、几百倍至上千倍。

三、食物链结构举例

农业生态系统营养结构模式主要有种植业内部物质循环利用模式、养殖业内部物质循环利用模式、种养加三结合的物质循环利用模式等。食物链模式设计可采用"依源设模，以模定环，以环促流，以流增效"方法，通过链环的衔接，使系统内的能流、物流、价值流和信息流畅通，从而提高经济、生态和社会三大效益。

1. 以养殖业为主的食物链结构

河北省蓟县采用鸡粪喂猪，猪粪养蝇蛆，蝇蛆喂鸡，剩余猪、鸡粪施入农田循环利用的结构。苍蝇以腐败废弃物为食料，产卵多，生长快，1 只雌蝇 1 次产卵少的几十粒，多的 200 余粒。如果食料充足，苍蝇一年可繁殖 25~30 世代，从孵化到幼虫长大，只需 4 d 时间。蝇蛆营养丰富，据资料介绍，粗蛋白含量为 59.39%~65.43%，脂肪含量为 10.55%~12.61%，钙含量为 0.47%~0.71%，磷含量为 1.71%~2.52%，并有 18 种氨基酸，所以蝇蛆是一种优良的蛋白质饲料。每只鸡每天喂 10 g 蝇蛆，可使鸡的产蛋率提高 10.1%。每 1 kg 蛋可节省饲料 0.4 kg。江苏省建湖县一农户，利用作物秸秆、青饲料，并配合部分精饲料喂养兔、鸡，用兔、鸡粪喂猪，剩余猪、兔、鸡粪肥田。

2. 畜禽-沼气食物链结构

北方"四位一体"庭院能源生态模式在蔬菜大棚内将沼气池、猪禽舍、厕所在全封闭的状态下连在一起，充分利用太阳能，以沼气为纽带与种植业、养殖业相结合，在农户庭院土地上，组成能源生态综合利用体系。该模式循环工程从厕所、猪禽舍产出的人畜粪进入沼气池，经沼气池发酵产出的沼气供农户炊事和日光温棚冬季夜间增温，发酵后所得沼渣、沼液为温棚蔬菜施肥和喂猪，猪禽又产粪便再入沼气池（见图 3-20）。

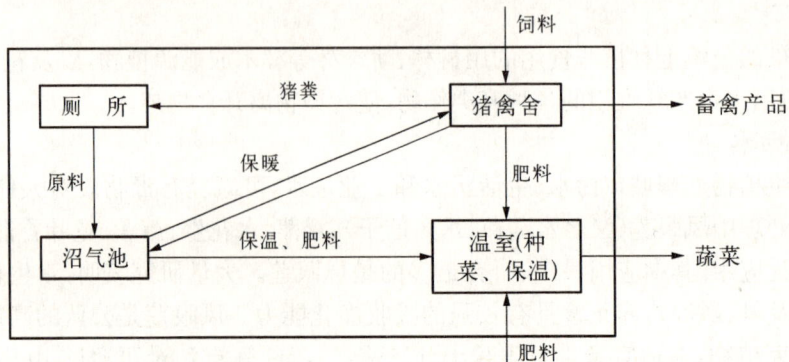

图 3-20 "四位一体"的庭院能源生态模式（李文广等，1995）

3. 以污水自净为中心的食物链结构

辽宁省大洼县西安生态养殖场,发展以水生植物为中心的生态工程,经三段净化,四步利用的工艺流程,使物质进行了多层次转化重复利用,实现了无废物、无污染的畜牧业生产,改善了农业生态环境。

在晚春、夏季和早秋三季用清水冲洗猪粪尿,猪粪尿流出后通过猪舍两侧的排水沟被引入到水葫芦池中,经过 7 d 左右的吸收净化后再被排入细绿萍池中,进行第 2 段净化,时间也为 7 d 左右。经过两段净化后,污水的 COD(化学需氧量)值由 570 mg/L 降到 138.7 mg/L,再降到 70 mg/L;BOD(生化需氧量)值由 356 mg/L 降到 168.8 mg/L,再降到 35.6 mg/L;溶解氧由零增加到 1.49 mg/L,再增加到 2.45 mg/L,同时繁殖出大量的浮游生物。然后,经第二段净化后的污水又继续被引至鱼蚌混养塘中进行第三段净化,时间不定,视池塘水量和水浑度而异。

四步利用:有机污水经过三段净化的同时也完成了三步利用。将从鱼塘排放的清水引到稻田地进行灌溉从而实现了第 4 步利用。每年排放到水葫芦池的 90 万千克猪粪尿和冲洗猪圈脏水中,大约含氮 6 150 kg、磷 3 450 kg、钾 11 190 kg,按氮素计算,可生产水生饲料(水葫芦、细绿萍等)307 万千克,年实际可节省精饲料 20 万千克,取得了明显的生态效益和经济效益。

四、农业生态系统营养结构的特点

农业生态系统的物质循环和能量转化,是通过农业生物之间以及它们与环境之间的各种途径进行的,与自然生态系统所不同的是,系统的各营养级中的生物组成即食物链构成是人类按生产目的而精心安排的。另外,农业生态系统各营养级的生物种群,都在人类的干预下执行各种功能,输出各种人类需求的产品。因此,农业生态系统的营养结构就不像自然生态系统那样完全。如果人们遵循生物的客观规律,按自然规律来配置生物种群,通过合理的食物链加环,为疏通物质流、能量流渠道创造条件,那么生态系统的营养结构就更科学合理;否则,就会造成环境污染、资源浪费以及生态平衡破坏,从而会使生态系统的营养结构遭到严重破坏。

农业生态系统与其他陆地生态系统一样,其营养结构包括地上部分营养结构和地下部分营养结构。地上部分营养结构通过农田作物和禽、畜、虫、鱼等,把无机环境中的二氧化碳、水、氮、磷、钾等无机营养物质转化成为植物和动物等有机体;地下部分营养结构是通过土壤微生物,把动物、植物等有机体及其排泄物分解成无机物。所以说,地上部分营养结构是无机变有机;地下部分营养结构是有机变无机,并归还给土壤等环境,再为农作物吸收利用。所以农业生态系统营养结构是无机物有机化与有机物无机化过程的统一。其特点是无机物转化为有机物非常充分,而有机物转化为无机物就不一定在系统内进行,可能是连同农产品输出系统外进行微生物分解或用火焚毁或用其他措施处理,当然也可能在系统内由分解者转化成无机营养物质归还土壤,而微生物的活动与土壤有机质关系密切。因此,根据农业生态系统营养结构特点,必须十分重视地下部分有机物质的输入,促进地下部分有机物质无机化过程,以保持土壤养分平衡。

思考题

1. 什么是农业生态系统的结构? 主要包括哪些方面?

2. 什么样的农业生态系统才是合理的？如何构建合理的农业生态系统结构？

3. 在农业生态系统的开发中可以从哪几个方面来利用边缘效应？

4. 农业生态系统的水平结构受哪些条件的影响？试一一举例说明。

5. 什么是农业生态系统的水平设计？试举例分析。

6. 农业生态系统的垂直结构受哪些条件的影响？试举例说明。

7. 什么是农业生态系统的立体结构设计？包括哪些方面？

8. 农作物间作的原则有哪些？

9. 农业生态系统垂直结构的基塘系统包括哪些方面？

10. 农业生态系统的时间结构有哪几种类型？试举例说明。

11. 调节农业生态系统时间结构的方式有哪些？并选其中两个进行详述。

12. 食物链加环有哪些类型？试分别举例说明它们在农业生态系统中的应用。

13. 食物链的解链是什么？举例说明食物链解链在农业生态系统中的应用。

14. 利用食物链原理对你所在的小区（或学校）的农业生态系统的营养结构进行分析并进行营养结构的优化设计。

15. 很早以前，我国农民就学会了用桑叶喂蚕、蚕沙（蚕粪）养鱼、塘泥肥桑的方法，创造了"桑基鱼塘"生态农业。随着科学技术的进步，"桑基鱼塘"也得到了不断的发展，人们改变以蚕沙直接下鱼塘的老办法，将蚕沙、人畜粪便、秸秆、杂草、树叶等投入沼气池内发酵，制成沼气作燃料，然后再用沼气渣喂鱼。这样，就把传统的"桑、蚕、鱼"农业结构，变成了"桑、鱼、气、蚕"的新型农业结构。结合左图分析这种农业种养模式的生态学基础是什么？通过怎样的方式可以对该系统的营养结构进行优化？

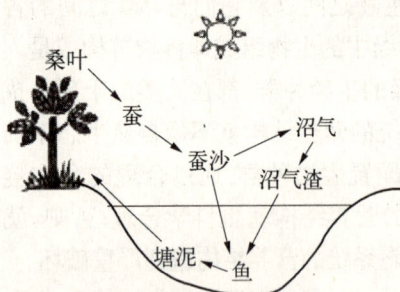

参考文献

［1］ 骆世明. 县级农业生态学统的结构与城市作用相对强度指数的关系[J]. 华南农业大学学报,1986,7(2)：22～32.

［2］ 骆世明,陈聿华,严斧. 农业生态学[M]. 湖南：湖南科学技术出版社,1987.

［3］ 温洋,吴灼明,骆世明. 广东省资源与环境地域分布梯度[J]. 生态学报,1988,8(4)：291～297.

［4］ 王建江,云正明. 重力生态学与农田生态系统生产力[J]. 生态学杂志,1990,9(5)：42～45.

［5］ 李文华,赖世登. 中国农林复合经营[M]. 北京：科学出版社,1994.

［6］ 尹钧,高志强. 农业生态基础[M]. 北京：经济科学出版社,1996.

［7］ 孙鸿良. 我国生态农业主要种植模式及持续发展的生态学原理[J]. 生态农业研究,1996,4(1)：15～22.

［8］ 丁圣彦. 论立体农业的生态学基础[J]. 河南大学学报(自然科学版),1996,26(2)：

93~96.

[9] 蒋长瑜,郑驰. 美国农业空间结构研究——兼论中国农业商品基地选建[M]. 上海：华东师范大学出版社,1997.

[10] 罗宏,杨志峰. 峡谷暖区农业地形气候垂直分层及其农业发展战略[J]. 地理研究,1999,18(4)：407~412.

[11] 杜心田,杜明. 立体种植的理论基础[J]. 生态农业研究,2000,8(3)：9~12.

[12] 郝树明,邢翠莲. 论立体农业[J]. 山西农业科学,2000,28(2)：3~6.

[13] 严力蛟,朱顺富. 农业可持续发展概论[M]. 北京：中国环境科学出版社,2000.

[14] 王兆骞. 中国生态农业与农业可持续发展[M]. 北京：北京出版社,2000.

[15] 骆世明. 农业生态学[M]. 北京：中国农业出版社,2001.

[16] 严力蛟,吕先真. 中国生态农业与立体农业的发展趋向[J]. 当代生态农业,2001(1、2)：86~90.

[17] 陈阜. 农业生态学[M]. 北京：中国农业大学出版社,2001.

[18] 赵秉栋,赵庆良. 资源节约型农业生产体系浅析[J]. 河南大学学报（自然科学版）,2001,31(4)：66~69.

[19] 周立华,樊胜岳,张明军. 西北干旱山区农业发展潜力与对策研究——以甘肃省礼县为例[J]. 干旱区研究,2001,18(4)：41~43.

[20] 章家恩,骆世明. 农业生态系统模式的优化设计探讨[J]. 热带地理,2001,21(1)：81~85.

[21] 王爱民,刘宇. 干旱区内陆河流域人地系统分类与评述[J]. 干旱区资源与环境,2001,15(4)：13~16.

[22] 曹凑贵,严力蛟,刘黎明. 生态学概论[M]. 北京：高等教育出版社,2002.

[23] 黄清虎. 生态种养结硕果——介绍一种小型农场立体种养模式[J]. 福建农业,2002(9)：27.

[24] 孙敬水. 我国生态农业发展研究[J]. 经济问题,2002(8)：31~33.

[25] 叶长卫,李雪松. 浅谈杜能农业区位论对我国农业发展的作用与启示[J]. 华中农业大学学报（社会科学版）,2002(4)：1~4.

[26] 吕爱清. 论持续农业的生态原理[J]. 农业与技术,2002,22(3)：14~18.

[27] 潘志华,安萍莉,郑大玮,等. 农牧交错带生态系统结构变化及其对系统退化的影响[J]. 中国农业大学学报,2002,7(5)：50~53.

[28] 摆万奇. 大渡河上游地区景观格局与动态[J]. 自然资源学报,2003,18(1)：75~76.

[29] 方创琳,冯仁国,黄金川. 三峡库区不同类型地区高效生态农业发展模式与效益分析[J]. 自然资源学报,2003,2：228~234.

[30] 朱波,高美荣,刘刚才,等. 川中丘陵区农业生态系统的演替[J]. 山地学报,2003,21(1)：56~62.

[31] 陈玉香,周道玮,张玉芬. 东北农牧交错带农业生态系统结构优化生产模式[J]. 农业工程学报,2004,20(2)：250~254.

[32] 施炜纲. 湖泊蟹、鱼健康养殖模式介绍[J]. 科学养鱼,2004(8)：84~85.

[33] 常介田,徐明辉,袁桂英. 生态农业建设中的人工食物链加环与解链设计[J]. 中国农村小康科技,2005(7):35~36.

[34] 黄进勇. 生态农业及其模式研究[J]. 中国农学通报,2005,21(5):376~379.

[35] 邓祖涛,陆玉麒,尹贻梅. 山地垂直人文带研究[J]. 地域研究与开发,2005,24(2):11~14.

[36] 程炯,吴志峰,刘平. 基于GIS的农业景观格局变化研究——以福建省漳浦县马坪镇为例[J]. 中国生态农业学报,2005,13(4):184~186.

[37] 蒋国良,黄德峰. 刍议建立合理农业生态系统结构[J]. 上海农业科技,2006,5:27~28.

[38] 何妍,周青. 边缘效应原理及其在农业生产实践中的应用[J]. 中国生态农业学报,2007,15(5):212~214.

[39] 郑小莉. 黑河流域生态结构探讨[J]. 现代农业,2008,12:57~58.

[40] 王宏燕,曹志平. 农业生态学[M]. 北京:化学工业出版社,2008.

[41] 刘季科,杨京平,蔡飞,等. 浙江大学现代生态学课程[DB/OL]. URL:http://eco.nefu.edu.cn/ecologyweb/new_page_2.htm.

[42] 华南农业大学农业生态学课程[DB/OL]. URL:http://jpkc.scau.edu.cn/nystx/wlkj/curriculum%20content.htm.

第四章　农业生态系统的能量流

农业生态系统的功能主要包括农业生态系统的能量流、物质流、信息流和价值流四大功能。农业生态系统中的能量流是农业生态系统的基本功能之一。能量是物质运动的动力，也是生命运动的基本动力。世界上的一切生命活动无不伴随着能量的转化、利用和耗散，即伴随着能量流动的过程。同样在农业生态系统中，也始终存在着能量的转化和流动。因此，能量流是农业生态系统中最主要的研究内容之一。了解农业生态系统的能量转化规律，对分析农业生态系统的功能及其组分之间的内在关系，以及农业生态系统物质生产力的形成都是必需的，也是基础的。农业生态系统中生命活动所需要的能量绝大部分都直接或间接地来自太阳辐射能，并遵循热力学第一和第二定律进行转化和流动。在农业生态系统中，绿色植物利用日光能，同时吸收营养物质（主要来自土壤）和空气中的气体，进行光合作用生产有机物，将日光能储存在所生产的有机物中。这些有机物在农业生态系统中通过食物链和食物网，从一个营养级传递到另一个营养级，从而实现了能量转化（energy transition）和能量流动（energy flow）。另外，在农业生态系统中，人们往往通过输入人工辅助能的方式进行调节和控制，以期使能量的转化和流动向人们所希望的方向进行。为了尽量避免和减少工业辅助能的负效应，应大力发展生态农业等各类可持续农业，充分利用农业生态系统的自我调控机制和自然生态过程，利用生物间的相生相克的关系，从而既可尽量避免滥用化肥、农药、生长调节剂和饲料添加剂等工业辅助能，又可实现农业生态系统运行中产生的生态效益、经济效益和社会效益的最优化。

第一节　能量流动的基本规律

一、能量的基本概念和表现形式

能量（energy）是衡量物质存在和运动变化的量度，是物理学中一个重要的基本概念。经典力学对能量的定义是指物体做功能力的量度。物体对外界做了功，物体的能量要减少；反过来，若外界对物体做了功，物体的能量就要增加。物理学认为，能量是系统状态的函数，它的增量等于"外界对系统所做功的总和"。这是能量的普遍定义。若物体的位置、速度、温度等状态改变了，能量也随之改变。

在生态系统中，能量有3种表现形式：太阳能、生物化学能和热能。能量的量度单位是焦耳（J）。焦耳与热量单位卡（cal）可按下式换算：

$$1 J = 0.239 cal, 1 cal = 4.18 J$$

能量根据是否做功可划分为动能(dynamic energy)和潜能(potential energy)两种形式。动能是一种动态能量,与物体本身的质量、运动速度和相对位置有关;潜能是静态能量,它是存在于物体内部的化学能量,具有做功的潜在能力,生态系统中有机物质的化学结合能是潜能的一种。

二、生态系统中的能量来源

能量是生态系统的动力基础,生命活动过程都存在着能量的流动和转化。进入生态系统的能量,根据其来源途径不同,可分为太阳辐射能和辅助能两大类型。

1. 太阳辐射能

太阳能是生态系统中能量的最主要来源。到达地球表面的太阳辐射能中99%的波长都集中在0.15~4 μm 范围内,包括约50%的可见光(0.38~0.76 μm),约43%的红外线(>0.76 μm)和约7%的紫外线(<0.38 μm)。各种波长的光在自然界中具有不同的效应,红外线会产生热效应,有助于形成生物生长的热量环境;紫外线则具有较强的组织穿透能力和破坏能力,能提高植物组织中蛋白质及纤维素含量,还会杀死微生物;由7种不同波长的单色光(红、橙、黄、绿、青、蓝、紫)所构成的可见光,一般除绿光外,均是绿色植物进行光合作用的生理辐射(photosynthetically active radiation, PAR, 0.38~0.71 μm),其中红橙光为植物叶绿素最易吸收的部分,是光合作用的主要能源。植物一般只能将其中的一小部分生理辐射能转化为化学能,并储存在有机物中,对太阳能利用率一般在1%~5%之间,由于环境条件和植物种类的不同,植物实际的光能利用率多在0.5%~3.0%。从世界范围看,到达绿色自养层的太阳辐射量,大部分地区平均都在420~3 400 J/(cm^2·d),其中温带多在1 300~1 700 J/(cm^2·d),相当于每年每平方米4.6×10^7~6.3×10^7 J。太阳能既是能源,又是重要的环境因子。因此,太阳能的数量和分布,对任何地区生态系统的结构和功能而言,都是基本的决定因素。

2. 辅助能

除太阳辐射能以外,其他进入系统的任何形式的能量,都称为辅助能。辅助能无法直接被生态系统中的生物转换为化学潜能,但可以促进辐射能的转化,对生态系统中生物的生存、光合产物的形成、物质循环等起着很大的辅助作用。

根据辅助能的来源不同可分为自然辅助能(natural auxiliary energy)和人工辅助能(artificial auxiliary energy)两种类型。在自然过程中产生的除太阳辐射能以外的其他形式的能量,都称为自然辅助能,如风能、潮汐能、地热能、水流能、降雨能等。人工辅助能,是指人们在从事生产活动过程中有意识地投入的各种形式的能量,主要是为了改善生产条件、加快产品流通、提高生产力,如农田耕作、灌溉、施肥、防治病虫害、农业生物的育种以及产品的收获、储藏、运输、加工等。

根据人工辅助能的来源和性质,还可将人工辅助能分为两类:一是生物辅助能,即来自生物有机体的能量,如人、畜力、种苗和有机肥料中的化学潜能;二是工业辅助能,指来自工业生产中的各种形式的能量,包括石油、煤、天然气、电等形式投入的直接工业辅助能和以化肥、农药、农业机械、家用塑料等形式投入的间接工业辅助能(见图4-1)。

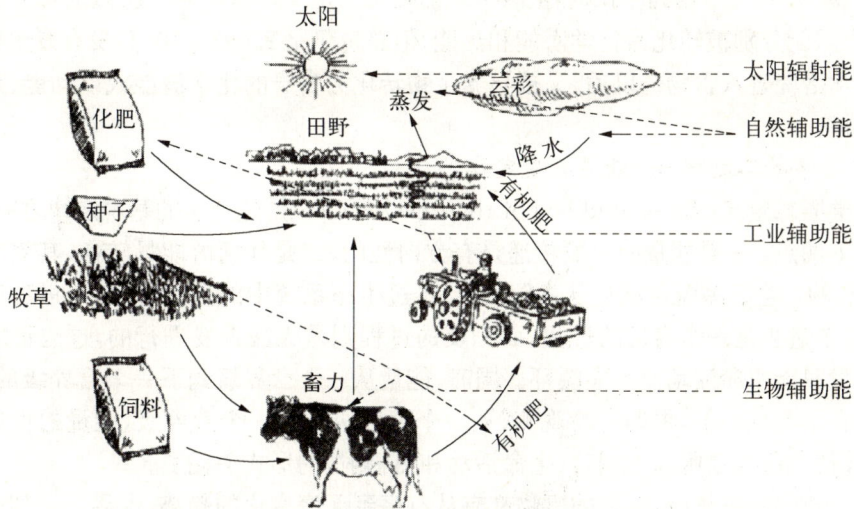

图 4-1　一个农业生态系统的能源状况(曹凑贵等,2002)

三、能量流动与转化遵循的基本定律

热力学(thermodynamics)是从能量转化的观点研究物质的热性质,阐明能量从一种形式转换为另一种形式时应遵循的客观规律。热力学具有普遍性,自然界的所有系统都具有热力学的基本特点。在生态系统中,能量的流动和转化同样服从基本的热力学定律。此外,在农业生态系统中,人们利用动植物的生物学特性,实现太阳辐射能的固定、转化,生成人们可以利用的动植物产品,在这个过程中,能量不断地消耗与输出,能量逐级减少,可以看出农业生态系统中的能量流动与转化也是遵循熵定律的。

1. 热力学第一定律——能量守恒定律

热力学第一定律(the first law of thermodynamics)指出,热能可以从一个物体传递给另一个物体,也可以与机械能或其他能量相互转换,在传递和转换过程中,能量的总值不变。如果用 ΔE 表示系统内能的变化,ΔQ 表示系统所吸收的热量或放出的热量,ΔW 表示系统对外所做的功,则热力学第一定律可表示为

$$\Delta E = \Delta Q + \Delta W$$

即一个系统的任何状态变化,都伴随着吸热、放热和做功,而系统和外界的总能量并不增加或减少,它是守恒的。

在生态系统中,能量的转化同样遵守热力学第一定律。太阳能以电磁波的形式进入到生态系统后,大部分被地球表面反射、散射而损失,还有一部分被动植物吸收,然后又以热能的形式散出生态系统,只有一小部分被绿色植物吸收,并激活绿色植物中与光合作用有关的酶,生成有机物,从而将太阳能转化为有机物中的化学潜能而固定到生态系统中。这些被储存的能量一部分用于绿色植物自身的呼吸作用,剩余部分则构成了生态系统中所有异养生物的能量来源。在绿色植物的光合作用过程中,每固定 1 g CO_2 分子大约要吸收 2.093×10^6 J 的太阳辐射能,而光合产物中只有 4.69×10^5 J 的能量以化学潜能的形式被固定下来,

其余的 $1.624×10^6$ J 的能量则以热量的形式消耗在固定 1 g CO_2 分子所做的功中。在这个过程中，太阳能分别被转化为化学潜能和热能，但总量仍是 $2.093×10^6$ J，没有发生变化。被固定的化学潜能进入食物链以后，又被异养生物转化为自身的化学潜能或以动能、热能的形式被消耗掉。

2. 热力学第二定律——能量衰变定律

热力学第二定律(the second law of thermodynamics)是热力学的基本定律之一，它主要阐释了以下两点：一是能量的自发传递是有方向性的；二是任何的能量转换，其效率都不可能是 100% 的。生态系统的能量从太阳流出，经过生态系统中的生物有机体，最后流入非生物环境，整个过程是一个自发的过程，而相反的过程则是无法自发进行的，这也证明了生态系统中能量只能单向流动而不能循环。同时，能量从一个营养级到下一个营养级的过程中，其大小是在不断减小的，根据实验观测，从一个营养级到下一个营养级，能量的传递仅约为 1/10，而其他大部能量则以无用功(生命活动和热辐射)的形式消耗了。

在一个封闭的系统中，所有的事物都有从有序到无序变化的趋势，世界上一切有序的结构、格局、安排都会自然地走向无序。我们可以用熵理论做出解释。熵(entropy)是一个热力学函数，是对系统或事物无序性的量度，其定义为"从绝对零度无分子运动的最大有序状态向某种含热状态变化过程中每一度(温度变化)的热量变化"。封闭系统的一个等温过程中，熵的变化可用下式计算：

$$\Delta S = (\Delta H - \Delta F)/T = \Delta Q/T$$

式中：ΔH 为系统总能的增加量，ΔF 为系统自由能的增加量，T 为绝对温度。

因此，熵变化就是热量的变化与绝对温度之比，在温度为绝对零度($-273℃$)时，任何一个物体的熵都等于零。

由大量分子构成的系统中，熵值可用下式表示：

$$S = K \ln P$$

式中：S 为系统的熵；K 为波尔兹曼常数，其值为 $1.38×10^{-23}$ J/K；P 为系统所处的状态在所有可能状态中出现的概率值。

例如，某个系统第一种状态出现的概率为 $P_1=0.2$，第二种状态出现的概率为 $P_2=0.7$，则这两种状态的熵值分别为：

$$S_1 = K \ln P_1 = 1.386×10^{-23} \ln 0.2 = -2.22×10^{-23} \text{ J/℃}$$

$$S_2 = K \ln P_2 = 1.386×10^{-23} \ln 0.7 = -0.49×10^{-23} \text{ J/℃}$$

$$\Delta S = S_2 - S_1 = 1.728×10^{-23} \text{ J/℃}$$

可见，出现概率较大的状态，其熵值也较大。对于封闭系统，有规则的有序状态出现的概率较小，熵值较低，而均匀的、无序的状态出现的概率较大，熵值较高。例如，碳水化合物就比构成它们的碳、氢、氧的混合物的熵值低，蛋白质比构成它们的各种氨基酸的混合物的熵值低，内部温差大的系统比温差小的系统熵值低，液体内溶质浓度差大的系统熵值低。

伴随着能量转换过程的进行,系统中潜在做功的能会转化为自由能(free energy)和热能两部分,前者可对外做功,后者则无法再利用,而以低温热能形式散发到外围空间。

用自由能概念表述的热力学第二定律是:物体自由能的提高不可能是一个自发的过程,而且任何产生自由能储备的能量转换都不可能达到百分之百有效。用公式表示为:

$$\Delta G = \Delta H - T \Delta S$$

式中:G 为自由能,即系统可对外做功的有用能;H 为系统热焓,即系统含有的潜能;S 代表系统的熵;T 是过程进行时的绝对温度。

可以用熵来表述热力学第二定律(熵增原理):封闭系统的熵总是不断增加到最大才会停止。也就是说一切自发的过程总是沿着熵增加的方向进行,系统从有序走向无序。熵增加,这是一个自发的过程,不需要外加能量;相反的熵减方向就必须外加能量的推动,而且外加能量的效率都必然<100%。

在生态系统中,能量的转换也服从热力学第二定律。当能量在生产者(producers)、大型消费者(macroconsumers)和小型消费者(microconsumers)之间进行流动和传递时,一部分能量通过呼吸作用变为热而消散掉,其余能量用于做功、合成新的生物组织或以物质的化学潜能的形式储存起来(见图4-2)。

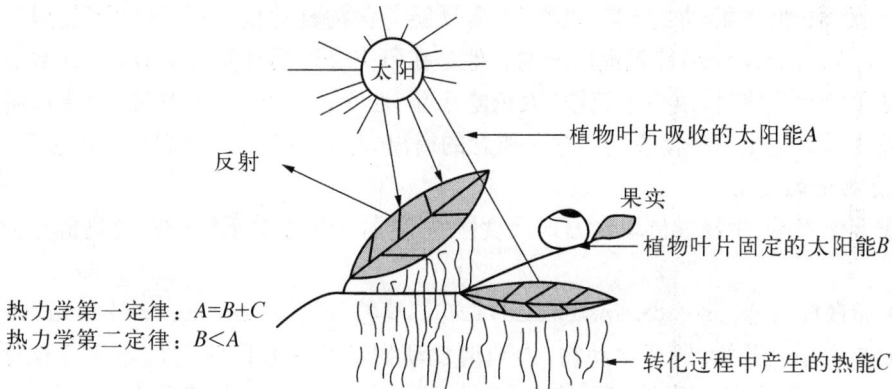

图4-2 热力学第一、第二定律图解(曹凑贵等,2002)

图中文字:
- 太阳
- 反射
- 植物叶片吸收的太阳能A
- 果实
- 植物叶片固定的太阳能B
- 热力学第一定律:A=B+C
- 热力学第二定律:B<A
- 转化过程中产生的热能C

3. 普里高津耗散结构理论

从上述的热力学第二定律来看,一个封闭系统最终要走向无序,走向解体。然而,很多现象表明,开放系统是不断从无序走向有序,从低度有序的状态走向高度有序状态,生物的进化从低级向高级进化就是一个例子。普里高津的耗散结构理论(Prigogine's dissipative structure theory)解决了与这种现象有关的理论问题。所谓耗散结构,是指开放系统在远离平衡状态下,系统可能出现的一种稳定的有序结构。普里高津耗散结构理论表明:一个远离平衡态的开放系统,通过与外界环境物质、能量的不断交换,就能克服混乱状态,维持稳定状态并且还有可能不断提高系统的有序性,使系统的熵减少。开放系统的外界条件变化达到一定限度时,将发生非平衡相变,由原来的无序的混乱状态转变为一种在时间、空间或功能上有序的新状态,这种新的有序状态需不断与外界交换物质和能量才能维持,并能保持一定的稳定性,这种状态就是耗散结构。

生态系统本身就是一种开放的和远离平衡态的热力学系统,具有发达的耗散结构。通过能量和物质的不断输入,系统保持高度的有序性和稳定性。因此,生态系统服从热力学第二定律和熵定律,生态系统(或有机体)要维持一个有"内秩序"的高级状态,即低熵状态,同样需要从系统外输入能量,即不断输入太阳能和辅助能。

第二节　农业生态系统的能量关系

一、食物链和食物网

农业生态系统中的能量流动,是借助于食物链和食物网来实现的。因此食物链和食物网便是生态系统中能量流动的渠道。

（一）食物链

1. 食物链的概念

食物链(food chain)是指在生态系统中,生物之间通过捕食与被捕食关系联结起来的链索结构。如在稻田生态系统中,常有稻飞虱吃水稻,青蛙吃稻飞虱,蛇吃青蛙,老鹰吃蛇,这就构成了"水稻-稻飞虱-青蛙-蛇-老鹰"的食物链。食物链的概念是 1942 年美国生态学家林德曼(R. L. Lindeman)首先提出来的。他是在研究美国明尼苏达州的 Cedar Bog 湖内生物种群能量流动规律时,由中国谚语"大鱼吃小鱼,小鱼吃虾米,虾米吃稀泥(指浮游生物)"得到启发之后而提出这一概念的。这一概念的提出,对生态学的发展起到了积极作用。

2. 食物链的类型

根据能流发端、生物成员取食方式及食性的不同,可将生态系统中的食物链分为以下几种类型。

（1）捕食食物链(predator food chain)。亦称草牧食物链(grazing food chain)或活食食物链。是指由植物开始,到草食动物,再到肉食动物这样一条以活有机体为营养源的食物链。例如:"草-兔子-狐狸","羊草-蝗虫-百灵-沙狐"。食物链上的成员有自小到大,从弱到强的趋势,这与捕食能力有关。

（2）腐食食物链(saprophytic food chain)。也叫残渣食物链、碎屑食物链(detritus food chain)或分解链(decomposition chain)。该食物链是以死亡的有机体(植物和动物)及其排泄物为营养源,通过腐烂和分解,将有机物质还原为无机物质。腐食者主要是细菌和原生动物,还包括吃残屑和这些微生物的动物,以及吃这些动物的某些捕食者。如"枯枝落叶-蚯蚓-腐败菌"、"植物残体-蚯蚓-线虫类-节肢动物"等,均属腐食食物链、分解链。

（3）寄生食物链(parasitic food chain)。这是以活的动、植物有机体为营养源,以寄生方式生存的食物链。例如:"牧草-黄鼠-跳蚤-鼠疫细菌"、"大豆-菟丝子"、"鸟类-跳蚤-细菌-病毒"。寄生食物链往往是由较大生物开始再到较小生物,个体数量也有由少到多的趋势。

（4）混合食物链(mixed food chain)。即指构成食物链的各链节中,既有活食性生物成员,又有腐食性生物成员。例如,稻草养牛、牛粪养蚯蚓、蚯蚓养鸡、鸡粪加工后作为添加料喂猪,猪粪投塘养鱼。在这一食物链中,牛、鸡为活食者,蚯蚓、鱼是腐食者,猪以活食为主。

（5）特殊食物链（special food chain）。世界上约有 500 种能捕食动物的植物,如瓶子草、猪笼草、捕蛇草等。它们能捕捉小甲虫、蛾、蜂等,甚至青蛙。被诱捕的动物被植物分泌物所分解,产生氨基酸供植物吸收,这是一种特殊的食物链。

3. 食物链的特点

对各种生态系统中的食物链进行分析和考察,可以看出其一般具有以下 4 个方面的基本特点。

（1）在同一条食物链中,常由多种生物组成。即在同一条食物链中,常常包含多种食性和生活习性极不相同的生物,如各种植物、动物、微生物,它们可以分级、分层、分先后利用自然界所提供的各类物质和能量,以获取食物,提供产品,从而使植物光合作用的产物得到充分利用,使有限的空间和自然资源能够养育更多种类的生物。

（2）在同一个生态系统中,常有多条食物链。在自然界,同一个生态系统中,可能有多条食物链,只是长短不同、数目不一而已。例如,一个鱼塘生态系统中:草鱼的食物链（藻类水草-草鱼）最短;花鲢的食物链（绿藻-甲壳动物-花鲢）其次;鳜鱼的食物链（浮游植物-浮游动物-鲢鱼-鳜鱼）较长。在人工控制下的生态系统中,食物链的长短是可以人为进行调节的。

（3）在不同生态系统中,各类食物链占有比重不同。在森林生态系统中,约有 90% 以上的能流经过腐食食物链,而约有 10% 的能流经过草牧食物链。在海洋生态系统中,经过草牧食物链的能流比经过腐食食物链的能流要大些,其比值约为 3 : 1。奥德姆研究认为,如果一年中超过 30%～50% 的植物产品被陆地吃草动物或人们直接所消耗的,就会降低生态系统抵抗未来不利条件的能力。因此,在一个发育正常、稳定的草场中,应有 60% 的初级生产力进入腐食食物链,40% 的进入草牧食物链。如果草场进入草牧食物链的能流超过 40%,草场将退化、沙化,当然这种状况并不是不能改变的,可以通过人工培育草场,维持能流的正常进行。在农田生态系统中,作物生产的有机物质大部分作为收获物被拿走,留给腐食食物链的很少,仅占初级净生产量的 20%～30%。

（4）在任一生态系统中,各类食物链总是协同作用的。例如,在一个农场生态系统中,有着各种植物发端的活食食物链得以繁荣,这不仅增加了产品的产出,还有利于加强物质循环,提高土壤肥力;反过来,土壤肥力的提高,必将促进活食食物链功能的增强。

4. 营养级

生态学上把具有相同营养方式和食性的生物统归为同一营养层次,并把食物链中的每一个营养层次称为营养级（trophic levels）,或者说营养级是食物链上的一个个环节。如生产者称为第一营养级,它们都是自养生物;草食动物为第二营养级,它们是异养生物并具有以植物为食的共同食性;肉食动物为第三营养级,它们的营养方式也属于异养型,而且都以草食动物为食。

一般来说,食物链中的营养级不会多于 5 个,这是因为能量沿着食物链的营养级逐级流动时,是不断减少的。根据热力学第二定律,当能量流经 4～5 个营养级之后,所剩下的能量已经少到不足以维持一个营养级的生命了。

在生态系统中,往往是一种生物同时取食多种食物,如杂食性消费者,它们既食植物,也食动物,对这些生物的营养层次的归属确定起来就比较困难,也可以说是占有多个营养级。当一种生物有不同的食物来源时我们可以用下列公式来计算其生态系统中的营养级:

$$N = 1 + \sum P \cdot F$$

式中,N 为生物所处的营养级,P 为该种食物源占全部食物的百分比,F 为食物源的营养级。

（二）食物网

1. 食物网的概念

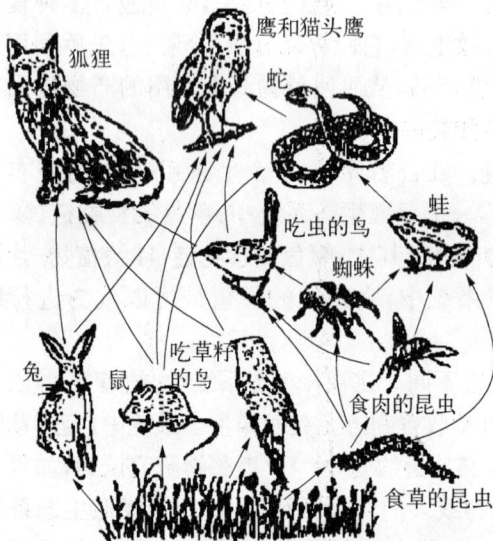

图4-3　一个简化的草原生态系统食物网
（曹凑贵等,2002）

在生态系统中,各种生物之间取食与被取食的关系,往往不是单一的,营养级常常是错综复杂的。如不仅家畜采食牧草,野鼠、野兔也吃牧草,即同一种植物被不同种的动物食用。同样,同一种动物也取食多种食物,如沙狐既吃野兔,又吃野鼠,还吃鸟类。此外,有些动物(如棕熊等)既吃植物,又吃动物。这样,一种消费者同时取食多种食物,而同一食物又可被多种消费者取食,于是形成生态系统内的多条食物链之间纵横交错、相互联结,从而构成网状结构——这就是所谓的"食物网"(food web)。图4-3是一个简化的草原生态系统食物网。

2. 食物网的意义

食物网现象和规律的揭示,在生态学上具有重要意义。

首先,食物网在自然界是普遍存在的。它使生态系统中的各种生物成分之间产生直接或间接的联系。其次,食物网中的生物种类多,成分复杂,食物网的组成和结构往往具有多样性和复杂性,这对增加生态系统的稳定性和持续性具有重要意义。假如,食物网中的某一种食物链发生了障碍,可以通过其他食物链来进行调节和补偿。一般食物网越复杂,越有利于生态系统的稳定,即当受到外力(如天敌、逆境等)影响时,其自我修复能力越强,越能保持生态系统稳定、维护生态平衡。第三,食物网本质上是生态系统中有机体之间一系列反复的捕食与被捕食的相互关系。它不仅维持着生态系统的相对平衡,而且是推动生物进化、促进自然界不断发展演变的强大动力。

二、能量流动路径

生态系统中往往具有复杂的食物网营养关系,辅助能的输入又是多途径的。因此,生态系统的能量流动也是多路径进行的。生态系统的能量流动始于初级生产者(绿色植物)对太阳辐射能的捕获,通过光合作用将光能转化为储存在植物有机物质中的化学潜能。这些被暂时储存起来的化学潜能由于后来的动向不同而形成了生态系统能流的不同路径。

第一条路径(主路径):生产者(绿色植物)被一级消费者(食草动物)取食消化,一级消费者又被二级消费者(食肉动物)所取食消化等。能量沿食物链各营养级流动,每一营养级将上一级转化而来的部分能量固定在本营养级的生物有机体中,但随着生物体的衰老死亡,经微生物分解将全部能量归还于非生物环境。

第二条路径:在各营养级中都有一部分死亡的生物有机体以及排泄物或残留体进入到腐食食物链,在分解者(微生物)的作用下,这些复杂的有机化合物被还原为简单的 CO_2、H_2O 和其他无机物质。有机物质中的能量以热量的形式散发于非生物环境。

第三条路径:无论哪一级生物有机体,在其生命代谢过程中都要进行呼吸作用,在这个过程中生物有机体中存储的化学潜能做功,维持了生命的代谢,并驱动了处理系统中物质流动的信息传递,生物化学潜能也转化为热能,散发于非生物环境中。

以上3条路径是所有生态系统能量流动的共同路径(见图4-4),对于开放的农业生态系统而言,能量流动的路径更为多样。从能量来源上讲,除了太阳辐射能之外,还有大量的辅助能量的投入,投入的辅助能并不能直接转化为生物有机体内的化学潜能,大多数在做功之后以热能的形式散失,它们的作用是强化、扩大、提高生态系统能量流动的速率与转化率,间接地促进了生态系统的能量流动与转化。从能量的输入来看,随着人类从生态系统内取走大量的农畜产品,大量的能量与物质流向系统之外,形成了一股强大的输出能流,这是农业生态系统区别于自然生态系统的一条能流途径,也称为第四条能流途径(见图4-5)。

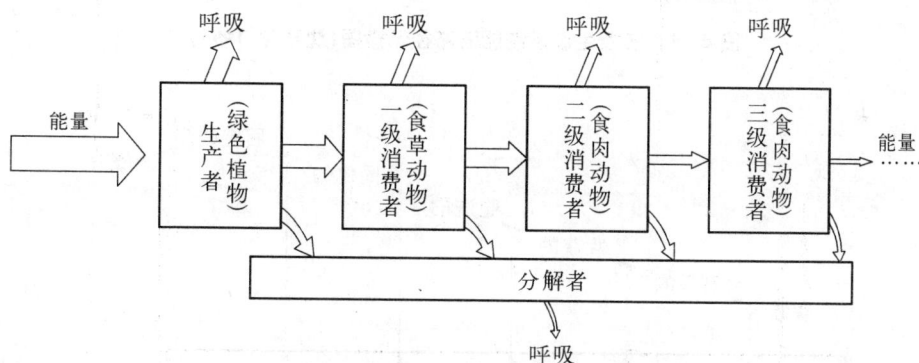

图4-4 生态系统的能流路径示意图

三、生态效率和生态金字塔

1. 生态效率

生态效率(ecological efficiency)通常是指在食物链中,后一营养级生物对前一营养级生物能量利用的百分比。即各环节上能量的各种转化效率(transition efficiencies),经过食物链任一营养级的能流,都可被分解为几个不同去向的支流(见图4-6),一部分可沿食物链流动,另一部分则以各种形式被损失。生态效率可以分为两大类,即营养级之内的生态效率和营养级之间的生态效率。前者是度量一个物种利用食物能量的效率,同化能量的有效程度,后者则是度量营养级之间的转化效率和能流通道的大小。其中属于营养级之内的有:

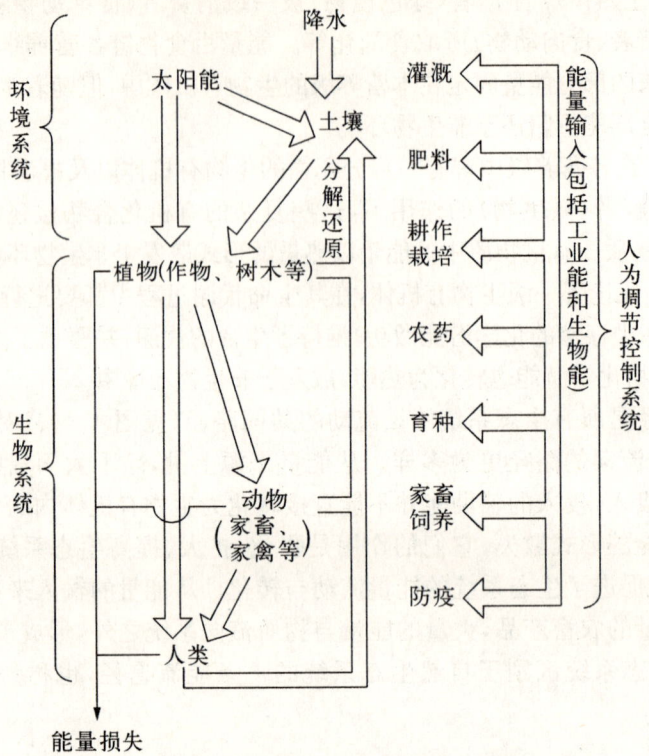

图 4-5 农业生态系统能流路径示意图(沈亨理,1996)

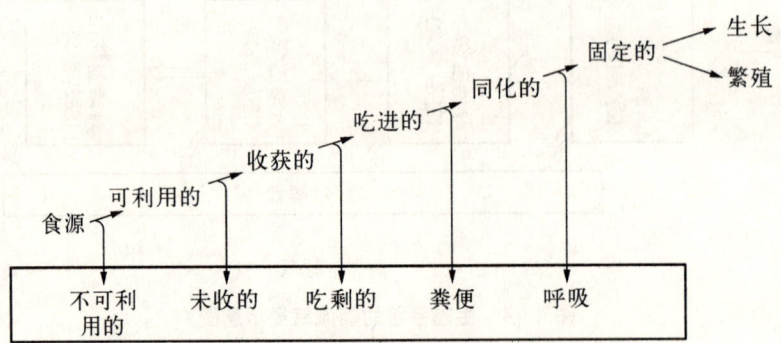

图 4-6 能量在营养级内和营养级间的损耗(陈阜,2001)

(1) 组织增长率,即生产量(P_t)与同化量(A_t)之比,用 P_t/A_t 表示。

(2) 同化效率,即消费者同化量(A_t)与摄食量(C_t)之比,用 A_t/C_t 表示。

(3) 生态增长率,即生产量(P_t)与摄食量(C_t)之比,用 P_t/C_t 表示。

属于营养级之间的有:

(1) 摄食(ingestion)效率,即上一营养级摄食量(C_{t+1})与该营养级摄食量(C_t)之比,用 C_{t+1}/C_t 表示。

(2) 同化(assimilation)效率,即上一营养级同化量(A_{t+1})与该营养级同化量(A_t)之比,用 A_{t+1}/A_t 表示。

(3) 生产效率,即上一营养级生产量(P_{t+1})与该营养级生产量(P_t)之比,用 P_{t+1}/P_t 表示。

(4) 利用效率,也称消费效率,是指上一营养级同化量(A_{t+1})与该营养级生产量(P_t)之比,用 A_{t+1}/P_t 表示。

所有比率中分子、分母所取单位必须相同,最好用能量(焦耳)表示。

研究营养级之内的生态学效率,有助于了解该类生物的生态位及其他生物学特性;研究营养级之间的生态学效率,可以了解食物链上的能量关系。

2. 林德曼效率

林德曼效率(Lindeman's law of ecological efficiency)是指某一营养级所固定的能量与前一营养级所持有的能量之比,又称能量转化效率(energy transition efficiency)。美国生态学家林德曼在美国明尼苏达州的 Cedar Bog 湖研究了食物链结构,发现营养级之间的能量转化效率大致为十分之一,其余十分之九由于消费者采食时的选择性浪费,以及呼吸和排泄等而被消耗掉,这就是所谓的"十分之一定律",也叫能量利用百分之十定律。大量研究表明,"十分之一定律"较适合水域生态系统,而陆地生态系统消费的能量转化效率常比水域生态系统的小。

不同生态系统各营养级间的能量效率不同。植物的光能利用率有时不足1%,而次级生产效率有时达30%以上。王德建等(1997)对草基鱼塘生态系统研究表明,饲草的光能利用率为0.83%,鱼的饲料能量转化率为7.3%。不同消费者的转化效率差异很大,如大熊猫的消化道为典型的食肉动物消化道,但却以箭竹为主要食物,能量转化效率很低,只有其食物摄入量的2.2%左右,因而需要大量采食才能积累足够的能量。

3. 生态金字塔

由于能量每经过一个营养级时,被净同化的部分都要大大少于前一营养级,因此营养级由低到高,其个体数目、生物量、所含能量一般呈现出下大上小的塔形分布,称为生态金字塔(ecological pyramid)。

生态金字塔有以下3种基本类型(见图4-7A、B、C):

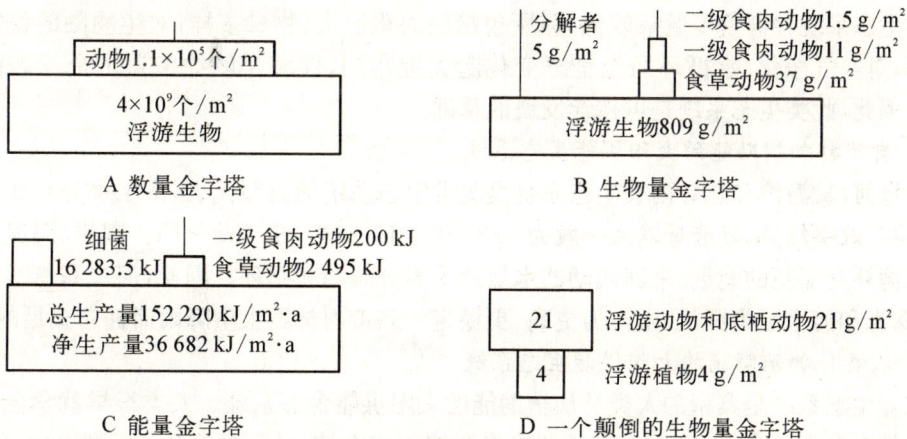

图 4-7 生态金字塔(骆世明等,2001)

（1）数量金字塔。描述的是某一时刻生态系统中各营养级的个体数量，可用（个/平方米）表示。在以下两种情形下，可能出现"倒金字塔"现象，一是有时草食动物比初级生产者的数量还多；二是生物个体大小有很大差别时。

（2）生物量金字塔。描述的是某一时刻生态系统中各营养级生物的重量关系，用 kg/m^2 表示。但是，当前一营养级比后一营养级的生物个体小、寿命短、代谢旺盛时，则也会出现前一个营养级的生物量少于后一级营养级的生物量的情况，生态金字塔也会出现颠倒现象（见图 4-7D）。

（3）能量金字塔。是指一段时间内生态系统中各营养级所同化的能量，用 $kJ/(m^2 \cdot d)$ 或 $kJ/(m^2 \cdot a)$ 表示。这种金字塔较直观地表明了营养级之间的依赖关系，比前两种金字塔具有更重要的意义。

H. T. Odum 1959 年所作的海洋生态系统的金字塔，由于处于生产者层次的生物个体小，所以它们以快速的代谢率和较高的周转率达到了较大的输出，但却具有较少的生物现存量，因而生物量金字塔形状也呈颠倒。因此，一般用生产力金字塔又称能量金字塔表示营养级之间的数量关系，它不受生物个体大小、组成成分、代谢速度不同的影响，可较准确地说明能量传递的效率和系统的功能特点。

研究生态金字塔，对提高生态系统每一级的能量转化效率，改善食物链上的营养结构以及获得更多的生物产品是具有指导意义的。塔的层次多少，同能量的消耗程度有密切关系。层次越多，储存的能量越少。塔基宽，生态系统稳定，但若塔基过宽，能量转化效率低，能量的浪费大。生态金字塔直观地解释了生态系统中生物种类、数量的多少及其比例关系。

四、能量生态学上的生态系统类型

能量生态学上的生态系统分类方法中，当前比较被公认的是 E. P. Odum（1983）根据生态系统能量的来源、水平和数量划分的 4 种类型。

1. 无补加辅助能的太阳供能自然生态系统

主要或完全依赖于太阳直接辐射能的生态系统，如开阔的海洋、成片的森林、草地以及大的湖泊等，都属于此类生态系统。这类生态系统通常很少有其他形式的能量补充，并受到养分或水分短缺的限制，生产力不高，能量输入一般约 $42 \times 10^3 \sim 42 \times 10^4$ $kJ/(m^2 \cdot a)$。虽然此类生态系统种群密度通常较低，但所包括的面积巨大、物种多样，对生物圈的稳定有很大作用，对空气净化、水循环乃至全球变化起关键作用，仅海洋就约覆盖了全球表面积的 70%。因此，此类生态系统是可持续发展的基础。

2. 自然补加辅助能的太阳供能生态系统

沿海河口、海湾和热带雨林生态系统是此类生态系统的典型代表，由于水分和养分条件优越，生产效率较高，其能量输入一般为 $42 \times 10^4 \sim 17 \times 10^5$ $kJ/(m^2 \cdot a)$。潮汐、海浪为沿海的河口湾补充了新的能量，来回流动的水加速了养分流动和循环。因此，河口海湾常比邻近山地、深海和河水更为肥沃、生产力更高、更稳定。热带雨林因大量降雨而拥有充足的能量。

3. 人类补加辅助能的太阳供能生态系统

农业生态系统是典型的人类补加辅助能的太阳供能生态系统。人类很早就学会干预和利用自然生态系统，通过输入人工辅助能来调控生态系统，从而提高生态系统的生产力，实现自然再生产和经济再生产相结合的农业目的。这种生态系统是地球上分布面最广的生态系统之一。在刀耕火种原始农业-传统农业-现代石油农业的农业发展过程中,人类补加辅助能的数量和种类虽然不同,但是人工调控生态系统的能力却是一个不断加强的过程。目前这类人类补加辅助能的太阳供能生态系统的能量总输入大约为 $42 \times 10^4 \sim 17 \times 10^5$ kJ/$(m^2 \cdot a)$。能量输入水平与自然补加辅助能量的生态系统类型相当。

4. 燃料供能生态系统

燃料供能生态系统输入能量主要来自化石燃料、水电、核燃料。包括食物在内的有机物质基本上是从系统外的其他系统输入的,在能量物质的流动过程中,产生大量的有机废弃物。在人口稠密的城市和工矿区等,往往对能量有巨大需要,其输入水平比自然或半自然太阳供能生态系统大 2~3 个数量级,平均能量输入约为 $42 \times 10^5 \sim 1.3 \times 10^7$ kJ/$(m^2 \cdot a)$。该系统是一种依赖型生态系统。这类生态系统的许多生物学过程被人为简化和取代,能流物流容易发生障碍,不利于生态平衡,需要配套相应的绿地、废弃物处理设施等,才能维持系统的稳定。美国学者曾主张至少要维护本土的 30% 面积用于自然植被,才可能在生态与生产(经济)之间保持平衡。

五、生态系统能流分析方法与能流图

1. 能流分析方法

生态系统的能流分析,就是对生态系统能量的输入及其在系统各组分之间的传递转化和散失情况进行分析,通常采用的方法有实际测定法、统计分析法、输入输出法和过程分析法,这些方法常常是结合使用的。能流分析一般可分为以下几个步骤。

(1) 确定研究对象和对象的边界。根据研究目的确定研究对象,并确定所研究生态系统的规模和时间、空间尺度的边界。被研究的农业生态系统的对象,可以是单一农作物系统、畜牧业系统等,也可以是由种植、林业、渔业等各个亚系统构成的复合农业生态系统,系统可以是一块农田、一个农户、一个村,也可以是一个乡、一个县或更大的区域。

(2) 明确系统的组成成分及相互关系,绘出能流图。首先应分别确定系统中各亚系统的输入和输出,并弄清楚各个亚系统之间的相互因果关系。了解这些关系后,绘出人们所熟悉常用的能流图,它的特点在于所建立的模型具有定量化、规范化、符号语言统一的好处,能给人醒目的效果。

(3) 实测或搜集资料,确定各组分的各种实物流量或输入输出量。这些数据的获得,一方面要通过具体的定位试验研究或实地调查,进行有关资料的收集和整理,另一方面对某些无法直接得到的数据可以通过间接的估算或类推获得。

(4) 按照各种实物的折能系数,将不同质的实物流量转换为能流量。对各项输入和输出的能量折算,可参考有关文献资料的折能系数,将各种项目都统一换算成能量单位,然后就可以进行比较和分析。

(5) 按能流量绘出能流图,并进行下述各方面的归纳分析,为生态系统调节和控制提供依据:① 输入能量结构分析;② 产出能量结构分析;③ 输入能流密度分析;④ 产出能流密度分析;⑤ 各种能量转换效率计算与分析。

通过对农业生态系统的上述能量分析,可明确系统辅助能输入特征以及对经济产品产出能的影响,从而为系统结构的调整和功能(能流、物流、价值流)的优化调控提供依据。

2. 能流图

H. T. Odum 提出了一套为广大生态工作者广泛使用的符号和图解,为能流模型的建立提供了简明有效的研究工具。图 4-8 是 H. T. Odum 创建的能流图符号,图 4-9 是闻大中于 1982 年在研究黑龙江海伦县农业生态系统时绘出的能流图。

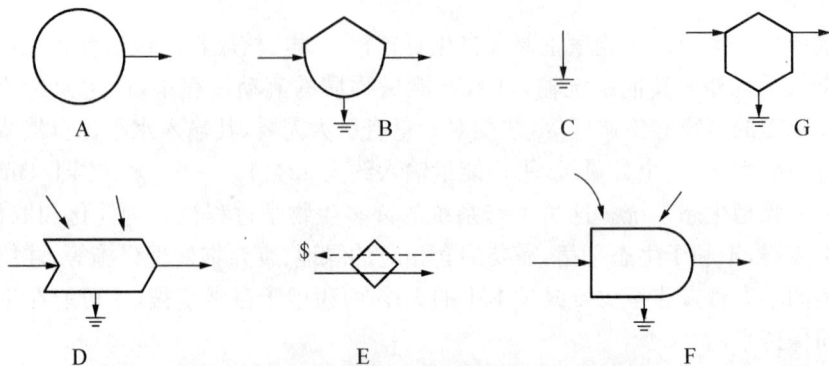

图 4-8 主要能流符号简图(H. T. Odum,1983)

A:能源;B:能量储存库;C:衰变能量的散失;D:几个能流的相互作用;E:能流与资金流的交换;F:生产者亚系统;G:消费

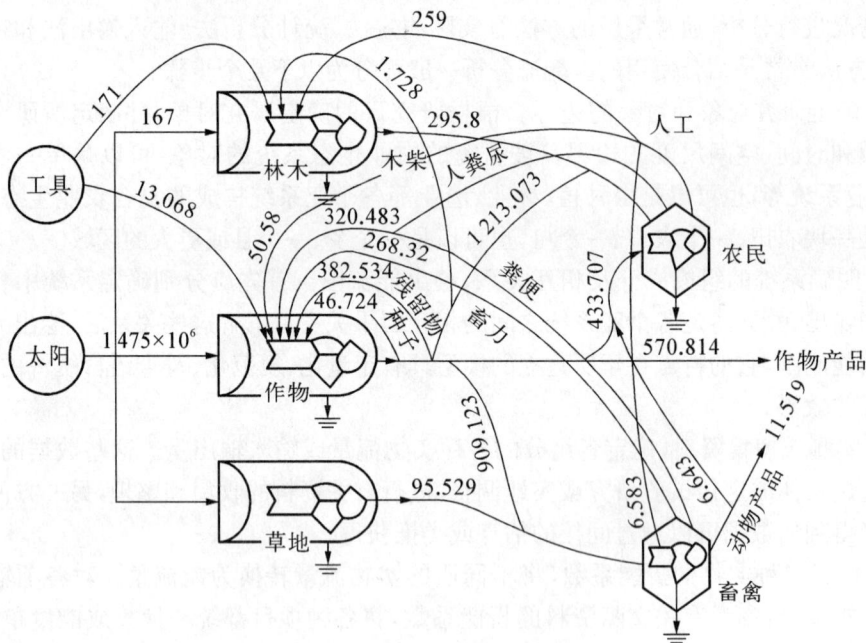

单位:10^6 kcal/a,1 cal=4.186 J

图 4-9 海伦县农业生态系统能流图(闻大中,1982)

3. 能值分析

20 世纪 80 年代 H. T. Odum 创立了能值(emergy 是 embodied energy 的组合,即内含能)概念和能值分析方法。H. T. Odum 认为,内含能可能是自然界对一个区域(国家)的社会经济贡献的正确衡量。

在一个成熟的自组织系统中,系统的设计、组织(发展)方式必须能很快地获取能量,并能反馈能量以获取更多的能量。在生态系统食物链的能量传递过程中,有少数能量转化成为一种反馈时以特定作用方式存在的能量。这些较高质量的能量可帮助系统达到最大效率。转化成小部分高质量能量所集中表达的载体中,体现了这一转化过程中使用的大量的低质量能量,称为内含能(embodied energy)。内含能反映的是人的贡献和环境的贡献。

能值是从内含能发展起来的新的科学概念和质量标准,是指某种类别能量转化形成过程所需要的另一种类别能量之量。任何能量追溯到初期所需要的太阳能的量就是这些能量的太阳能当量或太阳能值。在实际应用中,可以统一用"太阳能值"来衡量某一能量的能值。任何流动或储存能量所含太阳能的量,即为该能量的太阳能值,太阳能值的单位为太阳能焦耳(sej)。某种能量的能值转换率是与每焦耳该种能量相当的太阳能焦耳的能量。表 4-1 描述了能值分析中的几个基本概念。

表 4-1 能值分析的基本概念(蓝盛芳等,2001)

术 语	定 义
有效能(available energy)	具有做功能力的潜能,其数量在做功过程中减少(单位:joules, kilocalories,BTUs 等)
能值(emergy)	产品形成所需直接和间接投入应用的一种有效能总量(单位:emjoules)
太阳能值(solar emergy)	产品形成所需直接和间接应用的太阳能总量(单位:太阳能焦耳 sej)
太阳能值转换率 (solar transformity)	单位能量(物质)所含的太阳能值的量(单位:sej/J 或 sej/g)
能值功率(empower)	单位时间内的能值流量(单位:sej/time)
能值/货币比率(emergy/ $ ratio)	单位货币相当的能值量;由一个国家年能值利用总量除以当年 GNP 而得(单位:sej/$)
能值-货币价值 (emdollar value)	能值相当的市场货币价值,即以能值来衡量财富的价值或称宏观经济价值

能值分析是在能流分析基础上,将生态系统中的资源、商品、燃料、产品、服务等各种直接或间接的能量统计使用同一单位(太阳能焦耳)进行分析的方法。其主要步骤如下:

(1)资料收集。收集相关的自然环境、地理和社会经济各种资料数据,整理、分类及处理。

(2)能量系统图的绘制。应用 H. T. Odum 的"能量系统语言"图例,绘制能量系统图用以组织收集的资料,形成包括系统主要组分及相互关系的系统图解。

(3)编制各种能值分析。计算系统的主要能量流、物质流和资金流;根据各种资源的相应能值转换率,将不同度量单位(J、g 或 $)的生态流或经济流转换为能值单位(sej);编制能值分析评价表,评价它们在系统中的地位和贡献。

(4)构建系统的能值综合结构图。构建体现系统资源能值基础的能值综合结构图,对总系统和各子系统生态流进行集结和综合。

（5）建立能值指标体系。由能值分析表及系统能值综合结构图，进一步建立和计算出一系列反映生态与经济效益的能值指标体系，如人均能值量、能值/货币比率、能值投入率、净能值产出率、能值交换率、环境承载率、能值密度等。

（6）系统模拟。可采用能量系统动态模拟进行研究。

（7）系统的发展评价和策略分析。通过能值指标比较分析，系统结构与功能的能值评价和模拟，为制定正确可行的系统管理措施和经济发展策略提供科学依据。

农业生态系统中各种农业资源，特别是各种农业产品，都凝结着一定的能量，而这些能量归根到底均来自太阳能。蓝盛芳（1998）以中国农业生态系统的能流能值分析（1988 年数据）为例，列出了主要能量类别的太阳能值转换率（见表 4-2），可供进行农业生态系统能值分析时参考。

表 4-2　中国农业生态系统的能流能值（蓝盛芳，1998）

项　目	能　量 /(J/a)	能量能值换算系数 /(sej/J)	太阳能值 /(×10²² sej/a)
日　光	3.85×10^{21}	1	0.39
降　雨	1.49×10^{18}	18 199	2.71
流失表土	3.39×10^{18}	62 500	21.20
农机具	1.20×10^{16}	7.50×10^{7}	89.78
燃　油	6.07×10^{17}	6.60×10^{4}	4.01
电　力	2.37×10^{17}	1.59×10^{5}	3.77
化学氮肥	4.07×10^{16}	1.69×10^{6}	6.90
化学磷肥	1.26×10^{15}	4.14×10^{7}	5.21
化学钾肥	1.04×10^{15}	2.63×10^{6}	0.27
农　药	4.93×10^{15}	1.97×10^{7}	9.71
人　力	7.78×10^{17}	3.80×10^{5}	29.55
畜　力	1.54×10^{17}	1.46×10^{5}	2.25
有机肥	4.76×10^{18}	2.70×10^{4}	12.86
种　子	1.37×10^{17}	2.00×10^{5}	3.46
总投入			192.07
水　稻	2.88×10^{18}	3.59×10^{4}	10.10
小　麦	1.59×10^{18}	6.80×10^{4}	10.20
玉　米	1.32×10^{18}	2.70×10^{4}	3.56
其他谷物	1.05×10^{16}	2.70×10^{4}	2.83
棉　花	7.03×10^{16}	1.90×10^{6}	13.40
油　菜	2.46×10^{17}	6.90×10^{5}	17.00
糖	1.04×10^{15}	8.40×10^{4}	8.87
水　果	2.79×10^{17}	5.30×10^{5}	14.76
蔬　菜	1.75×10^{18}	2.70×10^{4}	4.72
其他作物	4.38×10^{18}	2.70×10^{4}	11.8
肉	8.06×10^{16}	1.71×10^{6}	13.8
皮　毛	6.17×10^{15}	3.84×10^{6}	2.37
其他畜产	3.55×10^{16}	1.73×10^{6}	6.15
水产品	3.84×10^{16}	2.00×10^{6}	7.7
总产出			127.17

能值理论的意义在于把能量的"数量"和"质量"区别开来。通过它可将生态系统的各种功能包括能流、物流、信息流与资金流(价值流)建立起联系,为生态系统的理论研究和管理实践提供了一种定量方法。

六、农业生态系统能流关系和调整方向

农业生态系统作为人工驯化生态系统,是地球覆盖面最广的生态系统类型之一,产生的社会效益、经济效益和生态效益,对全球生态平衡和人类社会可持续发展起着举足轻重的作用。农业生态系统能流关系的调整方向,是依靠科技进步,优化人工辅助能投入,使农业经济增长方式从牺牲环境质量,片面追求产值、数量和速度的粗放型转为珍惜、保护和高效节约利用环境资源的可持续型,具体可从下面几方面入手。

1. 扩大绿色植被面积,增加生态系统服务价值,提高光能利用率

初级生产是农业生态系统能量流动的前提。因此,在提高植被覆盖率,减少因水土流失等生态破坏和酸雨等环境污染而导致的初级生产力下降的同时,要因地制宜大力推广以木本水果、木本粮油为主体的农林复合系统和农田复种轮作种植模式。

2. 优化农业生态系统结构,建立合理的农林牧渔生物群落结构,提高能量的转化率

以矮秆抗倒伏、耐肥水和较高抗病虫能力的小麦、玉米、水稻优良品种推广为核心的第一次绿色革命,和以超级稻、超级麦、高抗性玉米良种等优良农业生物品种和适用农业科学技术为核心的第二次绿色革命,极大地推动了农业的快速发展。但是,土地肥力持续下降,土地耕作质量不高,农业生态系统结构不合理的问题亟须改善。

3. 开发农村新能量,提高生物能的利用率

中国人均土地资源、水资源、森林资源和几种主要矿产资源的占有量仅占世界平均水平的1/4,水资源更成为未来农业发展的最大限制因子。因此,立足国情,跟踪世界前沿技术,充分利用风能、太阳能、地热,推广沼气池和省柴灶,循环利用作物秸秆、杂草和畜禽粪便等副产品,发展以生态系统初级生产为基础的生物质能技术,迫在眉睫,而且前景广阔。1999年美国开始发展生物质产品,利用生物质作为原料,生产生物质产品和生物能源,到目前美国已全面开展起来,并且带动了世界各国发展这项技术。

4. 优化人工辅助能投入,提高能量利用率

目前,我国农药施用量已超出世界平均水平,除草剂的使用量已呈逐年上升趋势。因此,逐步优化人工辅助性投入,要大力开发和推广高浓度、长效、缓释、复合肥料和作物专用肥、生物肥、高效有机肥产品,以及微灌、增温保墒剂、抑制蒸腾剂等产品,研制和应用对温度、湿度、射线具有良好调控能力的新型材料,推广栽培(饲养)过程的自控和半自控以及设施条件下的特种作物畜禽品种,全面推广病虫草的综合防治,减少农药的使用,切实提高农业生产的综合效益。

5. 发展农业信息技术,推动农业的可持续发展

"精确农业"(precision agriculture)指的是利用全球定位系统(GPS)、地理信息系统(GIS)、连续数据采集传感器(CDS)、遥感(RS)、变率处理设备(VRT)和决策支持系统(DSS)等现代高新技术,获取农田小区作物产量和影响作物生长的环境因素(如土壤结构、地形、植物营养、含水量、病虫草害等)实际存在的空间及时间差异性信息,分析影响小区产

量差异的原因,并采取技术上可行、经济上有效的调控措施,区域对待,按需实施定位调控的"处方农业"。发达国家的农业信息技术已进入实用化和商业化,而我国尚处于起步阶段,各种技术的应用还不成规模,很少综合应用到农业生产中。从经验农作进入精确农作之后,可使资源环境、自然灾害、经济活动乃至农事活动都能够得到及时有效的监测和科学管理。到2000年为止,美国约有20%的耕地实行了精确农作,大大提高了辅助能的利用效率,同时增加了农作物的产量和经济收益。目前,信息技术在林业、牧业上的作用也日益显著,但农业信息服务和软件产品起动慢,我国农业信息的作用也还未能充分发挥。以农业的信息化进程,使中国农业进入新一轮绿色革命,推动农业的可持续发展。

第三节　初级生产的能量转化

初级生产(primary production)也称第一性生产,是指自养生物利用无机环境中的能量和物质进行同化作用,在生态系统中首次把环境的能量转化成有机体化学潜能,并储存起来的过程。自养生物包括绿色植物和化能合成细菌等,又统称为初级生产者(primary producers)。其中绿色植物光合作用固定太阳能生产有机物的过程,是最主要的初级生产,是生态系统能量流动的基础。

一、地球主要生态系统的初级生产力

生物圈初级生产力的大小是决定地球对人及动物承载能力的重要依据。据 R. H. Whittaker(1975)计算,地球的初级生产量为 172×10^9 t 有机物质,其中农田为 9.1×10^9 t,温带草原为 5.4×10^9 t,热带稀树草原为 10.5×10^9 t,森林为 84.2×10^9 t,海洋为 55×10^9 t,其余湖泊、河流、沼泽、荒原、高山和沙漠等合计为 7.74×10^9 t。但是,由于人类对生物圈干预利用,造成了植被破坏、生态系统退化,地球的初级生产力和初级生物量在逐年下降,全球的森林曾多达 7.6×10^9 hm²,19 世纪减少到 5.5×10^9 hm²,到 20 世纪 80 年代中期已减少到 4.1×10^9 hm²,现在仍以每年 1.6×10^7 hm² 的速度在消失,其中相当部分是高生物量的热带雨林。据联合国(1999)的资料,地球干旱土地的 70%正面临荒漠化的威胁,约占地球陆地面积的 1/4,受影响的人口多达 10 亿人,其中沙漠化土地正以每年 $(5 \sim 7) \times 10^4$ hm² 的速度迅速扩展,盐漠化土地面积也在逐年扩大,造成了地球初级生产力的不断下降。

不同生态系统类型的初级生产量差异很大,主要受光照、温度、水分、养分等生态因子和生态系统利用这些因子的能力制约,特别是受水分(降雨及其时空分布)的限制。对于全球范围的各种生态系统,初级生产量主要受热量和水分条件制约,愈接近赤道,潮湿陆地区域的初级生产量亦随之增加。从寒带到温带初级生产量是成倍增加,从温带到亚热带也是成倍增加,但从亚热带到热带则增加甚少。北方温带初级生产量约为 1.89×10^4 g/m²,热带为 4.4×10^4 g/m²。但是,对于水热条件相近的某一区域同类型的生态系统,初级生产主要受养分条件制约。例如富营养化的水体,藻类等水生植物生产力很高,直到大量生长繁殖造成水中缺氧,动植物死亡;又如,如果森林的枯枝落叶被取走,养分循环亏空,就会出现生产力下降、森林衰退的现象。

20 世纪 60 年代后期到 70 年代前期,国际生物学计划(IBP)对世界各地的生态系统作了定量研究,积累了丰富的资料。研究表明:充分发育的温带森林的年净生产量为 1 200~1 500 g/(m² · a);寒带及干旱地区的森林较低一些,而壮龄林及湿润地区的森林比上述值略高,许多热带森林净初级生产力高达 3 000 g/(m² · a)。

地球生物圈的光能利用率(占总辐射量)平均为 0.11%,陆地平均为 0.25%,海洋为 0.05%,农田一般不到 1%,集约化栽培可达 2%左右。从单位面积的年净生产量来看,荒漠、苔原和海洋的净生产力(P_n)不到 200 g/(m² · a);温带谷物与许多天然草地和北部森林、湖泊、河流约 200~800 g/(m² · a),杂交玉米及其他集约栽培的农作物可超过 1 000 g/(m² · a),沼泽和热带作物可超过 3 000 g/(m² · a)。

地球各生态系统的净初级生产力(见表 4-3)在 0~3 500 g/(m² · a)范围内,可以划分为 4 个级别。

表 4-3　地球生态系统的净初级生产量(陈阜,2001)

生态系统类型	面积/(×10⁶ km²)	单位面积的净初级生产量/(g/m² · a)		全世界的净初级生产量/(×10⁹ t/a)	单位面积的生物量/(kg/m²)		全世界的生物量/(×10⁹ t/a)
		范围	平均		范围	平均	
热带雨林	17.0	1 000~3 500	2 200	37.4	6~80	45	765
热带季雨林	7.5	1 000~2 500	1 600	12.0	6~60	35	260
亚热带常绿林	5.0	600~2 500	1 300	6.5	6~200	35	175
温带落叶阔叶林	7.0	600~2 500	1 200	8.4	6~60	30	210
北方针叶林	12.0	400~2 000	800	9.6	6~40	20	240
疏林及灌丛	8.5	250~1 200	700	6.0	2~20	6	50
热带稀树草原	15.0	200~2 000	900	13.5	0.2~15	4	60
温带禾草草原	9.0	200~1 500	600	5.4	0.2~5	1.6	14
苔原及高山植物	8.0	10~400	140	1.1	0.1~3	0.6	5
荒漠与半荒漠	18.0	10~250	90	1.6	0.1~4	0.7	13
石块地及冰雪地	24.0	0~10	3	0.07	0.02	0.02	0.5
耕地	14.0	100~3 500	650	9.1	0.4~12	1	14
沼泽与湿地	2.0	800~3 500	2 000	4.0	3~50	15	30
湖泊与河流	2.0	100~1 500	250	0.5	0~0.1	0.02	0.05
陆地总计	149		773	115		12.3	1 837
外海	332	2~400	125	41.5	0~0.005	0.003	1.0
潮汐海潮区	0.4	4 000~10 000	500	0.2	0.005~0.1	0.02	0.008
大陆架	26.6	200~600	360	0.6	0.001~0.04	0.01	0.27
珊瑚礁及藻类养殖场	0.6	500~4 000	2 500	1.6	0.04~4	2	1.2
河口	1.4	200~3 500	1 500	2.1	0.01~6	1	1.4
海洋总计	361		152	55.0		0.01	3.9
地球总计	510		333	170		3.6	1 841

（1）2 000～3 000 g/(m² · a)。高生产力地区，多属于温湿地带，尤其是多雨地区的森林、沼泽地、河流岸边的湿地生态系统，以及在优越条件下处于演替过程中的森林，还有农业集约栽培的甘蔗等高产田。这些生态系统虽外貌不同，但水分条件好，温度较适宜，土壤养分也有较充足的供应。

（2）1 000～2 000 g/(m² · a)。是适宜气候下的陆地和淡水生态系统净初级生产力的标准值，是世界上大多数相对稳定的森林的平均值，还包括部分的湖泊、沼泽湿地和一部分草地及温带地区生产力较高的农耕地。

（3）250～1 000 g/(m² · a)。包括干燥的疏林灌丛人工矮林以及大部分草地，还包括许多栽培农作物的耕地的净初级生产力。

（4）0～250 g/(m² · a)。包括极端干燥低温的地区以及大洋深海区，也就是大面积的荒漠、两极地区的冻原及高山带和海洋的净初级生产力。

二、农业生态系统的初级生产力

初级生产主要包括农田、草原和林地生产。1984 年我国农用土地初级生产总量大约为 $5.416×10^{16}$ J/a，其中农田 $1.944×10^{16}$ J/a，单位面积 $1.458×10^8$ J/(hm² · a)；草原 $3.43×10^{15}$ J/a，单位面积 $9.173×10^6$ J/(hm² · a)；林地 $3.129×10^{16}$ J/a，单位面积 $2.198\,96×10^8$ J/(hm² · a)。我国农田生态系统总初级生产力中，粮食作物占 78%，经济作物（包括蔬菜）占 17%，其他青饲料、绿肥作物占 5%。农田初级生产形成的生物量有 $5.12×10^{15}$ J 用于人的直接消费，占 26.4%；$5.852×10^{16}$ J 用于次级生产，约占 30.2%；其他用于工业原料、燃料等。

农田初级生产率的高低受多种因素制约，例如气候、土壤、水、地形等自然条件，还有农业生产要素投入的多少以及科技水平和经营管理水平等。从横向比较看，2003 年，小麦、水稻、玉米和油菜等作物每公顷产量（见表 4-4），我国高于世界平均水平（其中，大豆单产低于世界平均水平），但稻谷、玉米、大豆等作物的单位面积产量，都不同程度地与发达国家有相当大的差距。

表 4-4　2003 年我国粮油主要作物单产比较（单位：kg / hm²）（王东阳，2006）

国　　别	小　麦	稻　谷	玉　米	大　豆	油　菜
世界总计	2 677.7	3 875.6	4 503.7	2 266.7	1 516.4
中　　国	3 906.5	6 117.9	4 854.4	1 736.8	1 597.2
美　　国	2 973.8	7 448.2	8 923.7	2 248.1	1 586.5
澳大利亚	1 933.0	8 500.0	5 266.7	1 904.8	946.7
阿 根 廷	2 258.7	5 745.8	6 326.5	2 852.5	1 250.0

我国草原面积很大，约占国土面积的 40%，但草原生态系统初级生产力很低，主要原因是气候干旱和土壤贫瘠。据 1998 年的资料，我国生态退化问题突出，荒漠化总面积达 $262.2×10^4$ km²，占干旱、半干旱、亚湿润干旱区面积的 79%，占国土面积的 27.3%，而且还在以每年 2 460 km² 的速度在扩展。90% 的草地已经或正在退化，退化速度约为每年 0.5%，

而每年人工草地和改良草地的建设速度仅 0.3%,退化草原生产力一般下降 30%~50%。内蒙古草原 20 世纪 60 年代干草单位面积产草约 1.065 t/hm²,70 年代为 0.900 t/hm²,80 年代仅有 0.720 t/hm²,到 90 年代仅仅为 1960 年的 40%~60%。导致草原生产力下降、土壤沙化、肥力下降、局部气候条件恶化的主要原因是牧场超载和毁草开荒。从 20 世纪 60 年代到 80 年代内蒙古、青海和宁夏同时期载畜量分别增加 37%、91% 和 49%,加剧了生产力下降。据 1998 年统计,内蒙古就有 2/3 的草地过度放牧,而毁草开荒造成的草原沙化面积占沙化总面积的 52% 以上。根据 20 世纪 80 年代中国科学院兰州沙漠研究所的调查,我国北方现代沙漠扩大的成因中,94.5% 为人为因素。

我国草原的拥有量和自然条件大体与美国相似,可是草原牧业经营水平和牛、羊肉及皮毛产出量却相差甚远。美国草原牧业每年提供的牛羊肉为 9×10^9 kg,占全国肉类总产量的 70% 左右,而我国用大量的粮食去转化为猪肉,草原牧业所提供的牛羊肉在全国肉类总产量中不足 10%,相当于美国的 1/20 左右。1997 年我国每公顷草地产肉 3.69 kg,产奶 4.4 kg,产毛 0.45 kg,共计 7.02 个畜单位,单位面积草地产肉量仅为世界平均水平的 30%。

我国森林生态系统生产力水平比世界平均低 10% 左右,据第四次全国林业普查,我国森林覆盖率已从 20 世纪 80 年代的 12.7% 增加到 1996 年的 13.9%,是世界森林覆盖率平均水平的 52%,我国人均占有林地面积 0.12 hm²、活立木蓄积 10.43 m³,分别为世界平均水平的 11% 和 12%。

三、初级生产的能量平衡

初级生产,是一个使生态系统熵不断减少、有序性不断提高的过程,该过程始终伴随着能量的输入。以光合作用为例,其化学反应过程可表示为:

$$6CO_2 + 12H_2O + 太阳辐射能 \longrightarrow C_6H_{12}O_6 + 6H_2O + 6O_2 - 500.6 \text{ J}$$

根据热力学第一定律,生态系统最主要的初级生产(光合作用)的能量平衡可表示为:

$$(1-a)(Q+q) + S + H + IE + B + P_n = 0$$

式中:a 为太阳辐射平均反射率;Q 为直射辐射;q 为散射辐射;S 为下垫面长波辐射 S_2 和空气长波辐射 S_1 之和;H 为显热;IE 为蒸发潜能(E 为单位时间、单位面积蒸发量,I 为单位蒸发潜能);B 为储存在生态系统中的热量,用于系统温度的升降;P_n 为光合作用储能,又称初级生产力(primary productivity)。

小田桂三郎以北半球大气层外太阳辐射的年平均值为 100[约 0.485×4.18 J/(cm²·min)],给出了农田的热量平衡图(见图 4-10),从中可见输入太阳辐射能利用和散失的大致情况。

四、初级生产力测定和潜力估算

1. 初级生产力测定的办法

测定初级生产力的方法很多,主要分为直接测定和间接测定,直接测定是测定初级生产者的生物量,间接测定是通过测定初级生产者的代谢活动的情况,如测定 O_2 或 CO_2 的浓度变化等,再对初级生产力进行推(估)算。使用光合作用测定仪测定和利用遥感技术间接测定则是比较先进的方法,这里介绍几种简易的常规测定方法。

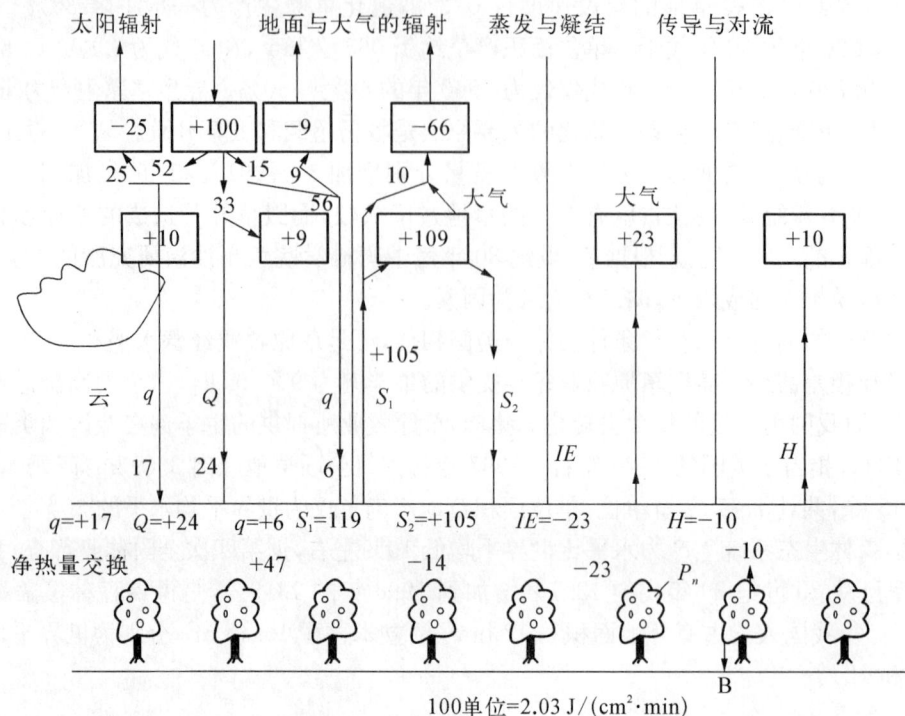

图 4-10　农田上的热量平衡图(骆世明等,2001)

（1）收割法。定期或一次性收获植物体的全部,包括地上、地下部和枯枝落叶、落花(果)等,然后称重。本方法常用于估算陆地生态系统中的农作物和牧草等的生产力。

（2）黑-白瓶法。测定水体中浮游植物的初级生产力常用此法,"白瓶"透光能进行光合作用和呼吸作用,"黑瓶"不透光,无光合作用,而只有呼吸作用,通过计算光合作用和呼吸作用引起的 CO_2 含量的变化,推算出浮游植物生产力的大小。该方法适用于水生生态系统的初级生产力的测定。

（3）CO_2 同化法。在陆地生态系统中,植物在光合作用中所吸收的 CO_2 和在呼吸过程中所释放的 CO_2 可在已知面积或体积的透光容器内,用红外气体分析仪测定 CO_2 进入和离开这个密封容器的数量。假定容器内气体中所含 CO_2 的减少都是被植物用来合成有机物质的,那么所减少的 CO_2 就能代表光合作用量和光合作用率。

（4）pH 测定法。通过测定水体中 pH 值的变化,计算浮游植物光合作用和呼吸作用引起 CO_2 含量的变化,推算出生产力的大小。这种方法的原理主要是依据初级生产量与溶于水中的 CO_2 有一定的关系,即水体中的 pH 值是随着光合作用中吸收 CO_2 和呼吸过程中释放 CO_2 而发生变化的。

（5）叶绿素测定法。根据叶绿素含量或叶绿体内与光合作用强度有关的生物活性物质的含量,估算初级生产力。

（6）同位素标记法。在光合作用过程中使用放射性同位素示踪剂测定初级生产量不仅可以获得精确的结果,而且有极高的敏感性。就目前的研究经验,同位素[14]C 测定植物对 CO_2 的吸收同化能力的效果最佳。

（7）原料消耗测定法。利用矿质营养的消耗来测定水体特别是海洋的初级生产力。

（8）遥感法。利用卫星或航空遥感叶绿素资料与初级生产力的关系数学模型，或利用已建立的水团温度与初级生产力的关系数学模型等，来实现大空间尺度和长周期上对初级生产力的大致估计。

2. 作物生产力的估算

作物生产力的估算可以提供作物的理论产量，定量表达在一定气候、土壤及农业技术水平下作物可能达到的生产能力，预示农业发展前景，为制定农业发展规划和农业政策提供依据。还有助于提示作物生育规律、产量形成与环境条件相互作用的机制，是定量分析资源利用程度、生产潜力、产量限制因素等的有效手段。

按照不同因子对生产力的影响，作物生产力可分为 4 个层次。

（1）光合生产力 $Y_1 = f(Q)$。光合生产力（photosynthetic productivity）是产量的理论上限，是当温度、水分、土壤肥力和栽培管理等条件最适合时，只由辐射（Q）决定的理论产量，它与光照的空间分布特征相一致。

（2）光温生产力 $Y_2 = f(Q)f(T)$。光温生产力是当水分、土壤肥力和栽培管理措施等处于最适条件时，由辐射（Q）和温度（T）决定的理论产量，是高投入水平下的特定作物在某地区可达到的产量上限。

（3）气候生产力 $Y_3 = f(Q)f(T)f(W)$。气候生产力是在土壤肥力和栽培管理等处于最适条件时，作物受辐射（Q）、温度（T）和自然降雨（W）影响下可能达到的产量上限。

（4）土地生产力 $Y_4 = f(Q)f(T)f(W)f(S)$。土地生产力是作物在当地气候和现有农田肥力（S）条件下，在无病虫害的情况下，实际可能实现的最高产量。

对作物生产力的各个层次的分析，既可以明确某种作物在某一些地区的自然资源条件下可能达到的实际产量水平，又可以通过对各层次影响产量因素的分析找出主要的产量限制因素，为人工调节、控制提供依据。

五、农业生态系统初级生产力的改善途径

提高农业生态系统初级生产力，关键在于提高植物的光能利用率，这就取决于是否能解除植物遗传特性决定的内部制约和生态环境决定的外部限制两个方面。目前我国农业初级生产主要受以下几个方面因素的制约：一是生产要素投入低，投入方式不合理，制约了土地的生产力；二是农作物种植模式单一、老化，耕作制度不够合理；三是农业生产物质循环的自然规律利用不足，很多可以投入农业生态系统再循环的农作物副产品被燃烧或抛弃。因此，提高农业初级生产力，可从以下几方面入手。

1. 消除或减缓限制因子的制约

可充分利用太阳辐射能，增加系统的生物量通量或能通量，消除或减缓限制因子的制约，增强系统的稳定性。目前，我国大面积农业产量，只有气候生产潜力的 30%～60%，土地、水和生物资源状况都有待进一步改善。因此，通过人工措施，在选用优良品种基础上，调控植物群体结构，改善环境因子，如搞好水利建设和其他农业基础建设，改善水利灌溉条件和土壤肥力，解除水分、养分等限制因子，将直接提高农牧业生产力。优化人工辅助能的投入组合，适时、适量、合理使用化肥、农药、生长调节剂等，如发展精确农业，推广配方施肥，使

用各种有机无机复合肥、缓释肥、微生物肥,开展病虫草害综合防治,适当使用生长调节剂等,也有助于提高初级生产力。消灭裸地,绿化荒山荒地,依据群落演替规律,宜林则林,宜草则草,宜农则农,林地和果园等可推广乔灌草结合或农林复合系统。

2. 建立合理的耕作制度

可改进耕作制度,选育高光效、抗逆性强的优良品种,建立合理的耕作制度。在传统农业精耕细作、用地养地结合的基础上,提高复种指数,合理密植,实行间套种,提高栽培管理技术,建立现代型复种多熟耕作制度,是我国农业的主攻方向之一。中国水稻超高产育种研究始于 20 世纪 90 年代中期。我国农业部立项的"中国超级稻"计划(1996~2005)把增产15%~30%作为超级稻指标。从实际进展来看,到 2000 年 1 月止,广东省农业科学院已育成了胜优 1 号、胜优 2 号、胜泰等高产品种。沈阳农业大学育成了新株型种子"沈农 89366"和超高产品系"沈农 265"。2004 年袁隆平院士育成亩产 800 公斤的"超级水稻"品种。我国耕地复种指数 1949 年约为 128%,1985 年上升到 148.3%,2000 年达 161.1%,提高复种指数成为农业增长的一个重要因素,今后仍有相当的潜力可挖。其关键一是适应市场经济,调整和优化种植结构;二是合理安排作物间套种和轮作的作物组合,充分利用不同作物间的生态位互补,科学配置高秆和矮秆、深根和浅根、喜光与耐阴、速生与后熟等作物错落有序的组合,避免或减少作物相互间的竞争;三是配合相应的土壤耕作、灌溉施肥和轮作倒茬制度。因此,要建立有机无机相结合的现代农作制度,确保农业生产力的持续稳定提高。

3. 调控作物群体结构

可加强生态系统内部物质循环,调控作物群体结构,维持最佳的群体结构。推广农牧结合的生态农业,注重用地养地相结合,建立生物固氮体系,重视秸秆还田和有机肥与无机肥相结合,保证农田养分平衡,使地力和作物产量同步提高。要按照不同植物生物量和经济产量的形成模式,采取适当的促、控措施,在时间上、空间上合理配置作物复合群体的冠层结构,提高照光叶面积指数(照光叶面积 LAIs 与总叶面积 LAI 之比)和叶日积 LAID(叶面积与光合时间的乘积)。在水肥条件满足时,群体结构的好坏,直接决定着初级生产力的高低,突出反映在照光叶面积上。合理的间套种作物的高低搭配,形成错落有序的群体立体采光方式,比表面积明显高于单作,中下层叶片的光照状况得以改善,且下层多为宽叶、水平叶作物,绿色面积增大,漏光减少,照光叶面积指数和光合效能得到提高,并使不同时期的光照得以较充分的截获,总叶日积 LAID 增加,从而提高总初级生产力。此外,改善农田微气候环境条件,使群体能充分利用投射到的辐射,减少漏射、反射、植物呼吸作用以及病虫害等造成的损失,也是提高净初级生产力的有效途径。

第四节 次级生产的能量转化

次级生产(secondary production)是指除初级生产者外的其他有机体的生产,也就是生态系统消费者、分解者利用初级生产量进行的同化、生长发育、繁殖后代的过程。异养生物又称次级生产者(secondary producers)。大农业中畜牧水产业和虫、菌业生产都属次级生产。

净初级生产量是生产者以上各营养级所需能量的唯一来源。从理论上讲,净初级生产量可以全部被异养生物所利用,转化为次级生产量(如动物的肉、蛋、奶、毛皮、骨骼、血液、蹄、角以及各种内脏器官等)。但实际上,任何一个生态系统中的净初级生产量都可能流失到这个生态系统以外的地方去,如在目前研究比较多的海岸盐沼生态系统中,就有大约45%的净初级生产量流失到河口生态系统中。还有很多植物是生长在动物所达不到的地方,因此也无法被利用。总之,对动物来说,初级生产量或因得不到、或因不可食、或因动物种群密度低等原因,总是有相当一部分不能被利用。即使是被动物吃进体内的植物,也还有一部分会通过动物的消化道被原封不动地排出体外。

例如,蝗虫只能消化它们所吃进食物的30%,其余的70%以粪便的形式排出体外,供腐食动物和分解者利用。但是鼠类一般可消化它们所吃进食物的85%~90%。食物被消化利用的程度依动物的种类而大不相同。可见,动物吃进的食物并不能全部被同化和利用,其中有相当一部分是以排粪、排尿的方式损失掉了。在被同化的能量中,有一部分用于动物的呼吸代谢和生命的维持,这一部分能量最终将以热的形式消散掉,剩下的那一部分才能用于动物各器官组织的生长和繁殖新的个体,这就是我们所说的次级生产量。当一个种群的出生率最高和个体生长速度最快的时候,也就是这个种群次级生产量最高的时候,往往也是自然界初级生产量最高的时候。这并不是碰巧发生的,而是自然选择长期起作用的结果,因为次级生产量是靠消耗初级生产量而得到的。

一、农业次级生产概况

据 H·沃尔特(1979)估算,地球上消费者和分解者的干重约 $23×10^9$ t,其中陆地 $20×10^9$ t,海洋 $3×10^9$ t。而到 1999 年 10 月,地球人口已达 60 亿,生物量约达 $0.4×10^9$ t,由于生态破坏、环境污染、气候变化和人为干预,不少次级生产者栖息环境变劣、变窄甚至丧失,种群衰退,生产力和生物量下降,造成了全球自然生态系统次级生产力的下降。但是,与自然生态系统相比,随着人类文明的发展,农业生态系统的次级生产力却在不断提高。

当今世界,人是生物圈最主要的消费者之一。由于受能量金字塔规律的制约,在粮食生产水平低下或人多粮少的国家,粮食以口粮直接消费为主;而在粮食生产水平高的国家,粮食则以间接消费为主。这就造成了不同地区、不同历史时期农业生产规模和水平的差异。我国农村人均肉食消费量也大大少于城镇。随着我国经济社会的不断发展,城乡居民的食物结构正日趋合理(见表 4-5)。

表 4-5   我国城乡居民主要食物家庭消费量(许世卫,2009)

食物名称	1978 年		1984 年		2007 年	
	消费总量/ $×10^4$ t	人均年消费量/kg	消费总量/ $×10^4$ t	人均年消费量/kg	消费总量/ $×10^4$ t	人均年消费量/kg
口 粮	18 818.6	195.5	26 224.9	251.3	20 575.1	155.7
食 油	154	1.6	490.5	4.7	1 005.4	7.6
食 糖	240.6	2.5	511.3	4.9	—	—
蔬 菜	13 476.3	140	14 923.1	143	14 196.4	107.4
水 果	635.3	6.6	970.5	9.3	4 949	37.5

续　表

食物名称	1978 年		1984 年		2007 年	
	消费总量/×10⁴ t	人均年消费量/kg	消费总量/×10⁴ t	人均年消费量/kg	消费总量/×10⁴ t	人均年消费量/kg
肉　类	789.3	8.2	1 628	15.6	3 382.5	25.6
蛋　类	163.6	1.7	407	3.9	956.8	7.2
奶　类	96.3	1	250.5	2.4	2 531.6	19.2
水产品	317.7	3.3	459.2	4.4	1 233.1	9.3

注：数据来源为中国统计年鉴，口粮为原粮消费，奶类中按奶粉 1∶7，酸奶 1∶1 折算成原奶消费

二、农业生态系统中次级生产的主要作用

次级生产以初级生产为基础，同时次级生产的合理与否也直接影响到初级生产的发展。如过度放牧会导致草地退化；过于密集的水产养殖会导致水体富营养化等一系列严重的环境问题。

动物和微生物的生产在农业生态系统中具有多种功能，它们作为消费者、分解者可以分解转化有机物、提供畜（动）力，还可以生产奶、肉、蛋、皮毛等营养丰富、经济价值高的产品。农业动物和微生物能够将人们不能直接利用的物质如草、秸秆等转变为人们可以利用的产品和能够富集分散的营养物质。次级生产的这种作用在农业生态系统中是不可取代的，次级生产的主要作用如下。

1. 转化农副产品，提高利用价值

一般来说，在农作物生产的有机物质中，70%～90%作为产品收获，并自农田中取走。其中用作粮食、油料和工业原料的仅仅占总初级生产量的 30%左右，其余只能做燃料和饲料。利用畜禽和食用菌可以转化不能直接利用的农副产品，可使低价值的有机质变为高价值的优质食物，减少农业生态系统的养分流失。同时，发展畜牧养殖业和菌业，可把许多没有直接利用价值和价值低的农副产品转化成价值高的产品，如利用秸秆氨化养牛、种食用菌，利用杂草或荒坡地种草发展养殖业。据广东省农业厅统计，1989～1993 年利用山地荒坡和冬闲田等发展牧草，累计生产干草 88.3×10⁴ t，以草配合饲料养殖畜禽等，共节省饲养成本 6.277×10⁷元。

2. 改善膳食结构，提高人民生活水平

首先，次级生产可以生产动物蛋白，提高人们膳食中的营养成分。1980 年我国人均综合畜产品占有量为美国和法国的 1/15，日本的 1/7，韩国的 1/3，巴基斯坦的 1/2。经过 20多年的努力，我国养殖业有了很大的发展，到 1993 年人均占有肉蛋量和动物蛋白质消耗量均达到或超过世界平均水平，我国城乡居民的膳食结构日趋合理。1997 年我国肉和蛋生产总量名列世界第一，分别达 5.132×10⁷ t 和 2.125×10⁷ t，分别占世界总产的 28.9%和40.3%，但奶类总产仅 7.74×10⁶ t，人均占有量远远低于世界平均水平。世界和中国肉类和奶类基本情况见表 4-6。

其次，菌类的生产也属于次级生产的一部分。有资料证明，人们的膳食结构中有菌类的存在，这对提高人民的健康水平是很有帮助的。

表 4 - 6 世界和中国肉类和奶类基本情况(陈阜,2001)

项目	肉 类		牛肉/ ×10⁴ t	羊肉/ ×10⁴ t	猪肉/ ×10⁴ t	禽肉/ ×10⁴ t	奶 类	
	总计/ ×10⁴ t	人均 /kg					总计/ ×10⁴ t	人均 /kg
中国	4 200.0	35.3	232.4	137.0	2 854.0	512.0	609.8	5.1
世界	18 624.0	33.4	5 273.9	987.2	7 389.1	4 464.8	51 966.2	93.3

来源:① FAO,*Production Yearbook*,1993;② 中国农业部,《中国菜篮子工程》,中国农业出版社,1995

3. 促进物质循环,增强农业生态系统功能

在次级生产中,用于饲养畜禽的饲料转化为畜产品的效率仅为 25%~30%。但这些畜禽在饲养的过程中产生的粪便——"农家肥",又能为初级生产提供很强大的辅助能,同时又不会造成如过度使用化肥所产生的土壤"板结"现象,有利于农作物的增产增收。据 1994 年统计,我国仅养猪一项,每年就提供粪肥约 11×10^9 t,相当于硫酸铵 2.237×10^7 t,过磷酸钙 1.525×10^7 t 和硫酸钾 9.90×10^2 t,回田后可促进养分循环,提高农业资源的利用效率。实行种养结合,有利于促进农业生态系统的物质循环,并增强农业生态系统功能。

三、次级生产的能量平衡

动物的次级生产能量平衡关系:

$$P = NI + I = NI + A + (R_1 + R_2 + R_3) + F + U + G$$

式中:P 为净初级生产总量;NI 为未被次级生产者食用的部分;I 为被食用部分;A 为次级生产者储存的能量;R_1 为体增热消耗,是动物采食后数小时内体内产生的热损耗;R_2 为维持能,是用于基础代谢的能量损耗;R_3 是用于运动的能量损耗;F、U、G 分别为固态排泄、液态排泄和气态排泄所蕴含的能量。

在反刍动物中,R_1 占食入能量的 15%~20%,G 占食入能量的 7%,这是瘤胃中微生物发酵产生大量气体,并以 CO_2、CH_4 和其他挥发性脂肪酸、氢气等形式排泄出体外的缘故。

动物的进食能(I)减去未消化吸收的排泄能(主要是 $F+G$)后,余下的能量才是经过消化吸收的代谢能,代谢能分别用于代谢消耗和生物体化学能的累积,其中代谢消耗(M)与体重(W)有关,它们之间的关系可用公式 $M=aW^b$ 表示,式中 a、b 为常数。不同动物的体重与维持能的关系式可见表 4 - 7。代谢能减去尿、汗等排泄能、体增热、维持能及运动消耗能之后,才是用于组织增长和后代的净生产能量。家畜的体重与维持能也存在指数关系形式:$R_2 = aW^b$。运动消耗能则与动物的活动强度、活动场所有关,如家畜家禽圈养比放养的消耗要少得多。

表 4 - 7 家畜体重与维持能的关系(R 单位为 J/d,W 单位为 kg)(陆治年等,1982)

家畜种类	肉 牛	乳 牛	绵 羊	猪
体重与维持能的回归	$R_2 = 77W^{0.75}$	$R_2 = 80W^{0.75}$	$R_1 + R_2 = 98W^{0.75}$ (包括体增热)	$R_2 = 193.3W^{0.75}$

四、次级生产的能量转化效率

次级生产对初级生产的能量转化效率是关系到数个营养级的过程(植物-食草动物-一级食肉动物-二级食肉动物……)。因此,它的转化效率也比较复杂。然而,人们比较关注和相对比较重要的有:

1. 营养级之间能量利用效率(或消费效率)

首先是初级生产量被食草动物捕获的比率。在自然生态系统中,R. H. Whittaker (1975)曾经得出以下消费效率:热带雨林7%,温带落叶林5%,草地10%。以后的各营养级可摄取前一营养级净生产量的20%~25%,其余的75%~80%则进入了腐食食物链。

2. 营养级之内的生长效率

即动物摄取的食物中有多少转化为自身的净生产量。在自然生态系统中,哺乳动物和鸟类等恒温动物的生长效率较低,仅1%~3%,而鱼类、昆虫、蜗牛、蚯蚓等变温动物的生长效率可以达到百分之十几到几十。这两类动物在能量利用效率上存在差距的一个主要原因是恒温动物用于自我维持的能耗太高。因此,在农业生产中如何利用变温动物的低耗能特性,提高能量的转化效率,已成为未来人类食品开发的一个方向。充分利用资源,大力发展水产养殖,如江河水库养鱼、滩涂养殖、网箱养鱼、稻田养鱼,实行农渔结合、农牧结合,是提高农业次级生产力的有效途径(见表4-8)。

表4-8 几个水域生态系统的营养级效率(骆世明等,2001)

地点	林德曼效率(I_t / I_{t-1}) /%				利用效率(A_t / P_{t-1}) /%		
	植 物	草食动物	小肉食动物	大肉食动物	草食动物	小肉食动物	大肉食动物
1	0.1	13.3	22.3	—	16.8	29.8	—
2	0.4	8.7	5.5	13.0	11.2	8.7	23.0
3	1.2	16.0	11.0	6.0	38.1	25.9	31.3

注:1. Cedar Bog Lake, Minnesota(Lindeman);2. Lake Mendota, Wisconsin(Lindeman);3. Silver Springs, Florida (Odum)

在农业生态系统中,次级生产的能量转化效率随生产者的种类和生态型不同而不同,人工饲养的家禽、家畜能量的利用率要明显高于自然生态系统。一般来讲,家禽、家畜可将饲料中16%~29%的能量转化为体质能,33%的能量用于呼吸消耗,31%~49%的能量随粪便排出。在不同畜禽种类、饲料、管理水平和饲养方法之下能量的转化效率不同。养殖业中料肉比也可以从另一侧面反映出不同种类畜禽的能量利用效率。我国养殖业饲料与产肉比大致为:猪4.3∶1,牛肉6∶1,禽肉3∶1,水产养殖业1.5∶1。根据不同畜禽及水生动物的能量转化效率选择适宜的养殖对象是提高次级生产力的重要方面。

五、农业生态系统次级生产力的改善途径

农业生态系统的次级生产力,直接受次级生产者的生物种性、生产方式、养殖技术、养殖环境所制约。不同动物的次级生产力有较大的差异,鱼、奶牛、鸡的能量转化率和蛋白质转

化率是各种动物中比较高的,同一种动物的不同品种其生产力也有差异。

饲料是动物生长的基本条件,饲料的成分直接影响动物生产力的高低。根据营养生理学原理,使用全价饲料,可以大大提高饲料转化率和缩短饲养周期,以科学配合饲料推动下的现代化养殖生产体系,正在逐步改善传统的低效率的饲养方法,使次级生产力得到较大的提高。养殖技术和养殖管理水平对农业次级生产力的形成起关键作用。目前,我国养殖业的整体单产水平不高,而且发展不平衡,高低相差悬殊。以养猪为例,我国传统家庭养殖规模小,猪存栏量一般仅1～2头,饲料以稻谷等谷物为主,每头猪要消耗200～300 kg粮食,能量转化率只有4%左右,而现代集约化养猪场的转化率可提高10多倍。

目前,制约我国次级农业生产的因素主要集中在以下几个方面:一是生产结构不合理,粮食作物、经济作物和饲料作物的比例不协调,不利于农业次级生产的发展;二是农业品种更新缓慢,科技含量低,农业投入产出比低;三是经营方式不合理,管理投入较高,相对产出就低;四是养殖模式有待改善,对生态学原理应用不够,农业浪费严重。根据以上提到的制约因子,农业次级生产力应主要沿着以下几个方向改善。

1. 调整种植业结构,建立"粮、经、饲"三元生产体系

按照经济社会发展趋势,我国在2030年前后将会达到中等发达国家的生活水平,此时人口将达16亿左右。根据与中国内地饮食习惯相同的中国台湾的饮食结构的历史变化,当人均国民生产总值达2 700美元后,肉、奶、蛋的消费量将有一个突飞猛进的需求,此时人均粮食(谷物)的需求量最少要达到450 kg。因此未来30年我国国内市场对肉、奶、蛋等次级生产产品的需求仍将大大增加,粮食问题将更为突出,而粮食问题实际上是饲料粮的短缺问题,基本对策就是增加饲料来源,开发草山草坡,发展氨化秸秆养畜,全面使用配合饲料,提高饲料转化率。调整种植结构,要逐渐形成粮食作物:经济作物:饲料作物约为59:20:21的比较合理的三元结构。表4-9列出了我国改革开放以来种植业结构变化情况与调整方向。

表4-9　我国种植业结构变化情况与调整方向(单位: %)(骆世明等,2001)

年　份	粮食作物	经济作物	饲料作物
1978	80.4	9.6	10.0
1997	73.3	14.2	12.5
调整方向	59	20	21

2. 培育、改良和推广优良畜禽鱼品种,全面提高农业次级生产力

加强高转化率优质抗病品种的选育,因地选择适宜养殖品种。据美国国会技术评价局估计,畜牧业应用胚胎移植等生物技术,将加快育种进程,提高其生产性能,2000年畜牧业生产效率有显著的增长率(见表4-10)。

3. 适度集约养殖,减少维持能和其他能消耗

以我国主要的次级生产养猪为例,据1998年资料,我国养猪业总体水平仍较低,以农户小规模分散饲养为主,饲养技术以传统饲养方式为主,一般水平的饲养料肉比为(3.5～4.0):1,饲养天数为200天;先进水平的饲养料肉比为2.8:1,饲养天数为180天;而国外

表 4-10 美国畜牧业采用生物技术后的增长率(骆世明等,2001)

农产品	20 世纪 80 年代初期	2000 年	增长率/%
每千克饲料产肉/kg	0.157	0.176	12.1
每头母猪年产小猪/kg	0.4	0.57	42.5
每只蛋鸡年产蛋/只	243	275	13.2
每千克饲料产牛奶/kg	0.99	1.03	4.0
每头奶牛年产奶/kg	5 584	11 214	100.8
每千克饲料产牛肉/kg	0.07	0.072	2.8
每头母牛年产犊/头	0.88	1	13.6

先进水平的饲养料肉比(2.4~3.0):1,饲养天数为 160 天。我国每个农业劳动力生产肉类 101 kg,世界平均为 163 kg,发达国家则高达 2 192 kg。所以,要因地制宜进行适度规模养殖,推广科学养猪配套技术。

4. 推广鱼畜禽结合、种养加配套的综合养殖模式,充分利用各种农副产品和废弃物

(1) 发展畜牧业、水产业,混合养殖,多级利用。作物秸秆、树叶、菜叶、青草、干草这类富含纤维素的有机物质,作为牛、羊等草食动物的饲料,可以扩大肉食来源。我国每年生产 4.5~5 亿吨粮食,同时也生产 6~7 亿吨的秸秆,目前仅有 1/4 左右用作饲料,其中经处理(青储或氨化)后利用的秸秆仅占已利用秸秆的 1/5 左右,利用潜力还很大。充分利用水面发展鱼、虾、蟹、贝类水生生物,将人们不能食用的麦草、稻草、蔗叶、菜叶、田间杂草和农产品加工后的副产品,以及人畜粪便作塘鱼的饵料,经草鱼食用后,其碎屑和草鱼粪便可促使浮游生物的繁茂生长,并可促进鲢鱼的生长。畜禽粪便常含有较多未被利用的能量和营养物质,可作为另一种畜禽鱼的饲料,混合喂养并辅之以蚯蚓养殖、沼气发酵,可大大提高物质能量的利用率。

(2) 发展腐生食物链生产。运用生态学原理,进行食物链设计,充分利用植物的光合产物,把对它们的浪费减少到最低限度。腐生食物链利用的生物有蜗牛、蚯蚓、蝇蛆、食用菌等。农田中放养蚯蚓,可使土壤疏松,蓄水保肥,促使有机残体的腐殖化和微生物的活动。放养蚯蚓的农田中,小麦、玉米、棉花增产 11%~18%,蔬菜增产 35%~50%;蚯蚓含有丰富的动物蛋白,是专门用于养鱼的优质蛋白质饲料,蚯蚓还可作药材原料。利用棉籽屑、作物秸秆、碎木料等培养食用菌,菌渣可作牛、鱼的饲料。

(3) 发展沼气和堆肥等有机物综合利用方式,加大对农村废弃物的处理,有效利用分解能。对没有用作饲料的各种有机物,不应直接烧掉,而是用作沼气的原料,或制作其他燃气,或制作堆肥,或回田培肥力,还可使用菌肥加快回田秸秆的分解。实践证明,发展沼气是不少农村实现物质能量多级利用,形成生态经济良性循环的有效途径。

第五节　农业生态系统中的辅助能

一、辅助能的概念和分类

生态系统的辅助能(auxiliary energy)是指除太阳辐射能以外,对系统补加的一切其他

形式的能量。辅助能区别于辐射能的基本特点是,它虽不能直接转化为生物化学潜能,但可以促进辐射能的转化,对生态系统中光合产物的形成、物质循环、生物的生存和繁荣起着很大的作用。辅助能的输入可以增加系统的有序性,以便于农业生产;同时,一部分辅助能可以取代一部分呼吸能,减少农业生态系统内部自我维持所需的能量消耗。这正如 Odum 所指出的,农业、林业、畜牧业和藻类培养等都包含着巨大的辅助能源,它做了许多以前的动植物必须自己实现的工作。辅助能的输入可以提高动植物的产量,而同时由于这些高产的有机物质机器的某些功能衰退,就必须输入辅助能来加以维持。因此,人们为了获得高的产量,输入辅助能是非常必要的。

Cox(1979)将投入农业生态系统的能量分为两类:一是生态能,也就是太阳辐射能,这是光合作用、环境温度的控制、大气循环以及降雨的能量来源;二是人工能,人工能又可分为生物能和工业能两类。

农业生态系统的人工辅助能是指人类为防止农业生态系统向自然生态系统演化,提高农业生物种群的生产力,减少消耗,人为地向系统加入的那一部分能量。它包括人力、畜力、电力以及制造化肥、农药、农业机械等所消耗的能量。人工辅助能包括生物辅助能(biological energy subsidies)和工业辅助能(industrial energy subsidies)两种,前者指来自生物有机物的能量,如生物质燃料、劳力、畜力、有机肥、饲料、种子、种畜等;工业辅助能又称商业能、化石能,包括直接工业辅助能和间接工业辅助能。直接工业辅助能指以石油、煤、天然气、电等形式直接投入农业生态系统的能量,间接工业辅助能指以化肥、农(畜)药、机具、农用塑料薄膜、生长调节剂和农用设施等产品形式投入的辅助能。

二、辅助能的作用

1. 改善农业生态系统功能,提高农业生产力

由于农业生态系统是半人工生态系统,结构上处于生态演替前期单一而不稳定的阶段,功能上缺乏足够的自我调节和再生机制,应用辅助能可以在一定程度上控制演替趋势,部分弥补农业生态系统功能的不足。农业的历史和现实都证明,辅助能应用是农业增产的主要原因。辅助能主要通过改善农业生态系统中的一些限制因子,改善农业生态系统功能,从而提高农业生产力。这是辅助能本身的作用,因为它的投入就是"辅助"太阳能向生物化学能的转化,进而提高生产力,只不过对于农、林、牧、渔等各业来说其生产力的意义各不相同。

20 世纪以来,以遗传育种理论、动植物营养理论和农(兽)药合成理论为基础的、不断完善的良种、化肥、农药、配合饲料和抗生素及疫苗等形成的技术体系,使人类输入农业生态系统的辅助能的技术含量达到了一个新的高度,成为推动农业发展的强大动力。

2. 引进新物种,开发生态位,实行多样化生产

在现有农业生态系统中引进某些新物种,可以使整个系统的功能发生变化,如果引种得当,可以产生良好的效果,使系统功能改善、效益提高;反之,则造成人力、物力、财力损失,削弱系统功能,甚至可能贻患无穷。新物种引进的主要意义在于促进系统总体功能的改善,使系统高效和谐地存在和发展,具体体现在以下几方面。

(1) 扩大生产、提高效益。这是农业生态系统中引进新物种的最根本目的。在农业生

态系统中引进某些新物种后,可使系统生产力提高、效益增加,这些新物种可能是直接参与物质生产的生产型物种,也可能是对系统中其他生产型物种或环节起促进作用的增益型物种。前者如一些经济物种(cash species),包括蔬菜、果树、经济作物和经济动物等;后者可称之为中间物种(mediate species),如牧草、蚯蚓等。另外还有一类可降低系统的消耗、提高资源利用率的物种,如引进肥水、光热利用率高的作物和饲料报酬率高的畜禽,引进天敌控制害虫,利用昆虫消灭杂草等。

(2) 消除或防治污染。由于化肥、农药、除草剂等农用化学制品的大量施用和乡镇企业的迅速发展,农村环境质量降低,土壤、水源和空气都遭到不同程度的污染,影响了农业生态系统整体功能的发挥和完善。向系统中引进某些新物种往往可对环境污染起到一定的净化和缓解作用。新物种引进后可使原来的有害物质富集链裂解,将有害物质降解或吸收。如利用氧化塘处理氮污染等。

(3) 增加系统稳定性。农业生态系统中物种的种类、数目较少,且人工选择下物种本身的抗逆性较弱,食物链也较短而网络性差,因而整个系统稳定性不高,需人工干预。引进适宜的新物种是对农业生态系统实行人工调控的一个重要方面。通过新物种的引进,可以增加系统的多样性,促使系统内各种反馈机制的形成,增强系统内各子系统间的协同作用,且能改善系统的生存环境,促进系统稳定性的提高。例如,农林业的发展,据不同的情况在农田中种植不同的树种,可以改善农田小气候,为害虫天敌和一些有益昆虫提供栖息地和饵料,从而减轻气候和虫害对农业生态系统所产生的干扰,防止系统的波动。另外,引进新物种还可促进系统从低层次的稳定性上升为高层次的稳定性,即意味着系统生产力得到稳定提高。

(4) 调控食物链,进行多级生产。农业生产中的副产品一般具有量大、经济价值低和不能直接利用等特点,所以,在农业生态系统中利用动物和微生物的转化作用延长和调控农业副产品和废弃物的食物链,可以转化、利用废弃物内的物质和能量并使农产品价值增加,可使整个系统生产力得到提高。同时,也加速了物质的循环与能量的流动、促进了系统的良性循环,使系统稳定性增强。

(5) 改善次级生产者构成、充分利用初级生产物。改善次级生产者结构主要从以下几个方面入手: ① 发展草食动物。草食动物有很强的消化器官,能将其他动物不能消化的纤维素消化掉,转化为生物蛋白。② 充分利用水面发展水生生物。鱼、虾是变温动物,具有维持消耗低、繁殖率高的特点,比陆生恒温动物能量转化率高两倍以上。③ 利用残渣食物链发展多级生产。运用生态学原理进行食物链设计,可充分利用进入农业生态系统的物质和能量,将其浪费减少到最低限度。例如,利用棉籽屑、稻草等培养食用菌,可产出草菇、平菇等营养丰富的食品,养菇后的菌床残渣又是富含氨基酸的良好饲料,可以用来喂牛、养鱼等。④ 有效利用分解能。作物秸秆、人畜粪便、田间杂草和各种有机废物如果作为燃料的话,会造成大量的结合态氮素被挥发损失,因此对分解过程中能量的最有效利用方式是通过沼气发酵(见表 4-11)。将用作燃料和肥料的有机物质投入沼池,用产生的沼气作燃料,可使热效率提高 30%~40%,同时避免了氮素的损失,秸秆中的氮素经沼气发酵后的损失率仅为 2%~10%,而常规方式损失率为 15%~30%。发酵产气后的沼渣、沼水还是优质肥料,不仅氮、磷、钾含量丰富,且较好地保存了有机质,沼渣还可用于培养食用菌、生产蛋白质食物。沼气是一种无污染的能源,其生产过程能将有机污水、污物收集起来,发酵净化,从而有利于环境卫生的改善。⑤ 混合喂养、多级利用。畜禽在转化饲料过程中有大量粪便排出,其中富含各种营养元素。畜禽混合喂养再辅之以蚯蚓养殖、沼气发酵等,可使饲料能和饲料蛋白质得到有效利用,使能量利用率提高。中国科学院长沙农业现代化研究所的研究表明,鸡粪便喂猪,猪粪作沼气原料,产生沼气后的沼渣养蘑菇,使饲料中可利用的代谢能(用于猪、鸡)由 16.51% 提高到了 30.71%,饲料中氮素利用率提高到 93.6%。

表 4-11   沼肥中养分含量(单位:%)(骆世明等,2001)

项 目	全 氮	全 磷	全 钾
沼渣	0.8~1.5	0.4~0.6	0.6~1.2
沼水	0.03~0.08	0.02~0.06	0.05~0.1

(6) 协调饲养量与饲料量的关系、提高转化效率。次级生产者维持能的消耗随体重的增加而增加。当饲料供应量超过了维持消耗量时才能有生产量的净增加。若片面追求牲畜头数而饲料量供应不足,则会形成长时间的"猪重不增、猪圈不空"的消耗战现象,饲料转化效率很低。在牧区,当草场超载时不仅牲畜增重受影响,而且会导致草场退化。据实验,体重 400 kg 的牛,其生产效率与饲料量的关系见表 4-12。

表 4-12   饲料量与转化效率(体重 400 kg 的牛)(王宏燕,2008)

饲料干重	用于维持/kg	用于生产/kg	增重/kg	转化率/%
3.7	3.7	0	0	0
4.2	3.7	0.5	0.25	5.6
5.3	3.7	1.6	0.75	14.1
7.1	3.7	3.4	1.25	17.6

3. 控制生态和经济平衡

生态平衡控制就是根据生态学规律建立合理的生产结构,使生态系统保持良性循环。为此,生产结构不宜过于单一,某些生产项目可能从单项来看并没有多大经济效益,但为整个系统实现良性循环所需,因而也应当发展;食物链不宜简单,否则就不能充分利用各类资源和增强系统的稳定性;资源的利用要与保护、更新结合起来。这些措施可能降低本生产周期内的系统生产力,但却是维持系统生产力不致衰退的必要措施。

经济平衡控制有 4 个方面的内容。第一,生产周期内投入产出的平衡。在具体生产周期内,投入水平要与产出水平成比例,生产安排应考虑资金周转、劳动力、机械利用的季节变化和各种生产提供产品和实现收入的季节性等特点,做到资源均衡利用。第二,生产与社会需求的平衡。人类对农产品的需求有两个最大特点:一是经常,二是多样。农业生产为满足社会对农产品的需求,必须在生产安排上保证农产品供应符合社会需求的这两个方面。第三,经济均衡发展。要在利用、保护资源的同时积极发展那些微观和短时间效益不明显的,但有较大宏观和长期效益的项目。如植树造林、农业基建和耕作制度改革等措施,都是调节和控制农业生态系统的战略措施。第四,控制生产规模。通过增加经济投入来增加农业生态系统中规模较大的生产要素,扩大畜群规模、增加饲料投入等。就农业规模而言,要受规模的经济效率、技术效率和生态效率影响,并不是规模越大就越好,而要在经济、技术和生态统一的基础上建立一个最适规模,才能达到增加产量的目标。

综上所述,辅助能和利用效率还与生物种类、品种、种植制度、栽培及饲养管理水平等有关。因此,提高能效要从多方面努力。

此外,大量投入工业辅助能在提高产量等的同时还可能带来一系列问题,诸如环境污染、病虫草抗药性的产生及天敌种类和数量的减少、土壤结构的破坏、能源的大量消耗、农产品品质下降、生态安全等。因此,合理使用工业辅助能非常重要。

三、农业生态系统辅助能的特征与能量效率

1. 自然生态系统与农业生态系统辅助能的特征与能量效率

自然生态系统在长期的选择、适应、演替的过程中,可形成能充分利用当地资源的结构,从而具有较高的生产水平,可以转化固定较多的太阳能。但是自然生态系统生产的生物物质不能直接满足人对食物能及其他农产品的需要。农业生态系统固定太阳辐射能的能力可能低于自然生态系统,但它生产的农副产品和提供给人的食物能及其他有用能可能高很多。在环境恶劣的条件下,人类通过改善环境条件和人为投入辅助能,也可以使农田生态系统转化日光能的水平大大提高,甚至高于自然生态系统。在自然生态系统中,初级生产者转化固定的能量中只有 5%～10% 为草食者利用,进入草牧食物链,约 90% 以上的就地留下,以化学潜能的形式储存在生物体内或有机残屑中。农业生态系统大部分能量随农副产品一起被移出系统外,需要大量的人工辅助能以弥补能量和物质(养分)的亏空,才可能维持系统的持续生产。由于人为的调控,农业生态系统中次级生产者的能量转化率也常常高于自然生态系统。总之,能量的大量输入输出,是农业生态系统的主要特征之一。

2. 不同类型农业生态系统的能流水平与能流结构

在不同的历史发展时期,农业生态系统的能流水平及能流结构(energy flow structure)有较大差异,人类历史上几个主要农业发展时期的能流水平比较见表 4-13。

表 4-13 人类历史上几个主要农业发展时期的能流水平比较(沈亨理等,1996)

农业发展时期	可食部分干物质产量/(kg/hm²)	年产食物能/(kJ/m²)	投入生物能水平/(10⁶ kJ/hm²)	投入工业能水平/(10⁶ kJ/hm²)
食物采集农业	0.4～20	0.836～41.8	0.418～4.18	0
工业化前农业	50～2 000	104.5～4 180	4.18～41.8	0～0.836
工业化农业	2 000～20 000	4 180～41 800	8.36～83.6	0.836～83.6

表 4-13 说明农业历史上单位面积食物能产量的增长,也伴随着投入能量的增长,这些人工投入的能量,在原始农业阶段,只是人类自身的劳动;在传统的自给型农业阶段,除了人力外,还增加了畜力、有机肥等生物能和简单的农业机械,畜牧养殖业也是简单利用系统内

部的农副产品;在现代农业中,种植业主要投入化肥、农药、灌溉、农机具和农业工程等工业
辅助能,畜牧养殖业投入的则是工厂配制的饲料和饲料添加剂,以及饲养过程中良种繁育、
环境调节控制等大量人工辅助能,从而获取了更多的农产品输出,使农业从封闭、半封闭系
统发展成开放性系统。

不同地区的经济社会发展水平和环境资源条件存在差异,因而农业生态系统人工辅助
能的投入水平和投入结构也不同,从而生产力水平也有高低之别。一般来说,随着辅助能投
入的增加,能量的产出水平和农业产量也相应增加,但辅助能的产投效率不一定增加,甚至
出现报酬递减现象。从世界各地和我国不同发展水平地区的比较中可以看出,辅助能投入
水平与农业产量水平是密切相关的,辅助能投入已成为农业增产不可或缺的条件(见表 4 -
14)。据柯克斯等对美国 1970 年农业的能量产投情况分析,全年输入工业辅助能总量为
3.487×10^{18} J,产出食物能为 1.686×10^{18} J,产投比接近 1∶2,其生产单位食物能消耗工业
能的水平约是同时期中国食物生产消耗工业能的 20 倍。

表 4 - 14　我国粮食生产的几个主要参数[骆世明等,2001;《中国统计年鉴(2006)》]

年份	粮食单产 /kg/hm²	面积 /×10⁷ hm²	复种指数 /%	可灌溉面积比例 /%	化肥施用量 /×10³ t
1949	1 028	—	128.0	—	—
1958	1 643	128	142.2	30.67	546
1978	2 528	126	151.0	45.24	8 840
1984	3 608	113	147.4	45.43	17 398
1993	4 133	110	155.9	51.20	31 563
1997	4 380	113	154.4	54.22	39 808
2005	4 641	104	164.5	52.80	47 662

能量的产出水平和辅助能的转化效率还与能量的投入结构有密切关系。投能结构是指
能量投入中辅助能占总输入能量的比例,工业能和生物能所占的比例,化肥、农药各项投能
占工业能投入的比例等。在农业发展过程中,工业能投入量及所占比例有逐步增加的趋势。
我国农业生产系统的能量投入,20 世纪 50 年代生物能占相当大的比例,工业能投入占总投
能的比例不足 2%,到 20 世纪 80 年代占到 10% 以上,而且增长最快的是化肥和农药投能
量,已占到工业辅助能投入的 80% 以上,这是传统农业逐步向工业化农业过渡的明显标志。
据大量调查研究,在工业能投入量相对较低的阶段,增加工业能投入,农业产出和能量投入
效率都明显增加;但在工业能投入较高阶段,继续大量投入工业能,其能量效率有降低趋势。
从 20 世纪 60 年代到 80 年代,中国粮食产量翻了一番,但化肥、农药、柴油、电力用量分别增
加了 7 倍、2 倍、6 倍、11 倍,1980～1989 年间农膜用量增加了 2.5 倍,到 1991 年化肥平均施
用量已达 293 kg/hm²(有效成分),超过美国 1989 年 100 kg/hm² 的水平(见表 4 - 15、表
4 - 16)。

农业生态系统能量转化利用效率和能量产出量的高低,还直接与辅助能的质量及其投
入管理水平的高低有关。农业生物种类及品种、群体结构、种植及养殖技术、种养结合程度
都会影响投能效率,适时、适量和适度的输入有利于能效的提高。反之,滥用辅助能会对生

表 4-15　我国农业生产工业能投入量的变化[骆世明等,2001;《中国统计年鉴(2009)》]

年度	项目单位	化肥制造(纯)/×10³ t	农业用电量/GJ	农机总动力制造/×10³ kW	农用燃油/×10³ t	农药制造/×10³ t	总耗能/×10¹¹ kJ
1965	数量	1 730	0.2	14 940	1 500	193	
	折能(×10¹¹ kJ)	831.5	252	28.1	42	162.1	1 314.6
	占比例/%	63.2	19.2	2.1	3.2	12.3	100
1988	数量	21 400	0.68	250 000	7 700	379	
	折能(×10¹¹ kJ)	9 916	865.2	470.4	390.6	318.4	11 961.6
	占比例/%	82.0	7.2	3.9	3.2	2.8	100
1998	数量	38 290	1.14	385 469	11 527	1 141	
	折能(×10¹¹ kJ)	17 742	1 450.5	725.3	584.7	427.7	21 460
	占比例/%	82.7	6.8	3.4	2.7	4.3	100
2008	数量	52 390	3.19	821 904	17 902	3 894	
	折能(×10¹¹ kJ)	24 275	4 057.9	1 546.5	908.1	1 459.7	32 246.4
	占比例/%	75.3	12.6	4.8	2.8	4.5	100

表 4-16　我国农业系统能量投入结构的变化(单位:%)[陈阜,1998;《中国统计年鉴(2009)》]

年　份	1951~1955	1956~1960	1961~1965	1966~1970	1971~1975	1976~1980	1981~1985	1986~2000	2001~2008
生物能/总投能	98.89	98.39	97.69	96.68	95.72	93.40	90.66	72.44	63.21
工业能/总投能	1.11	1.61	2.34	3.17	4.28	6.60	9.34	27.56	36.79

态系统带来负效应,造成能源耗费、环境污染、地力下降、病虫害抗药性增强、生物多样性减少、生态安全受威胁等一系列问题。根据资源条件,合理使用辅助能,充分利用生物辅助能和现代科技,使用清洁能量,既考虑经济效益、维持高产出和提高能量效率,又注重生态效益,维护良性循环,不妨碍农业生态系统的可持续发展,尽量尊重生态系统的自然过程,不盲目追求高工业能投入和高产出,减少不必要的输入,防止只见树木不见森林,防止顾此失彼,维持和促进全球的可持续发展,是今后现代农业发展的必然选择。

思考题

1. 什么是能量? 它有哪些表现形式? 彼此间有什么关系?

2. 农业生态系统中能量流动遵循的基本定律有哪些？

3. 什么叫食物链、食物网、营养级和生态金字塔？

4. 农业生态系统中能流的路径有哪几种？请举例说明。

5. 什么是农业生态系统能流模型？如何进行农业生态系统能流分析？请举例说明。

6. 测定农业生态系统的初级生产量的方法有哪些？

7. 怎么估计农业生态系统的次级生产量？

8. 简述农业生态系统初级生产力和次级生产力中能量流动的异同。

9. 辅助能的概念是什么？怎样对辅助能进行分类？其在农业生态系统中的作用如何体现？

10. 农业生态系统的能量调控是通过什么途径来完成的？

参考文献

[1] E P Odum. 生态学基础(中文版)[M]. 北京：人民教育出版社,1981.

[2] 闻大中. 农业生态系统能量的研究方法[J]. 农村生态环境,1985,1(4)：47～52.

[3] 李玲. 农村生物能源的综合利用[J]. 农业现代研究,1985(5).

[4] 王兆骞. 论生态农业建设与研究[J]. 浙江农业大学学报,1988,14(3)：257～285.

[5] 村田吉男. 作物的光合作用与生态[M]. 上海：上海科学技术出版社,1988.

[6] 祖元刚. 能量生态学引论[M]. 长春：吉林科学技术出版社,1990.

[7] De Angelis, D L. Dynamics of Nutrient Cycling and Food Webs [J]. London：Chapman and Hall,1992：270.

[8] 喻光明,李新民. 论生态系统的能量流动[J]. 华中师范大学学报(自然科学版),1992,26(2)：252～256.

[9] 孙鸿良. 生态农业的理论与方法[M]. 济南：山东科学技术出版社,1993.

[10] 吴佐礼. 农业生态系统能流分析中几个问题的探讨[J]. 农村生态环境(学报),1994,10(3)：69～72.

[11] 王留芳. 农业生态学[M]. 西安：陕西科学技术出版社,1994.

[12] 李元. 农业生态系统综合评价指标体系的研究[J]. 生态经济,1994,(2)：36～40.

[13] 中华人民共和国农业部. 中国菜篮子工程[M]. 北京：中国农业出版社,1995.

[14] 闻大中. 农业生态系统能流和能量分析研究的某些新进展[J]. 农业生态环境(学报),1995,11(2)：43～48.

[15] 沈亨理. 农业生态学[M]. 北京：中国农业出版社,1996.

[16] 骆世明,彭少麟. 农业生态系统分析[M]. 广州：广东科学技术出版社,1996.

[17] 程序,曾晓光,王尔夫. 可持续农业导论[M]. 北京：中国农业出版社,1997.

[18] 杨怀森,雷圣远. 农业生态工程技术[M]. 北京：中国农业科技出版社,1997.

[19] 蓝盛芳,霍华德·欧登,刘新茂. 中国农业生态系统的能流能值分析(英文)[J]. 生态科学,1998,17(1)：31～39.

[20] 马岳,黄达晶,王栾生. 论现代集约可持续农业[M]. 杭州：浙江科学技术出版

社,1999.

[21] Gerhard Flachowsky. The Animal Nutrition in Conflict with Current and Future Social Expectations and Demands [J]. Animal Research and Development, Vol. 49,1999.

[22] Cheng Xu. Food and Agricultural Initiatives in China ［C］. Presented to International Food Summit "Exploring our Global Community：People，Food，and Agriculture",7 July 1999,University of Minnesota,USA.

[23] 李博,杨持,林鹏. 生态学[M]. 北京：高等教育出版社,2000.

[24] 阎希柱. 初级生产力的不同测定方法[J]. 水产学杂志,2000,13(1)：81～86.

[25] 严力蛟,朱顺富. 农业可持续发展概论[M]. 北京：中国环境科学出版社,2000.

[26] 骆世明. 农业生态学[M]. 北京：中国农业出版社,2001.

[27] 陈阜,马新明,李军. 农业生态学[M]. 北京：中国农业大学出版社,2001.

[28] 蓝盛芳,钦佩. 生态系统的能值分析[J]. 应用生态学报,2001,12(1)：129～131.

[29] 严力蛟. 中国生态农业[M]. 北京：气象出版社,2003.

[30] 曹凑贵,严力蛟,刘黎明. 生态学概论[M]. 北京：高等教育出版社,2002.

[31] 王东阳. 我国农业生态系统的现状、功能与可持续发展分析[J]. 中国农业资源与区划,2006,27(2)：7～12.

[32] 卞有生,柳英昆,卞晶. 农业生态工程中人工辅助能产投比的计算分析研究[J]. 中国工程科学,2006,8(8)：28～32.

[33] 王宏燕,曹志平. 农业生态学[M]. 北京：化学工业出版社,2008.

[34] 严立冬,刘新勇,孟慧君. 绿色农业生态发展论[M]. 北京：人民出版社,2008.

[35] 许世卫. 我国全面小康时期食物结构目标分析[J]. 中国食物与营养,2009,(1)：10～14.

第五章 农业生态系统的物质流

宇宙是由物质构成的,运动是物质存在的形式。农业生态系统中流动着的物质既是储存化学能的载体,又是维持生命活动的基础。如果说农业生态系统中的能量主要来源于太阳,那么物质则主要由地球供应。农业生态系统是由无机环境和生命有机体构成的一个物质实体,能量流动和物质循环是农业生态系统中的两个基本过程,能量不断流动,物质不断循环,正是这两个过程使农业生态系统各个营养级之间和各种成分(非生物和生物)之间组成一个完整的功能单位。因此,讨论物质在农业生态系统中的循环规律,是深入研究农业生态系统功能的重要内容。本章主要介绍物质循环的类型、过程与特点,农田养分循环与平衡以及农业生态系统中物质循环的环境问题等。

第一节 物质循环的基本规律

一、生命与元素

生物的生长、发育和繁殖大约需要至少 30 种化学元素,其中包括 20 多种必要元素,最重要的是碳、氢、氧、氮、磷 5 种元素,它们占全部原生质的 97% 以上。这些元素根据生物的需要可分为 3 类:生物体对碳、氢、氧的需要量最大,最为重要,称为能量元素(energy elements)。此外,还需要钙、镁、钾、硫、钠等大量元素(macronutrient)和铜、锌、硼、锰、钼等微量元素(micronutrient),这些元素称为生物性元素,在生物的生命过程中是不可缺少的,缺乏其中任何一种都会造成生物生长发育不良,甚至生命终止(见表 5 - 1)。

表 5 - 1　植物必需营养元素的功能(章家恩,2001)

元素种类	功　　能
碳、氢、氧	生物有机体的基本构成成分,如碳水化合物(糖类)、蛋白质和脂肪等的主要元素之一
氮	蛋白质和原生质的重要成分,也是合成叶绿素的必要元素
磷	组成细胞核的一种成分,存在于磷脂、植素和核酸等化合物中,对细胞分裂和分生组织的发展是必需的;对碳水化合物(糖类)的形成与转化,以及脂肪和蛋白质的形成也有重要作用
钾	调节细胞胶体的物理化学特性。对于光合作用、糖类的形成和运转、蛋白质形成等都有一定的促进作用,但钾本身不是有机物的重要组分
钙	调节细胞胶体的物理化学特性。调节植物体内的酸碱反应,保持各种养分离子的生理平衡,也是细胞壁的组成成分;对植物生长过程中的顶端伸展和芽的形成也是必需的

元素种类	功　能
镁	组成叶绿素的成分之一。对植物的生命活动起着调节作用,也参与某些酶的反应。大多数存在于幼嫩组织中
硫	组成蛋白质的元素之一。在叶绿素的合成和加速根的发展中起着调节作用,对植物体内的氧化还原过程有作用
铁	在叶绿素的合成过程中有促进作用,但不是叶绿素的组成成分。对植物体内的氧化还原过程有作用
硼	改善根部氧的供应,提高根部吸收能力;对植物的开花结实有促进作用
铜	参与植物体内的氧化还原作用;提高植物的呼吸强度
锌	调节植物体内的氧化还原过程;在植物生长素的形成过程中有重要作用,是一些脱氢酶、蛋白酶和酚酸的组成成分
锰	在光合作用中有重要作用;在硝酸还原过程中是催化剂;在植物体内糖分的积累和转运上也起重要作用
钼	是硝酸还原酶的组成部分,对豆科植物的固氮有重要作用
氯	与糖类的代谢和合成有关
硅	增加细胞壁的强度,提高根系的氧化能力

物质的循环过程是物质由简单无机态到复杂有机态再回到简单无机态的再生过程,同时也是系统能量由生物固定、转化和消散的过程。物流不是单方向流动,而是往复循环的;不是只能利用一次,而是可以被反复利用的。物质在流动的过程中只是形态的改变而不会消灭,可以在系统内永恒的循环。生态系统中能量流动与物质循环的关系如图 5-1 所示。

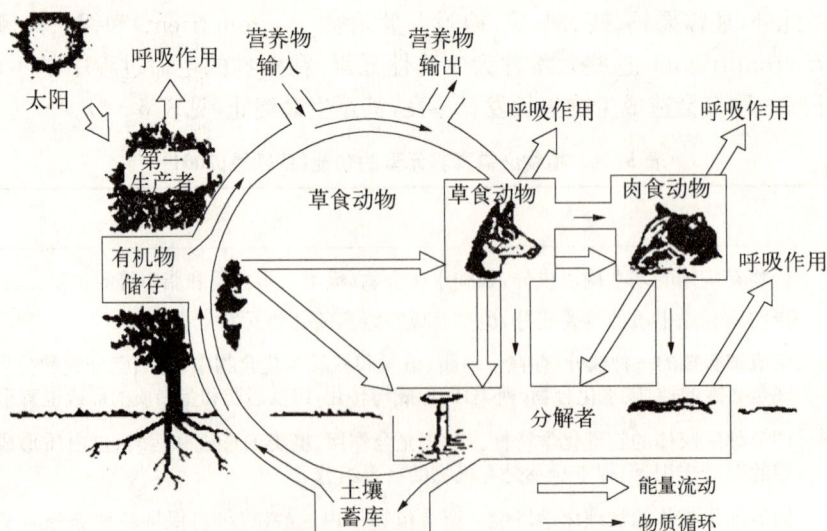

图 5-1　生态系统中能量流动与物质循环的关系(R. L. Smith, 1972)

二、物质循环的有关概念

1. 库与流

物质在运动过程中被暂时固定、储存的场所称为库(pool)。生态系统中的各个组分都是物质循环的库,可分为植物库、动物库、大气库、土壤库和水体库等。在生物地球化学循环中,物质循环的库可归为储存库(reservoir pool)和交换库(exchange pool)。储存库的特点是库存容量大,元素在库中的滞留时间长,流动速率小,多属于非生物成分;交换库则库存容量小,元素的滞留时间短,流速较大。

物质在生态系统中的循环实际上是在库与库之间的彼此流通。例如,在一个水生生态系统中,水体中含有磷,水体是磷的储存库,浮游生物体内含有磷,浮游生物是磷的交换库,而在底泥中的磷含量又是另外一个库。磷在库与库之间的转移(浮游生物对水体中的磷的吸收及生物死后残体下沉到底泥,底泥中的磷又缓慢释放到水体中)就构成了这个生态系统中的磷循环。

物质在库与库之间的转移运行称为流(flow)。单位时间或单位体积的转移量就称为流通量。这种关系可以用一个简单的池塘生态系统加以说明(见图5-2)。生态系统中的能流、物流和信息流使生态系统各组分密切联系起来,并使系统与外界环境联系起来。没有库,环境资源就不能被吸收、固定、转化为各种产物;没有流,库与库之间就不能联系、沟通,则会使物质循环短路,生命无以维持,生态系统必将瓦解。

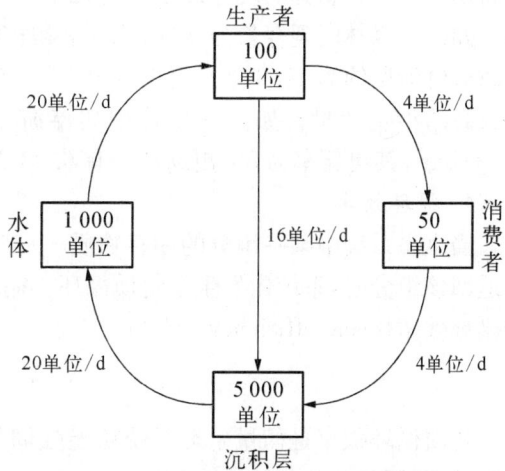

图5-2　池塘生态系统中库与库流通的模式图(孙儒泳,1993)

2. 生物量与现存量

在某一特定观察时刻,单位面积或体积内积存的有机物总量构成生物量(biomass)。它可以是特指的某种生物的生物量,也可以指全部的植、动物和微生物的生物量。生物量又可称为现存量(standing crop)。生产量是指现存量与减少量之和。减少量是指由于被取食、寄生或死亡、脱毛、产茧等损失的量,不包括呼吸损失量。生产量高的生态系统,生物现存量不一定大。例如,某生态系统的生产量为8 000 kg,但由于减少量为4 000 kg,其现存量也只有4 000 kg。在生态学研究中通常测定的是现存量及由其推算的净生产量(net production)。净生产量是总生产量扣除植物或动物器官呼吸量后的剩余量,即在一定时间内以植物或动物组织或储藏物质的形式表现出来的蓄积的有机质数量。

3. 周转率和周转期

流通量通常用单位时间、单位面积内通过的营养物质的绝对值来表达。为表示一个特定的流通过程对有关库的重要性,用周转率(turnover rate)和周转期(turnover time)来表示,所以周转率和周转期是衡量物质流动(或交换)效率高低的两个重要指标。周转(R)是指系统达到稳定状态后,某一组分(库)中的物质在单位时间内所流出的量(F_O)或流入的量(F_I)占库存总量

（S）的分数值。周转期（T）是周转率的倒数，表示该组分的物质全部更换平均需要的时间。

$$R = \frac{F_I}{S} = \frac{F_O}{S}$$

$$T = 1/R$$

物质在运动过程中，周转速率越高，则周转时间越短。循环元素的性质、生物的生长速率、有机物的分解速率等是影响周转率和周转期的重要因素。

物质的周转率用于生物的生长称为更新率。某段时间末期，生物的现存量相当于库存量（S）；在该段时间内，生物的生长量（P）相当于物质的输出量（F_O）。不同生物的更新率相差悬殊，一年生植物当生育期结束时生物的最大现存量与年生长量大体相等，更新率接近1，更新期为1年。森林的现存量是经过几十年甚至几百年积累起来的，所以比净生产量大得多。如某一森林的现存量为 324 t/hm²，年净生产量为 28.6 t/hm²，其更新率为 28.6/324＝0.088，更新期约为 11.3 年。至于浮游生物，由于代谢率高，现存生物量常常是很低的，但有着较高的年生产量。如某一水体中的浮游生物的现存量为 0.07 t/hm²，年净生产量为 4.1 t/hm²，其更新率为 59，更新期只有 6.23 天。

4. 循环效率

当生态系统中某一组分的库存物质，一部分或全部流出该组分，但并未离开系统，并最终返回该组分时，系统内发生了物质循环。循环物质（F_C）与输入物质（F_I）的比例，称为物质的循环效率（cycle efficiency，E_C）。

$$E_C = F_C/F_I$$

物质循环效率是衡量生态系统功能强弱的重要标志。一般来说，E_C 值越高，表示该系统的功能越强，该值越接近 1 越好。

参照图 5 - 2 编制了表 5 - 2，它表示的是一个池塘生态系统中营养物质的流通率、周转率和周转时间。

表 5 - 2　一个池塘生态系统中营养物质的流通率、周转率和周转时间（尚玉昌，2002）

	流通率	周 转 率		周转时间（d）	
		输出库	输入库	输出库	输入库
水体库→生产者库	5	0.02	0.20	50	5
生产者库→沉积层库	4	0.16	0.003 2	6.25	312.5
生产者库→消费者库	1	0.04	0.08	25	12.5
消费者库→沉积层库	1	0.08	0.000 8	12.5	1 250
沉积层库→水体库	5	0.004	0.08	250	50

三、物质循环的类型

1. 生物地球化学循环

合成一切有机物质的基本化学元素，其种类不变但补给有限，养分物质必须反复再利用。我们把地球上各种化学元素包括生命有机体所必需的营养物质，在不同层次、不同大小的生态系统内,乃至生物圈里,沿着特定的途径从环境到生物体,从生物体再到环境,不断地进行着流动和循环,称为生物地球化学循环(biogeochemical cycles)。

生物地球化学循环包括地质大循环(geochemical cycles)和生物小循环(biological cycles)两部分内容。地质大循环是指物质或元素经生物体的吸收作用,从环境进入生物有机体内,然后生物有机体以死体、残体或排泄物形式将物质或元素返回环境,进入五大自然圈层的循环。五大自然圈层是指大气圈、水圈、岩石圈、土壤圈和生物圈。地质大循环具有范围大、周期长、影响面广等特点。地质大循环几乎没有物质的输入和输出,是闭合式循环。例如,整个大气圈中的CO_2,通过生物圈中生物的光合作用和呼吸作用,约300年循环1次;O_2通过生物代谢约2 000年循环1次;水圈(包括占地球面积71%的海洋)中的水,通过生物圈的吸收、排泄、蒸发、蒸腾,约200万年循环1次;至于由岩石土壤风化出来的矿物元素,循环1次则需要更长的时间,有的长达几亿年。

生物小循环是指环境中元素经生物体吸收,在生态系统中被相继利用,然后经过分解者的作用,回到环境后,再为生产者吸收、利用的循环过程。生物小循环具有范围小、时间短、速度快等特点,是开放式的循环(见图5-3)。

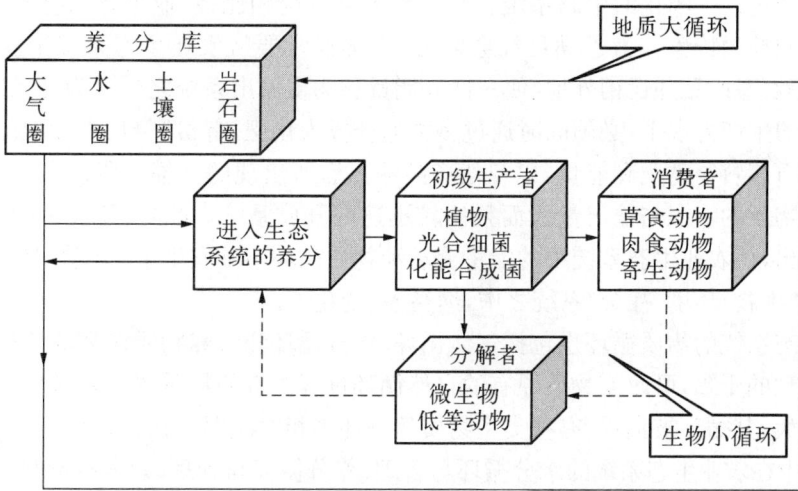

图5-3 生物地球化学循环示意图(曹凑贵,2002)

2. 物质循环的几种基本类型

从整个生物圈的观点出发,尽管化学元素各有其特征,但根据其属性可将物质循环分为三大类型,即水循环(water cycle)、气体循环(gaseous cycle)和沉积物循环(sedimentary cycle)。

水循环为陆地生物、淡水生物和人类提供淡水来源。水还是很好的溶剂,绝大多数物质都是先溶于水,才能迁移并被生物利用。因此,不少物质的循环都是与水循环结合在一起进行的。生态系统中所有的物质循环都是在水循环的推动下完成的,没有水循环,也就没有生态系统的功能,生命也就难以维持。

大气和海洋是气体循环必经的主要储藏库。气体循环具有明显的全球性,循环性能最为完善,速度快,物质来源充沛,不会枯竭。属于气体循环的物质主要有C、H、O、N等。

主要储藏库与岩石、土壤和水相联系的是沉积物循环,如P、S、I、K、Na、Ca等。沉积型循环速度比较慢,参与沉积型循环的物质,其分子或化合物主要是通过岩石风化、侵蚀和沉积物的溶解转变为可被生物利用的营养物质,参与生命物质的形成。而海底沉积物转变成岩石圈成分是一个相当长的、缓慢的、单向的物质转移过程,当岩石因地壳运动或火山活动被抬升而露出地表并遭受风化剥蚀时,该循环才算完成,并重新开始。因此,循环周期很长,循环性能也很不完善,但是保留在土壤中的元素能较快地被吸收利用。例如磷是典型的沉积型循环物质,它从岩石中释放出来,最终又沉积在海底,转化为新的岩石。

3. 农业生态系统物质循环的特点

自然生态系统物质循环具有自我调节的功能,循环中的每一个库与流因外来干扰引起的变化,都会引起有关生物的相应变化,产生负反馈调节使变化趋向消失而恢复稳态。如大气中二氧化碳浓度的上升会使光合作用增强;土壤中有效氮的缺乏,使共生、自生固氮微生物大量增殖;水域富营养化使水藻和水生植物恶性繁殖等。

在农业生态系统层次上,物质循环要研究的是某种营养物质的循环途径、效率及其作用。农业生态系统是在人类生产活动的干预下,农业生物群体与其周围的自然和社会经济因素彼此联系、相互作用而共同建立起的固定、转化太阳能和其他营养物质,并获取一系列农副产品的经过人工驯化的生态系统。与自然生态系统相比,农业生态系统的物质循环带有许多人工调控的特色。为了满足社会需要,人类经常要从农业生态系统中获取粮食、肉类、纤维素等农畜产品并运销外地,使一部分能量和物质输出系统之外。为使系统保持平衡和具有一定的生产力水平,必须同时通过多种途径投入化肥、有机肥料、水,以及用于开动各种机械的化石燃料等物质和能量,以补偿产品输出后所出现的亏损。所以农业生态系统是一个能量和物质的输入与输出量大而且比较迅速的开放系统。此外,随着生产资料的投入与产品的输出,使农业生态系统中的能量流动和物质循环不单发生于"生物-环境"系统中,而是进行于"生物-环境-社会"系统之中,途径多、变化大。

农业生态系统的物质循环也包括气体循环、水分循环和营养物质循环等几种基本类型。由于人类活动的干预,可改变物质原有的自然循环过程。有的物质或元素(如 N、P、K 等)因人为投入量大,其循环被加强,有些类型物质的循环则相对减弱。在农业生态学中,物质循环研究主要集中在农业生态系统的水分循环与管理、养分循环与管理、盐分控制与管理、污染物的迁移转化与控制以及农田生态系统温室效应气体(CO_2、CH_4 及氮氧化物等)释放等方面。研究内容涉及物质固定、迁移与转化等行为与途径,参与循环的物质总量,循环速率,系统各分室中暂留的物质量,转化效率及其环境效应等方面(见图 5-4)。

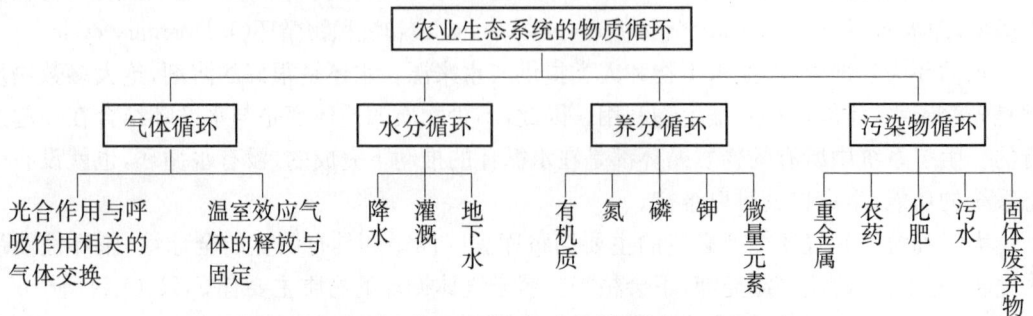

图 5-4　农业生态系统物质循环研究的内容框架(骆世明,2001)

四、物质循环的基本特点

1. 物质不灭定律

物质和能量在转化过程中都只会改变形态而不会消灭,但物质循环不同于能量流动,能量衰变为热能的过程是不可逆的,它最终会以热能的形式离开生态系统,而物质是循环往复的。物质在生态系统内外的数量都是有限的,而且是分布不均匀的,但是由于它能在生态系统中永恒地循环,因此它就可以被反复多次地利用。

2. 质能转化与守恒定律

相对论认为,世界上不存在没有能量的物质质量,也不存在没有质量的物质能量。质量和能量作为一个统一体,其总量在任何过程中都是保持不变的守恒量。

3. 物质循环是个复杂过程

(1)介质多样。物质在陆地生态系统和水域生态系统中的循环存在着明显的差别。

(2)涉及的元素众多,形态变化大。物质循环涉及的元素众多,例如在不同条件下,铜有7种形态。形态不仅决定该元素在环境中的物理化学稳定性,而且还具有不同的生物学意义。

(3)有多种化学作用。物质在循环中不断氧化、还原、组合、分解,在过程中常受到温度、湿度、酸碱度以及土壤母质等物理化学性质的作用,而影响物质的转化过程。

(4)物质循环与能量流动不可分割,相辅相成,任何生态系统的存在和发展都是物质循环与能量流动同时作用的结果。

(5)物质处于不断地循环之中,各种物质循环过程相互联系、相互作用、相互影响、不可分割。

4. 物质循环中生物的作用

生物在物质循环中也是物质存在的最生动形式。没有生物的光合固定和吸收同化,物质便不能从大气库、水体库及土壤岩石库中转移出来;没有生物的呼吸、分解释放,物也不能再回到原来的库中。由于生物的生命活动,物质由静止变为运动,从而使地球有了生气和活力。生物不但是物质循环的动力,也调节着物质在生态系统内的分配。

5. 物质循环的生物富集

按耗散结构理论和十分之一定律,能量在食物链流动中随营养级上升而减小。但物质在食物链流动中则与能量流相反,一些物质化学性质比较稳定,被生物吸收固定后可沿食物链积累,如二氯二苯三氧乙烷(DDT)、六六六等;另一些物质或元素为结构物质,在食物链流动中也可沿食物链积累,如氮、钙等。它们在食物链流动中随营养级上升浓度不断增加。

6. 生态系统对物质循环有一定的调节能力

生态系统的物质循环受稳态机制的控制,有一定的自我调节能力。这表现在多方面,如物质循环与能量流动的相互调节与限制;非生物库对外来干扰的缓冲作用;各元素之间的相互制约;各种生物成分对物流变化的反馈调节等。循环中每一个库和流,因外来干扰引起的变化,都会引起有关生物的相应变化,产生负反馈调节使变化趋向缓和而恢复稳态。

第二节　几种重要物质循环概述

一、水循环

水是地球上最丰富的无机化合物,也是生物组织中含量最多的一种化合物。水具有可溶性、可动性和比热高等理化性质,使其成为良好的溶剂,成为地球上一切物质循环和生命活动的介质,其他物质的循环常是结合水循环进行的。水分的运动对生物的生命活动也有着重要的生态作用。水循环对全球生命系统的格局和过程,对营养物质的分布都有重要影响。需要指出的是生物(植被)在水循环中起着重要的作用。水分的时空分布与状况在较大程度上决定着农业景观生态类型与土地利用格局,同时水分的异常变化也会给农业带来巨大影响,如旱灾和洪灾等严重地影响着农业生产。因此,研究水循环对生态系统具有特别重要的意义。

1. 全球水循环

在自然界中,水以固态、液态和气态的形式分布于岩石圈、水圈、大气圈、土壤圈和生物圈五大储藏库中,总水量约有 1.5×10^{18} t(见表 5-3)。海洋持水量(咸水)约占水量的97%,余下的3%是淡水,其中3/4以固体状态固着在两极冰盖和冰川中,只有余下不到1%的水,才是供人类用的液态淡水。随着环境污染的加剧,能够为人类利用的水越来越少,因此保护环境,防止水污染,开发新的水处理技术,日益迫切。

表 5-3　地球水资源

资　源	体积/km³	年周转(Q)/km³	过　程	周转期 $T=W/Q$
地球上总水量	146×10^7	520×10^3	蒸发	2 800 a
海洋总水量	137×10^7	449×10^3	降水与蒸发之差	3 100 a
		37×10^3	降水与蒸发之差*	37 000 a
地壳中(到5 km深)的自由重力水	6×10^7	13×10^3	地下径流	4 600 a
其中在水交换活泼带内	4×10^6	13×10^3	地下径流	300 a
湖泊	0.75×10^6	—	—	—
冰河和永久积雪	29×10^6	1.8×10^3	径流	16 000 a
土壤和心土水分	65×10^3	85×10^3	蒸发和地下径流	280 d
大气水分	14×10^3	520×10^3	降水	9 d
河水	1.2×10^3	36.3×10^3	径流	12 d(20 d)

注:平均误差为10%~15%;*未计入南北极冰块的溶化量;Smith(1980)

水循环受太阳能、大气环流、洋流和热量交换所影响,通过蒸发、冷凝、迁移、降水等过程在地球上不断地循环。降水和蒸发是水循环的两种方式,大气中的水汽以雨雪冰雹等形式落到地面或海洋,而地面和海洋中的水又通过蒸发进入到大气中。因此,水循环是由太阳能推动的,大气、海洋和陆地形成的一个全球性水循环系统,并成为地球上各种物质循环的中心循环(见图 5-5)。

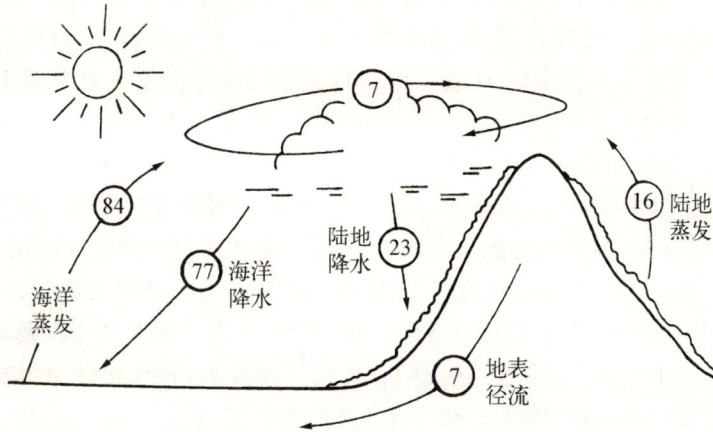

图 5-5　全球水循环(Smith, 1974)

　　水循环的另一特点是因为每年降到地面的雨雪大约有 35% 以地表径流的形式流入海洋,这些地表径流能够溶解和携带大量的营养物质,因此它可以将各种营养物质从一个生态系统搬运到另一个生态系统,这对补充某些生态系统营养物质的不足起着重要作用。据统计,地球陆地上每年大约有 $3.6 \times 10^{13} \, m^3$ 的水流入海洋,这些水中每年携带着 $3.6 \times 10^9 \, t$ 的溶解物质进入海洋。

　　2. 农业生态系统中的水循环

　　生态系统中的水循环包括截取、渗透、蒸发、蒸腾和地表径流。在水分循环过程中,只有少部分被动植物和人吸收利用,但是植物在水循环中起着重要作用。植物通过根吸收土壤中的水分,只有 1%~3% 参与植物体的构建并进入食物链,为其他营养级所利用,其余97%~99% 通过叶面蒸腾返回大气中,参与水分的再循环。例如,生长茂盛的水稻,一天大约吸收 $70 \, t/hm^2$ 的水,这些被吸收的水分仅有 5% 用于维持原生质的功能和光合作用,其余大部分成为水蒸气从气孔排出。不同的植被类型,蒸腾作用是不同的,而以森林植被的蒸腾量为最大,它在水的生物地球化学循环中作用最为重要。

　　与自然界水分循环不同,由于人类的调控作用,农田生态系统的水分循环明显增加了两个重要分量,即灌溉与排水。根据农田生态系统的水分循环过程分析,降水、腾发(包括蒸腾与蒸发)、渗漏、侧漏、灌溉、地下水上升、排水以及农田持水是整个循环的主要过程。其水量平衡方程为:

$$R + I + U = ET + P + S + D + O$$

式中:R 为降雨量;I 为灌水量;U 为地下水上升的量;ET 为腾发量(包括叶面蒸腾和土表水面蒸发);P 为渗漏,下界面垂直溢出的水分;S 为侧渗,侧向移动的水分;D 为排水量,O 为农田持水量,包括土壤吸水和土壤持水(如水田)的水量。

　　农田水分循环的生态学意义在于:① 水是植物光合作用的原料之一,直接参与植物的组织构建;② 水分参与植物的各种生理生化过程,水是进行生化过程的必要介质,原生质只有在水分饱和时才表现出生命的各种性状,当干燥时,即使不死,生命过程至少也进入停滞状态;③ 水分流动在植物体内进行物质传输,它把土壤养分通过上升的蒸腾流送往作物生长发育的活跃部分;④ 水分是作物和环境因素的调节者,生长于大田的作物通过不断地蒸腾,降低由于辐射引起的过高叶温,保持作物正常生长发育的体温,同时对农田生态系统的湿度、温度也有重要的调节作用。在农田中作物大量的水分散发主要是用于传输养分和调节体温。

3. 人类活动对水循环的影响

地球上水的总量不少,约占地球表面的 70%,但水的区域分布却因地理位置、纬度、海拔高度、地形等差异很大,世界水资源分布极为不均。淡水绝大部分是以冰川、冰盖的形式存在,80% 分布在南极、10% 分布在格陵兰,所储存的水量相当于全球河流年径流量的 900 倍,这些水停留时间长,约 9 500 年到几百万年才参与循环一次。永久冻土层及永冻地下水一般不参加水循环。余下的 10% 的淡水还集中分布在几大淡水湖中,如贝加尔湖。淡水资源在各洲各国大陆分配也很不均,一些国家具有丰富的水资源,而一些国家是无永久性河流的荒漠、半荒漠地区,年径流量只有 40 mm。概括起来,全球的水资源有以下几个特征:

(1) 地球上水储量大、分布广,但淡水资源占的比例小,可利用的部分约为总量的 0.5%。滋育陆地生命的地表水,仅占全球总储量的 1/10 000~2/10 000。

(2) 水资源是与人类关系最密切,开发利用最多的自然资源,生产、生活都离不开水。目前年生产消耗用水 3×10^{13} t,远远超过其他自然资源(包括矿石、森林在内)的用量。

(3) 水是可再生资源,通过循环补给,海水、污水均可经过处理再生,还可以造林拦蓄、人工降雨。

4. 我国水资源分布特点及在开发利用方面存在的问题

我国江河众多,流域面积广阔,径流总量大,但人均、单位面积平均水量小。由于水资源主要靠自然降水补给,所以我国水资源的分布趋势与降水基本一致,由于受地势、地形等下垫面的影响,地区分布不均,水土配给不协调。河川径流随降水季节变化集中于汛期,年内、年际水量变化大,干旱、洪涝灾害多。我国是世界上水资源开发利用程度比较高的国家,现有的水利设施总供水量达 4.74×10^{11} m³,居世界第一;开发利用程度也仅次于美国的 15.7%,居世界第二。我国灌溉面积占耕地的比重也居于世界前列,现有的灌溉面积居世界第一。在农田水利建设和水资源开发利用上,目前存在的主要问题有:

(1) 水资源供求矛盾突出。由于水资源供求矛盾日益尖锐,已经影响到农业可持续发展,对生活和工农业生产产生严重影响。

(2) 过量开采地表、地下水,造成了严重的资源和环境问题。同时环境的破坏特别是大量植被的砍伐,影响了蓄水保水能力,造成水土大量流失、土壤生产力下降、区域气候恶化等一系列环境问题。

(3) 围湖造田以及排干沼泽、冬水田、低湿地等,使地表的蓄水、调洪、供水功能缩小,引起地区性的旱涝加剧。兴建大型的截流、蓄水、引水、灌溉工程,改变了整个流域的水平衡和水环境,导致相应的生态演替。

(4) 水资源利用效率低,水利技术落后,农业及工业用水浪费现象严重。现有的水利设施不能适应农业和现代化建设的需要,蓄水、防洪能力差;农田灌溉系统遗留问题多,灌溉设施建设落后不科学,水资源损失严重。

(5) 水资源污染较严重。河流的污染使得农业灌溉受到严重影响。

这些不仅仅是我国开发利用水资源方面存在的问题,也是人类活动对水资源和水循环的影响。在人类的发展历史中,既有人类整治江河、化水害为水利的无数次胜利,也有区域水循环变迁导致人类文明兴衰的许多历史教训。当前,全球性与地区性的气候变化,无不与水循环有密切的关系。

5. 农业生态系统的水分管理

(1) 加强水分涵养,扩大土壤的水分库容。良好的植被覆盖对区域农业生态系统的水分调节具有极其重要的作用。首先,森林对区域的气候有一定的调节作用,可以增加空气湿度,降低气温,使水蒸气易于凝结而降雨。同时,森林的林冠可以截流降雨,因而具有保持水土、减少冲刷的作用。枯枝落叶覆盖地面,提高土壤表面的吸水性和透水性,使大部分雨水渗入土壤中涵蓄起来,减少地面径流,增加土壤库容,减少水涝灾害。林带还能降低风速,减少水分蒸发。植树造林属于一种生态调控措施。

(2) 完善农田水利基本建设,提高水分利用率。兴建水库,治沟筑坝,打井修渠,加强农田基本建设是实现水分调控的一种必要的且行之有效的途径。通过河、井、渠、坑并用,排、灌、蓄、滞结合等工程措施,来加强对水资源的转化、利用、调节、节约和保护,这样,一方面,可人为调节水分的季节分配,保蓄水源,减少水资源浪费,减少水土流失;另一方面,通过水分供应的时空调剂和潜水位调节可保持农田土壤水分的平衡,这对提高水分的利用效率和经济效益具有重要的作用。

(3) 优化耕作制度与管理方式,发展节水农业。首先,选用抗旱品种,合理布局。把各种需求规律不同的作物互相搭配,调好茬口,分期用水。同时,可采用节水型的种植方式,如间作套种、少耕免耕等方式以及滴灌、喷灌等节水灌溉方式来实现对农业生态系统水分的调控和有效利用。地面覆盖也是农田水分保持的一种有效途径。地面覆盖一般包括以下几种类型:① 生物覆盖,如有机肥覆盖、秸秆及其残余物覆盖、植物冠层覆盖等;② 沙砾覆盖(沙田);③ 化学覆盖,如可分解薄膜覆盖、沥青及其他作物防蒸发剂和作物防蒸腾剂的应用等。

(4) 防治水体污染,也是农业生态系统水分管理的一个重要内容。从农业角度来讲,主要从以下几个方面入手:① 合理施肥和灌溉,防止土壤养分(特别是 N、P、K 和重金属等)的流失及其对环境的污染;② 加强固体废弃物的管理和使用,对固体废弃物要进行无害化和资源化处理后方可使用;③ 合理使用污水灌溉和盐水灌溉。一般讲,用于农田灌溉的污水必须经过必要的处理才能使用。

(5) 加强全流域的水资源保护与统一调度。河流是人类最主要的淡水资源,随着人口增长和经济发展,对水资源的需求将越来越大。由于水资源的时空分布不均,许多国家因国际河流的用水问题不断发生纠纷,甚至引起武装冲突。在我国一些大江大河流域内,由于大量植被和湖泊湿地等的破坏和丧失,导致较为严重的水土流失和江河防洪调蓄功能下降。加上用水浪费和水资源管理不力,造成了像"1998 年长江特大洪水"和"黄河断流"等较为严重的问题,制约了区域经济社会的可持续发展。因此,加强对河流特别是大江大河全流域的水资源保护和统一调度是十分必要的,这也是对水分进行宏观管理和调控的一项重要内容。

在我国近些年的节水农业发展过程中,水分利用效率与灌溉水利用系数一起被设定为重要指标,用于评价一个地区农业水资源的管理、利用水平和节水农业技术措施的实施效果。水分利用效率的广泛应用,为农业水资源利用效果的系统评价以及不同区域发展水平的横向比较提供了一个客观、量化的依据。

二、碳循环

碳对生命的重要性仅次于水,它约构成生物体干重的49%。与构成生物体的其他元素一样,碳不仅构成生命物质,而且也构成各种非生命化合物。在生物学上有积极作用的两个碳库是水圈和大气圈。很多元素都与碳相似,有着巨大的不活动的地质储存库(如岩石圈等)和较小的但在生物学上积极活动的大气圈库、水圈库和生物圈库,仅煤和石油中的含碳量,为全球生物体含碳量的50倍。物质的化学形式常随所在库而不同。例如,碳在岩石圈中主要以碳酸盐的形式存在,在大气圈中以CO_2、CH_4等的形式存在,在水圈中以多种形式存在,在生物圈库中则存在着几百种被生物合成的有机物质。这些物质的存在形式受到各种因素的调节。

1. 全球碳循环

碳循环的基本路线是从大气储存库到植物和动物,再从动植物通向分解者,最后又回到大气中去。大气圈是碳的活动储存库,大气中CO_2是含碳的主要气体,也是碳参与循环的主要形式。植物通过光合作用,将大气中的二氧化碳固定在有机物中,包括合成多糖、脂肪和蛋白质而储存于植物体内。食草动物吃了植物以后经消化合成,通过一个一个营养级,再消化再合成。在这个过程中,部分碳又通过呼吸作用回到大气中,另一部分成为动物体的组分。动物排泄物和动植物残体中的碳,则由微生物分解为二氧化碳,再回到大气中(见图5-6)。

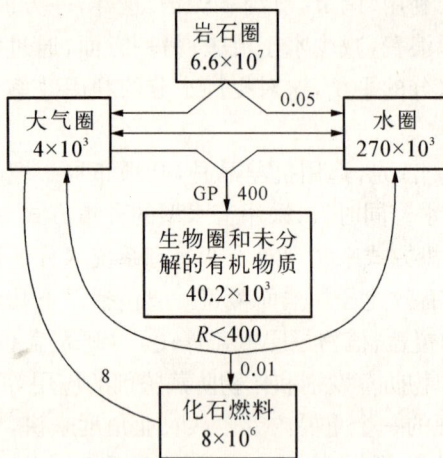

图 5-6 碳的全球性循环及主要碳库
(McNaughton 等,1973)

[库大小单位:g/m^2;流通量单位:$g/(m^2 \cdot a)$]

以全年和全球来计算,植物通过光合作用从大气中摄取碳的速率和通过呼吸和分解作用而把碳释放给大气的速度大体相等。在陆地和大气之间,碳的交换大体上也是平衡的,陆地植物的光合作用每年约从大气中吸收1.5×10^{10} t碳,再通过生物呼吸释放回大气。森林是碳的主要吸收者,每年约可吸收3.6×10^9 t碳,相当于其他类型植被吸收碳量的2倍。森林也是生物碳库的主要储存库,约储存着482×10^9 t碳,这相当于目前地球大气含碳量的2/3。

碳循环的第2个线路是在大气圈和水圈之间流动。海洋是全球碳的另一个也是一个更重要的储存库,它的含碳量是大气含碳量的50倍,海洋对于调节大气中的含碳量起着非常重要的作用。碳循环的第3个线路是在大气圈、岩石圈和水圈之间移动。地球上最大的碳储存库是岩石圈,而含碳岩石(主要是碳酸盐)主要是在水圈(主要是海洋)里形成的。

图5-7是根据最近的研究结果做出的20世纪80年代全球碳循环模式(Nakazawa,1997),大气中的碳量由全球大气监测系统观测到的实际浓度计算得出,其值为750 PgC、陆地生物圈的总碳库为2 050 PgC,其中植被碳库550 PgC,土壤碳库1 500 PgC。在水圈(海

洋)中,作为生物体存在的有机碳库仅为 3 PgC,溶解态的有机碳库为 700 PgC。在海洋中,存在着巨大的无机态碳库,总量达 39 120 PgC,其中海洋表层为 1 020 PgC,表层以下,包括深海为 38 100 PgC。陆地植被通过光合作用,每年固定大气中的 CO_2 约为 100 PgC,其中 50 PgC 以植物呼吸的形式又释放到大气中,剩下的 50 PgC 的有机物质以凋落物等形式进入土壤。这一部分的有机碳又以土壤呼吸的形式释放到大气中。因此,在自然状态下,CO_2 在陆地生物圈-大气圈之间的循环保持着平衡状态。另一方面,由于人类活动的影响,使得 CO_2 在大气-陆地生物圈之间的循环失去平衡。人类使用化石燃料等每年向大气净释放 CO_2 约 5.4 PgC,热带林破坏导致生物圈向大气释放 1.6 PgC,也就是说,由于人类活动导致合计为 7.0 PgC 的 CO_2 向大气净排放。

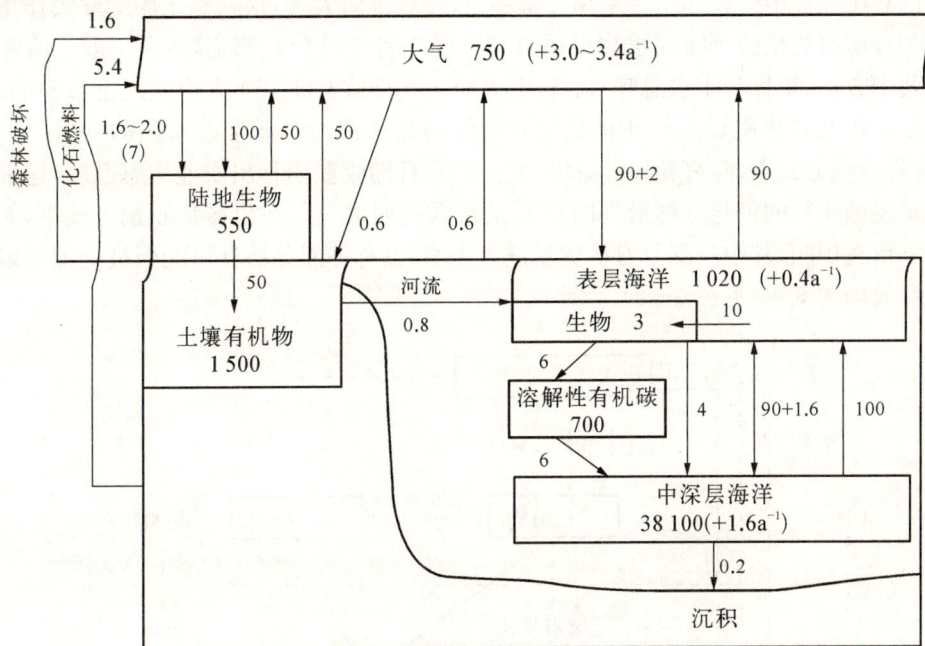

图 5-7   全球碳循环模式(Nakazawa, 1997)

在水圈,大气与表层海洋每年进行着 90 PgC 交换。由表层海洋向中、深层海洋输送 100 PgC。其中以无机碳输送的形式为 90 PgC,通过海洋生物以有机碳形式输送的量为 10 PgC。同时,中深层海洋以无机碳的形式又向表层海洋输送 100 PgC。这样,在海洋内部,碳的循环达到平衡。另外,通过河流,由陆地向表层海洋输入 0.8 PgC,其中 0.6 PgC 通过大气又回到陆地,剩下的 0.2 PgC 沉积在海底。另一方面,研究表明,海洋每年能净吸收大气中的 CO_2 为 2 PgC(其中表层海洋净吸收 0.4 PgC,中深层海洋净吸收 1.6 PgC)。

碳循环的调节机制能在多大程度上忍受人类的干扰,目前还不是很清楚。由于人类每年约向大气中释放 $2×10^{10}$ t 二氧化碳,使陆地、海洋和大气之间二氧化碳交换的平衡受到干扰,结果使大气中二氧化碳的含量每年增加 $3.9×10^9$ t,这仅仅是人类释放到大气中的二氧化碳的一半,其余的一半则被海洋和陆地植物吸收。

2. 农业生态系统中的碳循环

农业用地由自然森林、草原等开垦而来,开垦自然土壤并进行农业利用后,土壤的有机碳含量将发生急剧的变化。对于有机碳含量较高的土壤,开垦后一般均表现为土壤有机碳含量下降,最后稳定在一定的范围内。在总体上,人类对自然土壤的农业利用已经极大地减少了全球土壤有机碳储量。

农业生态系统中碳素流动包括以下几个过程:① 碳素通过作物的光合作用从大气流向作物;② 碳素自作物流向土壤。作物生长期间,土壤中的有机质经微生物分解转化,释放出各种营养成分而被作物吸收,同时作物亦向土壤系统输入一定量的有机碳。作物向土壤输入有机碳有两种方式:一是作物生长期间的凋落及收获后归还的秸秆部分与根茬部分,二是作物生长期间根系释放的有机物质,包括根系的分泌物与脱落物等;③ 碳素沿食物链向家禽家畜和人体流动,然后由人畜粪便及遗体等重新进入环境;④ 土壤向大气排放 CO_2。土壤中的有机质经微生物和土壤动物分解利用,释放排向大气,这就是土壤的呼吸作用。由于微生物分解有机质的呼吸同植物根系自身呼吸二者不易分开测定,所以一般土壤呼吸包含了这两个方面,统称为土壤总呼吸;⑤ 土壤向大气排放 CH_4;⑥ 人为施入土壤中的碳量,主要包括有机肥和化肥(尿素)中的碳量;⑦ 作物收获移出农业生态系统的碳量。一般而言,在常规收割方式下,除籽粒以外,89%左右的秸秆随收获而移出农业生态系统,这部分移出的碳量经微生物的消化分解最终以 CO_2 的形式返回大气。在机械化收割方式下,90%左右的秸秆留在田间,其中一部分有机碳量进入土壤,也有一部分秸秆可能因被烧掉而以 CO_2 的形式释放到大气中(见图 5-8)。

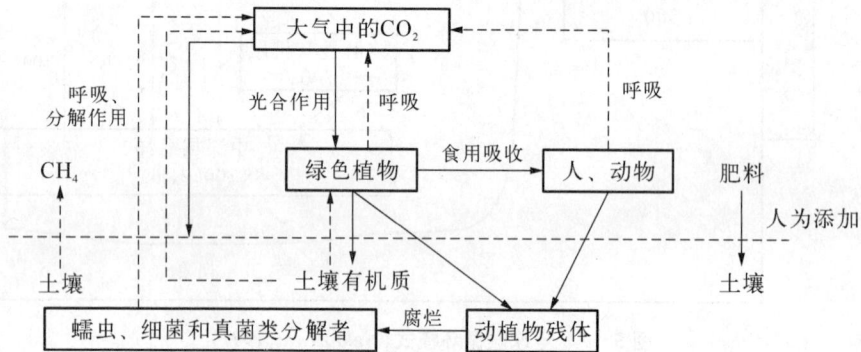

图5-8 农业生态系统碳循环(王宏燕,2008)

3. 人类活动对碳循环的干扰及全球变化对农业生产的可能影响

全球气候变化对农业生产的影响大致可分为两个方面:一是由 CO_2 的浓度上升造成的影响;二是气候变化(主要表现为气候变暖)造成的影响。对于前者,由于 CO_2 浓度的上升促进光合作用,抑制呼吸作用,并提高植物的水分利用率,因此可能将导致作物产量的提高。对于后者,气候变暖对农业生产的影响可能以负面为主:海平面升高、湖泊面积萎缩,水位下降,土壤含水量不足,杂草生长更加旺盛,病虫害发生率提高,微生物活性提高,土壤肥力下降更快,有机质降解加快,土壤侵蚀加强,旱涝灾害等。从宏观角度看,① 气候变化使未来农业生产的不稳定性增加,雨涝、干旱和高温等气象灾害发生的概率大幅增加,产量波动大;② 农业病虫害将更加频繁和猖獗,农业生产条件变化,生产成本和投资大幅增加;③ 农业生产布局和结构将出现变动。同时气温升高、降水增加、气候变暖对农业生产也可能产生有利的影响,例如可以使水稻、玉米等喜热高产作物种植地域向北推移,低温冻害将会减轻。

农田土壤有机碳储量不仅受生物气候因素的影响,而且在很大程度上受人类对土壤的农业利用和管理方式的影响。根据 Houghton(1999)的估计,从 1850～1990 年,土壤利用方式的改变对大气贡献了 124 PgC,接近矿质燃料燃烧排放的 CO_2 中碳的一半。此期间,森林开垦成为农田,释放出约 105 PgC 到大气。因此,改善农田土壤的利用和管理方式,具有缓解大气 CO_2 浓度升高的作用。

三、氮循环

氮是蛋白质的基本成分,是一切生命结构的原料之一。大气化学成分中氮的含量(78％)非常丰富,然而氮是一种惰性气体,不能够被植物直接利用。因此,大气中的氮对生态系统来讲,不是决定性库。必须通过固氮作用将游离氮与氧结合成为硝酸盐或亚硝酸盐,或与氢结合成氨,才能为大部分生物所利用,参与蛋白质的合成。因此,氮只有被固定后,才能进入生态系统,参与循环。

1. 全球氮循环

全球氮循环主体存在于土壤和植物之间。据 Rosswall(1975)估计,在全球陆地生态系统中,氮素总流量的 95％在植物-微生物-土壤系统中进行,只有 5％在该系统与大气圈和水圈之间流动(见表 5-4)。进入生态系统的氮被固定成氨或铵盐,经过硝化作用成为亚硝酸盐或硝酸盐,被绿色植物吸收,并转化为氨基酸,合成蛋白质,然后草食动物利用植物蛋白质合成动物蛋白质。在动物的生活中,部分蛋白质分解为废物(尿酸、尿素),部分经细菌的脱氨作用分解出氨。动植物残体经细菌的腐败分解作用成为氨、CO_2 和水。氨排到土壤中又经细菌的硝化作用,形成硝酸盐,再被植物吸收利用,合成蛋白质,如此循环不已。而一部分硝酸盐被反硝化细菌还原,经过反硝化作用生成游离的氮,返回到大气中。这样,氮又从生命系统中回到无机环境中去。硝酸盐还可能储存于腐殖质中被淋溶,然后经过河流、湖泊,最后到达海洋,为水域生态系统所利用(见图 5-9)。

表 5-4　全球氮储量(单位: TgN)(Soderlund & Svensson,1975)

陆　　地		海　　洋		大　　气	
植物生物量	$1.1×10^{-4}～1.4×10^4$	植物生物量	$3×10^2$	N_2	$3.9×10^9$
动物生物量	$2×10^2$	动物生物量	$1.7×10^2$	N_2O	$1.3×10^3$
枯枝落叶层	$(1.9～3.3)×10^3$	死亡有机质		NH_3	0.9
土壤:		可溶性	$5.3×10^6$	NH_4^+	1.5
有机质	$3×10^5$	颗粒	$(0.3～2.4)×10^4$	NO_2	1～4
不溶性无机氮	$1.6×10^4$	N_2(溶解的)	$2.2×10^7$	NO_3^-	0.5
可溶性无机氮	—	N_2O	$2×10^2$	有机氮	1
微生物体	$5×10^2$	NO_3^-	$5.7×10^5$		
岩石	$1.9×10^{11}$	NO_2	$5×10^2$		
沉积物	$4×10^8$	NH_4^+	$7×10^3$		
煤	$1.2×10^5$				

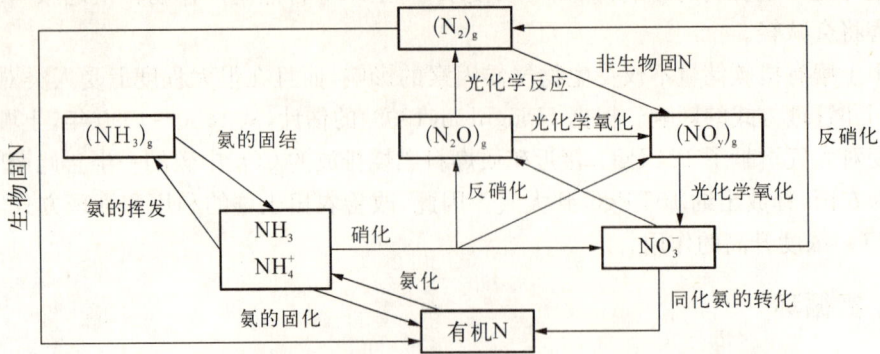

图 5-9　含 N 化合物的主要生物地球化学过程(Chamides & Perdue, 1997)

在水体中进行固氮作用的生物主要是蓝绿藻,它能将氮转化为氨基酸。除了生物循环以外,还有一部分沉入深海,积累于储存库中。

火成岩的风化和火山活动使小量的氨重新返回到生物循环之中。

氮循环是一个相当完全的自调系统,是一个相当完善的动态平衡循环。有一些氮从陆地人口稠密地区、淡水和浅海流失到深海沉积物中,这样就暂时(也许几百万年)离开了循环。这个损失由火山喷放到空气中的气体来补偿。因此,E. P. Odum(1983)指出,火山的活动并非是完全可悲的,毕竟还有用处。

图 5-10 显示全球氮循环模式(Schlesinger,1997),大气含氮为 3.9×10^{21} g,是最大的氮库。陆地植被和土壤的氮库较小,分别为 3.5 PgN 和 95~140 PgN。大气中的氮素固定对生物圈极为重要。全球闪电固定量为 3 TgN/a,生物固定量为 140 TgN/a(相当于陆地地表每公顷固定 10 kgN/a)。人工固氮也是生物圈的主要供氮源之一。生产氮肥所固定的氮约为 80 TgN/a,化石燃料燃烧每年能固定氮素大约 20 Tg。固定的这些氮素都是可被植物

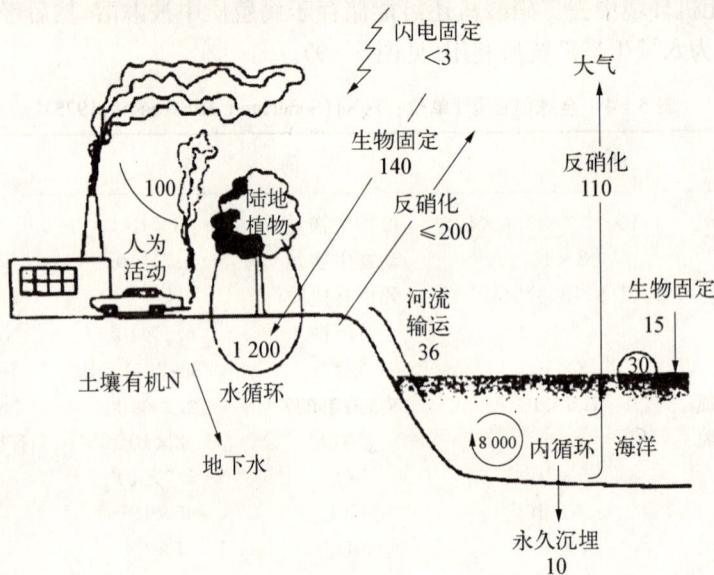

图 5-10　全球氮循环(Schlesinger,1997)

吸收利用的有效态,合计约为 240 TgN/a。通过河流输运,每年约有 36 TgN 从陆地进入海洋。如果假定陆地 NPP 约为 60 TgN/a,根据 NPP 的平均 C/N 比为 50,可算得陆地植物每年需氮为 1 200 TgN。另一方面,全球陆地生态系统的反硝化的估算值在 13～233 TgN/a。其中,这种反硝化至少一半以上发生在湿地。生物物质燃烧每年将固定的氮素以 N_2 的形式释放到大气中的量为 50 TgN/a。在海洋系统中,每年海洋接收从陆地传输来的氮素为 36 TgN/a。生物固氮量为 15 TgN/a,通过雨水接收 30 TgN/a。深海是个巨大的无机氮库,为 570 PgN。通过海洋的反硝化作用,每年有 110 Tg 的氮素以 N_2 的形式返回到大气中。

2. 农业生态系统中的氮循环

农田生态系统中氮素循环过程大体可概括成如图 5-11 模式。农业中氮素来源主要有两条途径:① 生物固氮。即通过豆科作物和其他固氮生物固定空气中的氮;② 化学固氮。即通过化工厂将空气中氮合成为氨,再进一步制成各种氮肥。此外,还有少量氮在空中闪电时氧化成硝酸,随降雨而进入土壤中。生物固氮为 100～200 kg/(hm² · a),大约占地球固氮的 90％。因此,从增加农业中氮素来看,应当积极种植豆科作物,培育其他固氮生物,努力增产并合理施用化学氮肥,这样才能更好地满足农业增产对氮素的需要。

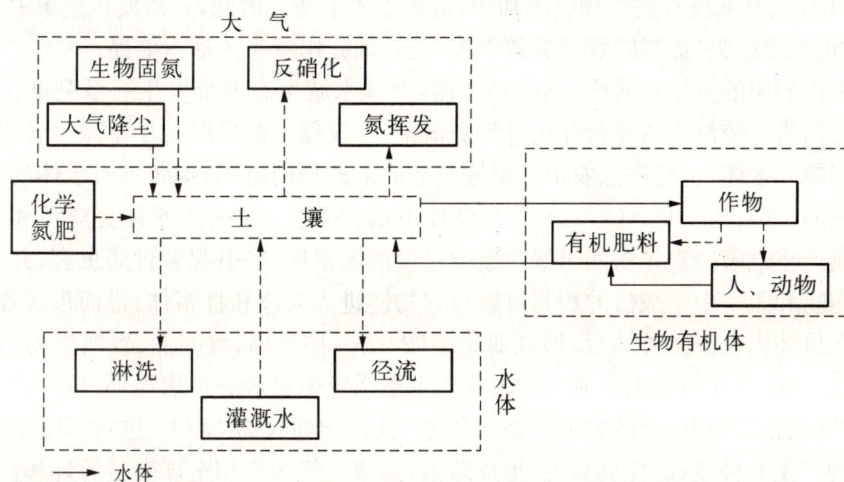

图 5-11 农田生态系统中氮循环示意图(骆世明,2001)

含氮有机物的转化和分解过程主要包括氨化作用、硝化作用和反硝化作用。① 氨化作用。在氨化细菌和真菌的作用下,将有机氨(氨基酸和核酸)分解成为氨与氨化合物,氨溶水即成为 NH_4^+,可为植物所间接利用;② 硝化作用。在通气情况良好的土壤中,氨化合物被亚硝酸盐细菌和硝酸盐细菌氧化为亚硝酸盐和硝酸盐,供植物吸收利用。土壤中还有一部分硝酸盐变为腐殖质的成分,或被雨水冲洗掉,然后经径流到达湖泊和河流,最后到达海洋,为水生生物所利用。海洋中还有相当数量的氨沉积于深海而暂时离开循环;③ 反硝化作用。也称脱氮作用,反硝化细菌将亚硝酸盐转变成气态氮,回到大气库中。因此,在自然生态系统中,一方面通过各种固氮作用使氮素进入物质循环,另一方面通过反硝化作用、淋溶沉积等作用使氮素不断重返大气,从而使氮的循环处于一种平衡状态。

氮素的损失主要有 3 个方面:① 挥发损失,即由于有机质的燃烧分解或其他原因导致氮的挥发损失；② 氮的淋失，主要是硝态氮由于雨水或灌溉水淋洗而损失；③ 在水田中或土壤通气不良时，硝态氮受反硝化作用而变成游离氮，导致氮素损失。

3. 人类活动对氮循环的影响和农田氮素管理

氮循环涉及许多自我调节机制、反馈机制和对能量的依赖性，而每一个过程都伴随着能量的消耗或释放。随着工业固氮量的迅速增长，如果反硝化作用的增加速度跟不上的话，那么任何已经达到的平衡都有可能受到越来越大的压力。

人类活动对氮循环的干扰还主要表现在：含氮有机物的燃烧产生大量氮氧化物污染大气；过度耕垦使土壤氮素肥力（有机氮）下降；发展工业固氮，忽视或抑制生物固氮，造成氮素局部富集和氮素循环失调；城市化和集约化农牧业使人畜废弃物的自然再循环受阻。其中，人类的农业活动对氮循环的影响主要是由于不合理的作物耕作方式以及氮肥施用而引起氮素的流失与亏损。

从合理利用氮素和能源的角度来考虑，以作物秸秆当燃料是不经济的，它使已经固定的氮素完全挥发损失了。利用作物秸秆比较有效的办法是可以把作物秸秆转化为饲料、沼气池原料以及沼气发酵后的残余物再肥料化利用等。对化学氮肥利用来看，要尽量减少氮素挥发和流失，提高氮肥利用率。我国几种主要氮肥的利用率一般为 25% ～ 55%。这就是说，有 45% ～ 75% 的氮素没有被作物吸收利用，造成很大浪费。因此，弄清氮在土壤中的转化规律，以及防止氮素损失、提高肥效的有效措施，是合理施用氮肥的基本前提。

大量未被利用的氮排入河流、湖泊和海洋，引起水域生态系统发生一系列变化，造成水体富营养化污染。控制水体富营养化进程的措施，不仅仅主要局限在尽量减少含氮、磷的各种废水直接排入水体，也要注意农田过量施肥造成未被利用氮肥、磷肥等对水体的污染。农田渗漏水中的 $NO_3^- - N$ 和 $NO_2^- - N$ 可污染地下水，$NH_4^+ - N$ 进入水体会对鱼和贝类等水产资源造成严重危害。农作物从土壤中吸收过量的氮素后，易引起各种病虫害，并影响作物的品质。作物和蔬菜中硝酸盐的积累可通过食物链进入人体和牲畜体，进而形成亚硝酸盐，亚硝酸盐在机体内可与胺类结合，形成亚硝酸胺，是一种致癌、致突变、致畸形物质，严重危害人畜健康。同时，人类的工农业活动干扰了生态系统中氮素的自然循环过程，如含氮有机物的燃烧、反硝化作用等，导致大量气态氮化物（其化学通式为 N_xO_y，包括 NO、NO_2、N_2O、N_2O_5 等）的产生和释放，破坏臭氧层，形成酸雨，造成大气污染和全球变暖等环境问题，进而对生物生存产生重要影响。

因此，在农业上加强氮素的管理和调控是十分必要的。农田氮素控制的途径有以下几个方面：① 改进氮肥施用技术，包括分次施肥、氮肥深施、施用缓效氮肥；② 平衡施肥与测土施肥。不同的氮肥类型和施肥水平对氮肥的流失有一定影响。农田中过度施氮肥往往导致高的 N_2O 排放；③ 根据农业中氮素循环的特点，既要尽量增加氮的积累，又要尽量减少氮的损失，如增施有机肥，种植豆科绿肥等；④ 合理灌溉，构建农田生态沟渠系统；⑤ 做好水土保持工作，防止水土流失和土壤侵蚀，这是控制农业非点源氮素污染的重要环节。

四、磷循环

磷是生物不可缺少的重要元素，磷参与光合作用过程，没有磷就不可能形成糖。生物的代谢过程都需要磷的参与，磷是核酸、细胞膜和骨骼的主要成分，高能磷酸键在二磷酸腺苷

（ADP）和三磷酸腺苷（ATP）之间可逆地转移，它是细胞内一切生化作用的能量，在生物遗传信息和能量传递中起着极其重要的作用。

1. 全球磷循环

磷几乎没有任何气体形式或蒸汽形式的化合物存留于大气中，是一种典型的沉积型循环（见图 5-12）。由于磷溶于水，但不挥发，所以它不能随水的蒸发而被携入空气。故其主要储存在岩石圈和水圈中。磷循环的途径是从岩石圈开始的。磷酸盐岩石被风化和侵蚀后，将磷释放出来成为可溶性无机磷酸盐，并随水的流动从岩石圈转移到土壤圈和水圈，被植物吸收利用。植物吸收可溶性的磷酸盐后，经过一系列的生化反应过程转化成有机磷酸盐，进入食物链中进行循环。动物也可以直接摄取无机磷酸盐。一部分动植物残体和动物的排泄物经微生物分解转化为可溶性磷酸盐，可再度被植物所利用。

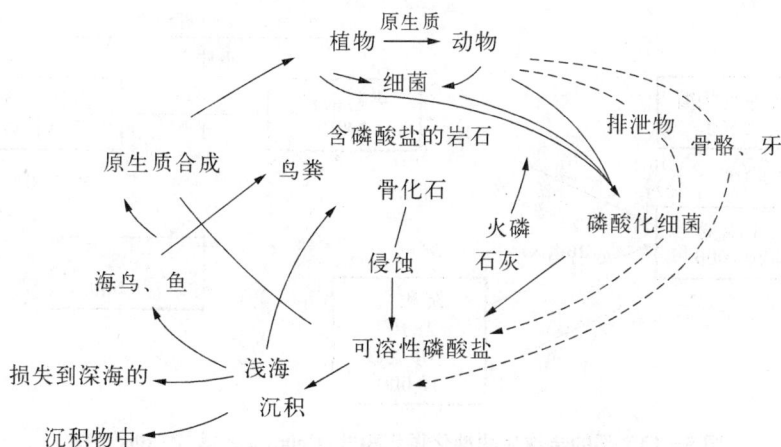

图 5-12　全球磷循环（蔡晓明，2002）

陆地生态系统中，植物可以直接从土壤或水中吸收磷酸盐离子（PO_4^{3-}），合成自身原生质，然后通过草食动物、肉食动物在生态系统中循环，排泄物和动植物残体等含磷的有机化合物被细菌分解为磷酸盐等无机离子形式，又重新回到环境中，再被植物吸收；有些在循环中被分解者所利用，成了微生物的一部分；还有一部分随水流进入江河、湖泊和海洋，进入水生生态系统的循环。在海洋和淡水生态系统，浮游植物吸收无机磷的速度很快。浮游植物又被浮游动物或食碎屑生物所食。浮游动物在代谢中所排除的磷，有一半以上是可溶解的无机磷形态，浮游植物可直接利用它。由于浮游动物代谢迅速，每天排出的磷几乎与储存在生物体中的磷一样多，因此，磷在水生生态系统的周转速度是比较快的。水生生态系统中的有机磷（动植物尸体和排泄的粪尿），可被微生物所利用和分解，再次变为水体中的无机磷酸盐，又可为动植物所利用。这就是磷的陆地和海洋生物小循环。

磷也存在着地质大循环。由陆地生态系统经由江河进入海洋生态系统的磷，除一小部分进入海洋生物小循环外，其中大部分磷以钙盐形式沉积于海底或珊瑚岩中，长期地沉积而离开循环；可能要经过几百万年，直到地壳运动，海床上升为陆地，磷才可能重新返回陆地岩石圈，或是被海水的上涌流携带到上层水体中，又被冲到陆地上来，其循环速度远远慢于生物小循环。

Chameides & Perdus(1997)的全球磷循环模式(见图 5-13)。这个模式是由 6 个磷储库所组成,即陆地生物圈、土壤圈、沉积层、海洋生物圈、表层海洋和深层海洋。由于磷在地球中的含量为 0.1% 左右,地球的总质量为 $6×10^{15}$ Tg,那么,地球上的磷总量为 $6×10^{12}$ Tg。但这些磷绝大部分存在于地幔和地核中,实际上只有很少部分的磷参与全球的生物地球化学循环。沉积层及土壤、海洋和生物圈中的磷库为 $2×10^9$ Tg。全球土壤的总量为 $2×10^8$ Tg,而磷在地壳中的平均含量为 0.1%,那么,土壤圈中的磷库为 $2×10^5$ Tg。陆地生物圈的总量为 $8.3×10^5$ TgC,根据陆地生物体的平均 P:C(1:830),那么陆地生物体中的 P 库为 2 600 TgP。海洋生物体的磷库也可由类似方法求得,即:海洋总生物量为 1 800 TgC,平均 P:C 为 1:106,那么,海洋磷库则为 44 TgP。另外,表层海洋和深层海洋的磷库分别为 2 800 TgP 和 100 000 TgP。

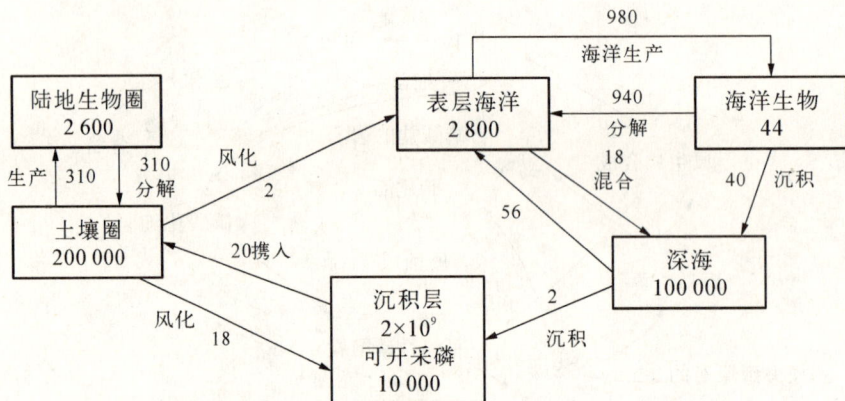

图 5-13 磷的全球生物地化循环模式(Chameides & Perdus,1997)

2. 农业生态系统中的磷循环

生物体对磷素有强烈的富集作用,生物体中的磷比环境中的磷浓度要高很多倍。生态系统土壤库的母质中的含磷量与该系统的有机物质积累量之间有着密切的关系。而且磷是生态系统的主要限制因素之一,环境中磷素不足时,常常限制生态系统的发展。土壤磷素不足时,作物产量会下降。

(1)磷肥的输入。磷的循环比氮循环简单,储存库小,只包括土壤、磷矿和水域。但从这些库要进入生物循环,很不容易,也不易调节。磷肥的生产、消费与磷矿的开采基本上是同步的。人工开采的磷矿有 80% 左右用来制造磷肥。1990 年世界磷肥产量为 $1.6×10^7$ t,从 1953~1990 年全世界共生产磷肥 $4×10^8$ t,这些肥料几乎全部都施入土壤了。磷肥的生产量虽然只占土壤圈储磷量的 0.65%,但由于磷肥主要施在表层。因此,对表层土壤磷有重要贡献。

(2)土壤磷素损失及淋失。磷和氮不同,它基本上不会挥发损失,也较少随水流失。磷肥的利用率低,主要原因是磷的固定作用,即水溶性磷在土壤中容易与钙、镁、铁、铝等结合形成难溶性磷化物,所以磷肥的利用率一般只有 10%~25%。

在农业中土壤侵蚀是引起磷肥中磷素损失的一个重要途径。目前,全球农地上的土壤侵蚀损失为 $2.54×10^{10}$ t,并且损失的均是肥力较高的表土,这相当于每年损失磷 $1.78×$

10^7 t,约为每年岩石风化而释放的磷的 2 倍。

土壤磷的淋失量相对较少。土壤对磷的吸附力很强,一个中等肥力的土壤其溶液中磷含量仅为 $5×10^{-6}$ mol/L 左右,相当于全磷的 1/4 000。若设耕地和林地淋失量为 0.25 kg/(hm^2·a),草地为 0.5 kg/(hm^2·a),按其面积计算出土壤圈磷的淋失量为 $3×10^6$ t/a。据 Pierrou(1976)估算,全球土壤磷的淋失量为 $(2.5～12.3)×10^6$ t/a。

(3)植物和动物吸收。植物吸收是土壤磷输出的主要途径。每年植物净固定碳量为 $55×10^9$ t(Bolin, 1981),按植物 C∶P 比平均为 500∶1(Pierrou, 1976)计算,则植物每年从土壤中吸收的总磷量约为 $(11.0～17.8)×10^7$ t/a。其中,全球森林生态系统中植物吸磷总量约为 $4.2×10^7$ t/a,全球草地植物的总吸磷量约为 $6.6×10^7$ t/a,全球耕地作物总吸磷量约为 $2.5×10^7$ t/a,其中农产品从土壤中带走的磷(不包括残留在土壤根系中的)总量为 $9.45×10^6$ t(据 FAO 1991 年公布的农产品产量计)。动物吸收的磷主要由植物中的磷沿食物链逐级转化与吸收而来。

(4)生物归还。据有关学者的估算,全球陆地生态系统中归还给土壤的磷素为 $1.1×10^8$ t/a。其中全球森林生态系统中植物的归还磷量为 $4.14×10^7$ t/a;草地残体归还磷量为 $3.0×10^7$ t/a;牲畜归还给草地的磷为 $2.7×10^7$ t/a;耕地上的作物残渣归还给土壤的磷为 $9.13×10^6$ t/a;人类归还给土壤的磷量为 $1.5×10^6$ t/a,归还给水体的磷量为 $1.45×10^6$ t/a。

3. 人类活动对磷循环的影响

人类活动已经改变了磷的循环过程。土壤供磷能力因有机质分解及取走收获物而逐渐下降。由于农作物耗尽了土壤中的天然磷,人们便不得不施用磷肥。磷肥主要来自磷矿、鱼粉和鸟粪。由于土壤中含有许多钙、铁和铵离子,大部分用作肥料的磷酸盐都变成了不溶性的盐而被固结在土壤中或池塘、湖泊及海洋的沉积物中。由于很多施于土壤中的磷酸盐最终都被固结在深层沉积物中,并且由于浮游植物不足以维持磷的循环,所以沉积到海洋深处的磷比增加到陆地和淡水生态系统中的磷还要多。这样磷循环是不完全的循环,它实质上是一个单向流失过程。陆地上的磷矿是有限的,如果今后每年磷酸盐矿的消耗量按 1970 年的量计算,全世界的储量大约还可使用 100 年。

还有,农业非点源磷污染对水环境的恶化有着十分显著的贡献,水体富营养化的发生与农田土壤的磷素流失有着密切的关系。20 世纪 70 年代以来,国内外大量的研究结果表明,当发生磷富集时,水体中的藻类能够利用大气中的碳和氮而使其生产力显著地提高,而在缺磷的状态下添加碳、氮等营养元素,水体中的初级生产力却没有明显的变化。即使对于一些氮是限制因素的富营养化水体,如果采取措施削减磷的输入,使磷成为限制因素,也可起到改善水质的作用。所以通常把磷视为限制性营养元素,对它的控制能有效地减缓水体的富营养化进程。

五、钾循环

钾是植物体内非常活泼的元素,主要分布在代谢作用活跃的器官和组织中。它虽不是植物体内代谢产物的组成部分,但却是多种酶的活化剂,它具有促进植物光合作用、碳水化合物代谢、蛋白质合成和共生固氮等生理功能。钾被认为是作物生产的"品质因子"。作物缺钾可导致减产或品质下降。

1. 全球钾循环

钾循环是以地质大循环为主,生物小循环为辅的物质循环。作为植物三大营养元素之一的钾在地壳中是第七丰富的元素,平均丰度为 26 g/kg,据推算地壳中钾的储量为 6.5×10^{17} t。由于钾的化学活性很大,在自然界不存在元素态钾。钾主要存在于岩浆岩和沉积岩中,其中岩浆岩比沉积岩含有更多的钾。在岩浆岩中,花岗岩和正长岩含钾为 $46 \sim 54$ g/kg,玄武岩为 7 g/kg,而橄榄岩中仅为 2 g/kg;在沉积岩中,黏质页岩含钾为 30 g/kg,而石灰岩中仅为 6 g/kg。矿质土壤中通常只含有 $0.04\% \sim 3\%$ 的钾,显示了土壤形成过程中钾的淋失现象。在 $0 \sim 20$ cm 深的土壤中,总钾量为 $3.0 \times 10^3 \sim 1.0 \times 10^5$ kg/hm²,其中约 98% 为矿物钾,2% 为溶液和交换态钾。土壤圈中钾是地球圈层中最活跃的部分,其中每年有 2.03×10^7 t(以 1991 年为例)的钾以化肥的形式进入土壤,同时由于作物的吸收、淋溶和水土流失等,又有大量钾进入生物圈和水圈。根据海水总量和海水中钾的平均浓度推算,海水中总钾量为 6.5×10^{11} t;又据海水中的平均存在时间 7.8×10^6 年计,每年生成矿钾约为 8.3×10^4 t。由于自然界没有气态钾存在,所以大气圈中的钾主要是以尘埃的形式存在,其量较少(见图 5-14)。

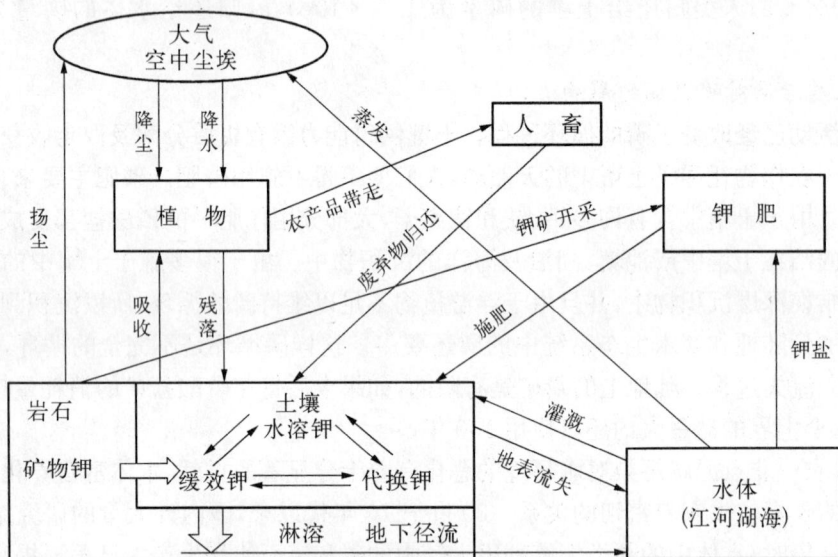

图 5-14　全球钾循环(章家恩,2000)

土壤生态系统的钾素平衡是诸多因素的综合反映,即土壤母质、风化程度、施肥、作物吸收、秸秆还田、土壤侵蚀和淋溶损失;但对于大多数耕地土壤来说,最重要的因素是两个,即作物吸收和施肥。

土壤生态系统既是钾素的储库,又是植物所需钾素的主要来源,多数土壤的含钾量较高,大于其他主要营养元素。而大部分的钾素在一定的时间内对高等植物相对无效,必须通过无效钾的转化,使其成为有效钾。有效钾又是可溶的,因而易于淋失,再加上被作物带走的钾素数量比较大,因此被作物移走的钾量和氮相当,是磷的 $2 \sim 4$ 倍。植物的吸收或淋溶作用,使土壤失去钾,通过施肥,又使土壤得到钾,导致不同钾的相互转化。在自然条件下,转化作用主要朝向可溶性钾的补充,转化可通过阳离子交换和矿物的酸溶作用进行。相反,重施钾肥,在某些条件下会产生钾的固定。钾素循环的起点是土体,也就是土壤矿物内或表面的钾,这部分原始钾是有限的,增加转化速率,就意味着原始钾源变少,这样进入植物的有效钾减少,使植物产量和其他养分的有效利用减少。为了维持足够的钾素在循环系统中流动,必须以施肥的方式重新把钾引入到这个循环中。

作为最初钾源的土壤中的含钾量,主要取决于母质以及在缓慢的成土过程中经历的风化类型。但是,土壤中有效钾在一般条件下不能满足植物需求,这样就需要施入钾肥补充。钾肥施入土壤后,一部分被植物吸收,其余部分会有以下 3 种去向:一是仍以有效态存在于土壤溶液中或吸附在颗粒上;二是被土壤所固定;三是随水外流或下渗而脱离根区。在施用钾肥过程中,要根据土壤的特点和植物的需求量,防止"奢侈"消耗,也就是防止作物继续吸收超过正常生长需求量,减少钾素在作物体内的积聚,使施肥变得有效和经济。植物需钾总量中只有一小部分是在根表附近呈交换态和可溶态存在,这也表明了植物从土壤溶液中吸取所需的养分,以及养分直接从固体土壤颗粒进入根部是不可能的。钾的吸收率主要取决于根部周围土壤溶液中钾的浓度,但此浓度降低很快,于是建立了偏向根部的浓度梯度,形成了向根部移动的扩散流。

2. 农业生态系统中的钾素循环特点与管理

在农田生态系统中,钾素循环的输入项主要是钾肥、作物残体、有机肥和土壤的迟效钾矿物,它们在土壤内形成有效的土壤钾被作物吸收利用。输出项主要是作物移走、淋失、侵蚀损失和土壤固定。输入和输出的往复循环,构成了土壤钾素的动态平衡。

农业生态系统中钾素循环与氮、磷不同,它有以下几个特点:

(1) 除了一些根茎类作物以外,作物体内的钾大多含在茎叶中,在籽实中的含钾量相对较少。

(2) 我国相当多的土壤及母质中含钾量比较丰富,但土壤中的钾绝大部分(98%以上)是难溶性的,作物不能利用。

(3) 当季作物能利用的速效钾只占土壤全钾量的 1%～2%,土壤中可溶性钾的损失主要是淋失,也有一部分可能被土壤矿物晶格固定而失去活性。

随着生产力的提高,为了维持这个平衡就需要大量的钾肥施入。全世界钾肥的资源是有限的,尤其在我国,钾肥资源特别贫乏,这就需要考虑土壤如何持续利用,研究土壤钾素转化的机制,使缓效钾和迟效钾转化为有效钾;同时,尽量地减少钾素的流失,对钾肥的施入要经济、合理,开发土壤深层的钾素资源,保持土壤的永续利用。

农业生态系统钾素调节的主要途径应包括耕地-作物生态系统内钾素的再利用和生态系统外部钾素资源的投入两个方面。生态系统内钾素的再利用就是将作物从耕地上带走的部分钾素以残落物、秸秆还田和有机肥等形式归还到耕地土壤中去,使钾素得以再利用,以节约自然资源。同时还应对循环中钾素遭受损失的部分予以补充,即从生态系统外投入钾素资源,以维持耕地-作物体系内钾素的平衡(见图 5-15)。

根据农业中钾素的循环特点,在钾肥利用和管理方面应注意以下几个方面:① 尽量将作物秸秆还田及施用草木灰,以保持土壤中钾素平衡和供应作物钾素营养需要。作物秸秆一般含有较高的钾素,并含有丰富的有机质和其他各种矿质营养元素。应用秸秆还田不仅

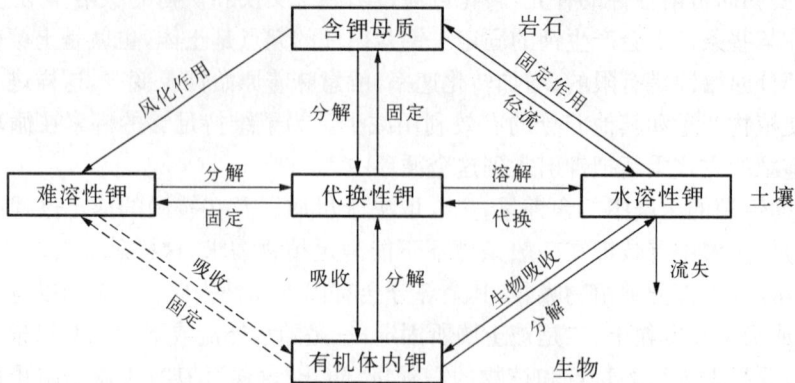

图 5-15 农业生态系统中钾循环示意图(陈阜,2001)

是耕地-作物循环体系内物质再利用的重要形式,也是农业循环体系中钾素再利用的主要途径;② 施用有机肥(如各类粪肥)和种养绿肥(特别是种植一些野生的富钾绿肥植物如菊科植物,十字花科植物,苋科的水花生、红萍等),也是补充土壤钾素的一些行之有效的途径;③ 通过耕作等措施促使土壤中难溶性钾有效化;④ 因地制宜、合理施用化学钾肥和矿物钾肥,如钾镁肥、钾钙肥和盐湖钾肥等,并注意工业废渣的利用,以补充农业生态系统内的钾素亏损。

六、硫循环

1. 全球硫循环

硫是原生质体的重要组分,它的主要储藏库是岩石圈,但它在大气圈中能自由移动,因此,硫循环有一个长期的沉积阶段和一个较短的气体阶段(见图 5-16)。在沉积相,硫被束缚在有机或无机沉积物中。岩石库中的硫酸盐主要通过生物的分解和自然风化作用进入生态系统。硫循环与磷循环有类似之处,但硫循环要经过气体型阶段。虽然生物对硫的需求并不像对碳、氮和磷那么多,而且硫不会成为有机体生长的限制因子,但在硫循环中涉及许多微生物的活动,生物体需要硫合成蛋白质和维生素。

化能合成细菌能够在利用硫化物含有的潜能的同时,通过氧化作用将沉积物中的硫化物转变成硫酸盐;这些硫酸盐一部分可以为植物直接利用,另一部分仍能生成硫酸盐和化石燃料中的无机硫,再次进入岩石储藏库中。

从岩石库中释放硫酸盐的另一个重要途径是侵蚀和风化,从岩石中释放出的无机硫由细菌作用还原为硫化物,土壤中的这些硫化物又被氧化成植物可利用的硫酸盐。

自然界中的火山爆发也可将岩石储藏库中的硫以硫化氢的形式释放到大气中,化石燃料的燃烧也可将储藏库中的硫以二氧化硫的形式释放到大气中,为植物吸收。

植物所需的大部分硫主要来自土壤中的硫酸盐,同时也可以从大气中的二氧化硫获得。植物中的硫通过食物链被动物所利用,动植物死亡后,微生物对蛋白质的分解将硫释放到土壤中,然后再被微生物利用,以硫化氢或硫酸盐形式释放硫。无色硫细菌能将硫化氢还原为元素硫,又能将其氧化为硫酸;绿色硫细菌在有阳光时,能利用硫化氢作为氧接收者。生活于沼泽和河口的细菌能使硫化氢氧化,形成硫酸盐,进入再循环,或者被生产者生物所

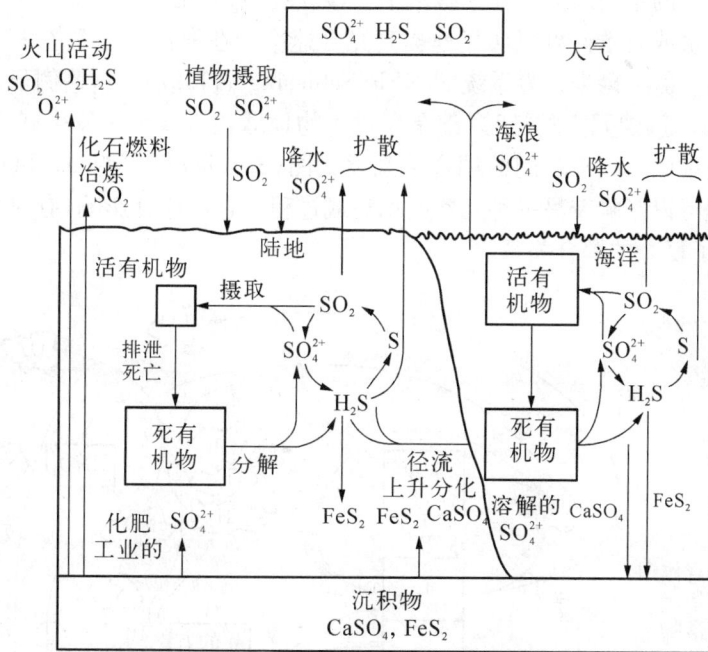

图 5-16　全球硫循环(Ehrlich et al. , 1987)

吸收,或为硫酸还原细菌所利用。土壤中的硫大多呈有机态。土壤硫通过植物吸收和淋失被消耗。

2. 农业生态系统中的硫循环

农业生态系统中硫的输入主要有以下几个途径:① 土壤矿物的风化分解;② 大气的硫沉降作用(包括干沉降和湿沉降);③ 施用含硫肥料,如硫酸铵、过磷酸钙和硫酸钾等;④ 灌溉水中含硫化合物的输入;⑤ 在海滨地区,海水中的硫在风和潮汐的作用下,可通过空气进入土壤,也可通过地下水上升进入土壤。

硫的输出主要包括:① 土壤硫随水土的流失;② 硫的气态挥发;③ 作物收获移走。

3. 人类活动对硫循环的影响和酸雨

人类对硫循环的影响相当大。矿石燃料的使用使得大量的硫散发到大气中。从全球范围来说,每年排入大气的 SO_2 高达 1.47 亿吨,其中 70% 来自煤的燃烧。SO_2 在大气中与水分子结合形成硫酸,从而造成空气污染。大气中的硫酸有多方面的不良后果,特别是降落到地上形成酸雨,使水体中和陆地上的生物受害,甚至死亡。

七、物质循环的耦合作用

物质处于不断的循环之中,各种物质循环过程相互联系、相互作用、相互影响、不可分割。例如在磷循环中,主要通量是由土壤通过径流进入河湖海洋,其中部分颗粒磷沉入海底。由于磷常常是生物生长的限制因素,它的迁移量和库存量会直接影响碳、氮、硫的循环。因此,磷与它们的耦合作用不可忽视(Wollast,1993)。

磷与碳、氮循环可以在多层次上发生耦合作用。如在分子水平上,Stock 等(1990)研究了磷素有助于细菌的生物固氮。在细胞水平上,陆地植物的光合作用受制于叶片的氮、磷含量,提高氮、磷含量或有效性可以明显地提高光合速率。在海洋生态系统中,常常利用浮游植物生物量的碳∶氮∶磷来计算系统的 NPP(Schlesinger,1997)。这些例子都说明,无论是在什么层次的碳、氮、磷元素的迁移,都是通过生物地球化学循环来发生联系的。图 5 - 17是陆地生态系统中碳、氮、磷之间的耦合关系模式图(Scholes 等,1999)。可以看出,一种元素的循环或过程可以影响着另一种元素的循环或过程。它们相互影响,有时相互制约,有时互为促进,体现了复杂的耦合关系。

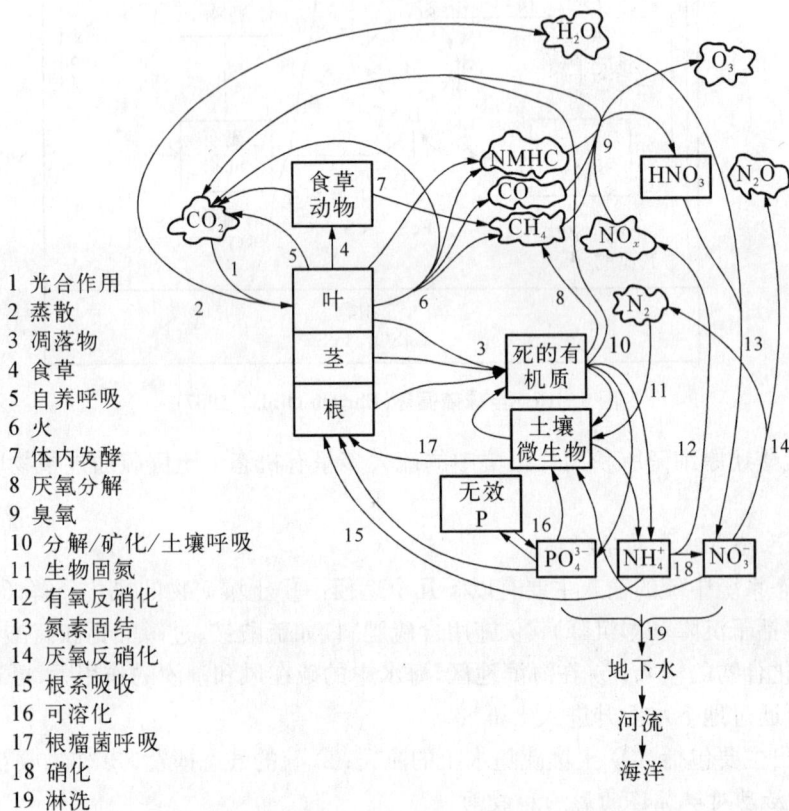

1 光合作用
2 蒸散
3 凋落物
4 食草
5 自养呼吸
6 火
7 体内发酵
8 厌氧分解
9 臭氧
10 分解/矿化/土壤呼吸
11 生物固氮
12 有氧反硝化
13 氮素固结
14 厌氧反硝化
15 根系吸收
16 可溶化
17 根瘤菌呼吸
18 硝化
19 淋洗

图 5 - 17 陆地生态系统中,碳、氮和磷循环的耦合作用(Scholes et al.,1999)

在全球 CO_2 浓度升高和氮沉降增加等全球变化背景下,研究以碳氮循环相互作用及功能耦合规律为代表的生态系统中物质循环的耦合作用有重要的现实意义和必要性。Luo 等提出,氮是否限制碳循环,或碳输入是否促进氮循环? Ceulemans 等和 Norby 等指出,今后的研究应更加注重生态系统碳氮循环的相互作用。

全球存在 1.6 PgC/a 的碳失汇,部分是由于大气中氮沉降的增加及其与碳循环相互作用的结果。然而,由于碳氮循环相互作用较为复杂,人们对其功能过程耦合的认识不完整。生态系统中碳氮循环的耦合作用可以在植物组织、植物个体和生态系统等不同的水平上进行研究。

例如在森林生态系统中,C/N 可以用作反映植物养分利用率的指标,控制植物碳生产与养分吸收、植物向土壤归还有机物质与养分过程,对生态系统中碳氮利用、储存和转移起着决定作用。在森林生态系统中,碳循环和氮循环紧密相连,表现出相互耦合作用。包括林冠光合生产、植物的生长与分配、土壤养分循环等过程,以及这些过程的反馈作用。图 5-17 反映的是碳氮耦合作用的一半功能过程。

CO_2 浓度增加 300×10^{-6}(mg/m^3),植物光合作用速率提高 60%,叶片氮的含量下降 21%。植物的固氮量受林冠树叶中氮含量的制约,树叶组成中 50% 的氮量与光合作用中 Rubisco 的活性有关。当氮素的数量仅能维持结构组成时,光合作用的碳固定量几乎为零。在光合作用过程中,碳、氮代谢的关联作用表现为,决定光反应过程中形成碳水化合物或蛋白质等不同的产物,可利用性氮量增加会使 CO_2 同化速率增加,但氮过量会降低同化速率,可能是因为氮同化能力增强,与碳同化竞争 ATP 和 NADPH,也可能是向碳同化提供碳架构成能力变小。Reich 等的研究表明氮量制约着 CO_2 施肥效应,特别是陆地生态系统对 CO_2 浓度升高的长期反应。

碳氮耦合也能改变植物分配规律。可利用养分较低时,CO_2 浓度升高使根的生物量增加 6%;可利用养分减小时,CO_2 浓度升高根的生长量下降或变化较小,火炬松将增加的 C 固定量分配到稳定的木材组织,而美国枫香主要分配到活性较强的组织,碳循环加快。

森林生态系统中凋落物和土壤有机质分解过程也存在碳氮的耦合作用。凋落物和土壤有机质分解除受土壤状况与气候条件影响外,还受凋落物质量影响。C/N 较低时,分解速度加快,能释放更多的氮素供树木吸收利用;反之,氮被微生物吸收、矿化的速率降级,氮的释放量减少。凋落物、大气降水及雨水淋溶、细根死亡等养分归还过程对森林生态系统中碳氮循环的功能耦合具有反馈作用。

现有的研究显示,碳氮耦合对森林生态系统碳平衡的影响具有相当的不确定性。一是碳-氮施肥作用的生理代谢机制对碳吸存的影响;二是碳氮耦合作用对碳吸存影响具有时空不确定性。前者对森林生态系统碳平衡的影响在短期内受生理学过程控制可以显现出来;后者主要是指森林生态系统因不同地理位置在较长时间尺度内受森林年龄、结构的影响而对碳氮耦合作用具有相当的不确定性。目前碳氮耦合对森林生态系统碳平衡的影响逐渐引起人们的研究兴趣,这也是理解全球碳平衡未来变化趋势的关键所在。

第三节　农业生态系统中的养分循环

养分循环(nutrient cycles)是指生态系统中那些生命必需元素和无机化合物在人类调节控制和影响下的循环过程。20 世纪 60 年代以来对世界不同类型的陆地、海洋、淡水和农田生态系统物质循环的研究,主要集中于查明多种生命必需的矿物元素动态,因而养分循环一词被更多地称为矿质养分循环或矿质循环,而不用于碳、氧、水等一些生命必需的、非矿质的元素成分或化合物的循环。国内外一直围绕农田生态系统的可持续性,研究农田生态系统中养分元素的循环机制,农田生态系统界面中碳、氮、磷、硫的迁移过程和通量及控制因素,以及如何评价这些迁移过程对农田生态系统和环境质量的影响。

一、农业生态系统养分循环的特点

农业生态系统是为了获取农产品而人工建立起来的生态系统。农田生态系统养分循环和平衡是影响生产力和环境的重要过程,这也一直是农业、生态和环境科学研究中的核心问题。农田养分循环主要研究 16 种作物必需养分元素中的氮、磷、钾、钙、镁、硫、铁、锰、锌、铜、硼、钼、氯,这些元素是大多数植物必需的,而且主要从土壤中获取。

农业生态系统是一种人为控制的生态系统,人为管理(施肥、灌溉、施用农药、土地利用方式改变等)和气候环境因素共同影响了农田生态系统组成及其功能和过程的变化,这些变化过程和相互作用存在时间和空间的效应。在多年频繁的耕作、施肥、灌溉、种植与收获作物等人为措施的影响下,农业生态系统形成了不同于原有自然生态系统的养分循环特点。这表现在:

1. 农业生态系统有较高的养分输出率与输入率

这是指随着作物收获及产品出售,大部分养分被带到农业生态系统之外;同时,作为补偿,又有大量养分以肥料、饲料、种苗等形态被带回系统,使整个养分循环的开放程度较之自然系统大为提高。

2. 农业生态系统内部养分的库存量较低,但流量大,周转快

自然生态系统的地表有较稳定的枯枝落叶层和土壤有机质的积累,形成了较大的有机养分库,并在库存大体平衡的条件下,缓缓释放出有效态养分供植物吸收利用。农业生态系统在耕种条件下,有机养分库加速分解与消耗,库存量较自然生态系统大为减少,而分解加快,形成了较大的有效养分库,植物吸收量加大,整个土壤养分周转加快。

3. 农业生态系统的养分保持能力弱,容易造成流失

农业生态系统有机库小,分解旺盛,有效态养分投入量多。同时,生物结构较自然系统大大简化,植物及地面有机物覆盖不充分,这些都使得大量有效养分不能在系统内部及时吸收利用,而易于随水流失。

4. 农业生态系统养分供求容易产生不同步

自然生态系统养分有效化过程的强度随季节的温湿度变化而消长,自然植被对养分的需求与吸收也适应这种季节的变化,形成了供求同步协调的自然机制。农业生态系统的养分供求关系是受人为的种植、耕作、施肥、灌溉等措施影响的,供求的同步性差,这是导致病虫害、作物倒伏、养分流失、高投低效的重要原因。

二、农业生态系统养分循环的一般模型

农业生态系统养分循环中土壤养分的来源主要包括:土壤矿化,动植物残留物和土壤微生物的分解,施用化肥和石灰,施用厩肥、污泥和其他有机肥,固氮,地表岩石粉末或者灰尘,无机工业副产品,大气沉降,地表径流引起的富含养分的泥沙沉积。农田土壤养分的损失包括:地表径流导致的可溶态养分的损失,侵蚀引起的土壤养分损失,淋溶引起的养分损失,气态损失和作物收获。

M. J. Frissel 曾对 1976 年在荷兰首都阿姆斯特丹举行的国际环境专题讨论会上所提供的农业生态系统养分循环的大量实例进行了综合分析,并设计了由土壤→植物→动物,再回到土壤的养分循环的一般模式(见图 5-18)。

该模式包括 3 个主要养分库,即植物库(P)、家畜库(L)和土壤有效养分库(A)。动植物生长所需要的养分是经由土壤→植物→动物→土壤的渠道而流动的。在大多数情况下,许

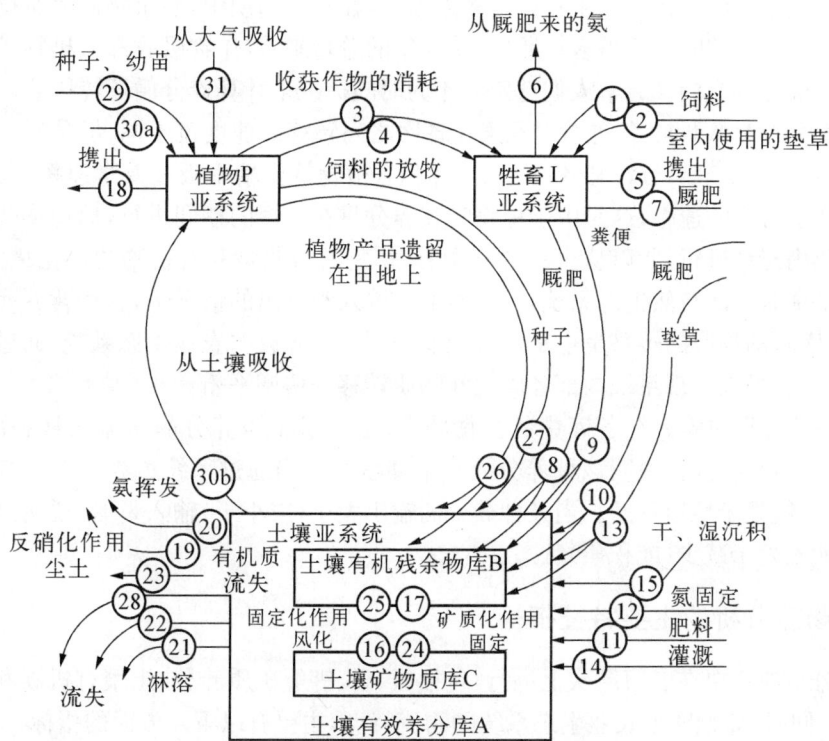

图 5 - 18　农田生态系统营养物质转移的动态模型(陈阜仿 M. J. Frissel, 2001)

多循环是多环的,某一个组分中的元素在循环中可通过不同途径进入另一个组分。

(1)植物库包括植物的地上和地下部分所含养分。家畜库是由消费植物产品的动物所持有的养分组成的。放牧的动物把所摄取的大部分养分归入家畜库,活家畜体内所持养分,当畜产品出售时,作为通过系统边界的对外输出。至于土壤库,由于在养分矿质化并转变成可给态以前,养分以有机残余物形式停留的时间较长,故将土壤库分为3个亚库,即有效养分库(A)、土壤矿物库(C)和土壤有机残余物库(B)。

(2)养分在几个库之间的转移是沿着一定路径进行的,共有养分流动线31条。除库与库之间的养分转移外,还有系统对外的输出,如农畜产品作为目标产品的输出和挥发、流失、淋溶等非生产的输出;对系统内的输入,如有肥料、饲料等的直接输入和灌溉、降水、生物固氮以及沉积物的间接输入等。从理论上讲,沿31条线路的养分流动都是存在的,但实际上有些只能测得它们的净结果,如土壤中的矿化与无效化过程是两个方向相反,而又同时进行的过程,分别测定它们的转移量是困难的,故通常只测定它们作用的净结果。还有一些流动线路的定量化在农业生态系统养分循环研究中不具重要地位,限于测定方法的困难,也可忽略不计,或借用他人提供的参考值。

(3)各种养分元素在各库之间完成一次循环所需要的时间长短不一。涉及微生物的转移只需要若干分钟;对于一年生植物吸取土壤中养分进行生长需要几个月;对于大型动物来说需要几年;而涉及物理环境的转移时,则需要亿万年。同时,养分在转移循环中各作用过程经历的时间长短也是不一样的。例如,植物在生长季节从土壤有效养分库中吸收的氮素,就比土壤有机残余库矿化的氮素数量要多得多,但在一年周期中,残余物矿化所持续的时间要比作物摄取养分的时间长得多。所以,从一年的总量来看,作物吸收和有机物矿化两个过程的转移量又是相当的。通常人们选定一年为时间标准来计算养分循环转移量。

(4) 各库的大小不同,各种营养元素在各库之间转移的速度也不同,但是通过人为调节和自然调节,可以实现养分转移流动平衡。例如,植物从土壤中吸收氮素速率,大于植物残体矿质化产生氮素的速率,这是由于植物吸收养分只在较短的期间进行,而植物残体的矿质化能在全年内持续进行,所以从全年的数量看,植物的吸收量和有机物的矿化量大体相等。一个处于平衡状态的自然生态系统,在基本上无输入和输出的情况下,各种营养元素通过土壤库、植物库和动物库的转移量也是接近相等的。一个开放的农业生态系统,通过调节输入量和输出量,也可以实现系统内部各库之间物质转移的协调平衡。

(5) 要了解某种养分在各库中的平衡状态,必先求出该养分的净流入量和净流出量。当流入与流出量相等时,说明该种养分处于平衡状态。当通过系统边界的输入与输出量相等时,则该系统处于稳定状态。当某种养分的输出大于(或小于)输入量时,说明这个系统中该种营养元素处于减少(或积累)状态。

三、物流分析的主要特征指标

物流分析应主要在农田层次上进行,包括氮、磷、钾等矿质养分、土壤有机碳和农田水分3 个方面。同时,兼顾整个农业生态系统的物流特点,主要有以下 4 方面的指标:

1. 农田及全系统的输入、输出物水平及其组成

这是一个农业生态系统开放程度及生产水平高低的标志。不同物流的输入和输出,都包括了自然的和人工的两大类,其中人工生产性输入和输出是生态系统调控措施的重点,而非生产性输出如养分的流失与挥发也是不容忽视的。

2. 养分(有机碳、水分)库的盈亏及动态

养分库的大小是生态系统的重要结构指标,其动态则反映了系统功能的优劣。农田养分库(包括有机碳和水分库)的发展动态,反映了系统平衡状况,是农业生态系统持久性的重要标志。

3. 外部投入与内部循环的比例关系

农业生态系统的生命力不仅在于它的商品生产和系统开放特点,而且在于它以较好的内部循环减少了对外来养分输入的依赖性,并使土壤肥力和生态环境得到改善。系统养分的自给率和再循环率,已日显重要。

4. 水肥投入的利用率、丢失率和生产率

这是现代集约条件下技术改进的焦点,也与农业生态系统的社会效益、经济效益、环境效益密切相关。对物质流的任何调节控制措施,如果不能加强对水分养分的保持和利用,从而提高单位投入物的生产效率,都是难以成功的。

四、农业生态系统物流模型的建立

农业生态系统物流分析的具体步骤:

1. 绘制物流图

绘出全系统的物流图,标明主要的亚系统及整个农业生态系统的全部物质流通线路。

<<<< ---

图 5-19 是一张把氮、磷、钾主要矿质养分同时表示出来的养分循环图。如果将残屑食物链上的生物转化也看作是一种特殊的加工库(如沼气和食用菌栽培),图中的 4 个养分库可适用于不同结构的生态农业系统,分别代表生产者、消费者、分解者等不同的生物库,以及农田、水体等不同的环境库。各养分库的"库存"分室(土壤库中则有矿物库和有机库两个库存分室),可用于表示单位时间(如 1 年)内输入输出平衡后的库存盈亏变化。

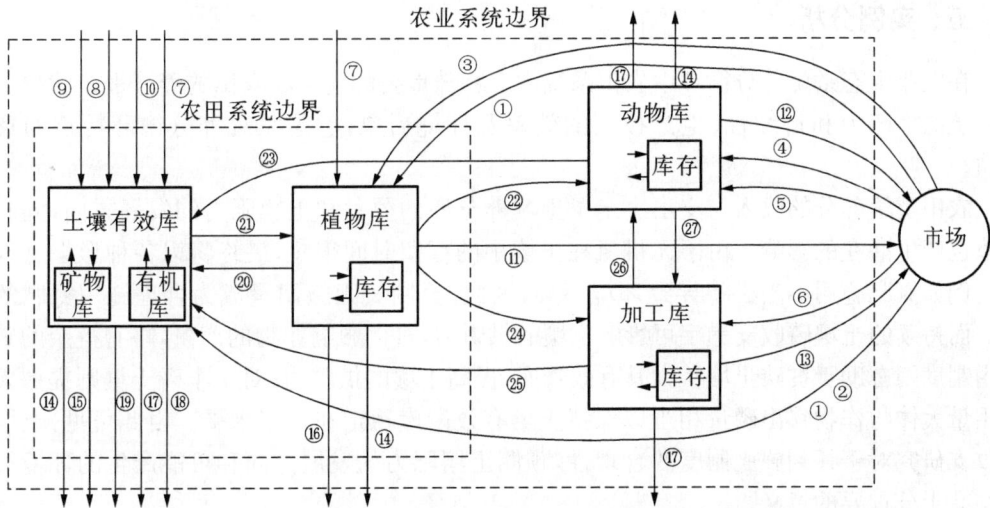

图 5-19 农业生态系统养分循环示意图(孙鸿良,1992)

2. 计算纯流量(年流通率)

列出全系统及其各亚系统矿质养分流的输入项与输出项,确定其实物量并根据有关养分含量的折算系数求出各种矿质养分通过每条物流的纯流量(年流通率)。

没有实测数据的应尽量参照有关研究作出估计值,或在某些情况下将其忽略不计。通过整个农业生态系统边界的养分输入项与输出项应包括:① 化肥输入;② 有机肥输入;③ 种子输入;④ 仔畜禽输入;⑤ 精饲料输入;⑥ 加工原料输入;⑦ 生物固氮输入;⑧ 灌溉水输入;⑨ 干湿沉积物输入(指降水及尘土带入的养分);⑩ 地面径流输入;⑪ 农产品输出;⑫ 畜产品输出;⑬ 加工产品输出;⑭ 氨的挥发;⑮ 反硝化丢失;⑯ 燃烧丢失;⑰ 地面流失;⑱ 地下淋溶丢失;⑲ 风蚀。

当针对某一个养分库或针对土壤与植物组成的农田系统进行定性和定量研究时,也应列出相应的系统内输入项与输出项。其中主要的有:① 秸秆、根茎还田;② 植物摄取;③ 饲料、饲草和褥草;④ 厩肥施用;⑤ 植物原料;⑥ 残渣输入;⑦ 饲料;⑧ 动物原料等。

3. 进行物流特征指标的计算

具体包括:① 全系统矿质养分输入输出的总水平及其平衡;② 各亚系统矿质养分的输入输出水平、收支平衡及库存量变化;③ 土壤有机库有机碳输入输出的平衡及有机库盈亏变化;④ 矿质养分生产性输入的商品输出率、损失率及系统内再循环率;⑤ 农田输入矿质养分的有机、无机比例,土壤有机库有机物质来源中的动植物比例等;⑥ 系统水资源的年消耗量、收支平衡及水资源库的动态;⑦ 单位水肥投入的经济产品生产效率,包括每公斤化肥氮生产的蛋白质、每方水产粮、生产和输出单位产品所需耗费的不可再生水肥资源量等。

4. 物流分析结果的验证与对比分析

由于生物物质及其环境中养分含量的变幅较大,且分析要求的精度较高,物流分析的结果均应对照生产实际情况加以验证,以求尽量减少误差,能反映客观规律性与趋势。在检验中注意对采用的程序、计算方法、折算系数及某些常数作合乎逻辑的修正,并在横向与纵向的对比研究中,发现问题,研究因果关系,寻求正确的结论和对策。

五、实例分析

在农业生态系统养分循环中农田系统占有特殊重要的地位。农田的养分平衡状况决定着系统的生产力和持续性、生产投入的效率及环境后果,它是系统养分循环特点的集中反映。

农田土壤养分的收入与支出决定了土壤养分库的盈亏和土壤肥力的发展方向,同时对环境也产生潜在的影响。由于无机氮在土壤中的存留时间很短,最终将以各种形态进入环境。例如氮肥施用不当必将导致环境污染,因此,控制氮肥施用量成为合理施用氮肥的关键。而持续的土壤磷收支赤字可影响土壤的供磷力,进而影响作物的产量,略有盈余的磷肥施用制度则有助于贫磷土壤扩大其有效磷库,提高土壤的供磷力;对于丰磷土壤则提倡磷肥施用量大体与作物移出磷量相当以保持土壤有效磷库稳定在一定水平。由此可见,土壤养分收支研究对于评判施肥制度的合理性,预测土壤肥力的发展方向和可能产生的环境影响等均有十分重要的意义。

农田系统的养分平衡是由通过系统边界的各输入项与输出项决定的。下面实例引用的是宇万太等(2002)在下辽河平原潮棕壤上进行了10年的定位试验,研究了在养分循环再利用的基础上采取不同施肥制度下(不施肥、只施用无机肥、不同无机肥组合施用、只施用有机肥、有机肥和无机肥组合施用等)作物养分移出量,结合施肥量计算出土壤中N、P、K养分收支,考察农田养分平衡,并得出哪个施肥模式对土壤养分收支平衡具有最优效果。

在农田生态系统的养分循环与平衡中,土壤养分的收入包括:施肥、生物固氮以及干湿沉降和灌溉水中带入等;土壤养分的支出包括:作物移出、土壤养分淋失、地表径流和排水损失、氮的反硝化和氨挥发等。由于长期试验中检测技术的限制,在研究农田养分平衡状况时,重点考虑养分输入量、作物吸收量和土壤的残留量3项指标。

试验中设置了8个处理(Ⅰ～Ⅷ),3次重复(N、P、K),共计24个小区,10年连续试验观测取平均值。8个处理为,(Ⅰ)CK:对照,不施肥;(Ⅱ)M:循环猪圈肥,不施化肥,每年收获产品的80%经喂饲-堆腐后以猪圈肥形式返回本处理;(Ⅲ)N:化肥N;(Ⅳ)MN:化肥N+循环猪圈肥;(Ⅴ)NP:化肥NP;(Ⅵ)MNP:化肥NP+循环猪圈肥;(Ⅶ)NPK:化肥NPK;(Ⅷ)MNPK:化肥NPK+循环猪圈肥。循环猪圈肥是指用该处理中每年收获籽实的80%喂猪,一个玉米区的玉米秸秆粉碎后用于垫圈,于第二年将猪圈肥施于原处理,根据连续10年的测定,该处理每年循环回田猪圈肥中的含氮量变动在50～70 kg/hm²。

1. 养分的输入量

施肥输入农田土壤养分包括化肥和堆肥中养分两部分。根据试验期间化肥的使用量,可计算出各相关处理的年均化肥养分施入量为:N 100.0 kg/hm²、P 20.0 kg/hm²、K 60.0 kg/hm²。根据10年中9次施用堆肥所含养分的实测资料计算出各相关处理平均堆肥养分量。

每个处理输入循环猪圈肥时，都测定相对 N、P、K 含量。如处理二，循环猪圈肥中平均相对 N、P、K 含量分别为 45.7 kg/(hm² · a)、7.6 kg/(hm² · a)、25.8 kg/(hm² · a)。

表 5-5　1990～1999 年不同施肥处理养分年均输入量[单位：kg/(hm² · a)]

| 养分 | 施肥 | 试验处理 | | | | | | | |
		I	II	III	IV	V	VI	VII	VIII
N	化 肥	0	0	100.0	100.0	100.0	100.0	100.0	100.0
	猪圈肥	0	45.7	0	52.3	0	54.2	0	59.3
	合 计	0	45.7	100.0	152.3	100.0	154.2	100.0	159.3
P	化 肥	0	0	0	0	20.0	20.0	20.0	20.0
	猪圈肥	0	7.6	0	8.4	0	10.7	0	12.0
	合 计	0	7.6	0	8.4	20.0	30.7	20.0	32.0
K	化 肥	0	0	0	0	0	0	60.0	60.0
	猪圈肥	0	25.8	0	27.3	0	31.8	0	37.8
	合 计	0	25.8	0	27.3	0	31.8	60.0	97.8

有机肥是一种不可忽视的肥料来源。如果农产品中的氮、磷、钾养分进入农家肥资源的循环效率分别按 0.5、0.8、0.75 计算，20 世纪 90 年代以来我国农业中农家肥氮、磷、钾养分资源的年产量可达到 1 900 万吨以上，这是农田养分输入的一笔巨大来源。堆肥是收获产品的 80% 经喂饲-堆腐后以猪圈肥形式返回本处理，在此过程中养分有一定的损失。

2. 养分的输出量

作物收获时植株体内养分随收获物一起被移出农田，视为作物收获土壤养分移出量。但是氮、磷、钾在不同的作物上的表现略有不同，对于磷和钾，作物收获的磷和钾的量等同于土壤磷和钾的移出量；对于氮，玉米收获氮量等于土壤氮移出量，大豆收获时植株体内含氮量的 2/3 来自共生固氮，因此收获时大豆移出氮量约为大豆收获氮量的 1/3。从表 5-6 可以看出，施肥可以显著提高农田土壤因作物收获而带走的养分量。

表 5-6　1990～1999 年不同施肥处理养分年均输移出量[单位：kg/(hm² · a)]

养 分	施 肥 处 理	大 豆	玉 米	平 均
N	I	39.1(55.6)	74.4(28.8)	56.8
	II	50.5(45.0)	101.3(30.3)	75.9
	III	43.1(47.5)	118.9(41.8)	81.0
	IV	50.4(45.0)	137.9(35.5)	94.2
	V	48.2(42.4)	130.2(31.9)	89.2
	VI	56.4(36.2)	147.5(29.1)	102.0
	VII	53.6(44.5)	142.2(29.5)	97.9
	VIII	59.1(36.8)	156.2(30.4)	107.7
P	I	8.8(4.3)	13.9(5.7)	11.4
	II	11.8(4.0)	18.1(5.1)	15.0
	III	9.6(3.7)	15.9(6.4)	12.7

续 表

养 分	施肥处理	大 豆	玉 米	平 均
	Ⅳ	11.7(3.8)	18.3(5.6)	15.0
	Ⅴ	11.7(3.2)	19.2(6.0)	15.5
	Ⅵ	14.8(3.5)	22.3(5.8)	18.6
	Ⅶ	13.8(4.1)	21.0(5.4)	17.4
	Ⅷ	15.7(3.5)	23.5(6.3)	19.6
K	Ⅰ	24.1(11.4)	32.0(13.1)	28.1
	Ⅱ	31.7(9.6)	38.1(10.0)	34.9
	Ⅲ	27.1(10.1)	38.4(13.0)	32.7
	Ⅳ	32.2(8.2)	42.2(10.2)	37.2
	Ⅴ	29.7(8.4)	38.6(10.9)	34.1
	Ⅵ	37.7(8.2)	42.0(10.3)	39.9
	Ⅶ	35.9(8.6)	44.2(10.6)	40.1
	Ⅷ	42.0(8.7)	48.7(11.9)	45.3

* 括号内数据为标准差

由表 5-6 可见,施肥提高了作物产量和产品中养分的浓度,可显著提高农田土壤因作物收获而带走的养分量。在本试验中,不施肥处理年平均籽实产量(混合,干重)为 3.6 t/hm²,年均养分移出量为氮 56.8 kg/hm²、磷 11.4 kg/hm²、钾 28.1 kg/hm²,在最佳施肥条件下(本试验为氮磷钾＋循环堆肥处理),年均籽实产量(混合,干重)为 5.7 t/hm²,年均养分移出量为氮 107.7 kg/hm²、磷 19.6 kg/hm²、钾 45.3 kg/hm²,接近前者的两倍。

农田土壤的渗漏和径流是农田养分输出的重要途径。已有的研究表明,渗漏损失的氮约占总施氮量的 5%～10%。农田土壤氮的损失还包括氮素的反硝化和氨的挥发损失。有关研究报道,在大量施用化学氮肥的情况下,氮素的损失可达到总施氮量的 20%～60%,如施用尿素并采用深施等技术可减少化肥氮的损失。

3. 农田养分平衡

农田生态系统的养分平衡影响系统的生产力,影响土壤养分库的储量。养分平衡状况一般以养分库的盈亏量来表示,盈亏量为总输入量与总输出量之差,即

$$B_k = \sum_{i=1}^{m} I_i - \sum_{j=1}^{n} O_j$$

式中:I_i 为某输入途径的养分输入量;O_j 为输出途径的养分输出量;m 和 n 分别表示养分输入的途径数和养分输出的途径数;B_k 为平衡值。当 $B_k > 0$ 时,表示某元素在土壤养分库有盈余,当 $B_k < 0$ 时则表示某元素在土壤养分库为亏缺。养分库盈余时表示土壤肥力不断提高,反之表示在消耗土壤肥力。因此,在农田生态系统管理时,应尽量保持土壤养分库略有盈余,以不断改善土壤肥力,保证一定的系统生产力。

表 5-7 表明,不同的施肥模型对土壤养分状况可产生不同的影响:单施氮肥加剧了土壤磷、钾的收支赤字,而氮、磷并用则进一步加剧了土壤钾收支的赤字;保持系统中养分循环再利用可以缓解但不能从根本上消除土壤养分的收支赤字。

表 5-7　1990～1999 年不同施肥处理年均养分收支(单位: kg/hm²)

养分	养分年收支	试验处理							
		I	II	III	IV	V	VI	VII	VIII
N	施肥	—	45.7	100.0	152.3	100.0	154.2	100.0	159.3
	作物移出	56.8	75.9	81.0	94.2	89.2	102.0	97.9	107.7
	年收支	−56.8	−30.2	19.0	58.1	10.8	52.2	2.1	51.6
P	施肥	—	7.6	—	8.4	20.0	30.7	20.0	32.0
	作物移出	11.4	15.0	12.7	15.0	15.5	18.6	17.4	19.6
	年收支	−11.4	−7.4	−12.7	−6.6	4.5	12.1	2.6	12.4
K	施肥	—	25.8	—	27.3	—	31.8	60.0	97.8
	作物移出	28.1	34.9	32.7	37.2	34.1	39.9	40.1	45.3
	年收支	−28.1	−9.1	−32.7	−9.9	−34.1	−8.1	19.9	52.5

　　通过上述分析结果表明,在保持农业系统养分循环再利用的基础上,根据养分供给力设计化肥施用量,不仅可实现作物高产,而且可平衡土壤养分收支,避免土壤中肥料养分(主要是氮)过剩而进入环境,同时也揭示了我国在 20 世纪 70 年代以前大面积农田土壤缺磷和 80 年代农田土壤大面积缺钾的原因。

六、土壤有机质与农田养分循环

　　土壤有机质包括非腐殖质和腐殖质两大类。后者是土壤微生物在分解有机质时重新合成的多聚体化合物,占土壤有机质的 80%～90%。腐殖质是植物营养的重要碳源和氮源,土壤中 99% 以上的氮素是以腐殖质的形式存在的。腐殖质也是植物所需各种矿物营养的重要来源,并能与各种微量元素形成配位化合物,增加微量元素的有效性。土壤有机质能改善土壤的物理结构和化学性质,有利于土壤团粒结构的形成,从而促进植物的生长和养分的吸收。

　　1. 有机质在农田中的作用

　　(1) 有机质是各种养分的载体。有机质经微生物分解,能释放出供植物吸收利用的有效氮、磷、钾等养分,增加土壤速效和缓效养分的含量。

　　(2) 为土壤微生物提供生活物质。促进微生物的活动,增加土壤腐殖质的含量,改善土壤物理状况,提高土壤的潜在肥力。

　　(3) 具有和硅酸盐同样的吸附阳离子的能力,有助于土壤中阳离子交换量的增加。又能与磷酸形成螯合物而提高磷肥肥效,减少铁、铝对磷酸的固定。

　　此外有机质还能保蓄水分,提高土壤的抗旱能力,抑制有害线虫的繁殖,以及形成对作物生长有刺激作用的腐殖酸等。

　　2. 农田土壤有机质的积累和分解

　　(1) 土壤有机质的来源。土壤有机质的来源主要是作物残体、人畜排泄物和土壤生物。以作物的根茬、落叶、落花留给土壤的有机物,每公顷干重达 75～300 kg,还有以秸秆直接还田和作牲畜饲料后以粪便厩肥还田,这都是土壤有机质的来源。土壤中各种生物遗体和排泄物也是土壤有机质的主要来源。土壤中的生物有动物、原生动物和微生物,其中以微生物的数量最大。以旱地土壤为例,微生物大约占土壤生物总量的78%,变形虫、原生动物等占2%,土壤动物占20%。肥沃的土壤中有大量生物,据估计,每公顷土壤的生物量可达25 000 kg。

土壤微生物的生命活动要求土壤保持一定的碳氮比。这是因为微生物为了构建体细胞,每同化4~5份碳,必需1份氮;同时每合成1份体质碳,必需4份碳作能源。因此,微生物的正常生长繁殖要求适宜的碳氮比率,即C/N应为(20~25):1。当有机质的C/N>(20~25):1时,微生物的繁殖因缺氮而受到限制,有机质分解缓慢,没有无机氮在土壤中的积累,甚至产生微生物与作物争氮的现象;当C/N<(20~25):1,特别是15:1以下时,有机质分解迅速,容易引起氮的挥发损失。各种有机物的C/N不同,作为有机肥施用时,应注意肥料种类的合理搭配。

(2)有机氮与无机氮的合理配比有利于保持土壤养分平衡、作物产量稳定。据江苏省农业科学院土壤肥料研究所在丘陵地区的圩区水田上进行的3年7作定位试验,结果表明,每季每公顷总用氮量为127.5~135 kg时,肥料中有机氮(稻草、猪厩肥)与无机氮(化肥)的配比以50:1为最适宜。即每公顷施碳铵375 kg,猪厩肥18 750 kg,能保持土壤中速效磷、钾原有水平,土壤有机质增加,作物产量高而稳定。单纯施用无机氮肥可加速土壤有机质和速效磷、钾含量的下降。

七、保持农业生态系统养分循环平衡的途径

1. 调节的基本原则

为了满足人类当前生产需求和实现可持续发展目标,农业生态系统养分循环的调节应考虑的基本原则是:

(1)合理输入。现代农业的特点是商品生产和系统开放,不从多种途径拓展系统外养分来源,生产难以发展,也难以克服养分亏损、库存下降的局面。系统外养分来源是多方面的,就农田而言,既包括化肥,也包括农家肥、土杂肥,及来自城镇与市场的各种有机的与无机的肥源。

(2)建立养分再生机制。广义的再生应指生态系统固有的养分再循环与再投入机制,例如生物固氮、利用动物聚积养分、利用深根作物吸收深层养分、促进土壤矿物风化释放等。这些养分来源是对人工途径输入养分的主要补充,在许多情况下甚至占主要比例。

(3)强调养分保蓄、供求同步。现代农业条件下养分随水流失和气态丢失成为主要倾向,水分控制、施肥技术、作物状况是决定养分流失的主要因素。自然生态系统植被与微生物活动受温度和水分变化的控制有较强的同步性,养分流失少,是农业生态系统管理可以借鉴的。

(4)充实有机库存。土壤生物在养分保蓄、转化、再生和同步供应方面的作用,在现代农业条件下仍然得到肯定,有机物质对保障良好的土壤生物环境和作物根系健康有着重要意义,在施用化肥条件下通过土壤有机库提供的养分仍然占有重要比例。这一切说明土壤有机库大小对养分状况有不可替代的作用。

(5)提高投入效率。效率问题是农业技术进步、生物进化、农业可持续性的基本问题。

不注重效率是浪费资源、环境污染、生产萎缩的重要原因。依据最小养分律,抓住和克服限制因子,实行合理的投入组合,综合高产,是提高效率的关键。

（6）整体优化。养分循环是生态系统整体功能的表现,是系统各组成部分相互作用的结果。养分循环的调节与控制,只有考虑到全部库、流的协调和系统的持续性,才能取得良好的效果。

2. 调节的具体途径

（1）合理安排归还率较高的作物及其类型,建立合理的轮作制度。各种作物的自然归还率是不同的。作物除自然归还的部分外,还有可以归还但并不一定归还的部分,如茎秆、荚壳等,称为理论归还。油菜的理论归还率约为 50％;大豆、麦类和水稻则为 40％～50％。不同作物氮、磷、钾养分理论归还率不同:麦类分别为 25％～32％、23％～24％、73％～79％;油菜分别为 51％、65％、83％;水稻分别为 39％～63％、32％～52％、83％～85％;大豆分别为 24％、24％、37％。

在轮作制度中,加入豆科植物和归还率高的植物,有利于提高土壤肥力,保持养分循环平衡。据华中三省稻田轮作试验,冬季绿肥、蚕豆、小麦、油菜轮换,春、夏、秋季为双季稻,轮作 4 年之后,土壤中有机质、速效磷、速效钾含量都有所提高,非毛管孔隙增多,粮食产量增加。轮作不仅能使土壤理化性质得到改善,同时由于农田生态条件的改变,病虫杂草危害减轻,如油菜、紫云英的菌核病减轻。

（2）农林牧结合,发展沼气,解决生活能源问题,促使秸秆直接还田或过腹还田。无论山丘或平原地区,植树造林,实行乔灌草结合,既可保护环境,减轻水土流失,又可提供燃料,使秸秆直接还田或过腹还田。利用农林牧的废弃物发展沼气,既可解决农村能源,又可使废弃物中的养分变为速效养分,作为优质肥料施用。

（3）农产品就地加工,提高物质的归还率。主要通过组配合理的食物链与加工链,充分利用当地（系统内）的农副产品和废弃物资源,实现就地加工、转化、增殖、输出产品、回收废物。合理配置城乡生产、生活和废物处理系统,都有利于形成合理的养分循环,提高有限资源的利用率,促进农业的持续健康发展。

第四节　物质循环中的环境问题

某种物质进入生态系统之后,使环境正常的组成和性质发生变化,在一定时间内直接或间接地危害人或生物,就称为有毒物质(toxic substance)或者称为污染物(pollutant)。有毒物质有的是自然释放的,有的是人类活动产生的。有毒物质包括无机的和有机的两类。无机有毒物质主要指重金属、氟化物和氰化物,有机有毒物质主要有酚类、有机氯农药等(见表 5-8)。当这些污染物质进入到农业生态系统中(见图 5-20),在农业生态系统中循环不畅、物质流动速度异常与时空分布不均,使得污染物的残留量超过农业环境本身的自净能力时,便会导致农业和农村环境质量的下降,破坏农业生态系统,最终结果是使农、林、牧、渔产品的数量和质量下降,甚至引起"公害"。研发新技术、加强科学管理、防治和控制农业环境污染是农业可持续发展需要解决的一项重要任务。

表 5-8 若干有毒物质的基本特性(尚玉昌等,1995)

名 称	主要化合物	正常情况下状态	生物是否必需	对人安全浓度(mg/m^3)*	土壤中消失时间	进入动物体方式
铅(Pb)	铅白、铅氯化物、四乙基铅、四甲基铅	固态	非必需	0.2	10^4 年	以烟雾、蒸气、尘埃形式吸入体内,或由皮肤、消化道进入体内
汞(Hg)	氧化汞、氯化汞、氟化汞、有机汞	气、液、固态	非必需	金属汞 0.1 有机汞 0.01		汞蒸气,尘埃吸入皮肤,或取食进入生物体内
铜(Cu)	硫酸铜、氧化铜、醋酸铜	固态	必需	氧化铜 0.1	10^3 年	粉尘吸入,消化道或取食进入生物体
铬(Cr)	三价铬化物、五价铬化物	固态	必需	0.2	10^5 年	铬盐粉尘、烟雾从呼吸道进入,饮用水等从消化道进入体内
镉(Cd)	氟化镉、氯化镉	固态	非必需	0.1	10^2 年	粉尘、烟,由呼吸道、消化道进入体内
砷(As)	氧化砷、氟化砷、砷化氢	气、固态	非必需	0.003	10^2 年	粉尘、烟,由呼吸道、消化道进入生物体内
氟(F)	氟化氢、氧化氟	气态	必需	0.03～0.02	10^4 年	气体、液体由吸附、饮用进入生物体内
氧化物	含氰基化合物,氟化氢等	固态	非必需			由呼吸道、消化道进入生物体内
粉 类	苯粉、间苯二酚、甲酚、邻苯三酚等	液、固态	非必需	50	1～15 天	由呼吸道、消化道进入体内
有机氯农药	DDT、六六六等	液、固态	不需要		90%需30 年	由呼吸道、皮肤、消化道进入生物体内
有机磷	对硫磷、乙拌磷	固态	不需要		30 天	由呼吸道、皮肤、消化道进入生物体内

* 指对人健康无大危害

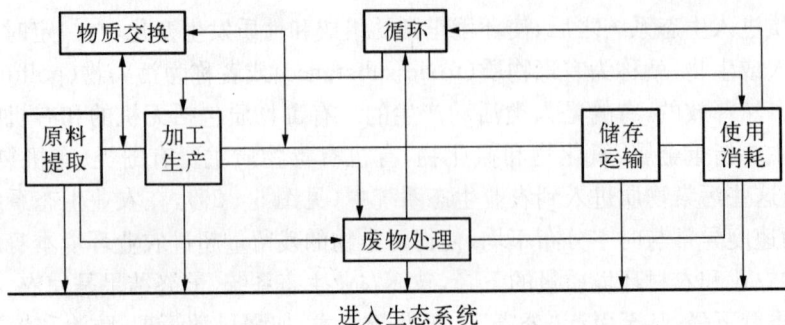

图 5-20 有毒物质进入生态系统的主要途径(尚玉昌等,1995)

一、生物放大作用

生物放大作用（biological magnification），又称食物链的浓缩作用（food chain concentration），是指有毒物质沿食物链各营养级传递时，在生物体内的残留浓度不断升高，愈是上面的营养级，生物体内有毒物质的残留浓度愈高的现象（见图 5－21）。生物对有毒物质的富集作用是普遍存在的。人类与动物在食物链中处在最高营养级，而有毒物质进入生态系统，首先污染初级生产者，然后顺着食物链传递，到达动物与人体内，由于有毒物质的生物放大作用，在动物和人体的浓度比环境及初级生产者高出许多倍，造成了严重的污染，带来了灾难。

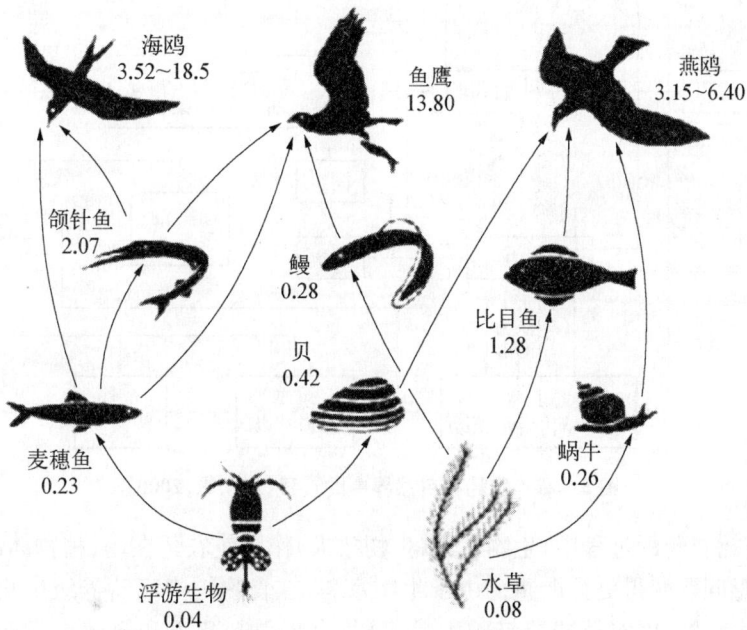

图 5－21 从浮游生物到水鸟的食物链中 DDT 质量分数（Ahlheim, 1989）

二、主要污染物的危害及防治

1. 化学农药污染

化学农药在现代农业生产中具有重要作用，对于提高产量等方面有突出贡献。但是化学农药在动植物体内的残留，由于富集作用对人体及动物的危害，对农业和农业生态系统本身的危害，以及由于农药的不合理使用所造成的一系列的生态环境问题，如生态危害、大气污染、水体污染、土壤污染和食品污染，等等，都最终影响动植物和人类健康。据 Pimental（1980）测算，美国一年中使用了价值 28 亿美元的杀虫剂，获得了 109 亿美元的总收益。但是，给生态方面带来了不少损失：造成 1 200 万美元家畜中毒损失；2 870 万美元天敌的减少和害虫增加抗性造成的损失；13 500 万美元蜜蜂中毒的损失；7 000 万美元农作物和林业的损失；1 100 万美元鱼及野生动物的损失；14 000 万美元的其他损失。总计为 65 600 万美元的损失，约占杀虫剂投资的 23.4%。

农药通过各种途径进入大气,在大气中发生理化反应,使大气中有害物质发生各种转化。为防治害虫、病菌、杂草而喷洒的农药,有相当一部分会直接漂浮在大气中,或者从土表蒸发进入大气中。农药进入土壤后,与土壤中的固体、气体、液体物质发生一系列物理、化学和生物化学反应。通过这些过程,土壤中的农药或者由于土壤的吸附作用残留于土壤中,或者在土壤中进行气迁移和水迁移,并被作物吸收,或者由于化学和生物降解作用,残留量逐渐减少(见图 5-22)。

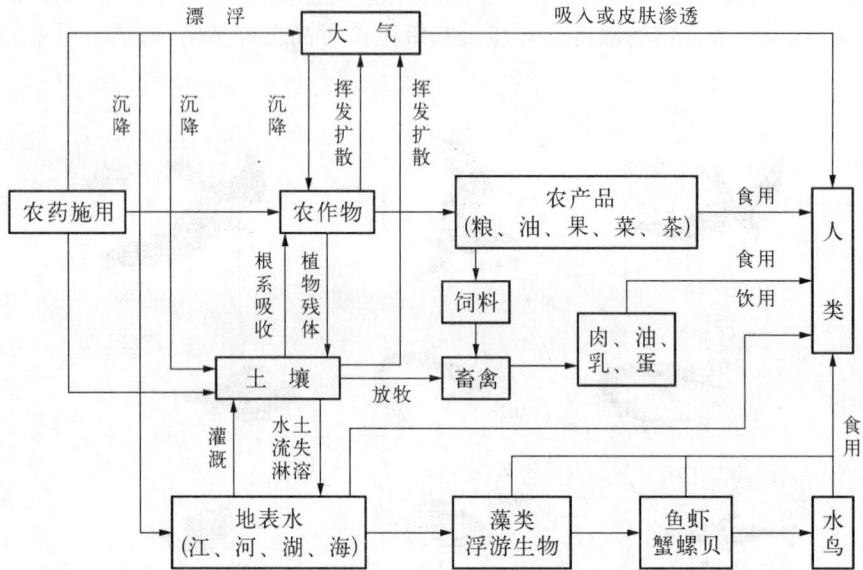

图 5-22 农药在自然界中的转移(章家恩,2000)

在生物传播农药的过程中,生物富集(生物放大)作用使农药在动、植物体内的积累大大增加,污染中毒问题变得更为严重。由于生物富集,在食物链中高营养级生物,如捕食性鱼类、鸟类和野生动物,因农药残留量的大量积累,直接引起死亡和繁殖率降低,以致种群减少;至于处于低营养级的动物,因残留量较低或对化学农药具有抗性而得以继续生存,并且由于打破了自然界的相互制约作用就可能得到大发展,从而破坏生态系统的自然平衡。如使农业次要害虫上升为主要害虫,以及害虫抗药性增强等。

现在引起人们普遍关注的是 DDT 和六六六等有机氯杀虫剂,它们在环境中的循环较为复杂。主要途径有:① 植物(作物)→动物→人→土壤,或作物→人→土壤。直接喷洒到植物(农作物)上的杀虫剂约有 10% 附着在植物表面,然后渗入植物体内,沿着食物链向前流动。人和动物死后,杀虫剂又进入土壤。土壤中的杀虫剂又可被植物吸收,进入再循环;② 土壤→作物或土壤→空气。喷洒的杀虫剂中大约有 90% 落入土壤或分散进大气中,漂浮在大气中的杀虫剂会随雨水沉降到土壤中。此外,植物、土壤和水中的残留杀虫剂不断挥发进入大气中,在风和气流的作用下,可飘移到数公里甚至数千公里远的地方。例如,在 DDT 的全球迁移和转化过程中,大气的输送起着重要的作用,海洋中的 DDT 大部分是由大气输入的。据测定,在 1966~1997 年的雨水中 DDT 的平均含量为 80×10^{-12} ppt(质量分数为 80×10^{-24})。假定全世界海洋降水总量为 3.0×10^{14} m³,那么可以推算,每年通过大气降水而进入海洋的 DDT 残留物将达到 2.4×10^5 t,这个数字相当于全世界 DDT 年产量的 1/4。

因此,合理、有效和安全使用农药对促进农业生产,保护生态环境是至关重要的。当前国内外为控制和减轻农药污染采取的主要措施有:① 采用综合防治措施,减少化学农药的使用量。例如,引入天敌防治、抗性品种培育等;研制和使用低毒农药,减少农药残留量;研制可被生物降解的农药;开发和应用生物农药;② 加强农药安全知识的宣传,合理用药。普及农药、植保知识;注意用药的浓度与用量;采取提高药效的措施以降低用药量;提倡农药科学合理的混用;③ 制定安全用药的标准,切实按标准管理。如通过对作物、食品、自然环境中农药残留量的普查和农药对人、畜慢性毒性的研究,制定出各种农药的允许应用范围;了解农药在作物上的降解、残留、代谢动态,制定出各种农药在不同作物上施药的安全等待期,即最后一次施药离作物收获的必需间隔天数。

2. 重金属污染

汞、镉、砷、铬、铜等重金属污染已成为人类面临的严重环境问题之一。瑞典野鸭突然灭迹就是汞污染造成的国际惊人事件。而这一问题的产生是人类挖掘、运输、加工、使用过程中损失和泄漏的结果。大部分生物是在无重金属的环境中演化形成的,不具有耐受这些元素的能力。重金属迁移能力低,大部分残留在土壤耕层中,残留时间长,难以消除,易被生物富集,危害较大。例如汞污染,在一定的条件下,土壤中固定态的汞可释放出来,转变为易被作物吸收的可给态汞(固定态汞→可给态汞→植物吸收的汞);土壤中汞经淋溶作用可以进入水体,水体中的汞也可通过灌溉进入土壤;土壤中汞化合物可被植物吸收后进入食物链;金属汞进入动物体内可以被甲基化。

汞在整个生态系统中的主要循环系统有:大气→土壤→植物→人畜;废水→水生植物→水生动物→人畜;水→土壤→植物→人畜。人畜机体中的汞在残体腐烂分解后,又重新回到非生物系统。这些主要的循环途径彼此不是分隔的,而是彼此相连、相互影响的。当汞进入生态系统中,由于生物的富集作用,食物链顶端生物体内的汞含量可能是水体中汞含量的上万倍,同时环境中特定的微生物转化为汞的有机化合物,如甲基汞,它是一种脂溶性的有机汞化物,比无机汞毒性高 $50 \sim 100$ 倍,且更易被其他生物所吸收,其毒性也明显增加,且不易排泄掉,造成严重后果。

土壤重金属污染的调控与防治措施很多,主要包括几个方面:① 发展清洁工艺,加强"三废"治理,是削减、控制和消除重金属污染的最有效措施;② 严格执行污灌水质和污泥施用标准;③ 提高土壤的缓冲性能和自净能力;④ 加强土壤水分管理,调节土壤氧化还原电位(Eh),进而在一定程度上控制土壤中重金属的行为;⑤ 施用改良剂(如石灰、碳酸钙、磷酸盐、堆肥、鸡粪等),以降低重金属的活性,减少重金属向植物体内的迁移;⑥ 用客土、换土和水洗的方法来减轻重金属的危害,但要防治二次污染;⑦ 通过植物(如种植用材林、薪炭林、花卉等观赏植物以及生产纤维用的各种麻类作物等)吸收来减少土壤的重金属污染;⑧ 利用超富集植物等生物修复技术。

3. 禽畜粪便污染

禽畜粪便中的主要成分是粗纤维及蛋白质、碳水化合物(糖类)和脂肪类物质,尿是一些水溶性的简单物质。禽畜粪便中各种有机物、氮、磷,因其生化需氧量(BOD)、化学需氧量(COD)、固体浮游物等而对水质有严重的影响。污水中含有大量的有机物会造成水体的富营养化污染；粪便中含有大量的病原微生物、病毒和寄生虫，成为疾病的传染源。

禽畜粪便管理和处理不当，就会成为重要的环境污染源。但如经过无害化处理并加以合理利用，则可变为宝贵的资源，促使农牧业的健康可持续发展。一些国家研究采用好气或厌气生物活性系统及在农田撒施等方法处理禽畜粪便。

4. 固体废弃物污染

长期施用未经处理的垃圾，土壤的渣砾和沙砾增多，土壤黏粒和粉沙粒的组分大幅度下降，从而使土壤保水性能下降，土壤阳离子代换量减少13%～22%，氮素、钾素流失严重。垃圾堆肥施入水田，由于其中难分解的有机质比较多，碳氮比高，处于厌氧状态下分解时需要土壤供给一部分氮素作能源，致使土壤内可被植物吸收的氮素含量降低，影响作物正常生长发育。长期施用垃圾，会导致土壤重金属累积。塑料类废弃物对农田生态系统会造成相当大的影响，破碎的塑料薄膜残体被埋于土中，可阻碍水分的输送和植物根系的生长，不利于农作物生长发育；塑料中添加物会灼伤幼苗，若混入饲料中，被牲畜吞食，积累在肠胃中，轻则产生结症，影响健康，重则发病致死。城市垃圾中含有大量的细菌、病毒和寄生虫卵，成为各种疾病的一个重要传播基地。

如何处置废弃物以保护环境是各国共同关注的问题。现代工农业发展所产生的数量巨大、种类繁多的固体废弃物，对环境污染所造成的严重后果，已为国际社会所共识。废弃物资源化途径有其他处置方法所无法比拟的优点而日益受到各国科学家的重视，并在废弃物制作肥料、饲料、燃料、发电等方面取得了成功。我国是一个农业大国，对肥料、饲料、能源有巨大的需求，因而废弃物农用资源化既可为农业提供新的巨大能源，又为工农业废弃物处理提供了一条容量极大的途径。

三、化肥与环境问题

1. 化肥对环境的影响

多年来，各国的农业生产实践已证明，施用的化肥能直接提供养分为作物吸收利用，使作物产量增加，还能丰盈土壤养分的储备，提高有机质含量，改善土壤理化性质，增强土壤供肥能力，增加生态环境中养分的循环量，保持农业生态系统的物质平衡。化肥是粮食增产最重要的手段之一。增施化肥固然是增产的物质基础和重要条件，但并非是唯一的条件。单位面积产量也不可能随着肥料用量的增加而无限制地按比例增加。盲目地过量增施化学肥料，超过作物的需要和土壤的负荷能力，或者施用不当，会使作物吸收量少，肥料利用率低，这不仅造成了肥料的浪费，影响作物的品质，而且污染了环境，给农业生态系统和人类健康带来危险。

（1）化肥与土壤性质。长期大量施用化肥而不配合施用有机肥料会使土壤性质变坏。例如，长期施用氮肥会使土壤逐步酸化，连续7年就可使土壤pH从6.9下降到6.1。随着土壤的酸化，土壤中有机质迅速矿化分解，有机质含量大大减少，从而引起土壤板结，土壤结构遭到破坏，土壤理化性质变坏，硝酸盐积累增加，土壤自净能力下降。

（2）化肥与重金属污染。磷肥及各种复合肥料含有一定量的重金属元素，如果长期大量使用，会对环境造成危害。例如，磷肥的主要原料是磷灰石的矿物，这种矿物含有多种微量元素及有毒重金属元素。据日本学者分析，砷在磷矿石中平均含量为24 mg/kg，而在过磷酸钙中为104 mg/kg，重过磷酸钙中则增至273 mg/kg。镉在磷肥中含量为10～20 mg/

kg，按磷肥用量计算，长期用磷肥的土壤，镉的积累可能有问题。汞在肥料中含量在0.5 mg/kg 以下，由施肥引起的汞的积累问题极少。铅在磷矿中均含 17 mg/kg，但随磷肥施用进入土壤的铅被植物吸收得少。

（3）化肥与水体富营养。氮和磷素营养含量的增加是水体富营养化现象发生的主要原因。大多数情况下，富营养化的主要限制因子是磷。磷在农业环境中的流失量虽然不大，但当水体中含氮量充分时，PO_4^{3-}/P 浓度达到 0.015 mg/L，就可能引起水体富营养化现象发生。大面积的农业环境中流失的磷量汇集到相对小面积的承受水面时，这种流失量就不可忽视了。氮素对水体的主要补给途径是通过淋溶到地下水补给的，而磷素则主要通过地表径流、水土流失补给。因此，可以说，地表径流造成的磷流失量即磷的非点源污染是造成水体富营养化的主要原因之一。

（4）化肥与硝酸盐污染。植物通过根部从土壤吸收的氮素，大部分为硝态氮，一部分为铵态氮。除水稻外，大多数植物吸收以硝态氮为主要形态。硝酸根离子进入植物体后迅速被同化利用，所以积累的浓度不高，一般在 100 mg/kg 以内。但如果过量施氮肥就会发生硝酸盐积累，有时可达 1% 以上的高浓度。含高浓度硝酸盐的植物被动物食用后，则硝酸盐或由硝酸盐产生的亚硝酸盐会对动物造成危害，亚硝酸盐毒性远较硝酸盐大。动物摄入硝态氮后，一般 90% 从尿中排出，毒性不强。由于人胃构造上的原因和胃液酸度的关系，硝酸盐不易表现毒性，但对婴儿就不是如此了。饮用 1 L 硝态氮浓度为 10 mg/kg 的水，就摄入10 mg硝态氮。高浓度硝态氮饮用水，是婴儿发病的重要原因之一，皮肤呈青紫色是硝酸盐或亚硝酸盐中毒的外观重要特征。由亚硝酸与二级胺或三级胺反应生成的亚硝胺，是公认的强致癌物质，已引起广泛重视。

2. 化肥污染的防治

（1）控制施肥总量，实施平衡配套施肥。通过研究和实践，充分利用现有的配方施肥技术成果，通过生产和施用作物专用肥来调节不同营养元素的比例和数量，达到有机无机配合，氮素和其他元素合理配比，从而控制施肥总量，减少肥料损失和对农业生态环境的污染，提高肥料的利用率。

（2）增加化肥科技含量，改进施肥方法。一般化肥都是速效性的，存在着肥料施用与作物需求之间的矛盾。因此把速效性化肥变成缓效或控释肥料，使有效养分缓慢释放出来与作物需求相一致；或采取化肥深施将化肥定量地施入地表以下作物根系密集部位，使养分能够被作物充分吸收，减少养分淋失、反硝化等，从而减少对环境的污染。

（3）种植水生植物，净化水体，综合利用。对于化肥流失引起的水体污染或是生活污水的处理，都可以利用水浮莲、水葫芦等水生植物对氮、磷的吸收，来净化水体，同时又可以获得植物产量，增加肥料和饲料。

（4）对于已受污染的酸性土壤，可以施加石灰等来提高土壤碱性，使重金属生成氢氧化物沉淀，以抑制其危害；也可以通过其他合理的方法来改善理化性状，降低重金属的活性。

四、新型污染物引起的农业生态安全问题

进入 21 世纪，随着新型产业的发展和人民生活方式的改变，出现了一些新型的环境污染物，包括：① 多溴联苯醚（PBDE）等溴化阻燃剂污染物；② 药品（包括各类兽药和抗生素）

和个人护理用品（PPCP/ PCP）污染物；③ 全氟锌酸铵及芳香族磺酸类污染物（PFOS/ PFOA）；④ 纳米污染物等。

许多新型化合物被广泛地应用于各种工业、建筑、电子、纺织等领域，但是其对生态系统的安全性评价研究却一直滞后，一方面是由于本身新型化合物良好的工业性能导致过快的推广应用而安全性评价没有及时跟上，另一方面新型化合物在生态系统中的物质循环过程比较复杂，需要长期观察研究才能得出客观评价。

例如，目前在地表水、污水、地下水和饮用水中发现 50 多种 PPCP 物质，这些物质大多逃过了现有的水质标准控制。现有水处理技术对相当大的一部分 PPCP 物质没有明显的去除效果。这些污染物随着处理后生活污水的排放和农业灌溉以及其他途径进入到农业生态系统中，它们对农业生态系统产生了越来越重要和越来越明显的污染胁迫，导致了农业生态安全的新问题。

例如，对多溴联苯醚（PBDE）的研究已证实低溴类如 BDE - 99,47,153 等生物毒性明显，可能导致内分泌紊乱，具有神经行为毒性，且其某些同源物可能具有致癌性等效应，自 2007 年始，美国及欧洲等地相继限制低溴化合物的生产及使用。而十溴联苯醚是 PBDE 家族中含溴最高的一种化合物，因其价格低廉性能优越，生物毒性不确定而广泛使用。

根据相关研究，在环境中 PBDE 不易分解，具高亲脂性，易于和颗粒物质结合，推测出 PBDE 可通过食物链在生物体各组织器官中蓄积。DARNERUD 发现，在食物链中 PBDE - 47 的生物放大作用很强，由低级生物鲱鱼体内大约 50 ng/kg 上升到食物链中鱼鹰体内大约 1 900 ng/kg，其浓度放大了近 40 倍。因此，即使进入环境中的 PBDE 极其微量，由于生物放大作用，也会使处于食物链中的高级生物受到伤害。

PBDE 为非共价结合添加进入产品，所以在它的生产、加工、运输过程中，很容易进入环境。在农业生态系统中，包括沉积物、鱼类、水生鸟类、哺乳动物及其他生物以及人在内，各种 PBDE 的同源物被发现，且痕量级的 PBDE 在离污染源很远的地方如北极也已被检测到，说明 PBDE 已是全球性的问题。

思考题

1. 某一森林的现存量为 612 t/hm²，年净生产量为 44.5 t/hm²，其更新率为多少？ 更新期为多少天？

2. 某一水体中的浮游生物的现存量为 0.09 t/hm²，年净生产量为 4.3 t/hm²，其更新率为多少？ 更新期为多少天？

3. 生态系统中水、碳、氮、磷、硫的循环是如何进行的？

4. 人类活动对物质循环的干扰方式及其生态环境后果是什么？ 该如何趋利避害？

5. 温室效应的气体主要是哪几种？ 为什么会产生温室效应？ 温室效应会产生哪些影响？ 对农业生产有何利弊？

6. 氮素通过哪些固氮途径进入农业生态系统？

7. 为什么说磷的循环是一种不完全的缓慢的循环，而且磷资源有枯竭的危险？

8. 酸雨是怎样形成的？ 它有哪些危害？

9. 农业生态系统养分循环有哪些特点？

10. 如何调节农业生态系统的养分循环？如何保持农业生态系统的养分平衡？

11. 农业生态系统主要污染物的危害及其防治方法有哪些？

参考文献

[1] Schlesinger W H. Carbon balance in terrestrial detritus [J]. Ann Rev Ecol Syst, 1977,8：51～81.

[2] 骆世明,陈聿华,严斧. 农业生态学[M]. 湖南：湖南科学技术出版社,1987.

[3] G. W. 柯克斯，M. D. 阿特金斯(美). 农业生态学——世界食物生产系统的分析 [M]. 北京：中国农业出版社,1987.

[4] 中国科学院北京农业生态系统实验站. 农业生态环境研究[M]. 北京：气象出版社,1989.

[5] 孙鸿良. 生态农业的理论与方法[M]. 山东：山东科学技术出版社,1992.

[6] 尹钧,高志强. 农业生态基础[M]. 北京：经济科学出版社,1996.

[7] 骆世明,彭少麟. 农业生态系统分析[M]. 广东：广东科学技术出版社,1996.

[8] 严力蛟. 生态研究与探索[M]. 北京：中国环境科学出版社,1997.

[9] Nakazawa T. Variation and cycles of carbon dioxide and methane [J]. Global Environmental Research,1997,2：5～14.

[10] 李振基,陈小麟,郑海雷,等. 生态学[M]. 北京：科学出版社,2000.

[11] 方精云. 全球生态学[M].北京：高等教育出版社,2000.

[12] 段爱旺,张寄阳. 中国灌溉农田粮食作物水分利用效率的研究[J]. 农业工程学报,2000,16(4)：41～44.

[13] 李博. 生态学[M]. 北京：高等教育出版社,2000.

[14] 王兆骞. 中国生态农业与农业可持续发展[M]. 北京：北京出版社,2000.

[15] 严力蛟,朱顺富. 农业可持续发展概论[M]. 北京：中国环境科学出版社,2000.

[16] 朱兆良.农田中氮肥的损失与对策[J]. 土壤与环境,2000,9(1)：1～6.

[17] 宇万太,张璐,陈欣,等.下辽河平原农业生态系统磷和氮在饲养-堆腐环中的循环率及有机肥料中养分利用率[J]. 应用生态学报,2000,11(增刊)：1～4.

[18] J. L. Chapman, M. J. Reiss. Ecology：principles and applications(Second Edition) [M]. McGraw-Hill Company,Inc. ,2000.

[19] 陈阜. 农业生态学[M]. 北京：中国农业大学出版社,2001.

[20] 常杰,葛滢. 生态学[M]. 浙江：浙江大学出版社,2001.

[21] 骆世明. 农业生态学[M]. 北京：中国农业出版社,2001.

[22] 周根娣,朱有为,严力蛟. 农业环境与发展导论[M]. 北京：中国环境科学出版社,2002.

[23] 曹志平. 农业生态系统功能的综合评价[M]. 北京：气象出版社,2002.

[24] 蔡晓明. 生态系统生态学[M]. 北京：科学出版社,2002.

[25] 曹凑贵,严力蛟,刘黎明. 生态学概论[M]. 北京:高等教育出版社,2002.

[26] 宇万太,张璐,殷秀岩,等. 下辽河平原农业生态系统不同施肥制度的土壤养分收支[J]. 应用生态学报,2002,13(12):1571~1574.

[27] 尚玉昌. 普通生态学[M]. 2 版. 北京:北京大学出版社,2002.

[28] 李建龙. 信息农业生态学[M]. 北京:化学工业出版社,2004.

[29] 麦肯齐(A. Mackenzie),鲍尔(A. S. Ball),弗迪(S. R. Virdee)著,孙儒泳等译. 生态学[M]. 北京:科学出版社,2004.

[30] 朱兆良,孙波,杨林章,等. 我国农业面源污染的控制政策和措施[J]. 科技导报,2005,23(4):47~51.

[31] 周启星,骆世明,章家恩. 新型污染物引起的农业生态安全问题与生态修复展望[C]. 第 13 届全国农业生态学研讨会论文集,2007:425.

[32] Drinkwater L E, Snapp S S. Nutrients in agroecosystems:Rethinking the management paradigm [J]. Adv. Agron. ,2007,92:163~186.

[33] 王宏燕,曹志平. 农业生态学[M]. 北京:化学工业出版社,2008.

[34] 杨林章,孙波等,范晓晖,等. 中国农业生态系统养分循环与平衡及其管理[M]. 北京:科学出版社,2008.

[35] 刘季科,杨京平,蔡飞,等. 浙江大学现代生态学课程[DB/OL]. URL:http://eco. nefu. edu. cn/ecologyweb/new_page_2. htm.

[36] 华南农业大学农业生态学课程[DB/OL]. URL:http://jpkc. scau. edu. cn/nystx/wlkj/curriculum%20content. htm.

第六章　农业生态系统的信息流

农业生态系统中除了能量流动和物质循环以外,还存在着众多的信息联系。信息传递是农业生态系统的基本功能之一,也是进行农业生态系统调控的基础。各种信息在农业生态系统的组分之间和组分内部的交换和流动称为农业生态系统的信息流。这些信息把农业生态系统的各部分联系起来协调成一个统一的整体。在农业生态系统信息的传递过程中同时伴随着一定量的物质和能量的消耗。但是信息流并不像物质流那样是循环的,也不像能量流那样是单向的,而往往是双向的,有从输入到输出的信息流,也有从输出向输入的信息反馈流。

农业生态系统中的信息流不仅存在于各基本组成成分间及其内部,也不仅是个体、种群等不同水平的信息传递,而是指农业生态系统中所有层次、生物的各分类单元及其各部分都具有的特殊信息联系。按照控制论的观点,正是由于这种信息流,才使得农业生态系统具有自动调节机制,从而赋予农业生态系统以新的特点。

第一节　农业生态系统信息流的特征

一般而言,信息流是以物质循环和能量流动为基础的,是伴随着物质和能量的流动而进行的。如果没有物质循环和能量流动,就无从谈起农业生态系统的信息流。而物质流和能量流则是通过信息的流动和反馈而进行调节控制的,从而使农业生态系统的正常运转得以维持。

能量和信息可以被认为是物质的两个主要属性。在农业生态学中人们往往更多地使用能量流而不是用物质流来描述物质的流动和变化,这是因为在生命系统中,能量更能说明问题的本质。既然农业生态学家已经将能量从物质中抽象出来,并且用能流图来描述系统,那么我们也可以将信息从物质中抽象出来。如果一个农业生态系统用能量流-信息流联合模型进行研究,会比单用能量流来得更本质、更完善,更能揭示农业生态系统的各种控制功能,包括农业生态系统的自组织能力。

在农业生态系统中生物的食物链或食物网既是一个物质转化过程,也是能量的流动方向,同时也是生物的营养信息系统,各种生物通过以营养物质为基础的信息关系构成一个互相依存和互相制约的整体。食物链(食物网)中的各级生物要求一定的比例关系,即生态金字塔规律。根据生态金字塔规律,养活一只草食动物需要几倍于它的植物数量,养活一只肉食动物需要几倍的草食动物数量。前一营养级的生物数量反应后一营养级的生物数量。这本身就是以农业生态系统中的物质和能量为基础的。各营养级之间通过这种信息进行相互调节,从而控制各营养级之间的数量平衡。

一、农业生态系统中信息的特点

1. 信息种类多,储存量大

农业生态系统中信息种类繁多,包括生命物质信息和非生命物质信息,从宇宙到分子,不同层次都有信息,有宏观的亦有微观的。现在处于信息科学急速发展的时代,随着各种生物,包括人、植物、动物和微生物的基因组计划和各种类型农业生态系统研究计划的进行,与之相关的农业生态系统各种结构与功能的信息已经或将要获得,到目前为止,已经有数百种生物学、生态学数据库。物种的信息储存量很大,每种微生物、动物和植物遗传密码中都有大约100万~100亿比特的信息,都是在几千万年或几百万年进化过程中存留下来的。人类基因组所蕴含的3.4万~3.5万个基因,现在已经初步确定。

2. 信息的多样性

农业生态系统中生物种类成千上万,所包含的信息非常庞杂。信息来自植物、动物、微生物和人等不同类群的生物。植物之间可以通过各种化学次生物质及其他方式进行信息传递,植物通过颜色、气味等给相关动物发出信号,鸟儿歌声婉转动人,蝈蝈是出类拔萃的歌手,犬吠、狼嚎等都是动物发出的种种信息。此外,亦有非生物信息,有包含了物理、化学和生物等的不同性质的信息,也有通过液相、气相和固相传播的不同信息。信息可以是单个信号(signal),也可以是信息集合。

在农业生态系统中,环境就是一种信息源。例如在一个森林生态系统中,射入的阳光给植物光合作用带来了能量,同时也带来了外界的各种物质成分,同时,河水的涨落、水中物质成分的变化也都给森林带来了信息。这些信息主要从时间不均匀性上体现出来。另外,不同的土质、射入森林的阳光被枝叶遮挡后光强、光质的变化,则是物质能量空间分布不均匀性的例子。

3. 信息通信的复杂性

农业生态系统中生物以不同方式进行信息通信。有的从外形相貌上显示其引诱或驱避作用;有的在内部生理、生化方面蕴含着抑制、毒杀作用;有的从行为方面进行通信联系等。信息通信距离有远有近,有的近在咫尺,有的远至数百千米,乃至数万千米以上。信道除空气、水域、土壤等自然因素外,还有不少是生物本身具有联系的功能,当然也包括人工的联系通道等。

二、农业生态系统中信息的处理过程

农业生态系统信息流是一个复杂过程,一方面信息传递过程总是包含着生产者、消费者和分解者等亚系统,每个亚系统又包含着更多的亚子系统;另一方面,信息在流动的过程中不断地发生着复杂的信息交流和转换。归纳起来农业生态系统信息流有以下一些基本的过程。

1. 信息的产生

系统中信息的产生过程是一种自然的过程。只要有事物存在,就会有运动,就有运动状态和方式的变化,从而就有了信息的产生。

2. 信息的获取

指信息的感知和信息识别。信息的感知是指对事物运动状态及变化方式的知觉能力。

当然仅有知觉还是不够的,还具有识别能力,能够对信息加以分辨。它必须同时考虑到事物运动状态的形式、含义和效用 3 方面因素。这就是信息科学中的"全信息"。其中的形式因素的信息部分称为"语法信息(syntax information)",把其中含义信息部分称为"语义信息(sematic information)",而把其中效用因素的信息部分称为"语用信息(pragmatic information)"。换句话说,主体利用信息的层次将语法信息、语义信息和语用信息都包含在内了。对比较高级信息的获取常采用机械工具从环境中自动提取。为了获取更丰富的有用信息,不仅要获取和利用语法信息因素,同时还需要语义信息和语用信息。

3. 信息的传递

包括信息的发送处理、传输处理和接收处理等过程环节。发送信息不仅包括信息在空间中的传递,也包括信息在时间上的传递。前者称为通信,后者称为存储。通信就是要使接收者获得与发送端尽可能相同的消息内容和特征。农业生态系统信息传递实质性过程可描述为如图 6 - 1 所示的模型。

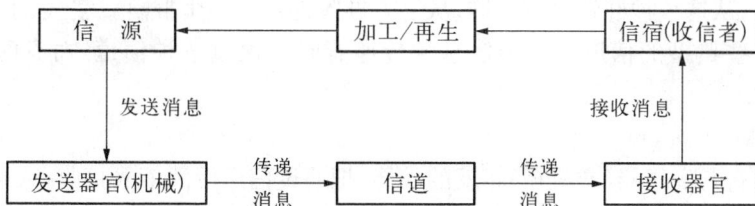

图 6 - 1 信息传递系统模型

4. 信息的处理

信息处理系统(information processing system)是指为了不同目的而对信息进行的加工和变换。针对不同的目的和背景而进行的,如为了提高抗干扰而进行的纠错编码处理,为了提高效率而进行的信息压缩和信息加工处理等。一般分为浅层信息处理和深层信息处理。前者基本上是对信息的形式化所作的处理,如匹配、压缩、纠错和加密等;而后者则不仅仅利用语法信息的因素,而且要考虑全信息的因素,特别要与优化、决策等联系的信息因素。信息处理的层次越深,越要充分利用全信息的因素。

5. 信息的再生

信息再生(regeneration)是利用已有的信息来产生信息的过程,它在整个信息传递过程中起着十分重要的作用。信息再生表明它是一个由客观信息转变为主观信息的过程,是主体思考升华转变的过程。决策(decision making)是根据环境和任务决定的策略,它是一个典型的信息再生的过程。

6. 信息的效用

使信息发挥作用是研究整个信息传递过程的目的。通过获取信息、传递信息、处理信息、再生信息等,最重要的是利用信息,让信息发挥效益。其中包括控制、优化的增广智能,最终把信息和规律运用于实践。

三、农业生态系统中信息传递系统模型

各种不同类型的农业生态系统有千差万别的信息,信息传递的过程也千差万别,但信息

传递过程的实质都是通信。因此,农业生态系统任何信息流的基本过程或单元都可概括为信息传递的基本模型(见图 6-1)。可以分为信息源、发送器官、信道、接收器官和信宿 5 个主要部分。

1. 信源(source)

也称为信息源,它产生要传输的信号,通常是某一生物个体或环境要素,同时它也可以是另一信息的信宿。

2. 发送器(sender)

发送器要把传递的信息变换成适合于信道上传输的信号。一般由编码器按照信道类型进行编码。对生物主体来说,常是生物的一些器官,如声带、发光体、翅、口、鼻、腿、腹膜、腺体等。

3. 信道(channel)

信道是连接发送端与接收端的信息媒介。传递的信号通过此媒介从一个有机体传递到另一个有机体;从这一种群到另一种群;从一个群落进入另一个群落。空气、水域、导线和光纤维等都是一些典型的信道。一个信息的传递有时仅通过一种信道,而有时要经过多种信道。

4. 接收器(receiver)

接收器执行与发送器(或机械)相反的功能,把通过信道后的信号接收,或再加以变换成能被接收者所理解的信号。如眼、耳、鼻、毛发、皮肤、触角等感觉器官。

5. 信宿(recipient of information)

信宿即为收到信息者,是信息传递的目的地。信宿又可能是另一信息的信源。农业生态系统中各组成要素分别在不同的信息流中担任信源和信宿的角色,将形形色色的信息流汇聚成一个复杂的信息传递网络。信息传递的目的就是要使接收端获得一个与发送端相同的复现消息,包括全部内容和特征。然而,在实际中不可避免地会产生噪声(noise)的干扰。所以,接收信息和发送消息之间总会有差别,信息传递的过程中会失真,如无线电接收中的静电干扰,雨雪对电视信号的干扰,发射机的热干扰等。因环境中所有远近不同、方向不同、自身或周围反射的干扰等,农业生态系统中所有信息传递的限制性因素统称为环境噪声。

四、农业生态系统中信息的度量

1. Hartley 度量法

L. V. R Hartley 于 1928 年最早提出一种度量信息的方法。指出信息数量的大小仅与发信者在字母表中对字母的选择有关,而与信息的语义无关。他首先考察了通信过程中所涉及的一些因素,发现任何通信系统的发信端总有一个符号表。发信者发出信息的过程是从这个符号表中选出一个特点符号序列的过程。假定这个符号表一共有 S 个字母,发信者选定符号序列一共包括 N 个符号(这是序列"长度")。那么:

$$H = N\lg S = \lg S^N$$

即信息量 H 与选择次数 N 成正比例关系。这就是 Hartley 所建立的信息度量公式。Hartley 度量公式排除了主观上的因素,建立了纯粹形式化的信息测量方法。Hartley

把语法信息与符号选择联系起来，把概率论引入信息的度量，用对数函数表示信息度量的公式。

2. 信息熵

Shannon 继承了 Hartley 关于排除主观因素的思想，并把他的信息度量公式进一步改进了推广，强调指出，通信的发生是以通信者具有不确定性为前提的，通信的结果则是要消除这种不确定性。由此，Shannon 等就把信息定义为消除不确定性的东西，并提出了著名的 Shannon Wiener 指数公式作为信息量公式：

$$H = \sum_{i=1}^{s} (P_i)(\log_2 P_i)$$

式中：H 为样品的信息含量，为群落的多样性指数；s 为物种数；P_i 为样品中属于第 i 种的个体的比例，如样品总个数为 N，第 i 种个体数为 n_i，则 $P_i = n_i/N$

在这里，信息量公式中的量完全是统计量，因而常称为统计信息或概率信息。此外，函数 $H(x)$ 与统计热力学中克劳修斯定义的熵公式是相同的，克劳修斯用熵表示一个系统的紊乱程度，这与不确定性的含义相通。信息是一种被消除了的不确定性，信息量等于熵的减少量。所以，信息可以看成是"负熵"。信息熵与热熵正是从不同方面揭示了事物的不确定或无规则性的数值关系。

3. 农业生态系统的信阻和信容

信息的传输不仅要求信源和信宿间要有信道的沟通，而且要求信源和信宿之间存在着信息量的差值，因为信息只能从高信息态向低信息态运动，我们可称这个差值为"信息势差"。另外信息在信道中的传递过程中，和电信号在导线中的传递过程类似，只有当农业生态系统中各组分间信息势存在一定梯度时，信息的传递才会发生。因此，我们在此引进了信流阻力的概念。而当信道及其相邻组分间存在着信息的净转移时，我们称之为非稳态，这样的组分称为信息容器，其信息容量就是信容。不同的信息接收器有不同的信容，对接收信息的敏感程度也就千差万别。也就是说，信息势差越大，信道的传递阻力越小，信道中的信息流就越大。对于相同量的信息量，信容越大，则反应越不灵敏，反之则越敏感。

第二节　农业生态系统组分间的信息流

作为农业生态系统来说，生物和非生物成分是缺一不可的。如果没有非生物环境，生物就没有生存的环境和空间。多种多样的生物在农业生态系统中扮演着重要的角色。根据生物在农业生态系统中发挥的作用和地位，可以划分为生产者、大型消费者和小型消费者三大功能类群。农业生态系统的组成可以概括为：生命支持系统（非生物环境）、生产者、大型消费者和小型消费者 4 种基本成分。

农业生态系统包括生物个体、种群、群落和农业生态系统等不同层次，从尺度的不同可以分为农业生态系统层次和景观层次。由于层次尺度的不同，农业生态系统各组分之间信息的特点和信息流的规律也就不尽相同。这里着重讨论生物组分之间及它们与环境之间的信息传递过程。

一、植物与环境的信息传递

在各种不同类型的农业生态系统中,植物作为生产者与其他成员之间有着不可分割的联系。农业生态系统中绿色植物为了维持自身生存,要从外部获得各种各样的信息;同时,植物本身亦要发出一系列的信息。以植物为主的各种信息协同有序、相互交流,在生物进化过程中发展成许多巧妙而有效的通信信号。生物体可以通过这些信号的传递对群落空间结构及物种组成等进行调节。

植物的生长与发育与环境条件密切相关,植物对环境信号的感知及做出相关反应,从而保证其生命体的延续。植物与所有环境因子均存在信息交流,在这里仅以光照为例加以说明。研究发现,植物的形态建成,即生长和分化的功能,是受光照的信息控制的。植物只需要接受很短时间的光照,就能决定植物的形态建成。但光信息对不同植物种子的作用是不一样的。例如,烟草及莴笋的种子,萌发必须要有光信息,这些种子一般称为"需光种子"。另外一类植物,如瓜类、番茄等种子萌发,见光则会受到抑制,这类种子一般称为"嫌光种子"。由此可见,光作为信息对植物种子的萌发作用有两重性,既有促进作用,也有抑制作用。

近代的研究还表明,光对开花反应和某些生物生长过程的控制亦有同样特点,在一些短日照植物中,红光在暗期间断中的作用可被随后的短暂的远红光光波信号所抵消。这种作用可反复逆转多次。

另外植物可以对不同的光照强度做出相应的反应,如在其他条件适宜而光强时,其叶片气孔密度一般较高,以便蒸发掉更多的水分来降低叶片表面温度,从而降低光照对叶片组织的伤害。

有意思的是,作为信息的光能与光合作用中的光能是有区别的,在量上,它比光合作用需要的量少得多,多数情况仅 $10^{-3} \sim 10^{-8}$ $\mu W \cdot cm^{-2}$ 就够了。在质上,它的作用范围为 $0.28 \sim 0.8$ nm,超出了可见光的范围。在作用方面,仅能启动植物发育和分化方式的转换。植物通过体内的光敏色素(phytochrome)接受外界的信息光能,以引起体内细胞的局部转化,进而扩大,最终引起植物体宏观上的变化。

二、植物与植物的信息传递

生物体从来都不是孤立存在的,生物个体和种群间必然存在着通信交流。在农业生态系统中生产者与生产者之间同样发生着复杂的信息联系。众所周知的是植物的化感作用(allelopathy)。植物产生的许多种次生代谢物质(secondary metabolites)可以作为它们之间进行通信的化感作用物质(allelochemicals)。现在已知结构的植物次生代谢物质的总数在 30 000 种左右,加上待鉴定的可能远远超过此数。就目前的认识而言,植物以化学物质为媒介的通信交流应是主要方式。植物次生物质是植物体之间、植物和其他有机体之间相互作用的纽带。

植物通过挥发、根系分泌、雨水淋溶和残体分解等途径释放化感作用物质,对周围植物的生长和结构分布进行主动调节。例如香桃木属($Myrtus$)、桉树属($Eucalyptus$)和臭椿属($Ailanthus$)等释放的酚类化合物是从叶面溢出后进入土壤的,表现出对亚麻的抑制效应,烟草、曼陀罗根部分泌的生物碱,直接进入土壤产生化感作用。蕨类植物枯死枝叶中释放出的酚类物质,对草本植物有很强的化感作用。蒿、桉和鼠尾属植物产生的单萜和倍半萜,形成一层挥发性的萜类"云",对周围植物生长产生抑制作用。植物的化学分泌物除对其他植物产生抑制作用外,有的也产生促进作用。如皂角和白蜡树,槭树和苹果树、梨树,洋葱和甜菜,马铃薯和菜豆,豌豆和小麦,玉米和大豆,葡萄和紫罗兰,它们之间都可通过化学分泌物相互促进。

在寄生植物和寄主植物之间,还表现有另一种不同的情况。黄独脚金(*Striga hermonthica*)是玄参科植物,寄生于甘蔗、玉米或棉花上。向日葵列当(*Orobanche cumana*)是列当科植物,寄生于向日葵、蚕豆、烟草等植物上。这些寄生植物的种子细小如尘埃,随风扩散。它们并非在任何地方都可以发芽,而只有在接收到寄主植物根部分泌物的信号后,才萌动、发芽。

陆生植物间的化学信号传递只能通过空气和土壤两种载体进行。以空气为载体的植物间化学通信研究始于在对糖槭树(*Acer saccharum*)、杨树(*Populus euroamericana*)和柳树(*Alnus glutinosa*)的研究,结果发现,当这些树种中的某一棵被机械损伤或受到昆虫侵食时,不仅自身,而且邻近树木均会迅速产生抵御伤害的酚类物质,如水解单宁等。这意味着同种树木之间存在着传递报警信号的行为,而且这种报警信号现在已经证实是通过化学物质茉莉酮酸甲酯进行传递的。最近研究表明正常的野生烟草叶当生长到接近邻近植株时常停止生长,以避免相互在叶冠间对光的竞争,但转基因烟草则不具备这种功能。两者的差异在于野生烟叶在相互接近时双方释放乙烯,而转基因的人工栽培烟草则不能释放乙烯,说明乙烯是烟草之间相互识别交流的信号气体。从而说明植物在未伤害条件下也存在着化学通信。

三、植物与微生物的信息传递

高等植物的化学感应作用物质主要通过水淋、根分泌、残体分解和气体挥发4种途径释放到周围环境中,从而影响邻近植物的生长发育,而前面3种途径都必须接触到土壤,土壤中大量的微生物必然会对植物分泌的化学感应物质产生影响,这些影响包括降解、转化等。微生物的作用可能使植物原来分泌的物质降解成为没有化学感应活性的物质,也有可能将原来没有活性的物质转化为有活性的物质。有些微生物能将植物产生的酚类物质作为碳源。土壤中的微生物会产生很多对植物有害的物质,这些物质包括抗生素、酚酸、脂肪酸、氨基酸等。

植物体内的很多次生代谢物质能有效地抵御病原菌的侵染。如燕麦因含有强荧光的五环三萜而抗纹枯病。洋葱鳞茎外层鳞片所含的原儿茶酚能抗炭疽病。大麦幼苗根中所含的大麦芽碱能抵抗根腐长蠕孢的浸染。蚕豆中的蚕豆酮是一种炔类化合物,有很高的抗菌活性。马铃薯在受到病原菌侵袭时,在染病区与健康组织之间出现一条鲜明的蓝色荧光环,环带中抗菌的酚类物质大大增加。

弄清作物体内的抑菌物质和诱导产生的植保素在抗病中的意义和作用机制对抗病品种的筛选和利用至关重要。另外,人们可以利用某些植物组织的浸出液防治病害。例如,用地榆根的水浸出液杀死伤寒、副伤寒 A、B 病原菌、痢疾杆菌。用七里香、天竺葵、柠檬、肉桂、桉树等芳香油植物和葱、蒜、烟草的分泌物或渗出物杀菌,以及用水葫芦的根分泌物杀死某些藻类,治理水体的富营养化等。

四、植物与动物的信息传递

植物与动物不同,它们是不会走动的,给人们表面的印象似乎只能待在那里坐以待毙。然而,事实并非如此。植物绝不是软弱无能、处于完全被动受害的地位,而是通过形态及生理生化等各个方面,采取了多种行之有效的手段来保护着自己。

有的植物[例如蓟属($Cirsium$)植物]在进化过程中长出各种荆棘和皮刺,这些棘刺产生了"不可食"的信息,使草食动物望而生畏,不敢碰它,从而形成了机械的防御手段。放牧场上大多数绿草几乎被吃到根部,而一些蓟草却能一直生长,不受触动,主要就是由于这种防御机制。还有一些植物覆盖着多种细毛。这种毛状体在防御上起到积极作用。那些带钩和倒刺毛状体能刺伤昆虫或使之动弹不得。同时有些毛状体往往是植物化学防御的一部分。例如,报春属($Primula$)植物叶片上的毛状腺分泌的刺激性化学物质,它们能使那些草食动物感到发痒或疼痛,从而起到驱虫信息的作用。

众所周知,植物的花是植物与授粉动物间联系的极为重要的信息媒介,并以此确立了两者的共生关系。对 2 680 种花的色泽进行统计得出结果表明:白花最多,占 1 193 种;其次是黄花,占 951 种;红花占 307 种;绿花占 153 种;橙色花只占 50 种;茶色花占 18 种;而黑色花最少,只有 8 种。一朵花生成某种颜色,与有能力感觉到这种颜色信号的昆虫有关。例如,蜜蜂、黄蜂和丸花蜂偏爱粉红色、紫色和蓝色花朵;蝇类和甲虫类喜欢黄色花朵。夜间蛾类活动时,偏爱白色花朵。蝴蝶识别红色的本领最高。在热带、亚热带,开红花的种类较多。植物不仅靠蝴蝶,也靠鸟类中的晨鸟、太阳鸟传播花粉。由于长期信息频繁的往返,使得花的开放、花粉的成熟、花蜜的分泌、花香的外溢等与授粉者活动的配合十分巧妙,促使两者形成了相互紧密的依存关系。

五、动物与动物的信息传递

动物与植物的不同在于能移动,这使动物间的信息传递活跃得多、复杂得多。动物间信息通信常表现为一个动物借助本身行为信号或自身标志作用于同种或异种动物的感觉器官,从而"唤起"后者的行为。这种信息系统具有适应意义,大多是互利行为。

动物间信息通信具有以下特点:

(1)信号的高效性。雌家蚕($Bombyx\ mori$)分泌的蚕蛾醇($Combycol$),只要有 10^{-10} μg/ml 浓度,就能引起雄家蚕的反应。雌舞毒蛾($Porthertia\ dispar$)分泌的信息素可把远在 400 m 以外的雄蛾吸引到自己身边来。

(2)信息的特异性。每一个物种的通信信号通常只有本物种的个体才可以接受、理解或做出相应的回答。如雨蛙($Hyla$)的两个种($H.\ ewingi$ & $H.\ verreauxi$),在重叠分布区内,它们的叫声明显不同。但在非重叠区内,它们的叫声却难以分辨。这一实例说明社会信号可作为近缘物种相互隔离的一种手段。

(3)信息的多样性。一个动物机体可以发出多种不同的信号。

(4)信息通信的普遍性。通信不但见于同种动物,也常存在于异种动物之间。如热带珊瑚礁中的小鱼取食大鱼身上的寄生虫和嘴里的食物残渣,大鱼并不吞食这些"清洁鱼"。它们之间的通信方式是清洁鱼鲜明的条纹。小鱼在做清洁以前,常在大鱼面前游动、舞蹈一番,还分泌一种化学物质。如此之后,大鱼才认识它们,允许它们接近,让它们取食。

动物间信息通信涉及信源和信宿两个方面。在许多事例中它们间的联系是协同进化结果,在进化过程中建立起通信系统。一些通信最初并没有包含信号的意义,是在进化过程中逐渐取得了信号的意义。如鸳鸯雄体求偶时以喙尖伸向翅上一处颜色鲜艳的羽毛(镜羽),其实这是由整理翅羽生理活动发展而来,在进化过程中,雄鸳鸯的镜羽变得色艳而上翘。

在农业生态系统中,动物间信息通信有多种形式,主要有视觉信号、声音信号、化学信号、触觉信号、电信号等,分别作用于对方的视觉、听觉、味觉、嗅觉和触觉等感觉器官。

第三节　信息技术在农业生态系统中的应用

一、农业生态系统中信息技术应用概述

20世纪80年代以来,由于全球气候变化和生物多样性下降等区域性生态和环境的恶化,导致全球气候变暖和环境污染加剧,再加上生态科学自身的发展需要,要求生态科学研究拓宽自身工作面,加强时间、空间动态研究,并根据信息生态学的原则,从植物个体、种群、群落、生态系统、景观、区域以及全球不同尺度上去研究植被的结构、功能和变化过程及经济发展的需求。因此,深入研究不同时空区域上获取的各种生态信息及加工处理技术就变得更为必须和必要。

信息科学是20世纪80年代初期世界上新兴发展起来的一门高新科学,由此产生的信息技术如同遥感技术和生物技术一样,属于世界上三大高新技术之一,近年得到蓬勃发展。尤其是信息技术在农业、林业、草业、地理学、土壤学、生态学、土地规划和军事学及全球变化植被监测等领域中的应用,硕果累累,应用效益日显突出。使人类有能力以更为宏观、精细、综合、定量的方式来探讨大自然的奥秘和全球农业土地利用与生态资源的真谛成为可能,同时,也为信息技术在农业生态系统中的应用奠定了科学基础和平台。

信息技术在农业生态系统中的应用,主要体现在各种现代新型信息技术如遥感技术(remote sensing,RS)、地理信息系统(geographic information system,GIS)和全球定位系统(global positioning system,GPS)即3S技术,与各种新型信息源结合在农业科学和生态科学中的具体应用。建立在生态学原理和农业系统工程方法基础上的农业生态系统信息应用,皆在研究农业生态系统各个层次上的遥感信息产生的机制、生态学效应及其应用的系统理论和方法。通过建立各种遥感模型和技术系统及3S技术集成体系,研究农业生态系统各层次的结构功能和过程及其信息技术的应用所产生的效应,以便推动农业科学和生态科学的发展。目前,国际上利用先进的信息技术在农业生态系统中应用的典型模式就是精准农业。精准农业是因地制宜定量决策、精准定位变量实施的现代农业操作系统。精准农业主

要是研究精细施肥技术、精细播种和大田管理技术、精细选种、耕作和估产技术及精细大田产量统计和病虫害动态监测等,其生产过程包括:精细选地→精细耕作与选种→精细播种与施肥→精细喷药→精细观测长势与产量→精细统计农作物数据→作出技术优化处理和选择最优管理方案。

遥感(RS)主要是指从远距离高空及外层空间的各种平台上,利用可见光、红外线、微波等电磁波测控仪器,通过摄影或扫描信息感应、传输和处理,从而研究地面物体的形状、大小、位置及其与环境的相互关系与变化的现代技术科学。遥感信息的主要特点是具有周期性、宏观性、实时性和综合性。未来的遥感技术将朝着集多种传感器、多级分辨率、多谱段和多时相于一身的方向发展,从而以更快的速度、更高的精度和更大的信息量来提供对地观测农业资源数据,以作为农业生态系统管理及其他应用研究的重要信息源。例如,农业和草地自然资源的普查,生态环境条件的评价,农作物和人工草地种植面积的估算,长势监测和农作物产量预报,区域大尺度土壤水分条件、肥力条件遥感探测等。总之,遥感技术将为农业和草业系统信息化管理源源不断地提供宏观、经济、实时、定位的空间数据,这种信息是其他任何信息所无法取代的,同时又是农业及其草业、畜牧业系统管理本身所必需的。

地理信息系统(GIS)是一个关于空间信息输入、储存管理,分析应用与结果输出的计算机软件系统。除了具有数据库建立的基本功能外,GIS 的主要特征在于其具有强大的空间分析和辅助决策功能,并提供面向用户、易于学习和掌握的友好用户界面。在农业生态系统信息化管理中,GIS 是一个核心技术,它一方面是连接遥感与全球定位系统的纽带,同时能够储存、管理、集成处理各种来源与类型(地图、遥感、统计、文字等形式)的农业或草业等系统数据。例如,气候、土壤、自然灾害、农作物播种面积、粮食单产、总产、商品量、资金、人口等,以供有关检索、分析之用,更为重要的是,它在遥感、全球定位系统及专家系统的支持与配合下,可辅助用户进行各种管理决策,如区域农业系统开发模式、农产品进出口计算与价格制定等,并提供符合当今信息时代要求的信息产品。

全球定位系统(GPS),是美国国防部组织海、陆、空三军共同研制的第 2 代卫星导航与定位系统,具有高精度、全天候的实时定位和导航能力,既可直接获取空间信息,又可用于确定空间位置。一般来讲,运用全球定位系统进行空间实时定位,其精度为 100 m 左右,而差分 GPS(DGPS)的精度可达到 1 m。在农业生态系统信息化管理中,许多生产操作都依赖于空间点的实时精确定位,GPS 无疑是一个最好的工具。例如,在一个农业或牧业区域系统中,需要对特定范围内的作物或草地进行灌溉、施肥或者病虫害防治操作,其基本工作程序是首先通过遥感信息或有关地图来决定工作范围即特定的空间位置(地理坐标),然后,利用GPS 在实地确定其相对应的地面位置,这样,有关操作便可准确、快速地实施。此外,像农作物播种、长势监测与估产等许多农业生产管理方面,都涉及空间三维快速、精确定位问题。可见,GPS 是农业系统信息化管理工程的重要组成部分之一。

由于 GIS 与 RS、GPS 的一体化发展,使农业资源信息采集、标准化、定位、传输、存储、管理、分析和应用成为一个整体的信息网络。因为 RS 和 GIS 资料加工需要在 GPS 系统下定位,快速准确获取目标点的坐标,并结合 GIS 提高移动目标的管理能力,而 GIS 需要应用 RS资料更新其数据库中的数据,同时 RS 影像的识别需要在 GIS 支持下改善其精度并在决策分析中得到应用。研究及实践证明采用 3S 技术的一体化集成,能使农业资源监测和估产信息收集、存储、管理和分析等更加实时、全方位、快速和精度高,可为农学、生态学和地学研究提供全新的研究手段和思路。从目前的发展趋势看,RS、GIS与GPS综合集成,一体化地为农业系统管理服务正成为一种必然。当然,3S集成的理论与技术尚处在不断的探索研究之中。

全球植被动态变化、区域经济持续发展、农业资源与环境动态监测、重大灾害的预警和评估、草地退化和国土荒漠化加剧等都是与世界关注的焦点——环境、资源、人口问题息息相关的重大问题。信息技术作为重要的宏观观测技术,增强其全球监测能力,提高其时效性是至关重要的问题。新型多维信息获取技术、新型遥感器的研制是增强上述能力的关键,同时遥感对地观测作为一项整体技术,将信息获取、信息处理、信息应用和放大纳入同一个系统中也是增强上述能力的至关重要的技术途径。以整个系统的最终成果作为显示其全球监控能力、时效性、自动化程度的检验标准,其实用价值更大。以集成型多维信息获取技术作为其子系统的"3S"一体化信息技术,必将在"定位"的高速自动化、促使"定性"定量化和时空可比性方面具有独特的贡献,尤其在实现农业生产管理与监控现代化方面,具有独特作用。

二、农业生态系统中遥感技术的应用

(一) 遥感概述

遥感(remote sensing),即遥远的感知,它是一种远距离不直接接触物体而对物体及现象的性质及其变化进行探测和识别的理论与技术。

遥感技术系统一般由4部分组成:遥感平台、传感器、遥感数据接收与处理系统、遥感资料分析解译系统,其中遥感平台、传感器和数据接收与处理系统是决定遥感技术应用成败的3个主要技术因素。

遥感技术根据所使用的平台不同,可分为3种:① 地面遥感。平台与地面接触,对地面、地下或水下所进行的遥感和测试,常用平台为汽车、船舰、三脚架、塔等,地面遥感是遥感的基础。② 航空遥感。平台为飞机或气球,是从空中对地面目标的遥感。它的特点是灵活性大,图像清晰,分辨力高,并且历史悠久,形成了较为完整的理论和应用体系。它还可进行各种遥感试验和校正工作。③ 航天遥感。以卫星、火箭和航天飞机为平台,从外层空间对地球目标物所进行的遥感。它是20世纪70年代发展起来的一种现代遥感技术。其特点是在数百公里的高度上对地观测,系统收集地表及其周围环境的各种信息,形成影像,便于宏观研究各种自然现象和规律;能对同一地区周期性地重复成像,发现和掌握自然界的动态变化和运动规律;能迅速地获得所覆盖地区的各种自然现象的最新资料;不受沙漠、冰雪、高山、海洋和国界等现象和条件的限制,对任何地区都能成像。

根据传感器所接收的电磁波谱,遥感技术可分为5种:① 可见光遥感。只收集与记录目标物反射的可见光辐射能量,所用传感器有摄影机、扫描仪、摄像仪等。② 红外遥感。收集与记录目标物发射或反射的红外辐射能量,所用传感器有摄影机、扫描仪等。③ 微波遥感。收集与记录目标物发射或反射的微波能量,所用传感器有扫描仪、微波辐射计、雷达、高度计等。④ 多光谱遥感。把目标物辐射来的电磁辐射分割成若干个窄的光谱带,然后同步探测,同时得到一个目标物不同波段的多幅图像。现在使用的多光谱遥感传感器有多光谱摄影机、多光谱扫描仪和反束光导管摄像仪等。⑤ 紫外线遥感。收集与记录目标物的紫外辐射能,目前还在探索阶段。

用户得到的遥感资料,是经过预处理的图像胶片或数据,然后再根据各自的应用目的,对这些资料进行分析、研究、判断解译,从中提取有用的信息,并将其翻译成为我们所用的文字资料或图件,这一工作称为"解译"。目前,解译已经形成一些规范的技术路线和方法。

(1) 常规目视解译技术。所谓常规目视解译是指人们用手持放大镜或立体镜等简单工具,凭借解译人员的经验,来识别目标物的性质和变化规律的方法。由于目视解译所用的仪器设备简单,在野外和室内都可进行。既能获得一定的效果,还可验证仪器方法的准确程度,所以它是一种最基本的解译方法。但是,目视解译既受解译人员专业水平和经验的影响,也受眼睛视觉功能的限制,并且速度慢,不够精确。

(2) 电子计算机解译技术。电子计算机解译是 20 世纪发展起来的一种解译方法,它利用电子计算机对遥感影像数据进行分析处理,提取有用信息,进而对待判目标实行自动识别和分类。该技术既快速、客观、准确,又能直接得到解译结果,是遥感分析解译的发展方向。

遥感能够采集大量空间位置信息和光谱信息。在计算机模型和地理信息系统的辅助下,遥感成为观测许多生态学系统特别是宏观系统的状态和过程的有效手段。计算机和遥感技术的结合,使生态学家对空间过程的认识、特别是对不同时空尺度上的生态学空间过程的认识大为增加。应用先进的遥感技术拓宽了研究农业生态系统的视野,能使人们更加准确地认识生态学的格局和过程。遥感为在景观或生态系统水平上观测某些现象提供了一套行之有效的方法,它改进了从植物个体到生态系统水平的尺度转换信息,使它们更具有可行性。

遥感技术在生态学上最广泛的应用是,通过总叶面积、叶光化学效率、光合有效辐射之间的关系,估计生态系统生产力。其中,光合有效辐射可用遥感技术测量。一个被广泛应用却很简单的指数是归一化植被指数(NDVI)。该指数借用从地球观测系统(EOS)获得的两个反射波段(红色线和近红外区),确认绿色植物并估计生物量的积累。将遥感应用到生态模型时,一个关键的问题是要确定那些跨尺度的、对光谱变化作用最强烈的因子。如植物组织化学(如氮和木质素浓度)的遥感技术,可用于预测诸如枯落物的分解、叶片光合和蒸腾等各种生态系统过程。

研究还表明,可以应用遥感调查氮胁迫和水分胁迫,使模拟大尺度的生态系统过程与其环境的相互作用具有可能性。此外,若在叶绿素空间格局或冠层水分与生态系统生产力之间建立联系,或在冠层木质素浓度与分解速率之间建立联系,需要借助遥感技术把各种空间格局整合到不同的机制模型中。然而,利用遥感探测生态系统尺度的植物生理学反应仍处于萌芽时期。而且当信息被更大空间尺度平均时,它在探测植物对非生物资源利用差异时的敏感性如何,还没有清楚的文献记载。

遥感使人类能够确认那些参数具有可作为大尺度上生态系统行为调节器的功能,以及确认这些参数在不同空间和时间尺度时具有什么样的差异。例如,Rey-Benayas 和 Pope (1995)分析危地马拉的热带雨林景观多样性格局及其变化,研究发现,在高地,叶生物量是最重要的变量,而在低洼沼泽地中,最重要的变量是林冠郁闭度和老化程度。来自不同景观的光谱图像的主要区别特征已被证实具有稳定的格局。如此看来,建立一套统一特征是可能的,应用它们可评价和比较不同时空尺度的格局和过程。

上述这些观察研究,可能与应用功能组分析遥感数据有关系,这种分析使不同等级之间的信息转换更加容易。生态系统组分的聚集,可能促进或便利不同尺度之间的沟通能力。例如,可将种划分为一个更小的功能类型亚群,每一亚群具有相似的反应格局。这样划分的结果使我们能更容易地评价生态系统对气候变化反应的复杂格局。

遥感技术能够比较不同生态系统之间植被表面温度的差异,因此,它可对生态系统状态进行间接测量。研究数据表明,发展迅速的生态系统其表面温度低于发展缓慢的生态系统。由此看来,生命可认为是耗散这种热力学能量梯度的一种方式。当出现减少热力学能量梯度的新途径时,也就意味着正在进行着生态系统的发展。生态系统温度可为生态学整合提供一个准确的、固有的综合性指标。然而,在这种工具能够应用之前,必须决定生态系统表面温度在一个生态系统转向另一种状态或阈值时,对这种变化程度的敏感性。同时还要确认,当前技术能否探测这些重组的生态系统状态。

(二)高光谱

高光谱分辨率遥感(hyper spectral remote sensing)是指利用很多很窄的电磁波波段从感兴趣的物体获取有关数据。它的基础是测谱学(spectroscopy),测谱学早在 20 世纪初就被用于识别分子和原子及其结构。高光谱遥感与常规遥感的主要区别是前者可以获取连续的光谱信息,并且,高光谱获得的信息并不是简单的数据量的增加,而是信息量的增加,信息量可增加十倍以至数百倍。

高光谱使得本来在宽波段遥感中不可探测的物质,在高光谱遥感中能被探测。研究表明许多地表物质(虽然并不包括全部)的吸收特征在吸收峰深度一半处的宽度为 20～40 nm。由于成像光谱系统获得的连续波段宽度一般在 10 nm 以内,因此这种数据能以足够的光谱分辨率区分出那些具有诊断性光谱特征的地表物质。这一点在地质矿物分类及成图上具有广泛的应用前景。而陆地卫星传感器,如 MSS 和 TM,则无法探测这些具有诊断性光谱吸收特征的物质,因为它们的波段宽度一般在 100～200 nm(远宽于诊断性光谱宽度),且在光谱上并不连续。类似地,假如矿物成分有特殊的光谱特征,用这种高光谱分辨率数据也能将混合矿物或矿物像元中混有植被光谱的情形,在单个像元内计算出各种成分的比例。在地物探测和环境监测研究中,利用高光谱遥感数据,可采用确定性方法(模型),而不像宽波段遥感采用的统计方法(模型)。其主要原因也是因为成像光谱测定法能提供丰富的光谱信息,并借此定义特殊的光谱特征。

高光谱遥感已成为地表植被地学过程对地观测的强有力的工具,其特点是在特定光谱域以高光谱分辨率同时获取连续的地物光谱图像,使得遥感应用着重于在光谱维上进行空间信息展开,定量分析地球表层生物物理化学过程和参数。早期高光谱遥感主要应用于矿物识别,已实现了单矿物识别和填图。由于高光谱遥感能提供更多的精细光谱信息,有些研究者也研究了它在植被遥感中的应用。传统的植被指数如比值植被指数、垂直植被指数或绿度等,与植被生物量有较好的相关关系,但这些指数受外部条件如植被覆盖率、叶片颜色和土壤颜色的影响较大,影响了这些指数的获取精度。利用高光谱遥感导数光谱技术能消除上述因素的影响,直接反映植被叶面积指数、叶绿素含量等信息。

高光谱遥感的超多波段(几十、上百个)、光谱分辨率高(3～20 nm)的特点,使其可探测植被的精细光谱信息(特别是植被各种生化组分的吸收光谱信息),反演各组分含量,监测植被的生长及生态环境状况。

1. 叶片生理特征

实验已经证明用高光谱分辨率数据能够估计叶片化学成分，Peterson 等运用航空成像光谱仪（AIS）对森林冠层中氮和木质素含量进行监测并对森林生产力和营养成分转化进行了预测。蛋白质（包含氮）、木质素和其他营养成分的吸收光谱区主要在短波红外区（1 200～2 400 nm）。试验中运用多元逐步线性回归方法来选择最佳的拟合波段。浦瑞良和宫鹏使用多元统计和光谱导数技术评价小型机载成像光谱仪（CASI）数据用于估计冠层生化浓度（总叶绿素、全氮和全磷）的潜力和效率。光谱导数技术和 NDVI 的计算能在一定程度上揭示光谱中内在的隐含特征并提高估计精度，因为光谱导数处理能减少背景噪声光谱对目标光谱的影响，例如能减弱土壤、积雪和凋落物等背景光谱对森林植被光谱的影响，另一个原因是导数光谱能够增强对化学浓度变化敏感的保持在窄波段间的有用信息。

2. 植被初级生产力与生物量

冠层的理化特性在一定程度上控制着森林的初级生产力（NPP）。比如叶面积、叶厚度和氮含量通过控制光合作用和传输速率来影响 NPP。在不同的温带森林生态系统的试验中，已经证明矿物氮的含量有助于估计年 NPP。黄熟期叶绿素的损失会在可见光波段表现出来。在抽穗期的 R1100 和 R1200 可用于生物量估算，通过回归方法也可用 R1280 来估算水稻单产。Iwamoto 的研究表明，1 220 nm 处是淀粉的吸收波段。因此，在成熟作物中的淀粉和茎秆会在一定程度上影响反射光谱。张良培等利用样本 NDVI 和测量所得的生物量数据进行回归分析，相关系数在 0.8 以上。童庆禧等在鄱阳湖湿地建立了植被因子与生物量之间的经验模型，利用植被生物量与归一化植被因子的关系，用实地测量数据进行回归分析并对研究区进行生物量制图。

3. 作物单产估计

水稻单产易受天气、病虫害、水分的影响，尤其在灌浆和成熟阶段尚无很好的长势/单产模型。高光谱数据为消除天气、病虫害、水分对单产的影响提供了一条新的途径。Miller 等在分蘖或抽穗阶段，运用比值植被指数通过干物质和单产的关系来估计单产。但在作物灌浆与成熟阶段，由于反射率与总生物量之间并不相关，比值植被指数无法预测水稻的冠层生物量。Idso 等运用 500～600 nm 和 600～700 nm 两个光谱区得到的反射值的转换植被指数（TV_{16}）来估计小麦与大麦的单产，获得每天的小麦单产与 TV_{16} 之间的相关系数为 0.78。

单产估算目前应用较多的还是回归分析方法，其基本过程为

$$Y = b_0 + b_1 X_1 + b_2 X_2 + b_3 X_3 + \cdots + b_i X_i + e$$

式中：Y 为作物产量；X_i 为经过平滑的光谱反射率或 NDVI 指数。独立 X_i 的选择依据 X_i 与实测数据的相关系数确定，按 F 检验决定取舍。这一过程的运算量较大，需对所有 X_i，$X_j (i \neq j)$ 的可能组合进行穷举。一般情况下，近红外区（900～1 300 nm）和可见光区（500～700 nm）的反射率在线性回归方程中比较重要，特别是 R1220 和它附近波段的反射率。估计作物单产，用单通道的反射率是不够的。运用 R_x，R_x' 和 $C(R_x)$ 的多元线性回归方法难以估计单产。即使运用导数光谱技术，黄熟期作物的光谱数据与单产之间的关联也不显著。运用 NDVI（特别是 $NDVI_b$）的回归方程比直接基于光谱平滑曲线或导数光谱曲线具有更高

的相关性,能提高单产估计的性能,但在多年产量估算中效果不佳。目前来讲,导数光谱曲线的 NDVI 指数还难以真正用于估产实践,但该方法比宽波段的光谱指数或线性回归方程要好。

4. 植物病虫害监测

植物病虫害的监测通过监测叶片的生物化学成分来进行。植物光谱维方向的特征信息主要集中在由植物叶片中生物化学成分含量的变化形成的吸收波形处。植物光谱的导数实质上反映了植物内部物质(叶绿素及其他生物化学成分)的吸收波形的变化。

病虫害感染导致叶片叶肉细胞结构发生变化,使得叶片的光谱反射率也发生了变化。Malthus 和 Madeira 考察了大豆受蚕豆斑点葡萄孢(*Botrytis fabae*)感染后的光谱反射率变化情况。受感染后,大豆反射率在可见光区变平坦,在近红外的 800 nm 处反射率降低。受感染的程度与可见光的反射率的相关性表现为一阶导数比原始的反射率要高,可以用它来监测病虫害的感染情况。但红边位置(680~760 nm 之间光谱反射率的一阶导数最大值)与受感染的程度并不相关,二阶导数的相关性也比较差。运用高光谱遥感还能监测植被受空气污染的状况。Holer 等发现受空气污染地区多年的叶簇的红边位置比正常叶片向短波方向偏移了 5 nm(蓝移)。在某些植被类型中,蓝移还与重金属含量偏高有关。实验表明蓝移是林地受污染后在光谱上表现的细微变化,它可以作为监测林地健康状况的诊断指标。

综上所述,高光谱遥感作为一种新的遥感技术已经在植被指数、植被叶面积指数、光合有效辐射等因子的估算中以及在植被生物化学参数分析、植被生物量和作物单产估算、作物病虫害监测中得到广泛的应用。选择合适的反演算法是保证高光谱遥感信息反演精度的关键,它决定着消除遥感器老化、大气影响、地形效应等因素影响的效果。要定量地对植被生物量和作物单产进行估算,需要解决的问题还很多。目前多用的是一些回归算法,尽管离实用化还有一定的距离,但毕竟显示了其应用潜力。目前运用地面研究与航空遥感进行植被监测的试验较多,为将来应用航天高光谱遥感数据进行研究奠定了基础。高光谱遥感数据量巨大,必须选择适宜的数据压缩算法以减少存储空间需求。

(三) 植被生态学遥感基础

1. 反演生物物理学参数和模拟生态系统碳循环研究概述

在全球变化研究中和各国制定与气候变化有关的对策时,人们都日益关注地球生态系统对 CO_2 的吸收量及其空间分布。最近,美国、欧盟和其他国家已经或将要发射一系列卫星传感器,以加强对地球碳循环的监测能力。

加拿大国家遥感中心(CCRS)有关生态系统监测的大部分工作都是用甚高分辨率传感器(AVHRR)资料完成的。1993 年以来,CCRS 在每个生长季节都利用图像地理订正和合成系统(GEOCOMP),制作出每隔 10(或 11)天的晴空五波段(红外、近红外、中红外和两个热波段)的合成图片。并在定量分析以前,对这些合成图片逐个进行大气订正、观测角和太阳角标准化、次像元云污染判识和时间内插。下面介绍的就是如何利用这些订正的合成图像来进行信息反演和模式模拟。

对碳循环模拟来说,卫星图像可为其提供地物覆盖类型和植被结构参数等信息。其中最有用的结构参数就是叶面积指数(LAI)。为了设计卫星 LAI 的算法,还必须依赖地面观测技术,使我们能快速而准确地收集到大量的地面观测资料。当然我们还需要一个可靠而灵活的辐射传输模式来确定卫星资料与植冠结构参数之间的关系。这样通过输入地物覆盖和 LAI 资料，借助网格化的逐日气象资料，经过模式处理，就可得出净初级生产力(NPP)的分布，这里 NPP 可定量表征植物对二氧化碳净吸收的状况。最后利用气候、大气和生物资料，就可逐年根据 NPP 总量模拟出包括土壤呼吸在内的完整碳循环过程。

归纳起来，这些内容主要包括五大部分：① 地面观测生物物理参数的手段；② 用多光谱卫星观测资料反演生物物理学数的方法；③ 辐射传输模式的遥感应用；④ 净初级生产力模拟方法；⑤ 净生态系统生产力模拟方法。

2. 地面 LAI 观测技术应用

众所周知，要改进和提高卫星反演叶面积指数(LAI)算法的准确性，就必须要有更多的精确地面观测 LAI 资料才行，因此地面 LAI 观测技术在遥感应用中是非常重要的。

地面观测 LAI 的方法主要有两种：直接法和间接法。

1) 直接法

(1) 树木解析法。即利用叶面积与植冠要素像 Dbh(树干胸部直径)和木质部面积之间的关系。这种方法往往会毁坏树木样本，且有较大的取样误差。

(2) 点接触法。即用针状物穿透植冠的接触数目来表示。它一般适用于叶大且矮的植树，但难以用于树木探测。

(3) 落叶收集法。这需要不断收集落叶，以免出现腐败。该方法对落叶植物很适用，但不适合针叶植物。

2) 间接法

间接法则是用光学仪器观测辐射透射率，进而计算出 LAI。其主要依据是修改后的 Beer 定律：

$$P(\theta) = e^{\frac{-G(\theta)\Omega L}{\cos\theta}}$$

式中：θ 为天顶角；$P(\theta)$ 为在 θ 方向上的透射率；$G(\theta)$ 是单位面积的投影系数；Ω 为集聚指数；L 则为叶面积指数。对于叶片在空间随机分布的植冠，$\Omega=1$。对于非随机分布的植冠，Ω 常 <1。以下是一些用来观测 LAI 主要商用光学仪器。

(1) LAI - 2000(Licor, Lincoln, Nebraska)。它是用 5 个同心环(相当于从 0°至 75°的 5 个天顶角变化)来观测辐射透射率的。借助一系列线性方程，就可用多角观测值同时算出 ΩL 和 $G(\theta)$。这样就避开了 LAI 观测时需要知道叶角分布的麻烦，而从所计算出的 $G(\theta)$ 推算出叶角分布。但如果叶片在空间不是随机分布，该仪器是无法得知 Ω 量的。

(2) Sunfieek Ceptometer(Decogon Devices, Pullman, Washington)。该仪器主要观测 80 cm 长度上的光透射总量。它可用来观测透过植冠的平均直射光透射率，但一般用来做少数几次观测，最后假设的叶角分布计算出 LAI。如果有半天晴空资料，则不需要这种假设。用透射率换算 LAI 时，假设叶片空间分布是随机的。

(3) 植冠数字图像仪(CID, Vancouver, Washington)。该仪器是半球形图像仪，其主要原理同 LAI - 2000。它对顶角和方位角的选取更为灵活，但需要较大的数据储存和处理器，一般情况误差要大于 LAI - 2000。

(4) Demon(Lang 和 Xiang, 1986)。它通过一个移过直线段，进行频繁采样，观测植冠下的直接透射光。其计算 LAI 的理论要比上述几个仪器更为先进,因该仪器采用有限段平均技术将其间隙率转换成 LAI。根据这项技术,把整个观测长度分成许多小区段,这样就可以计算出每个小段的 LAI 来,最后对这些小段的 LA 进行算术平均就得出总 LAI。应用这种方法,极大地降低了集聚影响。但如何确定小段长度却是个问题,因为它们往往都是任意选取的。

(5) TRAC(Third Wave Engineering, Ottawa, Canada)。该仪器观测方法类似于Demon,其不同之处是它可以观测到光合有效辐射(PAR)总传输和反射,这对计算 FPAR 是很有用的。TRAC 比 Demon 的主要改进是计算 LAI 的理论。TRAC 不仅利用间隙率数据,而且还引用了间隙尺度(大小)分布的概念。TRAC 是目前唯一可以观测到集聚指数的仪器,集群指数不仅对计算 LAI 十分有用,而且对计算植物叶面辐射截取和扩散也很有用。

3) 地面观测 LAI 的新型光学仪器(TRAC)的新用途

TRAC 除了观测冠层"间隙率"外,还观测其"间隙尺度"分布。间隙率是指在一定天顶角下植冠内的间隙百分比,通常是根据辐射透射率得出的。而间隙尺度则是指植冠内一个间隙的实际大小,在相同的间隙率下,其间隙尺度分布可能是完全不同的。

(1) 观测间隙尺度的问题。植冠,尤其是树冠具有明显的形态结构,如树冠、轮生、分枝和抽枝等。由于叶片的空间分布是由这些结构决定的,所以不能假设它是随机的。上面介绍的几种商用仪器都是根据间隙率原理,但因为树叶集聚在一定结构的植冠里,所以这些仪器往往会明显过低估计 LAI。而植冠间隙尺度分布则包含了植冠形态结构的信息,因此可以定量估计树叶集聚性对 LAI 观测的影响。

(2) 间隙尺度的观测。TRAC(包括记录仪和数据分析部分)观测是通过观测者手持仪器,以固定速度(每秒约 0.3 m)移动完成的。对太阳光束进行观测,TRAC 就频繁记录下直接射光。演示了该仪器在太阳方向下的观测实例,它代表了植冠间隙的空间轨迹,即出现每一个或大或小的峰值。这些单独峰值立刻转换成间隙尺度值,进而得到的间隙尺度分布。

(3) 用间隙尺度分布估算集聚效应。间隙尺度分布包含了那些非随机叶片分布的结果,如树冠与分枝之间的间隙。因为我们知道随机分布部分,所以其中的非随机间隙部分可以用间隙消除方法从总间隙率中确认并予以排除。用观测的间隙率与经间隙去除后的间隙率之差,就可以定量估计出其集聚效应。

(4) 新方法的验证。一些研究已对 TRAC 技术进行了验证。这些工作表明,在假设随机叶空间分布情况下,用间隙率方法观测(如 LICOR,LAI-2000)的 LAI 仅是有效 LAI。在森林中由于树叶集群效应,其有效 LAI 一般仅是实际 LAI 的 30% 到 70%。Chen 等(1997)曾建议用 RTAC 来观测树叶的空间分布特征,而用 LAI-2000 来研究树叶的角分布特征。看来将 TRAC 和 LAI-2000 结合起来使用,就可快速而准确地得到冠层的 LAI 值。

(5) TRAC 的其他用途。① 沿一横断面可以观测光合有效辐射通量密度(PPFD),这是估算植冠透射光平均值的最佳途径,并且它还被成功地用来定量测定植冠吸收的光合有效辐射(FPAR)变化(Chen,1996)。② 间隙尺度分布可用来估算一些植冠结构参数,包括树叶群体(如树冠)尺度和面积,以及树叶的大小(Chen 和 Cihlar,1995)。③ 间隙尺度分布还可以用来模拟光学遥感植冠的热点和双向反射率分布函数(BRDF)(Chen 和 Leblanc,1997)。有理由相信,这一新型仪器将在今后会有更加广泛的用途。

3. 卫星反演 LAI 和 FPAR 新方法应用

植物叶面与地表非生物的光学特性存在很大差别,经反复证明用遥感光谱观测可以估算出 LAI 和 FPAR。反演方法可分为 4 类:植被指数法、像元成分非混合法、直接模式转换法和间接模式转换法。

1) 植被指数的应用

传统的植被指数是根据两个波段得到的,即红外线和近红外线(NIR)波段。表示了这两波段指数的特征(包括定义和来源),这里 ρ_n 为 NI-R 反射率,一般为红信道反射率。其绝对比值(SR)很容易用红外和 NIR 信道资料获得。但这指数在某种情况下,即当 ρ_1 很小并接近零时,其值就会无限增大。因此,一般都采用归一化植被指数(NDVI)来避免这个问题,即用 ρ_n 和 ρ_1 的差值与两者之和的归一比值。但 NDVI 和 SR 的原理都是相同的,不用借助其他附加量就可以直接从另一个计算出来,即 NDVI=(SR-1)/(SR+1)或 SR=(NDVI+1)/(NDVI-1)。NDVI 的优点是具有 -1 到 1 的固定变化范围,但往往又首选 SR,因为它有较大的敏感性,而且与生物物理参数的线性关系更为明显。这两个指数用途非常广泛,这两个指数用下面的假设:即对于给定的地表植被,ρ_n 和 ρ_r 是以相同比率增加和减小的。在这种假设下,用一定 SR 或 NDVI 画出的在 ρ_n 和 ρ_r 坐标轴上的直线就集中在原始点上。试验结果表明,在土壤背景作用下 ρ_n 和 ρ_r 聚集线出现在负值点上(Huete,1998),因而收敛点往往不在原始点上。土壤修正植被指数(SAVI)就是为消除这个影响设计的。参数 L 由收敛点的位置所决定,在 SAVI 取常数 0.5,但在改进的 SAVI 中是允许应参数随其他指数决定的地表条件而变化,这是因为实际的收敛点往往不固定。另外为了消除大气的影响,又推导出全球环境监测指数(GEMI)。由于大气对 ρ_n 和 ρ_r 的影响不同,因此 GEMI 与 ρ_n 和 ρ_r 的函数关系不是线性的。实际上大多数植物物理参数的关系都不是线性的,这对研制开发算法也造成很大不便。为此重现了非线性指数(NLI)和再归一化植被指数(RDVI)。

上述指数都是根据 ρ_n-ρ_r 常数-指数线斜率确定的,但也有假设这些线是互相平行的,其指数则用线之间的距离来确定。例如这些指数有加权植被指数(WDVI)和正交植被指数(PVI)。

根据模式模拟,SR 最适于 LAI 的反演,而 MSR 则适用于 FPAR 反演。SR 与 LAI 以及 FPAR 与 MSR 的关系近乎于线性关系(除了较大的 LAI 和 FPAR 值以外)这样就有可能推导出比较可靠的算法。目前已经根据 AVHRR 的 1 km 分辨率资料,用这些指数已制成加拿大 LAI 和 FPAR 分布图。

MSR 虽与 RDVI 类似,但有明显区别,即 MSR 可以用 SR 的函数形式表示,而 RDVI 则不能。这个差别是十分重要的,因为红信道和 NIR 信道噪声一般是有联系的,因此取这两个波段的比值就有可能去掉环境噪声对植被指数的影响。环境噪声的来源很多,它包括次像元云及其阴影、次像元水体和非均匀地表特征、区域性雾、阴霾和烟尘等。由于像 NLI、GEMI、SAVI、SAVLI 和 SAVI2 这些指数都违反了比值原理,所以目前已经发现它们比用 NDVI、SR 和 MSR 进行卫星反演森林参数要差得很多,因为它们都无法避免环境噪声的影响。

除了两波段植被指数外,还有三波段植被指数,进行归纳。如 ARVI 是为了减小大气对植被指数影响,通过引进蓝信道而设计的。对在未进行任何大气校正前的图像处理很有效。SARVI 及 SARVI2 是对 ARVI 的两种改进。而 MNDVI(改进的 NDVI)和 RSR(减少的 SR)则利用了红、NIR 和短波红外(SWIR)信道资料。这里引入 SWIR 波段的优点是该波段对植被覆盖的背景很灵敏而且用它可以抑制背景(包括灌木、草、苔藓和土壤/森林中杂草)的影响。另外,RSR 对覆盖类型变化的敏感性很小,这尤其对混合像元非常有用。但是 SWIR 对地表水体很敏感,所以降水会影响它对 LAI 的反演。

2) 像元成分非混合法

对森林而言,人们发现树冠的阴影对 LAI 和 FPAR 变化引起的光学信号作用很大。利用红信道和近红外信道(NIR)反射率可以推导出像元内的遮蔽率(用两个非线性方程进行非混合)。这一方法首先由 Hall 等(1995)提出,并被 Peddle 等(1999)证明能较好地替代植被指数。

3) 直接模式反演法

模式反演的形式很多,这里仅提出几个反演模式。这些模式中有的适用于牧草和草冠层,有的则因它们详细考虑了树冠的几何结构,则适用于森林植冠。其中 Rosema 的模式仅对那些树冠中没有明显共同遮蔽效应,但没有涉及多次散射问题。因此仍然需要设计简单而可靠的反演模式,在不同植冠结构和背景条件下,来提高用多光谱方法估算 LAI 的水平。

4) 间接模式反演法

一般比较复杂的辐射传输模式都不能用来直接反演生物物理学参数,但可以把生物物理参数作为输入值,用迭代方法逐步调整,直到模式输出与遥感观测资料达到一致为止。对于遥感图像处理来说,这种迭代方法非常浪费时间,难以奏效,为此这里采用了一种查找表(LUT)方法。这种方法的主要步骤是,首先输入条件变化范围,用复杂模式得出 LUT。这样,使每个像元点的结果与遥感值相匹配即可。

4. 遥感应用的新几何光学模型:4-尺度模型

1) 几何光学模型

辐射传输模型所模拟的是在一定媒介(如植被和大气)中的辐射传输过程。对植被而言,需要计算太阳辐射和植物的相互作用。而几何光学模型是辐射传输模型的一种,它主要是针对不同形态结构的冠层设计的,因而尤其适用于森林(Li 和 Strahlm, 1995)。因为从地表反射回天空的太阳辐射和卫星观测的结果很大程度上依附于太阳角和卫星与地表位置的关系。这种双向特性可用双向反射率分布函数(BRDF)来定量表示。这里介绍的 4-尺度模式(4 - scale)模式,就是一种能根据植被结构特性模拟出 BRDF 的新型模式。

2) 4-尺度模式

冠层的不同尺度(如树群、单冠、分枝和抽枝)对太阳辐射有不同的影响。

尺度-1:随机混合介质;

尺度-2:含有随机混合介质的非连续随机分布物体;

尺度-3:含有随机混合介质的连续随机分布物体;

尺度-4:具有内部结构(如分枝和抽枝)的非连续非随机分布物体。

设计 4-尺度模型主要思路是突出植冠不同尺度结构的影响,它是在当前的 2-尺度几何光学模式的基础上发展起来的,但引起了一些新的模拟方法。

(1)用 Neyman A 型分布来模拟树木的非随机空间分布。模式把冠层模拟成不连续的几何物体:针叶树为圆锥和圆柱,落叶树为锥砣形。当树林较密时,树木的位置还会受相互排斥作用的影响。

(2)树冠内的分枝形状是用一个倾角来表示的,它改进了光透射率的计算。分枝是由一个固定角度分布特征下的树叶要素(落叶树的单叶和针叶冠层的抽枝)组成的。

(3)当视角与太阳角一致时,地物反射率最大,所以称为热点。利用树冠之间和树冠之内的间隙尺度分布,可分别计算出地面和树叶的热点。这里间隙尺度分布的模式已用TRAC 观测资料进行了验证。

(4)树冠面被认为是很复杂的表面,在阳光照射的一边可以看到遮蔽的树叶,从遮蔽树冠的一边可以看到阳光照射的树叶。

(5)根据视觉因子采用多级散射方案来计算到达遮蔽树叶和背景的反光量。

4-尺度模型已用加拿大北部生态系统和大气研究(BOREAS)区域内的地面(PARABO-LA)和飞机(POLDER)仪器遥感观测资料进行了验证。

目前,4-尺度模型已用来研究不同植冠参数对卫星遥感反演生物物理学特性的影响(Chen 等,1999),进一步改进 NOAA、AVHRR 资料中 BRDF 的校正。用 TRAC 观测的植冠间隙分布资料来验证模式计算的树冠内的间隙分布值。其中模式用到几层输入参数,主要有树叶和背景的光学特性(太阳照射分量的光谱反射率)、冠层结构基本特征(LAI、高度、冠层直径和树干密度)、高级结构特征(树群因子、邻近排扩因子、树枝形状、抽枝聚集因子、下层密度和结构)以及天空光谱辐照度(特定波段天空扩散辐射率)。选取北部类型(黑云杉、松树和山杨)作为所有这些参数的默认值,以便使模型不用修正就可以计算出第一近似值。由于没有附加任何资料,因此可以用该模型来研究在其他参数的不同组合下,光学观测对任何参数的敏感性。如果用声资料来替换默认值,模型的精确度显然会提高很多,这对改进遥感算法是极为有用的。

5. 植物对碳的净吸收:净初级生产力(NPP)

1) NPP 的定义

NPP 定义为净初级生产力,系指植物生长吸收的净二氧化碳量,是植物光合作用与呼吸作用(释放吸收的二氧化碳量)之差,即:

$$NPP=光合作用率-呼吸作用率$$

一般单位为$[gC/(m^2 \cdot a)]$。

2) NPP 作用

NPP 具有以下两个重要用途:可以反映植物的生长状况,它为可再生资源管理提供了高质量的综合信息。是生物圈内碳循环的重要分量,在全球气候变化研究中占有重要的地位。可用来计算地球生态系统的净二氧化碳吸收量(NEP),即净生态系统生产力。

$$NEP=NPP-土壤呼吸量[单位为 gC/(m^2 \cdot a)]。$$

3) 用遥感观测资料估算 NPP

多光谱卫星观测可用来监测植被状况。由于天气影响,卫星观测常是不连续的,因此模式必须借助遥感和其他辅助资料才能模拟植被的生长状况。加拿大国家遥感中心目前已经在使用一个计算机运算模式,即北部生态系统生产率模式(BEPS),来模拟植物生长情况,并同时估算出 NPP。BEPS 需要每天计算下列变量:土壤水平衡、叶片气孔传导率、阳光照射和遮蔽叶面积指数、阳光照射和遮蔽叶片光合作用总量、植冠光合作用总量,叶、茎秆和根部维持和生长吸收量,才能结算出 NPP、土壤水分蒸发蒸腾损失总量和其他感兴趣的参数。它可以计算出不同点或较大面积相应量,在目前情况下 BEPS 可提供加拿大每 1 km² 至 100 hm² 的值,这主要是由卫星资料分辨率决定的。预计将来可以计算出在加拿大的范围内具有 6 hm² 和 25 hm² 高分辨率的产品。

涉及输入的遥感资料是叶面积指数(LAI)(10 天间隔)和地表覆盖类型(年平均)。要输入的气象参数包括逐日最高最低气温、总太阳辐射、平均湿度和总降水量。使用的土壤数据是可用的土壤最高持水量(土壤质地)资料。将气象和土壤资料网格化成相同的分辨率和投影,以作为遥感的输入量。

4) 现有模式

现有模式可分为两种类型:机制模式和经验(Epsilon)模式。在机制模式中,NPP 是通过一系列植物生理学过程如光合作用、自呼吸和蒸腾过程的模拟而得到的。这些过程可根据植物生理学的基本原理以数学形式表达出来。可见机制模式主要有以下优点。

(1) 系统性较强,因此具有较高的可靠性。

(2) 具有处理不同过程的交互和反馈作用的能力。

(3) 在不同条件下,能灵活而详细地描述生物学过程。当然使用这种模式也会因数据完整性和计算资源而受到限制。另一个问题则是模式过程中的时空尺度化问题。尤其在面积较大、空间分辨率较高的条件下更为突出。这主要由于模式的许多过程都源于叶片观测。

Epsilon 模式是 Monteith(1972)根据光利用效率的概念提出的。他认为 NPP 在不受其他条件限制下,与吸收光合有效辐射(APAR)的关系呈线性。该模式具有计算效率高、输入参数少的特点。特别是在同样计算资源下,用 Epsilon 模式所得出的空间分辨率要高于机制模式。例如,一个 Epsilon 模式可以算出分辨率为 8 km×8 km 的全球 NPP 分布图。而机制模式在相同范围内最高分辨率仅为 $5^0 \times 5^0$。因此该模式常被用来进行业务运算。但是对不同的植被类型下的特定条件,Epsilon 的准确率评估仍然是个问题。最近的一些研究认为,自呼吸作用可能是造成 NPP 和 APAR 线性关系出现偏差的主要原因之一。

Epsilon 模式普遍采用遥感技术推算植被指数并进行 APAR 的计算这些植被指数是在区域或全球尺度上应用的关键。通过遥感反演出的植被类型也可作为另一个遥感变量用到一些模式过程中,这样可以表征不同植被类型中生物过程的主要差异。在不同植被类型下,机制模式还用来计算 Epsilon 的独立估算值。

5) BEPS 的主要特征

(1) 经过对植冠空间尺度转换和一天时间积分后,用 Farquhar 的叶平衡模式计算出植冠的光合作用。空间尺度转换是用阳光照射-遮蔽叶面分离方法来完成的。逐日积分是通过考虑气象条件的日变化率来进行的。用 Farquhar 模式的简化积分推导出解析解,并引入 BEPS。由于气象条件对二氧化碳吸收的影响是非线性的,因此无法取其逐日算术平均做光合计算。最近的 BEPS 版已抛弃了大叶光合作用模式,因为该模式无法考虑气象条件对光合作用的非线性影响。

(2) 用 Penman-Monteith 模式可计算出土壤水分蒸发蒸腾损失总量,但只有在每步计算中考虑修正辐射对气孔植物传导率的非线性作用,才能计算出植冠传导率。

(3) 植冠形状结构对辐射吸收和叶面照射-遮蔽分离作用所产生的明显影响,是通过引用一个简化集聚系数来实现的,该系数可从 TRAC 的观测值中推算出来。

6) NPP 结果的验证

有两个途径可以验证森林地区 NPP 的模拟结果。

(1) 生物量增量数据。该资料可以根据树直径增量来估计,还可以用树木解析法(Gower 等,1997)从其他量(树叶、根部和枝干)的增量中推算出来。另外这些量也可以根据总生物量和树龄得到,这主要依据碳化物在不同生物量之间的分配和转换比来实现的。

(2) 最近 Chen 等(1999)提出了一种验证 NPP 的新方法,就是利用在植冠以上和以下同时观测的二氧化碳通量计算出每小时和逐日的 BPP 来进行验证。

首先用加拿大 Quebee 省内的生物总量观测转换出 NPP 来对其进行验证的。最近则用北部生态-大气研究项目(BOREAS)的资料对其进行了详细的验证。用森林植冠上下的同步二氧化碳通量观测资料,使其第一次有可能对每小时和逐日时段计算的 NPP 进行验证。通过这种方法还对 BEPS 的其他量进行了验证,它们包括光合作用总量、自养生物呼吸、辐射吸收、土壤水分蒸腾损失总量、降雨截取和其他。

6. 植物和土壤的碳净吸收和释放

1) NPP 与 NKP 的区别

NPP 仅能定量表示植物的碳吸收,而 NEP 则能包含植物对碳的吸收和土壤的碳释放。从另一方面讲,NPP 是碳循环分量,而 NEP 则是生态系统与大气之间碳的净交换,即源和汇。

2) 全球碳循环的生物圈特征

全球碳含量收支平衡计算主要是依靠矿物燃料释放、土地利用变化和海洋摄取大气碳来实现的。目前全球的碳总量中尚有约 2 $GtCy^{-1}$($1\ Gt=10^{15}$ g)的剩余量无法解释,称为"失踪量"。生态系统不受土地利用变化的影响部分,特别是在北半球中纬度地区,目前被认为是最可能找到"失踪量"之所在。这个"失踪量"的量级要大于日本京都协议所确定的总减少量。京都协议是指 38 个工业国签订的,旨在到 2012 年时将二氧化碳释放量从 1990 年的水平平均减少 5.2%。因此,进一步研究"失踪量"的空间分布和时间变化,不仅对了解全球碳循环有重要意义,而且对制订相关的全球经济发展战略也有其现实意义。由于碳具有很高蓄积能力和很长的滞留时间,这使人们相信森林生态系统最有可能是"失踪量"的所在。由于加拿大的森林覆盖约为 $417.6\times10^4\ hm^2$,约占世界森林的 1/10,因此,它对解释全球"失踪量"具有显著的重要性。

3) 森林碳循环估算的现有模型

估算地球碳循环的模式目前很多,其中最常见的有 Century 模式、TEM 模式、BIOME-BGC 模式和 CBM-CFS 模式。Century 模式具有较广泛的用途,可以描述土壤的碳循环过程、包括氮和碳循环之间的相互作用。TEM 和 CASA 两个模式则采用类似于 Century 模式处理土壤过程的模型。当然在这些模式中最关键的部分是处理 NPP 有差别(Pan 等, 1998)。Century 和 TEM 模式都采用 NPP 与气候、地球和土壤因子的经验关系,而 CASA 则把 NPP 作为光合有效辐射吸收(APAR)的函数来考虑。另外,BIOME-BGC 用叶面光合作用模式来计算 NPP(Farquhat 等,1980),但它对土壤碳循环的描述比较简单。以上 4 个模式都存在共同的缺陷:即都隐含有对生态系统的稳定性的假定。因此,这些模式都没有把气候、大气成分和年代尺度分布等真实变化作为扰动来考虑。但这些扰动影响在北部森林生态系统中尤为重要,因为那里经常因发生森林火灾和虫害而导致森林死亡。CBM-CFS 模式在估算碳循环时虽然考虑了这些扰动变化,但又没有考虑气候和大气成分等因素。

为估算出森林碳收支量,CCRS 设计了一个地球生态系统碳循环综合模式(InTEC)(Chen 等,1999)。该模式可以根据工业前期以来大气、气候和生物变化估算出森林的碳收支量。该模式考虑了在大气变化中二氧化碳浓度的增加和氮元素的沉淀因素,也考虑了在气候变化中温度和降水的年际变化。在生物变化方面该模式考虑了因森林火灾、虫灾和砍伐而造成的森林面积和年龄结构的变化。根据这些变化,可以模拟出各种生物和物理过程对森林生态系统碳收支的影响。其中模式考虑的物理过程有氮沉淀、土壤对氮的矿化和固定、扰动(火灾和虫害)引起的碳释放、森林再生、生长季节长度变化、CO_2 施肥、土壤呼吸以及不同生物量和土壤碳储存的碳/氮比例变化。

4) InTEC 模式的特点

(1) 该模式综合考虑了碳循环的主要过程。由于主要受以下两个因素的影响,现有模式在确定碳量中存在较大的不确定性,第一种是所考虑的过程量受数据的限制和简化假设的影响,污染、无法完全表征出碳收支中所有重要分量(如光合作用和呼吸作用)(Greenough 等,1998)。Greenough 等(1998)曾用包含或排除量方法进行过计算,估算出加拿大森林的碳收支是从 $0.089 \, GtCy^{-1}$ 的源变化到 $0.185 \, GtCy^{-1}$ 的汇。二是碳的源和汇计算方法如果取为收和支的差别则常不准确。因为收和支都具有较大的量级,而在一定精度下观测或估算出的它们之间的差别很小。例如,如果净初级生产力(NPP)为 $50 \sim 60 \, GtCy^{-1}$,并与相应土壤呼吸 R 之间存在差异,NPP 如有 10% 的误差,即使得到 R 很准确,所估算出的全球碳汇集仍会引起碳收支的 $5 \sim 6 \, GtCy^{-1}$ 的不确定性,这要比"失踪量"大 $2 \sim 3$ 倍。把所有大气、气候和生物因子都引入 InTEC 模式中,可以判断出第一类不确定性。为了研究第二类不确定性,这里假设地球生态系统和大气之间的碳和氮交换在工业前期的平均气候条件下及平均氮沉淀率和扰动率下达到平衡。由于这种平衡假设,就可以得出由气候、大气和生物圈等变化所引起的碳收支的变化。

(2) 两个广泛使用模式的综合应用。CENTURY 土壤碳和氮循环模式以及叶光合作用的 Farquhar 生物化学模式。这两个模式的同化是通过设计的时空尺度转换新算法来进行的。从叶片到冠层的空间尺度转换则是统计包括光合作用在内的各种气象和生物因子的方差和协方差来处理的。根据对 1994 年和 1996 年两个北部森林类型观测,得出了统计特性(Chen 等,1998;Goulden 等,1998)。这一时间尺度过渡方案使我们可以用温度和降水的年平均气象观测资料来估算年光合作用总量,即使这样我们仍可以表征光合作用过程的年、季变率对综合碳收支的影响。同时,还采用一个类似的时间尺度转换方法来处理 NPP 的年际变化和其他包括氮沉淀、气候、CO_2 扰动率等因子。该模式将扰动作为一个显要过程来考虑,即认为会直接向大气释放碳和氮,并通过森林面积和年龄状况来影响总 NPP 量。另外森林中的碳循环还包括另一个过程,就是对落地树木的逐渐氧化过程。

(3) 验证的模式分量。曾用 OBS(1995 和 1996)和 OA(1994 和 1996)区域上的 BOREAS 数据,对呼吸作用和植冠光合作用的子模式进行了验证和参数化。特别是确定出光合作用的时间分布部分。把冠层分成阳光照射和遮蔽叶组后,这些组就分别受阳光和温度(及养分)的不同支配,从而避免了用 Farquhar 模式确定冠层光合作用和 NPP 年际变化时所产生的较大不确定性。

(4) 采用卫星和其他系列资料。包括遥感反演的叶面积和 NPP 资料、N 沉淀观测网资料和气候历史资料,以及在 InTEC 模式中使用的扰动率资料。

5) 1895~1996 年加拿大森林碳收支分析

据加拿大遥感中心陈镜明的介绍,InTEC 对过去 100 年的计算结果表明:在 1895~1905 年期间由于在 19 世纪末出现较大扰动,加拿大全部森林是一个小碳源,约为 30 $MtCy^{-1}$,而由于 1930~1970 年间在燃烧过的区域内出现森林再生,使其成为较大的碳汇达 170 $MtCy^{-1}$,在 1980~1996 年期间则是中等碳汇约为 50 $MtCy^{-1}$。1980~1996 年的汇是扰动增加的副作用与其他因子变化造成的正效应的净平衡。据其重要性,非扰动因子主要有以下几种。

(1) 国家观测网观测到的大气氮的净沉淀。

(2) 根据温度和降水估算的氮矿化和固定。

(3) 用叶片光合作用模式从 CO_2 记录中估算出的 CO_2 施肥量。

(4) 根据春季气温记录估计的生长季节长度增长量。这些非扰动因子的正作用已被最近 BOREAS 的观测所试验证实。在近 1 年,因增加的扰动(大多数为火灾和虫灾),1980~1996 年期间森林引起的损失约达 60 $MtCy^{-1}$。如果扰动率保持不变,加拿大森林在 1980~1996 年期间的汇集大小约为 150 $MtCy^{-1}$。1930~1970 年期间大量的碳积聚,伴随着较低的扰动率,通过分解引起 1980~1996 年期间的额外损失约达 40 $MtCy^{-1}$。

根据模拟的结果可能看出以下几点:

(1) 应当注意养分循环,尤其是它们在北部环境下特别接近与碳循环的耦合状态。

(2) 利用氮和碳循环变化估计碳收支,应该是首选方案,因为这种结果不受对土壤呼吸作用和 NPP 不准确性的影响。

(3) 单位面积汇的绝对值是很小的(约为 0.35 tC/hm^2 或当前 NPP 的 13%),而且极难直接观测到。为了降低估算的不确定性,综合模式必须尽可能包括所有重要过程,并采样那些已经试验验证过的、有关生物和物理的生态系统养分和碳循环的理论和方法。

总之,目前加拿大遥感中心已采用卫星资料来监测植被统计和模拟碳循环,这些研究成果对我国农业生产过程遥感监测和全球变化研究具有重要借鉴意义;今后,使用卫星资料需注意以下事项:

(1) 应对生物物理参数进行准确反演,包括叶面积指数和陆地覆盖。

(2) 可应用遥感数据进行可靠和高效计算的植物收支和碳循环模式。

对于生物物理参数的反演,需要先进的观测仪器来进行快速准确的地面观测,这是反演以上参数的基础,为此发明了一种名为 TRAC 的新型观测仪器。另外在反演生物物理参数算法过程中,可靠而灵活的辐射传输模式也很重要(陈镜明,齐家国,2002)。

三、农业生态系统中地理信息系统的应用

（一）地理信息系统概述

地理信息系统(geographic information system 或 geo-information system,GIS)有时又称为"地学信息系统"或"资源与环境信息系统"。它是一种特定的十分重要的空间信息系统。它是在计算机硬件与软件系统支持下,对整个或部分地球表层(包括大气层)空间中的有关地理分布数据进行采集、储存、管理、运算、分析、显示和描述的技术系统。地理信息系统处理、管理的对象是多种地理空间实体数据及其关系,包括空间定位数据、图形数据、遥感图像数据、属性数据等,用于分析和处理在一定地理区域内分布的各种现象和过程,解决复杂的规划、决策和管理问题。简单地说,地理信息系统就是综合处理和分析空间数据的一种技术系统。地理信息系统按其范围大小可以分为全球的、区域的和局部的 3 种,通常 GIS 主要研究地球表层的若干要素的空间分布。

1. 地理信息系统的基本概念

通过上述的分析和定义可提出 GIS 的如下基本概念:

(1) GIS 的物理外壳是计算机化的技术系统,它又由若干个相互关联的子系统构成,如数据采集子系统、数据管理子系统、数据处理和分析子系统、图像处理子系统、数据产品输出子系统等,这些子系统的优劣、结构直接影响着 GIS 的硬件平台、功能、效率、数据处理的方式和产品输出的类型。

(2) GIS 的操作对象是空间数据,即点、线、面、体这类有三维要素的地理实体。空间数据的最根本特点是每一个数据都按统一的地理坐标进行编码,实现对其定位、定性和定量的描述,这是 GIS 区别于其他类型信息系统的根本标志,也是其技术难点之所在。

(3) GIS 的技术优势在于它的数据综合、模拟与分析评价能力,可以得到常规方法或普通信息系统难以得到的重要信息,实现地理空间过程演化的模拟和预测。

(4) GIS 与测绘学和地理学有着密切的关系。大地测量、工程测量、矿山测量、地籍测量、航空摄影测量和遥感技术为 GIS 中的空间实体提供各种不同比例尺和精度的定位数;电子速测仪、GPS 全球定位技术、解析或数字摄影测量工作站、遥感图像处理系统等现代测绘技术的使用,可直接、快速和自动地获取空间目标的数字信息产品,为 GIS 提供丰富和更为实时的信息源,并促使 GIS 向更高层次发展。地理学是 GIS 的理论依托。

2. 地理信息系统与其他学科的区别与联系

需要指出的是,GIS 也是计算机和空间数据分析方法作用于许多相关学科后发展起来的一门边缘学科。这些领域包括测量学、摄影测量学、地籍和土地管理学、地形制图和专题制图、市政工程、地理、土壤科学、环境科学、城市规划、公用事业网的建设、遥感和图像分析等。GIS 与这一个个学科和系统之间既有区别又有联系,不应当将它们混为一谈。

(1) 地理信息系统与一般事务数据库。GIS 与一般事务数据库的主要区别在于 GIS 是处理空间数据的。除了一般数据库的字母数字数据库外,还有图形数据库,而且要共同管

理、分析和使用图形数据和属性数据。所以,GIS 在硬件和软件方面均比一般事务数据库更加复杂,在功能上也比后者大得多。例如,电话查号台可看作一个事务数据库系统。它只能回答用户所询问的电话号码,而通信信息系统除了可查询电话号码外,还可提供所有电话用户的地理分布、空间密度、最近的邮电局、公共电话等信息。当然,事务数据库也作为相关GIS 的一个组成部分。

（2）地理信息系统与数字地图。数字地图是模拟地图在计算机中的表示形式。它主要考虑地形、地物和各种专题要素在图上的表示,并且以数字形式存储、管理,可在绘图机上输出。而在 GIS 中是按数据库管理系统将图形数据和非图形数据分别存储并相互操作的。数字地图强调的仍然是图,而 GIS 强调的是信息及其操作。即使用地图数据库来管理数字地图,也可以有空间查询、分析和检索功能。但是它仍不可能像 GIS 那样,综合图形数据和属性数据进行深层次的空间分析,提供对规划、管理和决策有用的信息。当然数字地图是 GIS 的数据源,也是 GIS 可视产品的数字表达,在 GIS 中占据重要位置。

（3）地理信息系统与计算机辅助设计。GIS 与 CAD 系统的共同特点是两者都有参考系统,都能描述图形数据的拓扑关系,也都能处理非图形属性数据。它们的主要区别是:CAD 处理的多为规则几何图形及其组合,图形功能极强,属性库功能相对要弱。而 GIS 处理许多自然目标,有分维特征（海岸线、地形等高线等）,因而图形处理的难度大,而且有丰富的属性库和符号库。GIS 必须有较强的多层次空间叠置分析功能,图形与属性的相互作用十分频繁,且多具有专业化特征。此外,GIS 的容量大,数据输入方式多样化,也是 CAD 无法相比的。因此,一个好的 CAD 并不完全适合于 GIS,反之亦然。国际上流行很广的 CAD系统为 AutoCAD,它与 GIS 软件有接口,可实现数据的传输。

（二）地理信息系统在信息生态学中的应用

借助于计算机存储、分析和展示数字化的地理信息的计算机硬件和软件系统的 GIS,它既是一个地理数据库,其数据具有空间定位特征;又是一个分析系统,可以对其中的地理数据进行各种处理、分析、统计、模拟;还是一个计算机制图系统,其储存的数据、分析的结果,都可以输出成各种地图及辅助说明文件。

遥感作为一种高效能的信息采集手段,其应用价值和效益不应当局限在资源调查和环境监测,而更重要的在于遥感信息的综合开发和应用,将遥感作为一项信息工程,形成从数据获取和信息处理,直到预报、规划和决策的综合信息流程。因此,必须实现遥感与 GIS 的整体结合。既把遥感作为 GIS 的信息源和数据更新手段,又把 GIS 作为支持遥感信息的综合开发和提供遥感应用的理想环境。全球定位系统（global positioning system,GPS）,即全天候、高精度、全球性无线电导航系统。GPS 可为研究区域准确定位,遥感为区域资源研究提供大量、详细、及时、有规律的信息,而 GIS 则为自然资源研究提供了一个信息容量大、分析灵活多样、运行速度快、结果输出标准化的研究手段,三者结合将为信息生态学的研究提供有力的手段。

GIS 在景观研究中的应用已经非常广泛,它的用途主要包括:分析景观空间格局及其变化,研究不同环境和生物学特征在空间上的相关性,分析景观中能量、物质和生物流的方向和通量。景观的空间格局分析有助于阐明正在变化的季节性干扰对跨时空尺度的生态系统过程的影响,并能提供把跨尺度干扰效应之间的差异联系起来的有效方法。Baker(1992)利用以 GIS 为基础的空间模型和林火规模及间隔期的历史变化的数据,模拟了明尼苏达州北部的居民地和林火控制对景观结构的影响。他发现景观斑块动态受斑块形成和消亡速率控制,又都受干扰规模和间隔期分布的影响。Baker(1992)指出,这样的模型可用于发展关于不同的自然干扰和人类干扰是如何改变景观结构的假说。Vogelman(1995)运用数字化数据,对过去几十年间新罕布什尔州南部和马萨诸塞州东北部的空间格局和森林破碎化的速度进行了评估。他还指出森林破碎化和种群密度之间存在密切的关系。

运用空间分析方法了解干扰和景观的相互作用时,应该认识到干扰效应的不同等级水平之间的尺度转换,要求不同生态系统尺度上的信息是非常重要的。没有一致而且详细的景观结构测定资料,就想阐明景观空间格局变化背后的那些具体的特征,则很容易得出谬误性的结论,错误地理解干扰与景观结构之间的因果关系。因此,除干扰之外的其他因素也非常重要。此外,同样重要的是还应建立一些有效的方法,能够应用于景观格局以及单个斑块和植株水平上所发生的更小尺度的格局和过程之间的尺度转换。例如,结合空间格局分析方法,建立描述野生动物种群密度动态的理论模型,方便了对个体和种群行为之间的相互作用的探索,而这些相互作用与斑块—镶嵌体的构型有关。一旦能够获得不同尺度上的参数并相互加以联系,建立能够在微观尺度上可以野外操作的试验模型系统,就会使跨尺度的推断变得很容易。因而也就能够根据一个参数在不同尺度上的表现,预测该参数在某一尺度上的反应。

认识那些关键的非生物参数的空间格局,可从中获取有用的信息,这有助于了解生态系统水平上发生的格局和过程之间的相互作用。

地理信息系统将景观中不同物理和生态学变量以不同的数据层表示,这些数据在同样的坐标系中联系在一起。将零散的数据和图像资料加以综合并存储在一起,便于长期的、更有效的利用;将各类空间资料和有关图中内容的文字和数字记录通过计算机高效率地联系起来,从而使这两种形式的资料完全地融为一体;为空间格局分析和空间模型提供了一个有力又容易操作的技术构架,从而有利于农业生态学家采用一些数学和计算机方法上非常复杂的研究途径。

四、农业生态系统中全球定位系统的应用

地理位置或地理坐标常常是空间资料中必须具有的重要信息。在大尺度上,用罗盘或地标物来确定景观单元的具体地理坐标往往是困难的。GPS 为解决这一难题提供了一个精确可靠的答案。

1973 年,美国制定了"测时与测距导航系统/全球定位系统"(navigation system timing and ranging/global positioning system,缩写 NAVSTAR/GPS)计划,通常简称为"全球定位系统"(GPS)。它能提供高精度的、可连续的、实时的导航定位。能同时提供用户的三维坐标、三维速度分量和精确定时。

GPS 主要由三大部分组成:空间星座部分、地面监控部分和用户设备部分。

其工作原理是,在空间运行 24 颗卫星,其中 3 颗备用卫星,均匀分布在 6 个轨道面上,每个轨道分布有 4 颗卫星。正是利用地球上空的这 24 颗通讯卫星和地面上的接收系统而形成的全球范围的定位系统,通过全球定位系统(GPS)接收器来完成的,其作用是在地球的

任何位置上,在任何时候都可接收到 24 颗通讯卫星的 4～12 颗以上的卫星所发出的信息,应用其中 3～4 颗卫星的信号,就能实时、快速地提供目标物体的位置和海拔高度等。它与卫星遥感技术相结合就可做到定向与定位获取信息,并能起到定向导航的作用。根据这些信息和三角测量学原理,地表任何一个地点的地理坐标即可算出。例如,GPS 已被用于监测动物活动行踪、生境图、植被图及其他资源图的制作,航空照片和卫星遥感图像的定位和地面校正,以及环境监测等方面。目前,在农业生态系统中主要应用 GPS 来实现精准农业田间作业的导航监控和田间变异信息数据的定位采集。

无疑,RS、GIS 和 GPS 为信息生态学研究提供了极为有效的一系列研究工具,在很大程度上改变了农业生态学的研究方式。

五、农业生态系统中生态数据空间分析方法

(一) 定位观测实验的网络化

没有信息就没有控制,虽然信息网络也是系统各组成元素之间的一种联系,但它是一种行使控制功能的特殊联系。系统各组成元素之间的联系是多通道的,但并非所有的联系都是信息联系。信息在传递过程中可一一对应地以一种形式转换为另一种形式,以便在不同的载体上传递和行使不同的控制功能。这样,信息网络即可以接纳、处理多种信息,又能向各个组成元素发送控制信号。作为信息的载体——物质和传递动力——能量与它所调节的物质,能量在数量上相比是微乎其微的。

生态学由定性走向定量,由静态走向动态,由微观走向宏观,需要建立观测实验定位站并将其组成网络,形成研究综合体。定位观测实验网络化已成为当代有关全球研究计划的重要组成部分,如 MAB 计划在世界范围内建立由 261 个定位站组成的生物圈保护网,IGBP 计划在全球建立 17 条陆地、大气和水体间的观测大断面。一些国家也正在建立自己的生态研究网络,如美国的长期生态学研究网络由 11 个站组成,英国的环境变化网络由 8 个站组成。中国的生态系统研究站由 52 个站组成,主要研究领域是区域代表类型生态系统优化管理和示范,重要生态过程和人类生产活动影响的长期实验及调控技术,环境变迁和生态系统演替的长期观测。

(二) 景观异质性的研究方法

图论方法和统计的、计量和拓扑的方法,可以用在景观空间异质性的研究上。如镶嵌体在各组分中的迁移和扩散运动,可以用连续的图论方法测定。统计的方法可提供具有空间分布特性的整个种群的基本分布模型,也可以检验那些被研究的分布情况与模型对比。在概率论中,空间异质性是由随机过程得到的空间分布的概率来测定的,其结果可用信息论术语和概念来表达。为空间格局分析和空间模型提供了一个强有力而易于操作的技术框架。

(三) 生态数据的空间分析

我们生活在一个空间世界中,在生态群体的形成方面,生态作用的空间因素被认为是一个非常重要的因素,理解空间的角色无论是在理论上还是在实验上都具有挑战性。

科学技术的发展不仅为地理信息系统(GIS)的发展注入了新的活力,也为现代生态学的研究提出了一系列崭新的问题。现代生态学蕴含着信息科学及技术的理论与方法,研究探

索诸多更为巨大、更为复杂的现实问题。同样,作为支撑技术的 GIS 中空间分析(spatial analysis,SA)与现代生态学研究相结合,不仅可以拓展 GIS 的内涵,而且也加快现代生态学研究的进程。在生态学中空间分析是基于生态系统空间布局的数据分析技术,是生态科学研究空间分布和空间变异的一种方法。它以生态系统空间布局为分析对象,从传统的数量统计与数据分析的角度出发,将空间分析分为 3 部分:统计分析、地图分析和数学模型。同时空间分析也是基于生态系统位置和形态特征的空间数据分析技术,其目的在于提取和传输空间信息,因此,生态空间数据分析也包括空间位置分析、空间分布分析、空间形态分析、空间关系分析和空间相关分析等。因而,生态学空间分析是基于生态系统的位置和形态特征的空间数据分析技术,目的在于提取和传输空间信息,用于分析具有空间坐标变量的空间特征,并进行空间过程模拟以及空间插值的一种新型分析方法或手段,包括空间结构分析、克里格分析、空间自相关分析以及空间模拟等技术,是研究生态系统空间分布和空间变异的一种重要方法。

空间分析在生态学的应用,不仅能让研究者了解数据,而且通过对数据的分析处理了解数据内蕴涵的更多、更本质的东西。空间分析的内容包括 GIS 中常用的空间分析:空间查询(spatial search)、叠加分析(overlay analysis)、缓冲区分析(buffer analysis)、网络分析(network analysis)等几大模块。各模块又包括许多内容,如空间查询是指在一组空间目标中定位或查找相应的目标,分为定位和范围查找。将生态空间划分成一些区域。定位就是识别所询问目标所在的区域;而范围查找是指检索或统计在询问域内的相应空间目标。定位和范围查找是一组对偶操作,可互相转化。

1. 空间分析的基本方法

空间分析是将 GIS 数据库中各种数据(包括空间数据和属性数据)进行分析、统计,并选用一定的数学模型模拟某一过程或事件,最后提取隐含于空间数据中的某些事实和关系,并以图表、文字形式表达出来,为辅助决策提供依据。空间分析的基础是各种空间数据和属性数据,这些数据的存储和再现都可以通过分层组织来实现,数据的分层处理使得空间分析成为可能。空间分析的方法主要有:

(1) 数据统计。通过对空间数据和属性数据的分析、统计,可以得到一些研究者感兴趣的结论,进一步绘制成直方图、饼状图,为后续分析提供依据。

(2) 空间量算。通过对空间数据、属性数据的基本测量和计算,得到一些有价值的信息,如长度、面积、体积,还有物体质心的测算等。

(3) 空间变换。对各个地理图层作适当的变换,可以得到新的图层和新的属性信息,这些变换包括拓扑叠加、逻辑组合、函数运算等。

(4) 空间拟合。空间数据往往通过采样观测得到,带有很大的离散性。而在利用中,研究者往往对未观测点的值感兴趣,这就必须利用空间拟合的方法来完成。在已存在观测点的区域内通过内插来估计未观测点的特征值。这种方法在宏观尺度和多因素综合研究中更为常用。

2. 空间分析的作用

生态学中的空间分析功能可概括为以下 4 个方面:

(1) 空间特征的几何分析功能,指以空间要素的定位数据为基础,通过数据集合的几何分析方法,确定空间要素多重属性的特征及其相互关系。方法包括包含分析、多边形叠置分析和泰森多边形等。

(2) 网络分析功能,主要有优化路径选择分析、时间和距离计算、网流量的模拟分析等。

(3) 数字图像分析功能,可以认为是一个图像处理的子系统,它一般包括图像恢复、图像增强、分类和信息提取、图像统计和图像管理等主要功能。

(4) 地形分析与多元分析功能,其中地形分析是生态学研究最为常用的分析方法,利用地形分析可进行地形因子的自动提取(如坡度、坡向等),地表形态自动分类和典型剖面的绘制和分析等,高精度的数字地面模型(digital terrain model, DTM)还可用来对遥感影像进行几何校正;多元分析则包括一些多变量统计分析中常用的模型,如聚类分析、判别分析、主成分分析等。

3. 空间分析的层次

空间分析功能的实现过程分为 4 个层次:

(1) 认知。对空间数据进行有效获取和科学的组织描述,利用空间数据再现事物本身,如由气温的空间平面图绘制纵、横剖面图。

(2) 解释。理解并解析空间数据的背景过程,认识事件的本质规律,如区域内植被指数的时空分布规律与地形、土壤、气候以及人类活动等因子的关系等。

(3) 预报、了解、掌握事件发生的规律,运用预测模型对未来状况做出合理推测,如预测全球变化影响的深度和广度等。

(4) 宏观决策和调控。根据 SA 结果做出合理决策,调控地理空间上发生的事件,如合理分配各种自然资源等。

4. 空间分析在生态学研究中的应用

空间分析在生态学相关领域的研究中有着悠久的历史与传统,数学概念与方法的引入,从统计方法扩展到运筹学、拓扑学乃至分形理论等方法的应用,进一步促进了其定量分析的能力。然而在目前的 GIS 中,这方面的功能没有得到充分发挥。随着数字地球计划的提出,作为数字地球技术基础之一的 GIS 将起到举足轻重的作用,此时的 GIS 不是简单的应用范围的扩大,而是一个质的飞跃,有利于生态学家对瞬时信息进行定性分析、空间信息的定位分析、时间信息的趋势分析以及信息的空间综合等。现代生态学将拥有新的内涵,而空间分析是现代生态学最具挑战性的学科。总之,从定量空间分析的角度生态学空间分析在以下 4 方面已经或可以得到极大发展。

(1) 空间统计和格局。例如,自然灾害的空间分布、物种的空间分布以及遥感影像上识别对象的空间分布。生态学要素的空间分布格局是生态过程机制的空间体现,反过来又构成新一轮生态过程的边界和初始条件。因此,对于生态学要素空间格局的描述、识别和统计对认识生态学机制、因果关系有极大的帮助。

(2) 空间过程模拟。例如,物种扩散、栖息地扩展、洪水演进、流行病传播、大气环流形成等,可以根据其物理机制建立常微分或偏微分方程,微分方程的解析是头脑的逻辑推理过程。在这一领域,数学起主导作用。GIS 起数据支撑和运行平台的作用,而生态学空间分析才是真正的实施者。

(3) 空间相互影响。例如,土地利用变化与物种格局的关系、群落演替与物种多样性的关系、污染物迁移转化、空间隔离与遗传多样性的相互作用等,利用状态变量和影响因素之间的关系类比建立数学模型,并用实测数据回归获得参数,然后进行分析预测。这项工作可以认为是生态空间分析的主要研究领域。

(4) 空间运筹。例如,自然保护区的空间布局、水资源时空配置、污染物排放时空优化、空间监测采样优化设计等。当前世界许多城市和地区面临缺水的威胁,随着全球气候变暖,这一趋势更为加剧。水资源的空间配置是一个优化问题,其目标是在区域水资源总量不足的背景条件下,有效地将水资源在不同的子区域、行业和时间上进行配置,使全区域社会经济和生态效益最佳。其整个过程都需要空间分析这个工具来实施与操作。

强大的空间分析功能逐渐构成现代生态学日臻完善的技术体系。尽管空间数据具有复杂性,加上生态学研究所面临问题的多样性、数据源种类繁多、表达方式各不相同,但人们可以通过对地球信息机制的研究,认识大气圈、水圈、岩石圈、生物圈等圈层内部的结构特征、分布规律、演化过程以及彼此之间物质流、能量流、信息流的传递方式及其动力学机制,应用生态学、生物学及相关学科的理论及地理空间信息科学的最新成果(特别是数据标准化、分析智能化),分析并最终解决区域性或全球性的一系列生态问题。如果没有空间分析的数量化和空间化,生态学研究的发展将受到极大影响。

总之,遥感技术的应用和地理信息科学的发展,使系统分析和综合集成的方法得以应用,更为重要的是可促进农业生态学研究提高到新的水平。

思考题

1. 农业生态系统中信息的特征是什么?
2. 简述农业生态系统信息流的含义。
3. 举例说明农业生态系统中组分间的信息传递。
4. 简述遥感及其在农业生态系统中的作用。
5. 阐述高光谱的特点及其在农业生态学中的应用。
6. 什么是 3S 技术? 阐述其含义及其相互关系。
7. 举例说明植被生态学研究中的遥感应用。
8. 简述 GIS 的特点及其在农业生态系统中的应用。
9. 简述基于 GIS 的空间分析及其可能的农业生态系统应用。
10. 简述卫星反演 LAI 和 FPAR 的原理和方法。
11. 解释 NPP、APAR 和 NDVI 及三者之间的相互关系。

参考文献

[1] 丁志,童庆禧,郑兰芬,等.应用气象卫星资料进行草场生物量测量方法的初步研究[J].干旱区研究,1986,(2):8~13.

[2] 陈述彭.遥感地学分析[M].北京:中国测绘出版社,1990.

[3] 王宇明.遥感技术及其应用[M].北京:中国人民交通出版社,1990.

［4］ 樊锦沼,张传道,吕玉华.应用气象卫星资料估算草场产草量方法的研究[J].干旱区资源与环境,1990,4(3):76～83.

［5］ 王艳荣,雍世鹏.内蒙古锡林郭勒草原植被的光谱反射特征与牧草产量的相关性分析[J].植物生态学与地植物学学报,1990,14(3):258～266.

［6］ 张玉勋,李建东.草地植物群落地上生物量非破坏性估测方法的探讨[J].植物生态学与地植物学学报,1991,15(2):177～182.

［7］ 李博.中国北方草地畜牧业动态监测(一)——草地畜牧业动态监测系统设计与区域实验实践[M].北京:中国农业科技出版社,1992.

［8］ 黄敬峰.NOAA 气象卫星草地遥感研究动态[J].国外畜牧学——草原与牧草,1993,(1):15～20.

［9］ 周广胜,张新时.自然植被净第一性生产力模型初探[J].植物生态学报,1995,19(3):193～200.

［10］ 黄敬峰.北疆天然草地生产力遥感动态监测预测模型——农牧业生产动态模拟研究[M].北京:气象出版社,1996.

［11］ 牛铮,王汶,王长耀,等.新型遥感数据在作物生长监测中的应用[M].//徐冠华等主编.遥感在中国.北京:中国测绘出版社,1996.142～146.

［12］ 李建龙.草地遥感[M].北京:气象出版社.1997.1～16.

［13］ 浦瑞良,宫鹏.森林生物化学与 CASI 高光谱分辨率遥感数据的相关分析[J].遥感学报,1997,1(2):115～123.

［14］ 童庆禧,郑兰芬,王昔年,等.湿地植被成像光谱遥感研究[J].遥感学报,1997,1(1):50～57.

［15］ 张良培,郑兰芬,章庆禧.利用高光谱对生物量进行估计[J].遥感学报,1997,1(2):111～114.

［16］ 刘国华,傅伯杰,方精云.中国森林碳动态及其对全球碳平衡的贡献[J].生态学报,2000,20(5):733～740.

［17］ 申广荣,王人潮.植被光谱遥感数据的研究现状及其展望[J].浙江大学学报(农业与生命科学版),2001,27(6):682～690.

［18］ 辛立辉,傅洪勋.广东省信息农业发展策略[J].农业系统科学与综合研究,2002,18(2):149～152.

［19］ 张金屯.应用生态学[M].北京:科学出版社,2002.

［20］ 刘荣高,刘纪元,庄大方.基于 MODIS 数据估算晴空陆地光合有效辐射[J].地理学报,2004,59(1),64～73.

［21］ 朱文泉,陈云浩,潘耀忠,等.基于 GIS 和 RS 的中国植被光利用率估算[J].武汉大学学报(信息科学版),2004,29(8):694～698.

［22］ 朱文泉,潘耀忠,张锦水.中国陆地植被净初级生产力遥感估算[J].植物生态学报,2007,31(3):413～414.

［23］ 吴朝阳,牛铮.基于辐射传输模型的高光谱植被指数与叶绿素浓度及叶面积指数的线性关系改进[J].植物学通报,2008,25(6):714～721.

［24］　李刚,杨志勇,钦佩. 高光谱遥感数据估算蓖麻初级生产力主要参数研究［J］. 中国农业科技导报,2009,11(5)：114～115.

［25］　王旭峰,马明国,姚辉. 动态全球植被模型的研究进展［J］. 遥感技术与应用,2009,24(2)：246～249.

第七章　农业生态系统的价值流

第一节　农业资源概述

一、农业资源的类型与特征

资源(resources)泛指人类从事社会活动所需要的全部物质与能量来源。包括两方面：一方面是自然界赋予的自然资源，是自然界形成的可供人类生活与生存所利用的一切物质与能量的总称；另一方面是人类自身通过劳动提供的资源，称社会资源。农业资源(agricultural resource)是由一定的技术、经济和社会条件下，人类农业活动所依赖的自然条件和社会条件所构成的。农业生产过程实际上就是人类把农业资源转化为各种农副产品的过程。人类对农副产品需求的连续性决定着人类必须持续地利用农业资源。农业自然资源在人民生活、生产及国民经济中占有重要地位，一个国家或地区的农业自然资源的丰富程度、分布状况，体现了这个国家或地区农业生产的潜力，而农业自然资源开发的水平，则是一个国家或地区社会文明与发达的标志(王宏燕等，2008)。

(一)农业资源类型

1. 自然资源

自然资源是指在一定社会经济技术水平下，能够产生生态效益或经济价值，以提高人类当前或预见未来生存质量的自然物质、能量和信息的总和。农业自然资源包括来自岩石圈、大气圈、水圈和生物圈的物质。具体包括：由太阳辐射、降水、温度等因素构成的气候资源；由地貌、地形、土壤等因素构成的土地资源；由天然降水、地表水、地下水构成的水资源；由各种动植物、微生物构成的生物资源。生物资源是农业生产的对象，而土地、气候、水资源等是作为生物生存的环境存在的，是全部生物种群生命活动依托的处所(见图 7-1)。

按资源能否再生和永续利用，则可将自然资源分为可更新资源和不可更新资源。

(1)可更新资源。可更新资源有两种。一种是通过生命过程实现更新的生物资源，它们有生命，有再生和更新能力，并以不同的方式进行循环。如植物、动物、微生物；又如森林、草原等，能够在适当的条件下和环境中不断进行更新繁衍，并被人类永续利用。与此相反，若生态失衡，生物资源也可能出现退化、崩溃解体，甚至消亡和灭绝。因而在其开发利用的过程中，适度性和合理性就尤其重要。另一种是非生物资源，它们虽然没有生命，如土地、水、大气及光照，但它们都各自有恢复和更新的规律。人类在开发这些自然资源时，只要按照客观规律办事，就能维持生态平衡，既发展生产，又能保护环境。

(2)不可更新资源。这类资源没有生命，如矿产资源(石油、煤炭、铁矿等各种金属和非

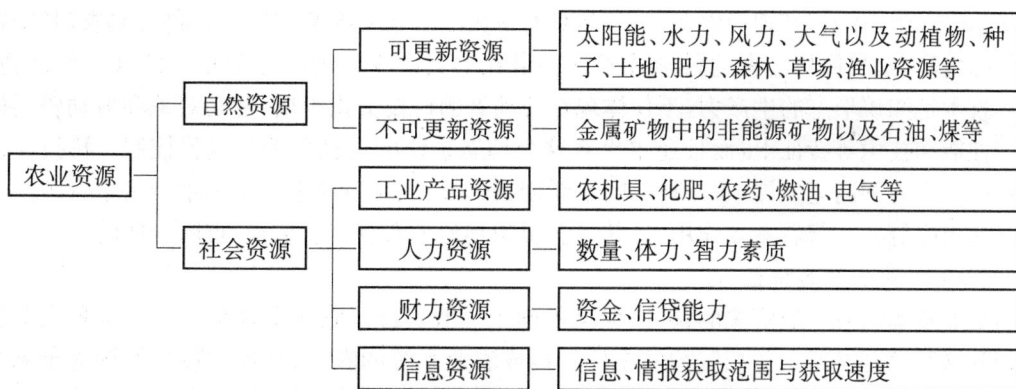

图 7‑1　农业资源的分类(骆世明,2009)

金属矿物)。矿产资源的形成需要经历漫长的地质年代(几百万年至十几亿年),具有有限性,对于人类社会的发展时期而言,它是不可更新的。而当前的采掘速度却是相当惊人的。一个矿床往往在几年、十几年或百年左右就被开采完毕;因此,保护和合理利用矿产资源至关重要。人类在利用这些资源时应降低消耗,提高利用率,使之既发挥最大的经济效益,还能延长其开发利用的期限。

2. 社会经济资源

社会经济资源是指除自然资源以外的所有其他资源的总称,包括经济资源、人力资源、智力资源、信息资源、文化资源及旅游资源等。它是社会生产发展的重要基础与条件,是开发利用自然资源并将其转化为社会经济财富的动力源泉(皮广洁等,2003)。其特点为:① 易变化。受不同历史时期生产关系和生产力发展水平的影响,变化周期较短,速度较快。通常对社会经济资源的改造也较自然资源容易得多;② 地区分布不平衡明显。如在经济技术基础较好的地区,经济资源、智力资源、信息资源和文化资源等相对较多,亦较集中,反之则较少和分散;③ 开发利用的多样性。一地区的社会经济资源,可根据不同时期生产发展的需要与可能,进行多目标、多途径的开发利用。如人力资源充足,既可用以发展劳动密集型产业,也可利用其智力和信息资源等,发展高技术型产业。

其中,人力资源是社会经济资源主要形式,主要集中表现在人为因素、劳动资源或劳动力资源。人既是生产者又是消费者,具有双重属性:一是自然属性,人和生物是生物圈的组成部分,所以和其他生物一样服从于自然规律,参与自然界的循环;二是社会属性,人通过劳动可以改造、利用自然资源和环境条件。劳动力资源在再生产中的地位,不同于自然资源,它的开发利用是通过自身来完成的,自然资源的改造利用在很大程度上取决于劳动力资源的开发利用程度,取决于劳动力的素质。劳动力资源在农业生产中具有主导的作用,其开发利用和控制具有特有的社会属性。我国农村目前有大约 3.4 亿劳动力,其中近 3 亿从事农业生产,虽然我国各类土地资源的绝对数量都居于世界前列,但人均占有的资源数量相对甚少(刘秀珍等,2006)。

此外,技术资源广义上也属于社会人文资源,其在经济发展中日益起着重大作用。技术是自然科学知识在生产过程中的应用,是直接的生产力,是改造客观世界的方法、手段。技术对社会经济发展最直接的表现就是生产工具的改进,不同时代生产力的标尺是不同的生产工具,主要是由科学技术来决定的。科学技术是第一生产力。依靠科技进步发展"高产、优质、高效、生态、安全"现代农业,是一项具有重大战略意义的基本国策。科技兴农,其中很重要的内容,是尽快将已有的科学技术这一潜在形式的生产力转化为现实的社会生产力。科学技术是知识形态的生产力,不仅体现在劳动者的科技文化素质、劳动对象和劳动资料的生产性能和技术等特征上,而且还主宰着这个动态系统的信息反馈和过程控制。科技在促进农业生产力的高速发展,农业技术的不断创新,以及农业劳动生产率和生产科学管理水平的快速提高等方面起着重要作用,且其还会影响到整个农业产业结构、布局和规模。

（二）农业资源的特征

农业资源具有一般资源的共性,但又不同于一般资源。农业系统是一个由多种农业资源相互联系、彼此依存、竞相制约的整体。构成农业系统的农田、林地、草地、河湖等子系统在能流、物流和信息流的带动和人工技术的调配下相互补充和共同作用,形成了一个有机的整体,并使系统在一定的状态下运行和发展。了解农业资源的特点,对于开发和保护资源具有重要意义。

1. 资源的系统性

自然界是由各种各样的生态系统组成,每一个生态系统又包括各个组成部分,各组分之间又有着错综复杂的关系,改变其中的某一个成分,必将会对系统内的其他组分产生影响,以致影响系统性。例如,森林的砍伐、植被破坏会造成水土流失,使土壤肥力下降,而土壤肥力的下降反过来会进一步导致植被的衰退和群落演替,使其他生物群落也发生变化,从而影响整个生态系统。各系统之间也彼此影响,这种影响有些是直接的,有些是间接的,有些是立即可以表现出的,有些则需要很长时期才能显露出来。

在生态系统中,每一个生物物种都占据一定的位置,具有特定的作用,即有一定的生态位。各生物物种之间相互依赖,彼此制约,协同进化。如被食者为捕食者提供生存条件,同时又为捕食者所控制;反过来,捕食者又受制于被食者。生物物种彼此间相生相克,使整个生态系统成为协调的整体。例如,当一个生态系统引进其他系统的生物物种时,往往会由于该生态系统中缺乏控制它的物种存在,使引进物种种群数量大爆发,从而造成灾害。

由于资源具有系统性,因此,我们在利用资源时,必须坚持从整体出发,坚持全局的观点,进行综合评价、综合治理及综合利用。要根据其在生态系统食物链（网）中所处的营养级制定不同的利用对策。在生态系统食物链（网）中所处的营养级越低,其生产能力越强,可利用量越高。并要维持食物链（网）结构的多样性及合理的结构,以保持资源生物物种赖以生存的生态系统的稳定性。

2. 资源的可更新性（再生性）

生物资源通过繁殖而使其数量和质量恢复到原有的状态,对动物资源来说,它还可以通过从未开发区或开发轻度区向开发区或开发重度区的迁移来恢复其资源数量和质量,供人类重复开发利用。因此,生物资源属于可更新资源。例如,草原可以年复一年地被用来放牧、割草;森林在合理砍伐下,可为人类提供木材和林副产品;动物资源、渔业资源可为人类提供肉、毛皮、蛋、医药、粪便等。生物资源的更新都有一定的周期,其时间因种而异,如池塘生态系统中的浮游植物在代谢最旺盛时,更新周期仅为 1 d;草本植物的更新周期约 100 d;而乔木的更新周期可达几十年甚至上百年。生物资源的蕴藏量是一个变数,即生物资源的可更新性有一定的条件和限度。在正确管理下,生物资源可以不断地增长,人类可以持续利用,但生物资源有其脆弱性的一面,生物个体所具有的遗传物质并不能代表该种生物的基因库,它存在于生物种群之中,当某一生物种群的个体减少到一定数量时,该种生物的基因库便有丧失的危险,从而导致该物种的灭绝,使生物多样性受到破坏。

3. 资源的地域性

由于地球表面所处的纬度和海陆位置的差异,致使地球形成了各种各样的环境条件,如森林、灌丛、草原、荒漠、湿地等;使资源在区域分布上形成了明显的地域性,如不同的地区具有不同的生物资源,如亚洲象、长臂猿生活于热带森林中,可可、油棕在湿热带地区生长,雪莲、贝母、黄连、箭竹等只适合生长在高海拔地区等。资源的地域差异可视为资源的宏观空间差异。掌握资源的地域性,是人类开发利用资源的重要依据之一,人类既可以因地制宜利用资源,还可以人为地创造资源的最佳存在条件,以培育资源,提高品质,增加数量。

4. 资源的周期性

所谓周期是指事物有规律的重复变化,而且这种变化或多或少是由于生态系统中生物活动周期性的循环变化而决定的。生物资源的周期性表现为生物资源的数量周期性和质量周期性两方面。绝大多数生物资源的活动数量都有明显的周期性,随时间的变化,有明显的节律可循,可分为日周期、季节周期、年周期。日周期的生物如绿色植物,白昼时在太阳光的作用下,进行光合作用,物质的形成大于呼吸作用的消耗,为物质积累阶段。夜间由于仅有呼吸作用,为物质消耗阶段,因此绿色植物存在着物质积累与消耗的日交替现象。季节周期为一年内生物资源量的季节峰和谷的交替,即季节波动。一般说来,凡是繁殖季节明显的生物,其资源量的峰期均出现在当年繁殖期之末,而谷期则出现在年繁殖期之前。如毛竹的生长就具有季节变动,其生活周期为春生笋、夏长鞭、秋孕笋、冬休眠;鸟类资源量最多的季节是秋季。年周期呈现出多年间的数量波动,有长短周期之分,长周期如美洲兔和加拿大猞猁,平均9.6年出现一个数量的高峰年,在高峰之后,迅速下降至原来的水平,且加拿大猞猁的数量高峰一般是美洲兔数量高峰的第2年出现。生物资源质量也存在着周期性,最明显的例子是毛皮动物的毛皮质地呈现出的周期性。如河狸毛皮的质地最佳时间是在每年的12月至次年的1月间。生物资源的周期性现象提示我们对生物资源的合理开发利用必须遵循适时收获、捕捞、狩猎和放牧,即要按照生物的生长发育规律,适时地取,以便"不夭其生";适量地取,以便"不绝其长"。

5. 资源的有限性

资源是有限性。一是资源本身的有限性,二是由于人类对资源利用的强度和方式造成的。如果人类开发利用资源超过了其所能负荷的极限,可能会导致整个资源因消耗过度而枯竭,破坏自然界的生态平衡。如随着人口的增加、人类生活水平的提高,对资源的利用将逐渐加剧,加之其他诸多方面的因素,适合生物资源栖息的环境会越来越小,使得一些生物资源濒临灭绝。目前,部分生物资源出现枯竭的原因,大多数是人为因素造成的,如鸟类资源的短缺,其原因65%为生境破坏、25%为狩猎、5%为疾病、3%为环境污染、1%为寄生虫、1%为气候。认识了资源的有限性,就要求人类必须遵循客观规律,在开发利用资源时,按照资源的特性,既要珍惜有限的资源,使其能够得到充分利用,创造出最大的经济效益,又要认识资源耗竭的条件,掌握其负荷极限,正确处理好人类与资源之间的"予取关系",使资源能够持续地为人类造福。

6. 资源的增值性

资源的增值性是指资源在一定条件下其利用价值不断提高的一种资源属性。人类对生物资源利用的历史证明,对生物资源进行有效的投入是实现生物资源增值的关键条件。如家禽、家畜和栽培植物,它们的资源价值均不同程度地比野生祖先物种要高,这是因为人类在驯养、培育家养动物及栽培植物的过程中,投入了一定的能量(人力、物力、财力等)。一个优良的新品种,一旦培育成功和推广,每年能创造出巨大的经济效益。

二、我国农业资源概况

我国位于亚洲的东部,东临太平洋,是一个海陆兼备的国家。南北相距 5 500 千米,东西相距 5 200 千米,大陆海岸线长达 18 000 多千米,沿海岛屿 5 000 多个。我国山地和高原所占面积很大,海拔 500 m 以上的,占全国总面积的 75%,山地、高原、丘陵占 69%,平原占 12%,盆地占 19%。地势西高东低,西从青藏高原至大兴安岭、太行山、巫山和雪峰山一带,主要由山地、高原和盆地组成,东至海岸线一带主要由平原、低山和丘陵组成,东北平原、华北平原、长江中下游平原相连,形成了我国独特的农业资源(王宏燕等,2008)。

(一)土地和耕地资源

土地资源是人类生活和从事生产、建设的必需场所和重要生产资料,也是人类赖以生存的最宝贵、最基本的自然资源,是农业生产最基本、最珍贵的生产资料,广义的土地是指地球表层所拥有的全部自然资源和包括人类活动影响在内的全部综合体。狭义的土地是指地球表面的陆地部分,是土壤、地形、植被、岩石、水文、气候等因素长期作用以及人类的长期活动共同影响形成的自然综合体。我国国土面积仅陆地部分约占全球陆地面积的 6.4%,约为 $9.6 \times 10^8 \ hm^2$,居世界第 3 位,但人均占有土地面积仅为 0.083 hm^2,国土农用比例 56%,世界各洲及主要国家土地的农业利用情况见表 7-1(谷树忠等,1999)。

表 7-1　世界各洲及主要国家土地的农业利用情况(单位:万公顷、%)

国家或地区	国土总面积	农用地总面积	耕地面积	多年生作物	牧场面积	森林面积	国土农用比率
中　国	96 000	53 687	9 491	—	31 333	12 863	56.0
世　界	1 304 542	817 371	134 532	10 552	339 526	332 761	62.7
亚　洲	267 901	180 058	42 915	4 337	79 219	53 587	67.2
印　度	29 732	24 955	16 610	355	1 140	6 850	83.9
日　本	3 765	3 007	399	42	66	2 500	80.0
非　洲	296 355	179 095	16 696	1 895	88 360	72 144	60.4
北美洲	213 704	149 881	26 444	712	36 205	86 521	70.1
加拿大	92 210	56 740	4 542	8	2 790	49 400	61.5
美　国	91 591	72 293	18 574	203	23 917	29 599	78.9
南美洲	175 293	144 703	9 082	1 443	49 540	84 638	82.5
巴　西	84 565	72 371	4 321	750	18 500	48 800	85.6
欧　洲	47 262	37 347	12 201	1 335	7 945	15 866	79.0
法　国	5 501	4 513	1 832	117	1 063	1 501	82.0
德　国	3 943	2 799	1 181	21	527	1 070	80.1
俄罗斯	168 885	98 552	13 030	200	8 731	76 591	58.4
英　国	2 416	1 959	594	5	1 110	250	81.1
澳大利亚	76 444	60 670	4 700	20	41 450	14 500	79.4

<<<< --

1986 年,我国土地资源的构成情况基本为耕地约占土地总面积的 10.0%,果、茶、桑、橡胶等园地占 0.3%,林地占 12.0%,牧地占 33.2%,城镇工业交通用地占 7.0%,内陆水域占 3.0%,其他未利用的宜农宜林荒地荒山、难利用的石骨裸露地、沙漠、戈壁、寒漠、永久积雪及冰川等占 34.4%。而据国土资源部发布的 2008 年度全国土地利用变更调查结果显示,截至 2008 年 12 月 31 日,中国耕地面积为 18.257 4 亿亩,从保障粮食安全、经济安全和社会稳定考虑,中国政府提出坚守 18 亿亩耕地面积的红线目标,并坚持执行世界上最严格的耕地保护制度。

我国土地资源的特征主要包括以下几个方面:

(1) 绝对量大、人均占有量少。我国的国土面积居世界第 3 位,耕地面积占世界耕地总面积的 7%,居第 4 位,草地占 9.5%,居第 3 位,林地占 3.2%,居世界第 8 位(刘秀珍等,2006)。从总量上看,我国是一个土地资源相当丰富的国家。但由于我国人口众多,人均占有量少,人均耕地是世界平均值的 1/3,在世界上居第 113 位。同样,我国人均占有林地是世界平均值 0.91 hm² 的 1/5,在世界 160 个国家和地区中占 118 位;人均占有草地 0.26 hm²,是世界平均值的 1/3,在世界上居第 83 位。

(2) 类型多样,山地多于平地。我国山地、高原、丘陵面积约 665 万平方千米,占全国土地总面积的 69%,其中山地、高原、丘陵约分别占 33%、26%、9%。平原和盆地约 295 万平方千米,占全国总土地面积的 31%(刘秀珍等,2006)。按海拔高度估算,海拔小于 500 m 的地区仅占全国总面积的 25%,海拔高于 3 000 m 的地区却占 26%,很多山地由于海拔高、气温低、坡度大、土层薄和交通不便等原因,发展农林牧业困难,土地难以利用。

(3) 地区差异大。我国地跨赤道带、热带、亚热带、暖温带、温带和寒温带,区域差异明显,其中亚热带、暖温带、温带合计约占全国土地面积的 71.7%,温度条件比较优越。从东到西又可分为湿润地区(占土地面积的 32.2%)、半湿润地区(占 17.8%)、半干旱地区(占 19.2%)、干旱地区(占 30.8%)。全国 90% 以上的耕地和内陆水域分布在东南部地区;一半以上的林地分布并集中于东北部和西南部地区;86% 以上的草地分布在西北部干旱地区。

(4) 耕地质量不好,耕地后备资源不足。近年调查表明在全国国土总面积中,沙漠占 7.4%,戈壁占 5.9%,石质裸岩占 4.8%,冰川与永久积雪占 0.5%,加上居民点、道路占用的 8.3%,全国不能供农林牧业利用的土地占全国土地面积的 26.9%。在现有耕地中,涝洼地占 4.0%,盐碱地占 6.7%,水土流失地占 6.7%,红壤低产地占 12%,次生潜育性水稻地为 6.7%,干旱、半干旱地区 40% 的耕地不同程度地出现退化,全国 30% 左右的耕地不同程度地受到水土流失的危害。海拔 3 000 m 以上的高寒地区约 2.48 亿公顷,约占全国土地面积的 1/3。据初步统计,我国现有后备土地资源 1.25 亿公顷,其中宜垦土地约 0.33 亿公顷,质量较好,宜作农用的只有 0.13 亿公顷,即使全部开垦,按垦殖率 60% 计,只能净增 0.07 亿公顷左右的耕地(刘秀珍等,2006)。据《中国 1:100 万土地资源图》,全国尚有 0.133 亿公顷的后备耕地,0.8 亿公顷的后备林地,0.6 亿公顷草地资源有待开发。土地的连年大量减少、土地退化、生态环境恶化,已成为我国经济持续稳定发展的主要限制因素之一。

我国主要地区的耕地资源质量分析见表 7-2。表 7-2 采用耕地资源势反映(或测度)了各地区耕地资源的优劣情况。根据《中国 1:100 万土地资源图》土地资源数据图集中的基础数据,用耕地的加权平均等级来反映耕地资源的总体优劣状况。具体计算过程是,首先以全国 32 个地区一、二、三等耕地及不宜农耕地所占面积比例作为权重,并分别赋予一、二、三等及不宜农耕地以 1、2、3 和 5 的等级值(其中,为突出反映不宜农耕地的不宜性而赋以 5 的等级值),求取各地区耕地的平均等级,其结果是上海耕地平均等级最高,为 1.06 级,宁夏耕地平均等级最低,为 2.59 级;其次,计算耕地平均等级的倒数,以此使数值与等级方向抑制,即数值越大则等级越高,反之亦然,并从中确认最大的数值,以此作为计算各耕地资源势的参照值,在表中,这个最大值出现在上海,为 0.94;最后,将各地区的耕地等级倒数值均除以 0.94,即得出各地区的耕地资源势。

表 7-2   中国部分地区耕地资源质量分析

地　区	一等耕地面积比例/%	二等耕地面积比例/%	三等耕地面积比例/%	不宜农耕地比例/%	耕地平均等级	耕地等级倒数	耕地资源势
北　京	45.82	43.46	10.72	—	1.65	0.61	0.65
天　津	14.53	70.53	14.80	0.13	2.01	0.50	0.53
河　北	14.59	47.68	32.79	4.94	2.33	0.43	0.46
山　西	31.00	16.28	39.66	13.06	2.51	0.40	0.43
内蒙古	24.71	46.61	20.58	8.10	2.21	0.45	0.48
辽　宁	44.06	43.64	11.21	1.08	1.70	0.59	0.63
吉　林	39.19	54.09	5.40	1.32	1.70	0.59	0.63
黑龙江	78.45	19.85	1.57	0.13	1.24	0.81	0.86
上　海	94.00	6.00	—	—	1.06	0.94	1.00
江　苏	62.25	33.71	1.94	2.10	1.46	0.68	0.72
浙　江	66.10	26.86	6.31	0.73	1.43	0.70	0.74
安　徽	52.07	44.98	2.87	0.09	1.51	0.66	0.70
福　建	40.34	42.08	17.58	—	1.77	0.56	0.60
江　西	74.82	14.94	8.32	1.92	1.40	0.71	0.76
山　东	42.34	38.42	16.73	2.51	1.82	0.55	0.59
河　南	43.44	33.12	17.67	5.77	1.56	0.64	0.68
湖　北	62.03	26.83	10.84	0.30	1.50	0.67	0.71
湖　南	75.99	18.57	4.02	1.42	1.32	0.76	0.81
广　东	32.87	47.93	18.66	0.54	1.88	0.53	0.56
广　西	27.05	48.59	26.86	—	2.05	0.49	0.52
海　南	18.48	54.66	23.10	1.26	2.03	0.49	0.52
四　川	14.18	36.16	46.85	2.81	2.41	0.41	0.44
贵　州	14.69	46.43	30.46	8.42	2.41	0.41	0.44
云　南	34.23	44.42	17.94	3.41	1.94	0.52	0.55
西　藏	31.17	32.62	26.98	9.23	2.23	0.45	0.48
陕　西	33.66	14.66	36.44	15.24	2.48	0.40	0.43
甘　肃	24.31	17.14	53.18	5.37	2.45	0.41	0.44
青　海	16.86	21.31	61.83	—	2.45	0.41	0.44
宁　夏	17.59	24.56	48.74	9.12	2.59	0.39	0.41
新　疆	48.47	30.06	19.37	2.10	1.78	0.56	0.60

(二) 水资源

水是维持人类生存的三大基本要素之一,也是人类生产和生活的重要资源。水资源属于可再生资源。除具有一般再生自然资源所共有的属性外,水资源还有其本身固有的特性,如循环性,多用性,量的有限性和质的不可替代性,分布的不均匀性。

我国是水资源大国,水资源总量居世界第 6 位,仅次于巴西、俄罗斯、加拿大、美国和印度尼西亚。但由于我国人口众多,人均占有量仅为世界人均占有量的 1/4,居世界第 110 位,灌溉面积不到耕地的一半,城市供水普遍不足,缺水城市约 300 多个,日缺水量高达 1 000 多万立方米。我国可供开发利用的多年平均年水资源总量为 28 124 亿立方米,主要可分为降水、地表水和地下水,平均年径流总量为 27 115 亿立方米,年均地下水资源量为 8 288 亿立方米,河川径流是水资源的主要组成部分,占我国水资源的 94.4%。平均年降水量为 61 889 亿立方米,降水量的 45% 转化为地表和地下水资源,55% 消耗于蒸发(刘秀珍等,2006)。

从总体上看,我国天然河川水的质量是比较好的。矿化度超过 1 000 mg/L 的河水面积仅占全国总面积的 13%,总硬度超过 250 mg/L 极硬水的分布面积也仅占全国面积的 12%。但是,随着社会经济发展和人口增长,工业废水和生活污水排放量迅速增加,致使我国很多河流、湖泊、水库、地下水都有不同程度的污染,水质日益下降。在已进行评价的河流中,有 60% 的水质达不到饮用水标准,11% 的水质不符合农田灌溉要求,6% 的河流有毒物质含量超过排放标准或者受到有机污染而呈现黑臭的现象(皮广洁等,2003)。

我国水资源的主要特点:

(1) 人均占有量低。人均水资源仅约为 2 260 m³(世界人均水资源 10 796 m³),耕地水资源占有量 28 320 m³/hm²,为世界平均值的 4/5,排在世界 149 个国家的第 110 位,被联合国列为全世界 13 个人均占有水资源最匮乏的国家之一。表 7-3 为我国部分地区 2002 年水资源总量与人均资源量(刘秀珍等,2006)。

表 7-3　全国部分地区人均水资源量

省级行政区	水资源总量/ ×10⁸m³	水资源总量 排序	人均水资源 量/m³	人均水资源 量排序
北　京	16.99	29	119	29
天　津	3.67	31	36	31
河　北	86.14	27	128	28
山　西	78.73	27	239	26
内 蒙 古	314.89	21	1 324	18
辽　宁	148.26	25	353	23
吉　林	368.69	18	1 366	17
黑 龙 江	632.62	14	1 659	16
上　海	46.07	28	284	25
江　苏	268.02	22	363	22
浙　江	1 230.48	8	2 648	11
安　徽	824.68	13	1 301	19
福　建	1 201.43	9	3 466	9
江　西	1 983.26	6	4 697	6
山　东	98.11	26	108	30
河　南	319.99	20	333	24
湖　北	1 155.46	10	1 930	14

省级行政区	水资源总量 /$\times 10^8\,m^3$	水资源总量排序	人均水资源量/m^3	人均水资源量排序
湖　南	2 566.63	2	3 872	8
广　东	1 884.63	7	2 398	12
广　西	2 372.59	3	4 920	5
海　南	333.12	19	4 148	7
重　庆	545.48	16	1 757	15
四　川	2 066.16	5	2 382	13
贵　州	1 117.57	11	2 913	10
云　南	2 308.87	4	5 329	4
西　藏	4 243.49	1	158 932	1
陕　西	255.43	23	695	20
甘　肃	150.32	24	580	21
青　海	558.23	15	10 553	2
宁　夏	12.76	30	223	27
新　疆	1 068.2	12	5 607	3

(2) 地区分布不均,水土资源不相匹配,南多北少,东多西少。长江流域及其以南地区国土面积只占全国的 37%,其水资源量占全国的 81%;淮河流域及其以北地区的国土面积占全国的 64%,其水资源量仅占全国水资源总量的 19%。

(3) 年内年际分配不匀,旱涝灾害频繁。大部分地区年内连续四个月降水量占全年的70%以上,连续丰水年或连续枯水年较为常见。

(三)气候资源

气候是指一个地区或地点多年的大气状态,包括平均状态和极端状态。具体以各种气象要素(包括气温、气压、空气湿度、降水量、风等各种天气现象)的统计量来表达。气候由太阳辐射、地理、大气环流、人类活动因子决定的(见图 7-2)。

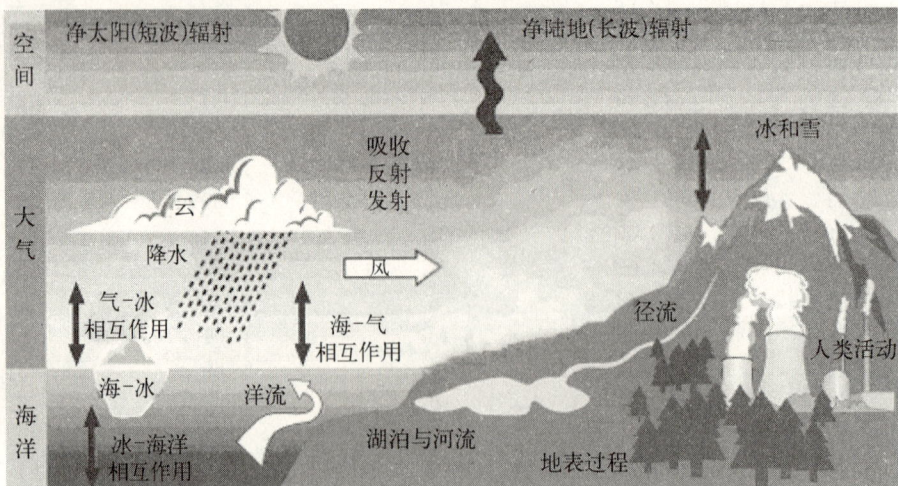

图 7-2　气候系统示意图

农业气候资源是指那些属于某种物质或能量的农业气候要素,它们不仅影响而且直接参与农业生产过程,能为农业生产对象所利用,即有利于人类经济活动的气候条件。主要是指农业(包括林、牧业)气候资源和气候能源等,包括太阳辐射、热量、水分、风能等。农业气候条件形成的灾害(如大风、暴雨、冰雹、低温、霜冻等)和农业气候资源达极限值时构成的灾害(如水分过多成为雨涝、水分过少成为干旱等)均影响农业气候资源的数量、质量及其利用。人类对农业气候资源的利用包括两个方面,一是直接利用,即作为能源和物质的直接利用,例如利用太阳能、风能发电、供热,作为机械动力,利用空气制氧、制氮以及将来雷电能利用等。二是间接利用,即利用绿色植物同化二氧化碳和水,固定太阳能,生产有机物质。

1. 农业气候资源的特点

(1)无限循环的可更新性和单位时段的有限性。某一地区的太阳辐射、温度、降水、风速等气候要素的多年平均值是相对稳定的,因而其利用潜力是有限的。但气候要素是年复一年循环不已、四季交替、昼夜轮回,光、热、水资源均有明显的周期性季节变化,可以持久利用,因此又是无限的。从总体看,农业气候资源是取之不尽、用之不竭的可更新的自然资源。

(2)波动性和相对稳定性。由于天文、地理因素的制约和影响,光、热、降水数量及其组合可以相差很大,具有一定的波动性。纵观地球气候史,地球上一直冷暖交替变化,波浪式地向前发展。尽管每年都发生不同程度的波动,但又总是围绕其多年平均值上下起伏,一般多呈现正态分布,具有相对稳定性。

(3)相互依存性和可改造性。气候资源各要素并不是独立地存在与发展变化的,一种要素的变化会影响到另一种要素的变化。例如,降水量的增加,就可能同时减少光照与降低温度。因此,气候资源各要素是相互影响制约,有机地组成气候资源的总体,也影响到气候资源的有效利用。例如农业气候资源的利用,必须考虑土地资源、生物资源等,离开了这些也就无从谈起充分利用农业气候资源。农业气候资源可以通过人类活动在某种程度上和一定范围内调节、改善局部气候和小气候。如植树造林、兴修水利、保持水土、防风固沙、培肥地力等,不仅形成有利的地方气候和小气候,而且能保持生态平衡。

(4)区域差异性。由于纬度、海陆分布以及地势、地貌与下垫面特性的不同,造成大范围的光、热、水资源的显著区域差异,就是在较小的范围内,由于有海拔高度和坡向坡度等不同地形的影响,光、热、水资源在时间和空间分配上均有显著差异,表现出小区域内农业气候资源分布的不平衡性,常可形成多样的农业气候类型。

(5)适度性。每种农业生物对光、温、水等主要气候要素都有其最低、最适和最高3个基点,只有处在农业生物的可利用范围内才成为资源。超过或低于一定的范围,都会给农业生产带来不利影响,甚至造成灾害。如对农业气候资源来说,温度过低,农作物会发生冷害;温度过高,农作物则发生热害;降水过少,会使农作物缺水;降水过多,会淹没农作物。

(6)有值无价性。农业气候资源是由各种物质和能量组成的一种可利用的资源,是一种有价值的资源。但由于它的流动性、无边界性,无法大面积人为加以控制,通常是有值无价的,比如人们在获得土地以后,自然就得到了水、热、光、气等农业气候资源,但这些资源很难划分归属、无法形成商品,因而是有值无价的资源。

2. 我国农业气候资源现状

我国幅员辽阔,按农业气候区划可分为3个农业气候大区:① 从大兴安岭区,沿长城,经甘肃南部和川西大雪山山脉一线以东为东部季风区;② 昆仑、阿尔金、祁连山脉以南为青藏高寒区;③ 西北干旱区的南部与青藏高寒区相接,其东南部接东部季风区。

(1) 光资源。我国大部分地区属于中纬度地带,太阳辐射能资源丰富。光照年总辐射量在 $3.5×10^9 \sim 8.3×10^9$ J/m² ,其分布规律是从东向西逐渐增大(皮广洁,2003)。年辐射量最大的是青藏高原,四川盆地是年辐射量最低的地区。但目前利用率平均约为 0.5%,潜力还很大。改良品种,改进农业技术以更好地利用光能,提高复种指数、实行间作套种是提高光能利用率的重要途径,可以发挥较大的农业生产潜力。

(2) 热量资源。热量是维持生命活动的主要条件。农业区≥10℃的积温为 2 000~9 000℃,可以满足一年一熟至一年三熟。适合发展对热量条件要求不同的多种农业生物。但热量条件有年际波动,波动大时往往造成农业生产的不稳定。热量条件对作物布局、多熟种植起了决定性作用。我国大部分地区属于温带和亚热带,热量资源南方比较丰富。按≥10℃积温划分,我国的热量分布自南向北逐渐减少(见图 7-3)(王宏燕等,2008)。

占国土面积/%

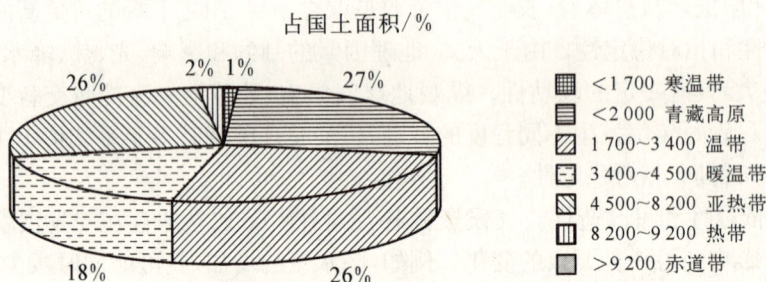

图 7-3 我国热量资源分布

图例:
- <1 700 寒温带
- <2 000 青藏高原
- 1 700~3 400 温带
- 3 400~4 500 暖温带
- 4 500~8 200 亚热带
- 8 200~9 200 热带
- >9 200 赤道带

(3) 水分资源。大气降水是农业水资源的主要来源,单位时间内的降水量称为降水强度(见表 7-4)(刘秀珍等,2006)。常用的单位是 mm/d,mm/h。它关系到降水的有效性,通常暴雨和微量降水的水分资源有效性很低。年降水量是某一年内降水量之和,它是评价一个地区水分资源的基本数据。我国多年平均降水量 648 mm,降水总量 6.19 万亿立方米。年降水分布极不平衡,总的趋势从东南沿海向西北内陆逐渐减少。东南沿海和西南部分地区年降水超过 2 000 mm,长江流域 1 000~1 500 mm,华北、东北 400~800 mm,西北内陆地区年降水显著减少,一般不到 200 mm,新疆塔里木盆地、吐鲁番盆地和青海柴达木盆地是降水最少的地区,一般为 50 mm,盆地中部不足 25 mm。

表 7-4 各级降水的降水强度

雨的等级	降雨强度/(mm/d)	雪的等级	降雪强度/(mm/d)	水平能见距离/m
小　　雨	<10	小雪	≤2.5	≥1 000
中　　雨	10.0~24.9	中雪	2.6~4.9	500~1 000
大　　雨	25.0~49.9	大雪	≥5.0	<500
暴　　雨	50.0~99.9	—	—	—
大 暴 雨	100.0~199.9	—	—	—
特大暴雨	≥200.0	—	—	—

（4）风能资源。把具有一定风速的风（风速为 3～20 m/s）作为一种能量资源加以开发，用来做功或发电，称为风能资源（见表 7-5）。<3 m/s 的风，没有开发利用的经济价值，>20 m/s 的风因破坏性较强，在目前的条件下，开发利用极困难。风能资源是由太阳能派生出来的，是一种分布广泛、就地可取、可循环再生、取之不尽、用之不竭的再生资源。然而风能资源也有它的弱点，即不稳定，时起时停，时大时小，其所包含的能量密度比较低。风能增加地面与大气的热量交换，影响农田小气候，调节农田温度、湿度和 CO_2 含量，避免某一层次或局部的温度、湿度或某种气体含量过高或过低，风还能传播花粉和种子，帮助作物授粉和繁殖。

表 7-5　中国风能分区及各区所占面积百分比

区　名	年有效风速密度 /(W/m^2)	年≥3 m/s 累积小时数/h	年≥6 m/s 累积小时数/h	占全国面积 比例/%
丰富区	≥200	≥5 000	≥2 200	8
较丰富区	150～200	4 000～5 000	1 500～2 200	18
可利用区	50～150	2 000～4 000	350～1 500	50
贫乏区	≤50	≤2 000	≤350	24

（四）生物资源

生物资源是指能为人类生活直接或间接地提供原料、食品及其他效益的生物的总称，是一种可更新资源，包括各种动物、植物、微生物，是自然环境的有机组成部分。目前地球上大约有 1 000 万个物种，高等植物有 23 万多种，我国大约有 27 000 余种，常见的栽培植物有百余种，主要粮食作物有 20 多种。在动物资源中，我国陆生脊椎动物有 156 科、714 属、2 100 多种，鱼类中海生的有 1 500 多种，江河湖泊淡水生的有 700 多种。

1. 植物资源

据植物分类学研究，世界上现存的植物种类约 50 万种。我国在地球演变过程中，受冰川期影响较小，幅员辽阔，横跨寒温带、温带、暖温带、亚热带和热带，气候、地形复杂多样。因此，植物种类也较多，仅高等植物就有 3 万余种，仅次于巴西和哥伦比亚，居世界第 3 位，野生植物资源极其丰富。

我国草原面积约 3.19 亿公顷，约占全国总面积的 34%，其中可利用面积为 2.62 亿公顷，主要分布在中国的西北部。从大兴安岭起，经黄土高原北部、青藏高原东缘，至横断山脉划一斜线，线以西为草原集中分布区，以东为农耕区（其间约有草地 440 万公顷）。豆科牧草全世界约有 600 个属、1 200 个种，我国约有 139 个属、1 130 个种，是人工草场最重要的栽培牧草；禾本科牧草全世界共有 500 个属、6 000 多个种，我国有 190 多属、1 150 个种，占世界主要禾本科和豆科牧草种类的 85% 以上。我国森林面积 2.36 亿万公顷（第 6 次森林清查结果），全国森林覆盖率达 18%，森林蓄积量 199.7 亿立方米，经济价值较高的有 1 000 多种，如用材树种红松、落叶松、云杉、冷杉等，粮油树种板栗、大枣、核桃、油茶等，经济林树种橡胶、油桐、竹等，我国特有的古老树种有水杉、银杉等（王宏燕等，2008）。

（1）植物种质资源。我国是世界上最古老的作物资源中心之一，世界上栽培植物（农作物）中最主要的有 90 多个种，常见的在我国就有 50 多个种，其中水稻、大豆、粟、稷、荞麦、绿豆、赤豆等 20 种作物均起源于我国。我国农作物种质资源的长期安全保有量达 180 种作物 33.2 万份,居世界首位。抗逆植物资源如盐生植物全国有 423 种、66 科、199 属,其中新疆有 305 种、11 变种、4 亚种,隶属 36 科、123 属。

(2) 菜用植物资源。全世界栽培的蔬菜大约有 100 多个种,其中原产于我国的约占 49%。我国地域广阔,野生蔬菜资源达 7 000 余种,常被采食的野生蔬菜多达 100 余种,原料易得,四季均有,且野生蔬菜营养价值高,无污染,具有独特的野味和医疗功效,开发利用价值高。按地理划分,我国山野菜植物资源分布在东北区、华北区、东南区和青藏高原、云贵高原及东南沿海地区,资源丰富、稳定。山野菜的种类、资源蕴藏量种间不相同。有些山野菜分布很广,而且非常常见,例如婆婆丁、马齿苋等;而有些山野菜具有很强的地域性,分布范围很小,如蜂斗菜、松茸、明叶菜等;有些山野菜如马兰头、落葵、大车前、决明等仅在南方分布;而有些山野菜如五加、桔梗、薄荷、龙牙草等仅在北方生长。

(3) 果树植物资源。据统计,全世界约有果树种类 2 792 种,分属 134 科,659 属,其中栽培果树只有 300 种左右,占全部果树种类的 10%,而野生果树种类约占 90%。我国有果树种类 1 282 种,81 科,223 属(包括从国外引进的 148 种,属 41 科,80 属),其中野生果树种类为 1 076 种,73 科,173 属,占果树总数的 85%。野生果树大多数为被子植物,且以双子叶植物为主,主要分布于蔷薇科(434 种)、猕猴桃科(63 科)、虎耳草科(54 种)、山毛榉科(49 种)、芸香科(43 种)、胡颓子科(26 种)和桑科(24 种)等。在我国野生果树资源中,还有许多具优良性状的优异种质资源。如抗旱、耐贫瘠、营养丰富的酸枣;耐寒、丰产、矮化的笃斯越橘;抗风固沙的白刺、沙枣;苹果、梨、柑橘的抗性砧木山定子、杜梨和枳;苹果和桃的矮化砧木锡金海棠、毛樱桃;富含维生素 C 的猕猴桃、沙棘、刺梨、西北蔷薇、酸枣;富含油脂的核桃楸、果松;富含淀粉的橡子;富含磷的权杷果;富含铁的水麻;富含维生素 E 的悬钩子;富含钾的胡颓子等。另外,在我国的果树资源中,还有一些处于濒危状态。列入国家级保护的珍稀濒危植物中野生果树有 39 种 2 变种,占受保护种子植物的 11%,其中属二级保护植物的有 16 种 1 变种,属三级保护植物的有 23 种 1 变种。我国的野生果树资源分布广泛,全国各地几乎都有。从整体上看,野生果树有从北到南密度逐渐加大的趋势,以华南和西南山区野生资源最为丰富。

(4) 油脂植物资源。迄今为止,我国已发现的油脂植物约 1 000 种,分别隶属于 100 多科,约 400 属。其中以大戟科、樟科、山茶科、芸香科、葫芦科、卫矛科、胡桃科、檀香科、藤黄科、无患子科、木兰科、松科、安息香科、锦葵科、楝科、肉豆蔻科、虎皮楠科、大风子科、漆树科和榆科等为多,约占全部油脂植物的一半,含油率高,一般均大于 20%。在约 1 000 种油脂植物中,只有极少数种是人工栽培的,绝大多数为处于野生或半野生状态。世界上大部分油料作物在我国均有栽培,其中的一些如大豆、油茶油桐等是我国首先发现并贡献于世界的;有些是从国外引进的,如油橄榄、浩浩巴等。

(5) 维生素植物资源。维生素植物,以各种野生植物为主,如猕猴桃、阳桃、沙棘、山楂、海棠及蔷薇属的许多种,其鲜果一般每百克含维生素 200～800 mg。缫丝花(刺梨)可达 2 000 mg。

(6) 饮料植物资源。凡是在果实、根、茎、花和叶等植物器官中,有一种或多种可作为原料加工成饮料的植物,都可以称为饮料植物。饮料植物一般多为木本植物,少数为藤本植物和多年生草本植物。现已开发利用的饮料植物有：野葡萄、菊花、酸枣、沙枣、沙棘、野山楂、越橘、猕猴桃等。此外，桑格、草莓、西番莲、毛樱桃、金银花、五味子、百合、薄荷、决明子、山茱萸、悬钩子、甜叶菊、桦树、沙枣等100多种植物都可作为生产饮料的原料。

(7) 香料植物资源。香料植物是指植物体某些器官中含有芳香油、挥发油或精油的一类植物。芳香油是由萜烯、倍半萜烯、芳香族、脂环族和脂肪族等多种有机化合物组成的混合物，常温下大多数为油状液体，具有挥发性，易燃，除极少数(如檀香油)外，均比水轻，不溶或微溶于水，易溶于各种有机溶剂、动物油脂、酒精及树脂中。据不完全统计，我国共有香料植物800多种，分属95科335属。除少数种类外，多数为原产我国，如八角、肉桂、薄荷、山苍子等都为我国的传统香料。我国香料植物资源主要分布于长江、淮河以南地区，其中以西南、华南地区最为丰富，但各个省区都有其优势香料植物资源，如云南的桉树，贵州的柏木，山东的赤松，黑龙江的铃兰等。主要芳香油资源植物有柏木、檀香、八角茴香、白兰花、依兰、腊梅、樟、山胡椒、山苍子、玫瑰、狭叶杜香、花椒、紫罗兰、柠檬桉、茴香、茉莉、桂花、薰衣草、薄荷、丁香罗勒、广藿香、五肋百里香丁、缬草、香茅、香根草、铃兰、香根鸢尾等。

(8) 色素植物资源。色素植物指植物的某些器官内含有丰富的具有着色能力的化学衍生物。我国26 000余种被子植物中有大量的色素植物资源，是构成天然色素的主体。植物色素按溶解性可分为脂溶性色素和水溶性色素。按化学结构可分为四吡咯衍生物类色素、多烯色素、酚类色素、吡啶色素、醌类衍生物类色素和其他类别色素。我国已经成为食用天然色素的品种和产量大国。已经形成了一个初具规模的产业化行业。2004年，我国食用天然色素总产销量为21.013万吨，有约17个食用天然色素品种出口，出口金额约2.8亿元。出口品种为红曲米、辣椒红、高粱红、叶黄素、萝卜红、甜菜红、可可壳色素、虫胶红、姜黄素及姜黄油树脂、红花黄、叶绿素及叶绿铜钠盐、栀子黄、紫甘薯色素、甘蓝红、紫苏红等。主要色素资源植物有多穗柯、日本红叶小檗、菘蓝、苏木、冻绿、玫瑰茄、密蒙花、紫草、茜草、栀子、云南石梓、辣椒、五指山蓝、大金鸡菊、红花、姜黄等。

(9) 淀粉植物资源。淀粉植物资源就是指那些在植物体的某些器官(果实、种子、根等)中储藏有大量淀粉的植物资源。我国淀粉植物资源约有300种。淀粉植物以壳斗科、禾本科、蓼科、百合科、天南星科、旋花科等科的种类较多，而且其种子的淀粉含量丰富；其次是蕨类、豆科、防己科、睡莲科、桔梗科、菱科、檀香科、银杏科等科。

(10) 药用植物资源。我国药用植物种类多、分布广。据1984年统计，已鉴定的中草药植物5 136种。因此，研究药用植物的种类、蕴藏量、地理分布、时(间)空(间)变化，合理开发利用及其科学管理，为人民保健事业和制药工业不断提供充足而优质的植物性药的原料，具有极其重要的意义。主要的药用植物有东北细辛、黄连、大叶小檗、朝鲜淫羊藿、北五味子、掌叶大黄、菘蓝、杜仲、高山红景天、甘草、蒙古黄芪、黄皮树、远志、人参、三七、刺五加、柴胡、新疆阿魏、当归、山茱萸、黄芩、丹参、宁夏枸杞、忍冬、绞股蓝、党参、茅术、灯盏花、浙贝母、滇重楼、龙薯蓣、阳春砂、石斛等。药用植物资源中农药植物资源是指植物体内含有驱拒、干扰或毒杀害虫，抑制病菌和除草等物质，其有效成分多为生物碱、苷类、挥发油、鞣质、树脂、鱼藤酮、蜕皮激素等。目前，我国已经实现商品化的植物源杀虫剂品种有鱼藤酮、茴蒿素、苦皮藤素、印楝素、川楝素、茶皂素、乙蒜素、烟碱、苦参碱、藜芦碱、毒藜碱等10多种。

(11) 环保植物资源。我国地跨热带、亚热带、温带和寒温带，物种丰富，植物本身就有很高的观赏价值,一经人工驯化、培育,就可成为新的花木,兰科植物世界有 700 属 2 000 多种,我国就有 166 属 1 019 种,且南北均产,以云南、台湾和海南为最盛。有的植物因能超富集土壤中有害金属(包括放射性物质)从而修复被污染的土壤。有的植物能防风固沙,如木麻黄、大米草、多种桉树、银合欢、毛麻楝、杨树、琐琐、柽柳、沙拐枣等。有的植物能固氮增肥、改良土壤,如桤木、碱蓬(钾肥植物)、紫苏(增加土壤有机质)、田菁、紫云英、红萍等。有的植物能保持水土、改造荒山荒地,如银合欢、金合欢、雨树、牛油树、油楝、黄檀、洋槐、锦鸡儿、胡枝子、榛葛藤及多种木本油料植物。有的植物能监测和抗污染,如碱蓬可监测环境中汞的含量,风眼兰能快速富集水中的镉类金属,还有森林对于净化环境有极大作用,许多水生植物、水藻也有净化水域的功能。

(12) 工业植物资源。有的植物体内含有大量纤维组织,由纤维素、半纤维素、果胶、木质素、蛋白质、脂肪、蜡质和水分等组成。我国的纤维植物资源种类丰富,尤其麻类纤维在世界上占有重要的地位。主要纤维植物宽叶香蒲、芦苇、小叶章、龙须草、棕榈、马蔺等。树脂是植物体分泌的一种碳氢化合物。全世界高等植物中约有 10% 的科属含有树脂,其中的 2/3 分布在热带地区。我国树脂植物资源分布广泛,蕴藏量大,主要采脂植物有松属中的马尾松、云南松、南亚松、红松和油松。具有能源开发价值约 4 000 种植物,可以弥补化石燃料的不足,缓解过分依赖大量进口石油的被动局面,实现我国能源安全战略,而且通过发挥其植被的碳库,水土保持和对低效土壤的改良从而达到保护和建设生态环境的目的。

2. 动物资源

初步统计,我国有鸟类 1 186 种,兽类 470 余种,其中具有经济价值的鸟类和兽类分别有 329 种和 188 种。我国的家禽家畜品种资源也是十分丰富,著名的地方良种约 280 个,其中地方猪品种就有 48 个。我国近海有较大经济价值的鱼类 1 500 多种,有淡水鱼类 832 种。此外,我国动物区系兼有古北区和东洋区的特点,黄河、长江中下游地区,两大区系的动物交叉分布,兽类的狼、狐,鸟类中的麻雀、喜鹊、鸢等广泛分布,一级保护的特有珍稀动物有大熊猫、金丝猴、白唇鹿等 23 种,鸟类有丹顶鹤(仙鹤)等 3 种,还有爬行类扬子鳄等。害虫天敌资源有赤眼蜂、啄木鸟等。

我国不仅有辽阔的陆地疆域,渤海、黄海、东海、南海四海相连,呈东北到西南向的弧形,环绕我国东部和东南海岸,总面积 370×10^4 hm², 其中 200 m 深线以内的大陆架面积 1.47×10^8 hm²。内陆水面约 0.27×10^8 hm², 其中河流 0.12×10^8 hm², 湖泊 0.08×10^8 hm², 池塘水库近 0.07×10^8 hm², 沿海还有潜海滩涂 49.33×10^4 hm², 水产资源丰富。目前淡水渔业利用率为 65%,淡水养殖的利用率为 24%。但海洋捕捞多集中在近海范围,已引起近海渔业的退化,单位船生产力下降,同时经济鱼减少,杂鱼、小鱼增多。

(五) 矿产资源

矿产资源是地壳形成后,经过几千万年、几亿年甚至几十亿年的地质作用而生成,露于地表或埋藏于地下的具有利用价值的自然资源。目前,95% 以上的能源、80% 以上的工业原料、70% 以上的农业生产资料、30% 以上的工农业用水均来自矿产资源。

我国地质条件复杂,矿产资源丰富,矿种齐全,根据《2006 年中国国土资源公报》,全国有查明资源储量的矿产共 159 种。其中能源矿产 10 种,金属矿产 54 种,非金属矿产 92 种。截至 2002 年年底,我国探明可直接利用的煤炭储量 1 886 亿吨,人均探明煤炭储量 145 吨,按人均年消费煤炭 1.45 吨以及全国年产 19 亿吨煤炭计算,可以保证开采上百年。另外,包括 3 317 亿吨基础储量和 6 872 亿吨资源量共计 1 万多吨的资源,可以留待后人勘探开发(王宏燕等,2008)。我国矿产资源的特点是:资源总量大,人均占有少;富矿少,贫矿多;地区分布不平衡;规模小,生产效率低;注重传统矿产资源开发利用,而非传统矿产资源利用少。

（六）废物资源

废物资源化利用是当前一个研究热点,以废弃物资源化为桥梁,通过工业与农业的互相促进,可实现国民经济的协调与健康发展。如农业有机废弃物加工处理后,配合部分精饲料喂养禽畜;利用禽畜粪便配合青绿植物、秸秆等制取沼气;再将沼液和沼渣作农田肥料。这种方式把有机废弃物中的营养元素转化成甲烷和二氧化碳,将其余的各种营养元素较多地保留在发酵后的残渣中。秸秆经沼气池发酵比直接燃烧,生物质的热能利用率提高近 2 倍(张壬午等,2000)。工业废弃物由于其来源和工艺不同,其物理、化学性质及营养差异甚大。制糖业、发酵业及某些造纸业产生的糖蜜、酒精及造纸废液等有机质含量高且营养元素较全面,可以加工成有益微生物培养基,使之转化成高价值的微生物蛋白,而钢铁企业和电力工业产生的粉煤渣,有机质含量低,无机元素含量丰富,质地疏松。这些废弃物与人畜粪便混合,则可以在营养元素和物理性状方面互补,生产更为经济、有效的无机-有机复合肥。

（七）农业社会资源

根据 2000 年第五次人口普查,我国人口已达 12.8 亿,约占世界人口的 1/5,农村人口占 70%,超过世界农村总人口的 1/4。庞大的人口基数给我国社会能源、资源、环境、粮食、就业、教育等带来了压力。我国农村目前有大约 3.4 亿劳动力,其中近 3 亿从事农业生产,虽然我国各类土地资源的绝对数量都居于世界前列,但人均占有的资源数量相对较少。特别是在人口密度大、经济科技落后的地区,矛盾日趋尖锐。随着人口增长,剩余劳动力还将大幅度增加,如何发挥农业劳动力资源的优势,为剩余劳动力寻找出路,现已成为发展农村经济的首要问题。采用现代化的先进技术,提高农业劳动生产率,改革农村产业结构,发展乡镇企业,方能充分发挥我国劳动力资源的优势。

第二节 农业资源利用原理及效率评价

人类对资源的利用最初仅仅是为了温饱和生存,随着人类社会的发展,经济收益在资源利用中的地位逐步上升,开展资源保护通常与资源利用发生矛盾。在实践中,人类认识到自然领域的生态平衡规律和社会领域的经济规律一样,都是客观存在的。人类发展经济不能脱离开生态平衡自然规律的作用而孤立地进行,必须要以它的客观存在和运行为基础。在经济发展实践中,经济规律和生态平衡自然规律的作用不是相互孤立的,而是互相推动和相互制约的,从而使人们明确认识了"经济与生态协调发展"这一生态经济规律的客观存在。"经济与生态协调发展"规律是指导我国当代经济发展的具有根本性作用的客观规律,它的重要指导作用不但表现在静态上,而且也表现在动态上。在经济发展实践中,人们发展经济不顾生态,破坏了自然界的生态平衡,其结果也带来了经济发展上的静态和动态的两个不平衡。从动态上看,就是当代人不恰当地滥用自然资源,破坏了生态系统本身的平衡运行,从而使经济不能可持续地发展。

一、农业资源利用的实质

农业综合生产能力的要素主要包括农业生产要素投入规模、农业物质投入强度、农业科技投入水平、农业生产要素的使用效能、农业抗灾保产能力5个方面。由于社会经济条件、自然气候因素和某些投入要求的限制,往往生产能力只能部分地发挥作用,因而实际生产水平值小于生产能力水平值。

农业资源的开发利用是一个综合性和基础性的农业投资过程,是一个涉及广泛的系统工程,是农业扩大再生产的最主要的形式,它包括外延扩大再生产,如通过开垦荒地、荒山、荒滩等未被利用的农业资源来扩大生产的规模;也通过扩大内涵再生产,如通过一定的工程技术和生物措施,改善现有的农业生产条件。因而,农业资源合理利用的实质是:通过扩大再生产规模和改善现有生产条件来推动农业综合生产能力的提高。其作用主要体现在提高农业综合生产能力,增强农业发展后劲,增强农民的现代意识,还能消化农村剩余劳动力。

二、农业资源利用的原理

农业资源利用涉及的原理是多方面的,但主要是以生态学原理和经济学原理为基础。由于农业资源的利用是以获得最大生态效益为主要目标之一,因而生态学的原则是必须遵循的;同时,农业资源与一定的经济技术水平相联系,不同的资源有不同的利用方向、方式和措施,农业资源利用必须经济上合理、技术上可行,以取得最高经济效益为目标,所以,也要遵循经济技术的原则。对农业资源的利用是立足于整个农业生产系统,而农业生产中自然生态、社会经济和技术等因素又融为一体,所以,从生态学和经济学的观点来看,农业生产有两个特点:一是受自然资源、生态环境和社会因素的影响;二是农业生产是一个人工控制的生态系统。

生态系统是由生物及其周围的环境因素共同组成的,是自然界的基本单位。农业生态系统是生态系统的主要类型之一,它是在人类的积极参与下,以植物、动物和微生物为对象,以土壤、气候等为自然环境,利用农业生物种群与非生物环境之间的相互关系,通过合理的生态结构及高效的生理功能进行物质循环和能量转化的综合体。农业生态系统作为一个整体,是自然环境的自然资源、生物有机体、人的生产劳动相互融为一体,农业生产是由自然再生产过程和经济再生产过程交互作用而形成的。

农业生态经济系统是指农业生态系统与农业经济系统的联系、结合、矛盾和统一。这种相互矛盾统一的运动规律称为生态经济规律。两者在矛盾的运动中形成的动态相对稳定状态则称生态经济平衡。农业经济系统对农业生态系统具有主导作用,影响着农业资源的利用及农业生产的发展方向。

在农业生产中,必须使整个农业生态系统的各组成部分在物质、能量输出和输入的数量、结构、功能上经常处于一种相互适应、相互协调的平衡状态,才能保证农业生产的正常进行。相反,农业生产中对资源的不合理利用,农业生态系统内的物能交换受到阻碍,就会引起生态失衡,给整个农业生产带来损失。因此,生态平衡是农业生态系统和经济系统良性循环的基础,也是经济平衡的基础。所以,农业资源的合理开发和利用既要遵循生态规律,也要遵循经济规律。

1. 生态效益与经济效益统一的原理

农业是自然再生产和经济再生产的交织,它的目标是增加产出和经济收入。在生态经济系统中,经济效益与生态效益之间既有同步关系,又有背离关系,也有相互结合的复杂关系。只有生态效益与经济效益相互协调,达到共同最佳点,才能发挥生态农业的整体综合效益。因此,农业资源利用需遵循资源合理配置、劳动资源充分利用、经济结构合理化、专业化和社会化四项原则。资源合理配置原则,即农业资源利用的整体性,资源的生产规模要与资源负荷能力相适应,资源利用与增长速度相一致,并注意资源有效性的发挥。劳动资源充分利用原则,在农业生产劳动力大量剩余的情况下,一部分农民同土地分离,从事农产品加工和农村服务业。经济结构合理化原则,既要符合生态要求,又要适合经济发展与消费需要。专业化、社会化原则,生态农业只有突破了自然经济的束缚,才有可能向专业化、商品化过渡。在遵循生态规律的同时,积极引导农业生产接受市场机制的调节。

2. 资源的可持续利用原理

再生性资源如果能合理地、恰当地利用与经营,就能源源不断地为人类提供所需要的物质。当开发利用某一种生物资源时,同时也就减少了这种生物的种群密度,如果环境条件良好,该种群就能很快地增长,到一定时期又会达到相对稳定的阶段。但是,对所有的生物种类来说,开发利用后,它们恢复的速度不同,有的快,有的慢,如砍伐森林的恢复一般需要数十年到百余年。因而,可更新资源消耗的速度必须符合它恢复的速度。在开发利用资源之前,必须掌握该种生物的生长发育、繁殖规律,考虑其利用的方式、程度,再制定出合理的利用计划。这样,才不至于利用该种生物资源的速度或程度超过它自身增长的速度,才能使该种生物繁衍不息,永续地为人类利用。反之,则资源枯竭,造成不可挽回的损失。

3. 物种的最丰富性原理

自然界每一类生态系统,不论是森林、草原、湖泊、海洋,还是荒漠都有不同的生物物种组合,它们之间彼此依赖,互助互惠,而又相互制约、激烈竞争,共同维持生态系统的平衡。一个生态系统种类组成越丰富,它们彼此之间的关系也就越微妙;初级生产者为次级生产者提供的食物越丰富,栖居条件就越优越。但是,近年来,自然界生物种的减少在以惊人的速度发展,究其原因不外乎以下几个方面:即栖居环境的改变和破坏,城市的发展,草地的滥垦和过度放牧,森林的大面积砍伐和火灾,沼泽的不合理开发,水利工程建设对动物的滥捕乱猎,对植物的滥采乱伐,农药等杀虫剂的大量使用和外来种的引入等。自然保护的目的就是要对那些濒危或将要灭绝的生物种严加保护,保存物种的多样性。以此为原则,在开发利用资源时,一方面要研究每一种物种的生态生物学特性,为它们创造有利的条件,在开发利用时,要注意调节好它们之间的关系,使它们能持续地得到发展;另一方面,一些建设性的项目在未兴建之前,首先预料这将给生物带来什么影响。此外,还应该做好自然保护的宣传工作,加强法制观念,提高人类的生态意识、素质。

4. 最大持续产量原理

最大持续产量(maximum sustainable yield, MSY)是指如何将全部资源的一部分合理地加以收获,而新成长的资源数量足以弥补所收获的数量,从而使资源不受破坏。可以用数学模型 Logistic 方程来描述。这一模型有两点假设:① 有一个环境容纳量或负荷量(carring capacity),这是由环境资源所决定的种群增长最大限度(通常用 K 来表示)。当 $N_m = K$ 时,种群为零增长,即 $dN/dt = 0$;② 某个空间能容纳 K 个个体,每一个体利用了 $1/K$ 的空间,而可供种群持续增长的剩余空间就是有$(1-N/K)$了,从而种群增长率 r 随密度增加而降低,而不是保持不变。按此两点假设,种群的增长呈"S"型。指数增长方程乘上一个制约因子$(1-N/K)$,就得到 Logistic 种群增长模型:

$$\frac{dN}{dt} = rN(1-N/K)$$

根据逻辑斯谛方程,在"S"曲线的拐点,即 $N=K/2$ 处,种群增加率 dN/dt 最大,将 $N=K/2$ 代入逻辑斯谛方程得:

$$\frac{d\frac{K}{2}}{dt} = \frac{rK}{2}(1-K/2K) = rK/4$$

因此估计最大持续产量的公式为:

$$MSY = rK/4$$

可见,只要我们知道某一种群的环境容纳量 K 和瞬时增长率 r 两个参数,就能求出理论上的最大持续产量和保持该产量的种群水平 N。

对生物和非生物资源的使用只要在数量上和速度上不超过它们的自然恢复再生能力,则可以实现这些资源可持续的长久利用,其持续供给的最大利用度应以最大持续产量为最大限度。任何生态系统中的各种环境资源在数量、质量、空间、时间等方面都有一定限度。每一个生态系统对外来干扰超过这个极限时,生态系统就会被破坏甚至瓦解。所以渔业捕捞、森林采伐、草原放牧等一切人类活动都不得超过资源的最大持续产量,以保证资源的可持续利用。

最大持续产量的概念非常重要,在资源管理上曾经占统治地位。但在许多情况下,最大持续产量并不是人类追求的主要目标。追求最大持续产量的方法是针对单个物种的。各物种同时都维持最大持续产量一般是不可能的。还有,最大持续产量是建立在种群稳定的基础上的,并未考虑到自然种群的可能波动。事实上,种群波动是自然种群的基本特征。每年按一成不变的产量指标进行,在气候、水文和其他内外条件有利的大年,可能会利用不足;反之,在种种条件不利的小年,就可能利用过度,甚至导致资源毁灭的严重后果。

5. 最适持续产量原理

最适收获量(optimum substainable yield,OSY),就是由于生物资源的更新常受环境影响而波动,稳妥的资源收获量应略低于 MSY,这个量称最适持续收获量。当种群按逻辑斯谛模型增长时,可建立限制生物资源收获量的模型如下:

$$\frac{dN}{dt} = rN(1-N/K) - h$$

式中：h 是限定的收获量。当收获量等于种群自然增长量 $rN(1-N/K)$ 时，种群处于平衡状态。以种群数量 N 对 dN/dt 作图，可得一条抛物线，如图 7 - 4 可以看出，若 $h<MSY$，生物种群有两个可能平衡点，一个在 $K/2$ 右侧，一个在 $K/2$ 左侧，但两者含义不同。左侧持续产量出现在 $N_1<K/2$ 处，含义是生物过度利用后稳定下来的持续产量，右侧持续产量出现在 $N_2>K/2$ 处，含义是生物过度利用前稳定下来的持续产量。对于前一种情况，重点是加强保护，禁止利用，使之逐渐恢复到最高水平；对于后者可加大利用，但不能超过 $K/2$ 的界限，否则会出现种群灭亡的危险。种群数量稳定在 N_2 时的相应收获量 h 即为最适收获量（OSY）（见图 7 - 4）（王宏燕等，2008）。

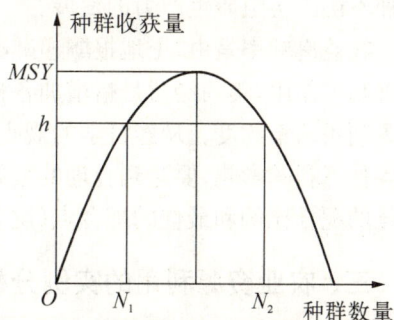

图 7 - 4 资源种群变化管理策略模型

6. 最小生存种群理论

最小生存种群（minimum viable population，MVP）是指一个物种存活所必需的个体数量，即在可预见的将来，具有很高生存机会的最小种群数量。当种群被过度碎裂和隔离后，每个居群的个体数量变得很小，且与其他居群孤立开来。这样，每个小居群的命运都是相互孤立的，它们的灭绝将是永久性的。当所有其他居群相继灭绝后，只剩下一个小居群时，物种也就难逃灭绝的厄运。因此，在资源生物保护利用时，研究确定最小生存种群大小和最小生存面积相当重要。在对某一特定物种的 MVP 作出精确估计时，必须对该地区种群数量做详细统计研究和环境分析。一些生物学家在研究最小生存种群时，曾提出保护 500～1 000 个脊椎动物个体的普遍原则，认为这个数目可以保持种群的遗传变异，保护这个数量或许足以使最小数量的个体在灾害年份存活，并能使种群恢复到以往的规模。对于数量极具变异性的种群，如某些无脊椎动物和一年生植物，保护大约需要 10 000 个个体的种群可能是一个有效策略。物种的最小生存种群确定后，其最小动态区，即维持 MVP 所需的最适生境的量就能估计出来。

7. 最佳生境原则

各种生物的生长发育都需要一定的生境条件，生境条件的优劣直接影响着生物生长的速度和生物量积累的多少。如果生态环境优越，其生物就会发展迅速，繁殖能力强，单位时间、单位面积上提供的资源量就多；反过来又促进生境向更好方向发展，从而形成一种良性循环。如对森林资源开发利用时，有些地区仍然采用落后的利用方式——砍伐作业，砍伐后的森林植被，由于上层林木的保护作用消失，下面的耐阴植物就发育不良，甚至死亡，从而使大片的山地成为荒山秃岭，造成环境恶化、资源枯竭的恶果。因此，在开发利用某种生物资源之前，就要考虑到开发后会引起什么后果，如何防止这种后果的发生。只有这样，才能维持生物的最佳生境，源源不断地为人类提供更多更好的生物资源。

8. 人口经济原理与收益递减率

人口经济理论是农业资源利用中的一项基本原理，它分析人口发展与自然资源环境和经济发展的相互关系，揭示人口与资源开发和利用之间的联系和规律，指导人们正确认识和解决人与自然、人与资源环境的关系。一个国家应有适度的人口规模、合理的人口密度，人口的增长应与其经济发展和技术进步相一致,不能超过农业资源及其提供食物的能力。我国著名经济学家马寅初通过深入的调查和分析,提出"人口多、资金少"是我国的突出矛盾,这种不协调会阻碍生产力的发展。

收益递减率是由"土地报酬递减率"发展而来的,在某些条件下,它对农业生产的集约经营有制约作用,集约经营是指增加各种资源的投入,利用各种先进的技术、措施和手段,提高资源利用的集约度。从经济学的观点来看,集约经营应有一定的限度,超过其限度,则会产生各种不利的影响,要达到合理的集约经营,首先要使某一资源与其他变量资源投入有一个最佳的配合比例和最佳的配合点(皮广洁等,2003)。

三、农业资源利用的实例分析

经济手段如存款利润率和产品价格的调整会有效地控制资源的开发利用。下面对在市场经济充分发育条件下生产者以最大利润为目的的商品性资源开发利用时,农业资源利用的相关案例展开分析(骆世明等,2009)。

1. 自有资源利用

H. Hotelling(1931)提出:资源的拥有者会把其资源看成是总资产的一部分,当资源价格上升幅度大于银行利润率时,产权人倾向于保留资源;当预计资源价格上升幅度低于银行利润率时,产权人倾向于尽快开采资源,而把卖资源所得的钱存入银行。若资源价格和银行利率的变化没有受到政府或个别大产业的控制,自由竞争条件下的市场调节会使得平均资源市场价格[$p(t)$]的相对变化率[$p(t)/P(t)$]等于银行利率随时间的变化 d(t),即:

$$p(t)/P(t) = \mathrm{d}(t)$$

这已被称为资源经济学第一定律(first law of resources economic)。

例如,一片森林的产权人,若按照持续收获方式(砍伐量≤生长量),每年可以砍伐 50 m³木材,若木材价格为 100 元/m³,年总收入 5 000 元。若这片森林全部砍伐可获得 1 500 m³木材,卖掉后可获 150 000 元。若银行利率为 3‰,存款 150 000 元的年利息 4 500 元,相比之下,按持续收获方式能获得较高收入,业主的生产不但经济上是合理的,生态上也是合理的。然而,若银行利率达 5‰的话,150 000 元的年利息可达 7 500 元,高于持续收获的年收入。这时产权人保留森林不如砍掉森林,这时生态效益与经济效益发生严重的矛盾。在市场的调节下,若木材价格维持 100 元/m³,银行利率将会在 3.33‰左右,使得持续收获的收入等于全存入银行的收入。这个资源经济学规律也适合自有矿山这类自有的非再生资源。这个规律提醒人们应注意协调资源价格和银行利率的关系,才能更好地协调经济效益与生态效益的关系。

2. 公共资源利用

H. S. Gordan(1954)在研究了商品经济条件下海洋渔业资源问题后,建立了一个资源经济学原理:在一定的经济条件下,以公共资源形式存在的生物种群数量会稳定在一个水平上,在这个水平上对其进行开发利用的收益恰好等于其成本。这种经济与生物的双重平衡关系叫生物经济平衡,这已被人们称为资源经济学第二定律(second law of resources economic)。这一定律适用于公共生物资源。

例如，某公共生物资源在自然状态下的种群数量(N)变化遵循 Logistic 模型，在被开发利用的条件下，种群收获量等于资源开发能力(E)与种群数量(N)的乘积(EN)。这种开发能力(E)在海洋渔业中与渔船数(Q)成正比，在草原放牧中与草食动物数量(Q)成正比，在猎场中与狩猎枪支数(Q)成正比，即 $E=aQ$，a 为比例系数。这样，生物资源在被商业生产利用的条件下，种群数量变化(N_h)和生产者的收益(R)可用下面的模型描述：

$$R = PEN - CE$$

$$N_h = Nr(K - N)/K - EN$$

上两式中 P 是单位收获物价格，C 是单位"开发能力"的成本(元/开发能力)，PEN 代表资源开发利用总收入，CE 表示总成本，$Nr/K(K-N)$ 是自然状态下种群的 Logistic 增长模式；EN 则是收获量。其中 E 可用下式表示：

$$E = aQ$$

式中：a 是比例系数，Q 在不同场合表示不同收获手段的数量。

根据 Gordon 原理，在生物经济平衡时，由于种群数量变化为零且总收入等于总成本，因此，有 $N_h=0$，$R=0$。从前两式可求出平衡时的资源种群数量(N^*)和开发能力(E^*)。

$$N^* = C/P$$

$$E^* = (r/K)(K - C/P)$$

例如，设公共渔场的某种鱼的自然增长符合 Logistic 模式，其中内禀增长速度 $r=0.25$。最高环境容纳量 $K=500$ t，进行商业性捕捞时，每吨位渔船的平均成本 $C=10$ 元/吨位，鱼的价格 $P=100$ 元/吨。求达到"生物经济平衡"时，渔场的渔船吨位和这种鱼的种群数量是多少？若每吨鱼的价格上升到 200 元，而成本不变，平衡状况有何改变？

设：从以往的计算中已知，式 $E=aQ$ 中 $a=0.001$("开发能力"/吨位渔船)

解：对于本题，式 $N^*=C/P$，分子 C 的单位是(元/开发能力)，需要换算。

$$C = 10(元 / 吨) \div 0.001(开发能力 / 吨) = 10\,000(元 / 开发能力)$$

$$N^* = C/P = 10\,000/100 = 100(吨鱼)$$

再采用求 N^* 及 E 的方程，

$$E^* = (r/K)(K - C/P) = 0.25/500(500 - 100) = 0.2(开发能力)$$

$$Q^* = E^* /a = 0.2/0.001 = 200(吨位渔船)$$

生物经济平衡时，渔场上作业有 200 吨位的渔船，鱼的种群平衡量为 100 t。同理可得，鱼价上升到 200 元/吨时，$N^*=50$(吨鱼)，$E^*=0.225$(开发能力)，$Q^*=225$(吨位渔船)。产品价格导致出海渔船吨位增加，平衡时鱼的种群量下降。

通常，产品的社会需求增加时，产品价格上升快于成本上升，容易导致公共资源的枯竭。值得指出的是，Hotelling 的自有资源经济规律和 Gordan 的公共资源经济学规律都仅适用于商品生产的条件下，若是为了自身需求而进行自给性生产时，对资源施加压力的不只是产品的市场价格及与此有关的经济利润,对资源施加压力的还有产品维持生命的价值。由于这牵扯到生死问题和温饱问题,因此,即使没有经济利益的刺激,为了获得足够的食物,农民也会开荒种地,增养牲畜,添置渔具,从而可能造成对资源的过度利用。

四、农业资源利用的效率评价

农业资源利用效率评价是资源科学研究的重要内容。农业资源利用效率研究不仅可以促进资源科学综合研究,丰富资源科学理论,而且有利于保障粮食安全、改善生态环境、提高粮食产量。目前,国内外许多学者将经济学、社会学、生态学、数学等学科的理论和方法与农业生产实践相结合,在计算机等现代分析手段的辅助下,对如何更好地评价农业资源利用效率进行不断地探索。我国农业资源具有绝对量大、相对量小的特点,特别是耕地资源紧张,水资源匮乏,构成了农业持续发展的重要限制因素。粮食生产过程中不当的资源利用方式不但没有达到稳产高产的目的,而且给环境带来了很大的负效应。如何对有限的农业资源进行内涵挖潜,提高资源利用效率,协调粮食生产过程中生态效益、经济效益与社会效益三者之间的关系,实现农业资源的高效持续利用,具有重要的理论和实践意义。

常用的农业资源利用效率评价法主要有比值分析法、生产函数法、能量效率分析的评价方法、因子-能量评价模型、能值评价方法、包络分析法、指标体系评价方法等(王宏燕等,2008)。

1. 比值分析法

比值分析法是一种简便而又实用的方法,其计算表达式为:

$$R_\infty = \frac{E_0 - N_0}{R_i}$$

式中:R_∞ 为广义的农业资源效率,R_i 为资源消耗量或占有量,E_0 为有效价值产出,N_0 为伴随该资源消耗利用过程产生的负面效应价值。可以利用比值分析法直接求算资源利用效率,还可以通过计算资源消耗系数来间接求算资源利用效率。消耗系数越大,资源的利用效率就越低。

2. 生产函数法

利用生产函数进行农业资源利用效率评价是指通过生产函数的建立与参数的求解,将实际观察值与生产函数所要求达到的水平相比,来反映资源利用效率,并且分析各投入要素对产出的影响大小。其基本表达式为:

$$Y = f(X_1, X_2, \cdots, X_n)$$

式中:Y 表示某一农产品的产出量;$X_1, X_2, \cdots, X_n$ 表示参与该农产品生产的 n 项资源投入;f 是投入转化为产出的函数关系。在所有的 n 项资源投入中,有些是可控的,有些是不可控的,还有一些是当前条件下无法观测的。通常研究的是可控投入对产出的影响,而把不可控和不可观测投入作为一个随机扰动项,因此,农业生产函数又可以表示为:

$$Y = f(X_1, X_2, \cdots, X_k) + e$$

式中：前 k 项投入表示可控投入；e 为代表随机干扰项的随机量。

3. 能量效率分析的评价方法

农业资源利用效率评价指标体系中除包括水、土、气、生等单项资源利用效率评价指标外还包括物质、能量转化效率等一些综合性指标。能量效率分析就是要研究系统的能量流，从能量利用转化的角度进行效率分析。在研究能量流的过程中利用能量折算系数把各种性质和来源不同的实际投入、产出物质转换成能流量，通过计算机和统计分析确定系统内各成分间各种能流的实际流量。

对于农业生产系统，主要是研究其辅助能量投入、产出以及转化率的大小，包括生物辅助能、工业辅助能等。目前能流分析方法有统计分析法、输入输出分析法、过程分析法3 种。以输入输出法为例，首先测定输入输出实际的流量，利用能量折算系数统一量纲；在此基础上，进行能量效率分析，分别计算各种辅助能的能量利用效率（总产出能/各辅助能投入）、太阳能利用率（系统能量总产出/系统太阳能输入）、总的能量利用效率（总产出能/总投入能）以及能量投入边际产出等。还可以利用统计的方法，对各辅助能投入与能量总产出之间进行回归分析，寻找农业生产中的限制性因子。应用灰色系统理论的关联分析方法对影响能量总产出的各项投入因子的重要性进行量化分析，寻找较能影响系统产出的因素，计算各种能量的投入比例，分析系统的能量投入结构，以反映能量投入效果，确定能量投入是否合理。

4. 因子-能量评价模型

因子-能量评价模型是基于能量分析，以能量作为评价媒介，采用能量的形式，将诸多功能、性质、量纲等都不一致的因子置于统一的衡量指标下。不同于能量效率分析的是，它以能量运动转化的衰减过程为评价主线，不仅是对辅助能的评价，而且更多的是对自然资源利用效率的评价，评价过程也具有更好的层次性。因子-能量评价模型将农作物产量形成过程划分为若干环节，每个环节加入一个资源因子，对应一个理论产量，随着环节的深入，影响因子逐渐增多，理论产量呈衰减趋势，通过建立因子间相互关系来寻找限制性资源因子及其定量制约程度。因子对生产过程的影响主要通过以下几个方面体现：因子-能量损失量（相邻理论产量的差值）；因子-能量衰减率（差值与上一级理论产量的比值）；资源组合利用效率（实际产量与各级理论产量的比值）。

5. 能值评价方法

能值（energy）的定义为：一流动或储存的能量所包含的另一种能量的数量，称为该能量的能值。在实际应用中通常以太阳能值为标准来衡量其他各类能量的能值，即一定数量某种类型的能量中所包含的太阳能的数量。将单位数量（1 J，1 kg 等）的能量或物质所包含的太阳能值称为"太阳能值转换率"。能值的提出是系统能量分析在理论和方法上的一个重大飞跃，借助太阳能值转换率，生态系统的能量流、物质流和货币流等，均可换算为统一的能值。因此，系统研究包含了自然和经济资源，而且这些作用流可以直接加减和相互比较，从而实现了系统生态分析和经济分析的有机统一。

6. 包络分析法

包络分析法（data envelopment analysis，DEA）是美国著名运筹学家 Chares 等在 1978年提出的，主要采用数学规划方法，利用观察到的有效样本数据对决策单元（decision making units，DMU)进行生产有效性评价。DEA法用一组输入、输出数据来估计相对有效生产前沿面，这一前沿能够很方便地找到，生产单位的效率度量是该单位与确定前沿相比较的结果。应用DEA法可以进行农业资源相对生产效率评价及农业技术效率评价。

7. 指标体系评价方法

为评价目标建立评价指标体系是较基础而常用的方法，在农业资源利用效率研究中建立评价指标体系，根本目的在于通过制订适当的度量指标，并依据指标间的前后、左右关系，形成有序而全面的评价指标系统，用以定量反映和衡量农业资源利用的有效性状况，识别和诊断不同地区、不同类型和不同模式农业生产和再生产过程中的限制性因素及其制约程度，勾绘出农业发展的资源利用基本轮廓。

五、资源最优利用的模式与基本条件

1. 可再生资源

在自然界中，任何种群都具其数量变动特征。种群数量变化，即种群密度及其变化是种群生态学研究中的中心问题。可再生资源(renewable resources)，或以鱼类和森林为代表的有生命的动植物群体的生存、发展和衰亡，主要取决于其群体的总数的规模或尺寸、大小。如果群体总数低于某一临界水平，则该物种就会遭到灭绝的危险。可再生资源的群体总数又取决于两个因素：生物学因素和人类社会行为因素。对于人类来说，如何有效地使用可再生资源，确保可再生资源的持续利用，这是一个十分重要的经济决策问题。

对于可再生资源的研究，我们可预先设定一个存量规模 N，然后求出最优开采量的时间路径。因为种群规模是不断变动的，后一阶段的净增量与原有种群规模(初始生物资源存量)及其变化速率有关。因此，从资源种群的最优管理角度来看，资源开采控制侧重于对种群规模或资源存量的最优控制。从一个连续时间过程看，管理者的目标是使整个开发周期的净收益实现最大化。对于可再生资源来说，经济意义上的开发就是指收获，但是存量的变化不等于收获率，它受到生物生长或更新能力的调节(汪安佑，2005)。

假定收获率由两个因素来确定：当前的种群水平 $N=N(t)$ 和收获强度 $E=E(t)$，即：

$$h = Q(E, N)$$

上式被称为资源产业的生产函数。

假设生产函数满足柯布道格拉斯函数，我们把 $Q(E, N)$ 写为：

$$Q(E, N) = aE^{\alpha}N^{\beta}$$

资源的最优配置是指资源所有者的目标是从资源开发中得到已贴现的总收入为最大值。则对于期间配置来说，其决策目标可表示为：

$$\max PV = \int_0^T e^{-\delta t}R(N, E)\mathrm{d}t = \int_0^\infty e^{-\delta t}\{p - C[N(t)]\}h(t)\mathrm{d}t$$

式中：δ 为贴现率，同时必须满足以下约束条件 $N(t) \geqslant 0$ 和 $h(t) \geqslant 0$，用 $h(t) = F(N) - N$ 代入上式，得到：

$$PV = \int_0^\infty e^{-\delta t}[p - c(N)][F(N) - N]\mathrm{d}t$$

我们应用求最大值的经典欧拉(Euler)的必要条件:

$$\frac{\partial \phi}{\partial N} = \frac{\mathrm{d}}{\mathrm{d}t}\frac{\partial \phi}{\partial N}$$

令 $\phi(t, N, N) = e^{-\delta t}[p - c(N)][F(N) - N]$

经过求导后,可求得:

$$F'(N) - \frac{C'(N)F(N)}{p - C(N)} = \delta$$

种群最大规模 $N = N^*$ 隐含在上述方程式中,若该方程式有唯一解 N^*,该解就是最优平衡水平种群规模。上式的经济学含义为:等式右边的 δ 为贴现率,等式左边第一项 $F'(N)$ 为资源资产的边际生产率,等式左边第二项为资源资产边际值的相对增长率。

(1) 当生产成本不依赖于种群水平时,即 $C'(N) = 0$,则可推导 $F'(N) = \delta$。这说明资源的边际生产率等于给定的贴现率 d 时,资源的种群规模达到最优水平。

当初始种群水平 N_0 不同 N^* 时,最优策略是尽快"投资"(当 $N_0 < N^*$)或"不投资"(当 $N_0 > N^*$),其中"投资"现在意味着建立起股本(如鱼类)。

当 $N_0 < N^*$ 时,资金值(如鱼类)正在以大于机会成本率 d 的速率增长,这样是一种"优越的资金",肯定应当保留和扩大,即不进行收获(见图 7 - 5)(汪安佑,2005)。

当 $N_0 > N^*$ 时,资金(如鱼类)应该处理(当然不是全部,而是 $N_0 - N^*$ 部分),而且想要投资或不投资应该尽快实施。

因此,当 $N > N^*$ 时,其最优收获率为 h_{max};当 $N < N^*$ 时,最优收获率为零;当 $N = N^*$ 时,最优收获率为 $F(N^*)$。

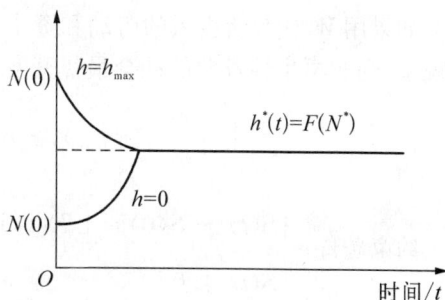

图 7 - 5 可再生生物资源
最优收获策略

(2) 当生产成本依赖于种群水平时,则随着种群水平的减少,捕捞成本增加,此时资源资产边际值的相对增长率小于零,则 $F'(N^*) < \delta$,这说明 N^* 必须大于相应于边际生产率 $F'(N^*) = \delta$ 时的水平。

2. 非再生资源

非再生资源(nonrenewable resources)是指不能运用自然力增加蕴藏量的自然资源,其消耗是不可逆的,如煤、铁等矿物资源。这类资源的关键问题是如何对有限的资源在空间和时间上进行合理分配。

非再生资源的供给主要通过勘探、开发和采集。非再生资源开采的目标为资源利用决策规范化、寻求有效利用资源的基本条件,确定不同时期开采规模,从而获得最大总收益,包括社会利用目标与企业利用目标。非再生资源的开发利用是一种多时期生产活动,其成本和收益涉及较长的时期。因此,这类资源的优化利用就是要把企业和社会的资源利用决策过程规范化,寻求有效利用资源的基本条件,确定不同时期的合理开采规模,从而获得最大总收益。

1) 非再生资源最优开发利用模式。非再生资源的最优利用是指尽量以最小的消耗来为社会创造最大的福利。这种模式可以分为以下几种函数(汪安佑,2005)。

(1) 非再生性自然资源产品生产函数

$$R(t) = g[L(t), S(t), t]$$

式中:$R(t)$ 为非再生性资源产品量;$S(t)$ 代表资源存量对当年资源产品生产的影响;$L(t)$ 代表劳动和资本的投入;t 代表这一时期的技术与社会经济因素。

(2) 资源产品需求函数

$$P(t) = D[R(t), t]$$

式中:P 代表资源产品价格;t 代表由于技术进步与社会经济发展而引起需求方面的变化。

(3) 社会经济效益函数

$$SB(t) = \int_0^{R(t)} D[\eta(t), t] d\eta + A[S(t)]$$

社会经济效益由资源需求曲线从 0 至 $R(t)$ 部分的积分面积和尚未动用的非再生性资源所提供的环境价值两部分构成。

如果用 W 代表所投入的劳动和资本部分的机会成本,投入量为 $L(t)$,r 代表时间上的贴现率,则非再生性资源的社会最优开发利用模型可以表述为:

$$\int_0^{\infty} \left[\int_0^{R(t)} D[\eta(t), t] d\eta + A[S(t)] - WL(t) \right] e^{-rt} dt$$

约束条件:$\begin{cases} S(t) = S(0) - \int_0^t R(t) dt \\ S(t) \geqslant 0 \end{cases}$

2) 最优利用模式的基本条件。求解上述具有约束条件的最大化问题,可以先根据最优控制理论构造汉密尔顿辅助函数 H,然后再求极大值所需要的条件。针对上述模型可以建立函数如式:

$$H = \int_0^{R(t)} D[\eta(t), t] d\eta + A[S(t)] - WL(t) - q(t)R(t)$$

式中:$q(t)$ 表示自然资源的稀缺租(scarcity rent)或边际使用者成本 MUC(marginal user cost)。

在特定市场条件下,可以把稀缺租理解为资源开采者每增加一个单位的资源开采时必须支付给资源所有者的"绝对地租"或使用费。边际使用者成本(MUC)是指由于现在使用而牺牲未来使用的边际机会成本,它是资源稀缺程度的反映。现在用掉的非再生资源在后代则不能用,因此在代际之间产生资源利用的机会成本,这种机会成本一般称为使用者成本(user cost)。

如果资源取之不尽,用之不竭,则使用者成本为零。随着资源日益稀缺,边际使用者成本或稀缺租将日益提高。

从最佳模式中可以得出以下两个确保资源社会最优利用的基本条件：

（1）从全社会角度来看，为确保资源的最优利用，任何时候非再生性资源产品的价格（即资源的边际价值）都必须与失去的环境价值、边际开采成本和边际使用者成本等三者之和相等。也就是说，从资源开采角度来看，当追加一单位的资源开采所获得的好处与因为追加这一单位资源的开采所需付出的总代价（即环境价值的损失、增加的开采成本以及需要付出的使用者成本或稀缺租）相抵时才能确定社会最优开采量。

（2）从社会整体利益角度来看，为确保资源能够给人类带来最大的福利，需要确定每一时期的最优资源存量规模。当增加一个单位原位资源的保有所带来的好处跟所需付出代价相抵时，资源保有者将会停止别人或自己对资源的继续开采，从而确定相应的存量规模。

如果资源保有者卖掉资源所有权，把出售资源的所得存入银行从而获得利息收入，如果持有资源而不出售则不能得到这一好处，因持有原位资源具有机会成本。如果资源保有者认为保有资源而不开发或不出售，会带来三方面好处：原位资源稀缺租的增值、自然资源产品未来生产成本的降低、环境价值的增加。资源价值的增长率大于或等于贴现率，则资源保有者会持有资源而不开发。也就是说，合理的最优价格（从而合理的资源资本收益）能够激励所有者合理保存（从而合理开采）资源。

第三节　农业生态系统的资金流

资源经济学作为微观经济学的一个重要分支，将经济学原理应用、推广到资源的有效利用问题上，通过揭示最有效配置资源的规律以及对资源及其利用进行评价和宏观管理方法的研究，为各级政府有关部门制定资源及环境问题的政策、法规、计划提供理论依据和方法。资源经济学主要关心的是：资源在目前和将来的配置问题；资源的利用效率问题；资源利用所带来的环境问题；相关政策、法规对资源配置的影响；资源、经济增长与环境的相互协调和可持续发展。

100多年以来，自然资源的稀缺性一直是经济学研究的主题之一。但是直到环境问题开始威胁人类自身的生存之后，经济学家才真正全面、认真、深入地思考这一问题。农业经济的持续增长，也是靠消费大量的资源来维持的，其资源与经济增长以及环境之间存在密切相关性，见图7-6（马中等，1999）。

在农业生态系统中，输入含一定劳动的社会资源，经过劳动生产，成为新的产品输出，新产品含有更高的价值，并在销售之后得到实现，这就形成了价值流。价格是价值的外在表现。尽管价格受到各种因素的影响，会偏离价值，但从长远来说，全社会平均来说，价格是价值的一个反映。在现实生活中，社会资源的输入要用一定的资金按价格购买，产品的输出也按价格换回一定的资金，这样就形成了农业生态系统的资金流。资金流作为农业生态系统调节控制的重要机制之一，通过对资金流的分析可以了解系统和社会很多信息，资金流是农业生态系统中一种特殊的人工信息流。

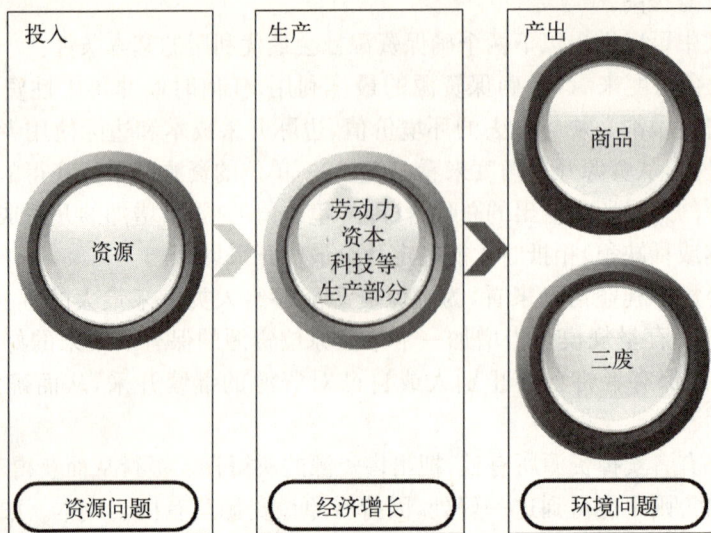

图 7-6　资源与经济增长、环境之间的关系

一、资源经济的基本理论

1. 供需平衡

需求是市场经济供求两方中的一方,是决定价格的关键因素之一。需求指消费者在某一特定时期内,在每一价格水平上愿意并且能够购买的商品量。对于消费者来说,价格越低,购买商品的欲望就越强。供给是市场中的供求两方的另一方,是决定价格的另一个关键因素之一。供给指生产者在某一特定时期内,在每一个价格水平上愿意并且能够供应的商品量。对于生产者而言,价格越高,生产和销售商品的动力就越强,生产的商品和销售的商品就越多。图 7-7 纵轴表示一种商品价格 P,这一价格是在一个既定供应量的情况下买方付出的价格;横轴表示的是需求和供给的商品量 Q。当供给量与需求量相等时称市场达到均衡。图中 P_0 和 Q_0 即为均衡价格和数量。市场在价格 P_0 和数量 Q_0 处没有存货。需求和供给并不总是均衡的,在更高的价格 P_1 处,有剩余产生,价格就下跌;反之在 P_2 处,发生短缺,价格就上扬(马中等,1999)。

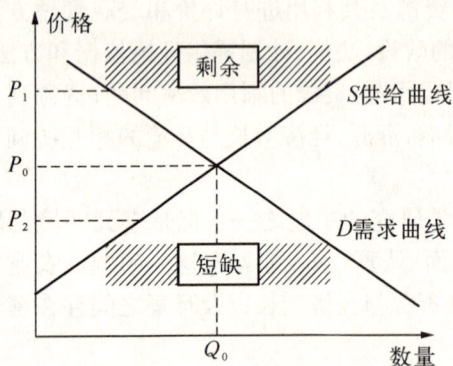

图 7-7　需求和供给的关系

2. 消费者理论

支付意愿是指消费者对一定数量的某种商品所愿意付出的最高价格或成本。由于不同的消费者对同种商品的效用估价不同,所以他们的支付意愿也不会一样。随着消费某种商品数量的变动,每一单位商品给消费者带来的满意程度也会不同,消费者对其支付意愿也会不一样。消费者剩余就是消费者愿意为某一商品支付的货币量与消费者在购买该

商品时实际支付的货币量之间的差额。通过需求曲线,很容易计算消费者剩余,见图 7-8 (马中等,1999)。

在资源环境经济学中,支付意愿和消费者剩余是非常重要的概念。从理论上说,考虑到公共资源的有用性和福利性,其支付意愿应当存在,并且足够高。而大多数公共资源没有价格或价格过低,其消费者剩余也应当是很大的。如果能够发现对公共资源如环境资源的支付意愿,建立环境资源的需求曲线,就可以知道环境资源的消费者剩余。通过加总支付意愿和消费者剩余,就可能评估环境改善的经济价值和环境破坏的经济损失。

图 7-8 消费者剩余

3. 消费需求

知道不同个人对某种商品或者服务的需求曲线以后,就很容易地求得多个人或总体的需求。假设在食用植物资源马兰市场上只有 3 位消费者。图 7-9 分别显示了 A、B、C 3 位消费者对马兰的个别需求曲线(马中等,1999)。在图中,为了得到市场的总体需求曲线,只需要把每一个消费者对马兰的个别需求曲线水平加总,同时也可以得到在给定价格下这 3 位消费者对马兰的需求总量。由于所有个别需求曲线是向下倾斜的,所以市场总体需求曲线也是向下倾斜的。图中所示市场总体需求曲线有一个转折,是因为有一个消费者在一个别人有购买行为的价格上(4 元)没有购买马兰。

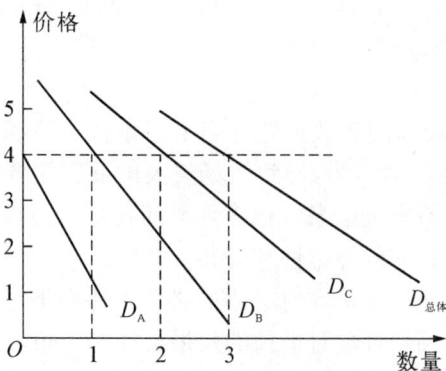

图 7-9 私人物品的总体需求曲线

通过加总消费者的需求曲线就可以得到市场需求曲线。每一个市场的需求量是每一个消费者需求量的总和。但应注意,以上获得总体需求曲线的办法只适用于能够通过市场交易的商品。在一个保证供给的市场上,对于这类商品,每加入一个消费者,就意味着需求量的增加,而价格水平却不会相应变化。但是对于公共资源来说,即使能够获得个别需求曲线,其总体需求也是完全不同的(马中等,1999)。

4. 公私资源

私有资源具有明确的产权特征,在形体上可以分割和分离,消费或使用时有明确的专有性和排他性。通过比较增加一单位商品的边际收益与生产该单位商品的边际成本,可以决定私人资源的有效供给。当边际收益与边际成本相等时,实现经济效率。对私人资源,边际收益由消费者得到的收益衡量。而与之相反,在现实经济中还大量存在不具备明确的产权特征,形体上难以分割和分离,消费时不具备专有性和排他性的公共资源,如大气质量、河流和公共土地,生物多样性等。公共资源的重要特征是供给的普遍性,即在给定的生产水平下,向一个额外消费者提供商品或服务的边际成本为零。公共资源另一个重要特征是消费非排他性,即任何人都不能因为自己的消费而排除他人对该资源的消费,免费使用。对公共

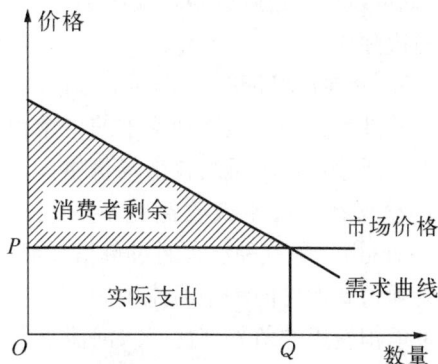

资源,必须了解每个人对增加一个单位产出的估价。把所有享受该公共资源的人的估价加总,就可以得到边际收益。要决定公共资源供给的有效水平,必须使加总的边际收益等于生产的边际成本。

5. 外部性理论

外部性是经济政策理论中的一个很重要的概念,即当一种消费或生产活动对其他消费或生产活动产生不反映在市场价格中的直接效应时,就存在外部性。外部性造成私人成本或收益与社会成本或收益的不一致,导致实际价格不同于最优价格。简单来说,外部性(externality)是一种没有通过价格在经济体系中体现的成本,或正或负。例如,如果一家工厂无须付费即可向一条河流中倾倒有毒物质,这种行为就造成了不是由工厂本身而是由社会来承担费用的负外部性——河流下游的鱼类死亡,当地渔民遭受巨大经济损失,可是工厂为倾倒废物付出的费用并没有包括这种成本。

农业生产过程中的经济外部性是因自然界的降水、潮汐、流水、风流可把能量和物质自然地带到农业生态系统中来,而生物的呼吸作用、植物的氧气产生、水土流失、污染排放、秸秆燃烧等人为与自然过程都使能量和物质离开农业生态系统。由于这些输入和输出都不经过市场,因此一般是独立于资金流发生的。这种情况容易引起系统经济核算的偏差,并造成系统的经济外部性问题。

6. 市场失灵和政策失效

在理想市场状态下,个体利益最大化能够导致资源的有效配置。当上述条件不能满足时,就会出现资源配置的扭曲,即市场失灵。微观经济学认为,导致市场失灵的原因主要是存在能影响价格的市场势力、外部性、公共资源以及不完全信息。很多环境问题是因为市场失灵而引起的。与资源利用最相关的市场失灵原因是它的外部性和公共资源性。

市场失灵为政府干预提供了机会和理由。但市场失灵是政府干预的必要条件而不是充分条件。要使政府干预有效,还需要满足两个条件:第一,政府干预的效果必须好于市场机制的效果;第二,政府干预得到的收益必须大于政府干预本身的成本(即制订计划、执行成本和所有由于政府干预而对其他经济部门的造成成本)。理论上,政府可以通过建立政策和改革制度来纠正市场失灵。例如,对于上游乱砍滥伐森林,造成下游洪水,政府就应该向上游林业部门和下游农业部门征税,来补贴上游的森林保护和植树造林。然而,有时政府制定的政策不但不能纠正市场失灵,反而把市场进一步扭曲,这时就称为政策失效。政策失效是指一些社会、经济政策的执行,使生产者的边际生产成本低于生产要素的真实成本,导致生产要素无效率使用和过度使用,引起资源退化和环境污染。与市场失灵不同,政策失效主要是由于体制或政策的原因。

7. 资源经济效率

在理想市场状态下,个体利益最大化能够导致资源的有效配置。一个竞争市场比非竞争市场在资源配置上更有效率。在经济资源的稀缺性面前,人类面临决策问题,决策问题的实质是效率问题。

经济效率(economic efficiency)是指人们在运用和配置资源上的效率。它要求在不同的生产目的之间合理地分配与使用资源,最大限度地满足人们的各种需要。要达到最大经济效率,首先是关系到生产什么,生产多少;二是怎样生产;三是如何分配和向谁分配这些产品

（包括劳务）。由此看来，经济上的效率可以分为两个层次：资源运用效率与资源配置效率。资源运用效率狭义上又称为"生产效率"，其含义是指一个生产单位、一个区域或一个部门如何组织并运用自己可支配的稀缺资源，使之发挥出最大作用，用既定的生产要素生产出最大量的产品。资源运用效率最终目标为利润最大化。而资源配置效率，又称为"经济制度的效率"，是指通过在不同生产单位、不同区域或不同行业之间分配有限的经济资源而达到的效率，这种效率使每一种资源都能有效地配置于最适宜的使用方面和方向上。资源运用效率的分析主要是考虑单个资源开发利用者的行为，而资源配置是一个由多元主体参与的行为。因此，在资源配置中必须考虑"集合体效用极大化问题"（汪安佑等，2005）。

在微观经济学中，经济效率用帕累托最适度（Pareto optimum）来表示。帕累托最适度指这样一种资源配置状态：在该状态下，任何资源配置的改变都不可能使至少一个人的福利状况变好而又不使任何人的状况变坏。由此可以得出福利经济学的基本定律：任何竞争均衡都是帕累托最适度状态。同时，任意帕累托最适度状态都可以用一套竞争价格来实现。而免费取用的公共资源，没有价格，因而存在"市场失灵"。在现行市场机制下，包括公共资源的帕累托最适度也无法自动实现，更多的结果是低效率或无效率（例如，环境污染）。但是通过为环境资源规定价格或建立市场，就有可能通过竞争市场解决环境问题，并用效率标准判断解决效果。

二、农业生态系统的资金流

1. 农业生态系统的资金流结构

在经济活动中的营销方面，资金流（fund flow）是指在营销渠道成员间随着商品实物及其所有权的转移而发生的资金往来流程；在物流方面，资金流是指用户确认购买商品后，将自己的资金转移到商家账户上的过程。在现代生活中，资金流作为电子商务的3个构成要素之一，是实现电子商务交易活动的不可或缺的手段。对于农业系统而言，疏通资金流在现代农业中的作用与发展前景，推动资金流平台建设，具有非常重要的意义。

农业生态系统所属的农户或农场拥有的资金，又可根据其不同的形态与用途分别称为资产、资本等。系统拥有的资金可分成非生产性和生产性两部分。生产性资产又可分成劳务资本和物资资产。系统中的农用房舍、机械和其他设施是物资资产中的固定资产部分。系统中还没有应用的存放种子、肥料、农药等一次性农用物资，农户拥有的现金，正在生产中的作物、牲畜、林果等生产对象构成物资资产中的流动资产部分。

农业生态系统的资金流结构见图7-10（骆世明，2009）。农民出售农产品时，根据市场价格按比例换回一定量的货币。根据生产的需要，农民要用一定的货币，按价格向社会购买必须的生产物资，并在劳动中形成系统的生产性资产。农民可能要付劳动费用以获得农业生产的劳动服务。农民的花费中有一定数量的非生产性费用，如房舍、家具、文娱、服装等。农民可通过向银行借贷或获取政府投资、补贴、奖励而获得资金，从而增加系统流动资产中的货币量。农民又因为要向政府纳税、交费、罚款，向银行还本付息而把资金输出系统外。

2. 农业生产过程的经济外部性

传统经济学着重研究和资金流有关的问题。对于农业生态系统，传统经济学研究较重视耦合的资金流和独立的资金流，而容易忽视独立的能物流。基于这种不全面的经济学观

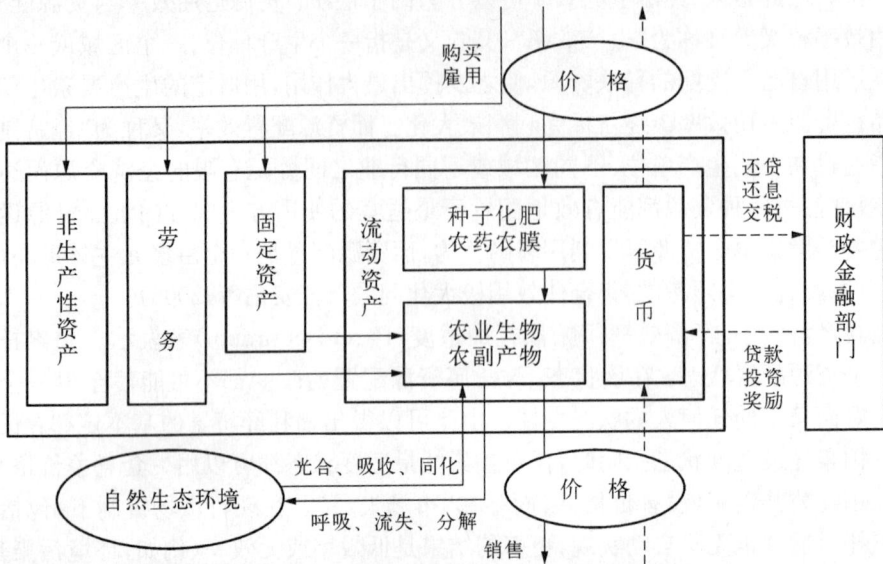

图 7-10 农业生态系统的资金流与能物流的关系示意图
图中资金流用虚线表示

点制定的经济核算制度就产生了企业经济的外部性问题,即经济核算中忽略了在系统外部的,由全社会和全球承受的成本和收益。

　经济的外部性可分为成本的外部性(成本外摊)和收益的外部性(收益外泄)。成本外摊(externalized cost)是指生产系统在生产的过程中,消耗了自然资源成本和利用了自然环境成本,但没有在系统的成本核算中得到反映的现象。例如,在公共牧场放牧,牧草的消耗、过度放牧造成的水土流失和可能的荒漠化是牧民计算自身放牧成本时并不列入的公共成本。又如,猪场污水直接排放时,猪场自身的生产成本减少了,但下游水质下降引起的自来水加工成本上升,下游居民生活质量下降,房价下跌,医疗费用上升,这些成本都由社会承担,而猪场的经济核算并没有考虑。收益外泄(externalized profit)是指系统在生产过程中增殖了自然资源,改善了自然环境,但没有在系统的经济核算中得到反映的现象。例如,通过山区植树,使下游的洪水危害减少了,使旱季的农田灌溉有了保障,使全球大气中有更多的二氧化碳被吸收,缓解了全球变暖的压力,还保护了一些濒危物种。然而,上游农民却并没有得到这些好处的全部,植树造林的大部分好处为下游的社会,为全球所享有,成为外泄收益。

　上述的外部性是从系统空间考虑的,还有一种外部性是和时间有关的。例如,从全社会来说,也许把全部不可更新资源用完最符合我们这一代人的利益,但下一代却要面临资源短缺的困惑,为此他们可能要付出很多倍的努力,这也是一种成本外摊。又如,现在植树造林,得益最大的是下一代和下几代人,"前人种树,后人乘凉",这也是一种收益外泄。

　生产的经济外部性问题可以通过行政、立法、教育、经济等综合措施来解决。如加强资源与环境的法规建设,提高公民生态环境意识,采用必要的经济手段等。虽然将外部问题内部化(internalization)是可取的,如科斯(Coase)理论,这个理论实质上是证明通过产权的确定可以使经济的外部问题内部化。它证实在市场充分发育和交易成本足够低的条件下,不管产权界定给谁,经济外部性问题都可以通过资源的产权确定来解决,而且产权的确定会同时使资源利用的社会总效益达到最大。但高斯理论在实际操作中却有许多障碍。由于现实生活中和低交易成本条件不容易达到,以及市场信息不全面及制度和行业原因引起的不完全自由竞争也经常存在,因此由政府干预或法律裁决仍常常不可避免。

三、自然资源的经济核算与价值评估

无论是通过产权确定办法或者经济处理办法使系统的经济外部性内部化,其中一个重要环节是如何恰如其分地估算出外摊的成本和外泄的收益。这要求对资源环境通过经济核算以进行资产化管理(骆世明等,2009)。

(一) 资产定价

过去认为自然资源与生态环境是大自然赋予的,因而是没有价值的。在现代,自然资源与生态环境的研究、开发、利用、保护、规划等都投入了人类大量的劳动。从马克思的劳动价值观看,无论是活劳动投入,还是物化了的劳动投入,都是现代自然资源和生态环境的价值形成基础,即生产成本(C)。这种生产成本与商业资本、货币基本一样,还要求获得平均利润。生产成本加平均利润就构成了生态环境与自然资源价格的第一部分。由于自然资源和生态环境越来越稀缺,在市场经济条件下,占有者就有可能获得垄断型的超额利润(R),构成自然资源与生态环境价格的第二部分。

设平均资金利润率为(i),自然资源与生态环境的价格(P)的构成是

$$P = C(1+i) + R$$

由于 C 的估计牵涉到全社会的各种劳动,实用化不容易。目前较多是从资源环境利用的角度来分析资产的定价水平。

(二) 自然资源价值评估方法

自然资源价值评估方法主要有市场法、收益法、生产成本法、净价格法(汪安佑等,2005)。

1. 市场法

市场法是以自然资源(土地、矿产、森林、水产)交易和转让市场中所形成的自然资源价格来推定评估自然资源的价格。市场法特别适用于资源市场发育较好、运行比较规范的情况。市场法包括市场对比法、市场长期趋势法等。市场对比法是对比相同或相近情况下同类自然资源的价格来确定本地区的资源价格。特别适用于遍布同质且非原位性资源的价格评估,如用于煤炭、石油等能源资源的价格评估,市场长期趋势法是根据已有市场上资源价格的变化及其趋势,结合资源供求关系的预测、供给弹性和需求弹性的计算等,对某类资源进行价格评估。

产品及加工品的直接使用价值(用市场法估算):按 1990 年不变价和同年的生产估算,农林牧渔业产品实际增加值为 $1\,019.37 \times 10^9$ 元,消除中间消耗后为 927.91×10^9 元,对 GDP 贡献率为 25.8%。以农产品为原料的工业产品总值为 $1\,397.54 \times 10^9$ 元,净产值为 438.78×10^9 元,对 GDP 贡献率为 19.4%(骆世明等,2009)。

服务的价值(用市场法估算):1993 年以自然景观为目的的旅游中,多日游国际游客 $17.45×10^6$ 人·次,人均消费 873 美元,一日游国际游客 $0.45×10^6$ 人·次,人均消费 208 美元。多日游国内游客 $134×10^6$ 人·次,一日游国内游客 $55×10^6$ 人·次,国内游客消费只有国外的一半。这样算出中国生物多样性旅游服务收入为 $85×10^9$ 美元,约合人民币 $710×10^9$ 元。科学文化服务价值用近年有关科研费每年 $2.68×10^9$ 元,出版有关生物多样性图书、杂志、电影等 $198×10^9$ 元(骆世明等,2009)。

2. 收益法

收益法包括收益还原法、收益倍数法或购买年法。收益还原法或收益归属法是将资源收益视为一种再投资,以获取利润为目的,虚拟利润以平均利润率为准计算,从而资源的价格为纯资源收益与平均利润的商。收益倍数法是收益还原法的一种较为简单的形式。据此法,资源价格是若干年资源收益的或若干年资源收益平均值的若干倍,这个倍数一般或由资源交易双方商定,或由政府根据市场实际成交情况确定。采用此法的关键是如何确定纯资源收益。纯资源收益的确定一般有剩余法和线性系统规划法两种方法。剩余法即从总收益中逐一扣除资本和劳动的收益份额,所剩余的便是纯资源收益;线性系统规划法即运用线性系统规划的方法求取资源的影子价格,这个影子价格便是纯资源收益。

收益还原法的基本公式:

$$V = a/(1+r) + a/(1+r)^2 + a/(1+r)^3 + \cdots + a/(1+r)^n$$

式中:V:自然资源(如土地)的价值;a:平均期望年地租或土地年净收益估计值;r:净收益资本化过程中所采用的还原利率,一般采用银行一年期存款利率,加上风险调整,但要扣除通货膨胀因素。

对于矿产其价值在 x 年后减少为零,其市场价值计算公式为:

$$V = a/r[1 - 1/(1+r)^x]$$

以谷树忠等对山东省耕地进行估价为例,见表 7-6(汪安佑等,2005):

(1) 依据是每种农作物占总播种面积的比例选定主要农作物。如小麦、玉米、棉花、花生和地瓜 5 种作物占全省总播种面积的比例分别为 38.2%、21.9%、14.2%、6.4% 和 6.3%,已能基本上反映出耕地的整体种植情况和收益能力状况。

(2) 计算每种作物的单位播种面积(每公顷)纯土地收益。

某作物每公顷纯土地收益=每公顷产值-每公顷生产成本-每公顷农业税。

每公顷产值=每公顷主产品产量×单价+每公顷副产品产量×单价。

每公顷生产成本=每公顷人工费用+每公顷物质费用+每公顷物质投资机会成本。

每公顷人工费用=每公顷所用标准人工数×本地标准工值。

每公顷物质费用=每公顷(种子费+肥料费+植保费+机械作业费+畜力作业费+排灌作业费+其他直接费用+农业共同费+管理费+其他费用)。

每公顷物质投资机会成本=每公顷物质费用×社会平均利润率(在此取 12%)。

(3) 计算单位播种面积纯土地收益。以每种作物在 5 种选定作物播种面积中所占比重为权重,对每种作物土地纯收益加权平均,得出单位播种面积纯土地收益。

小麦、玉米、棉花、花生和地瓜分别占 5 种作物总播种面积的 43.9%、25.1%、16.4%、

7.4%和7.2%，从而山东省单位播种面积纯土地收益为：

$$632.3 \times 43.9\% + 904.1 \times 25.1\% + 2\,513.1 \times 16.4\% + 2\,551.5$$

$$\times 7.4\% + 1\,150.6 \times 7.2\% = 1\,188.4(元/公顷)$$

（4）计算单位耕地面积纯土地收益。将单位播种面积纯土地收益乘以复种指数（当年为160.4%），即得出单位耕地面积纯土地收益：

$$1\,188.4 \times 160.4\% = 1\,906.2(元/公顷)$$

（5）计算耕地价格。用耕地单位面积纯土地收益除以收益还原利率，即可得出耕地价格。以6%作为收益还原利率，即山东省耕地单位面积价格为：

$$1\,906.2 \div 6\% = 31\,770(元/公顷)$$

表7-6　山东省单位耕地面积纯收益计算

主要作物	产量/(千克/公顷)	产值/(元/公顷)	标准用工/(个/公顷)	标准工值/(元/个)	人工费用/(元/公顷)	物质费用/(元/公顷)	投资机会成本/(元/公顷)	生产成本/(元/公顷)	农业税/(元/公顷)	纯土地收益/(元/公顷)
小麦	5 085	3 000	180.0	4.05	729.0	1 415.4	170.4	2 314.8	52.8	632.4
玉米	5 715	2 610	178.5	4.05	722.1	844.8	101.4	1 669.3	36.6	904.1
棉花	915	6 525	499.5	4.05	2 023.0	1 737.9	208.5	3 969.4	42.5	2 513.1
花生	3 720	5 385	262.5	4.05	1 063.2	1 533.5	184.1	2 779.5	52.8	2 551.5
地瓜	7 035	3 225	261.0	4.05	1 257.1	857.1	102.9	2 017.1	57.3	1 150.6

资料来源：山东省农业厅农产品成本核算调查资料

3. 成本法

成本法是通过分析自然资源价格构成因素及其表现形式来推算求得自然资源的价格，资源产品的价格是该资源产品生产成本与生产利润之和，而生产利润须由社会平均生产成本与平均利润率来确定。成本法又分为直接计价法和间接计价法。以农地估价为例，直接计价法是指某块农用地价格由开发具有相同效能农用地的劳动耗费和物质费用所决定；间接计价法是指可以通过资金与农地的替代关系对农用地估价，即农用地价格由为了取得同样数量的使用价值（如粮食、棉花和水果等）需要在其他农用地上增加的投资来决定（汪安佑，2005）。

刘文等（1996）根据供水成本测算了北京市供水系统（包括官厅水库、密云水库、永定河引水和京密引水四大工程）地面水的供水价格。其计算公式为：供水成本－（固定资产折旧费＋大修折旧费＋维护管理费＋财产保险费）/年供水量。最后算出20世纪80年代供水成本为每千立方米21元，考虑到供水系统8.7%的利润率而得出平均供水价为每千立方米22.8元。

这一结果当然没有包括排水费用和污水费用。不过，从国外经验来看，可以单独对下水系统（即排水和污水）收费。此外，这种算法也未能反映水资源的稀缺状况，从而较最优价格偏低。从北京市水资源严重短缺的情况看，确实需要考虑将一定的水资源税纳入水价，以真正起到调节水资源供求、促进水资源可持续利用的作用。

4. 净价格法

净价格法是用自然资源产品市场价格减去自然资源开发成本来求得自然资源价格。其估价模型：

$$V_t = [(S_t - C_t - R_t)/Q_t] \times \sum Q_t$$

式中：V_t、S_t、C_t、R_t 和 Q_t 分别代表第 t 期某自然资源的全部存量价值、销售额、开采费用、投资资本的"正常回报"和资源开采量。公式右边方括号中内容表示自然资源的单位价值（被称为资源的单位净价格）。用单位净价格乘以经济活动消耗的该种资源量，则得到对该种资源的环境耗减成本。用于资源存量估价、流量估价，也用于矿产、土地、水、森林资源、海洋生物资源和野生生物资源的估价。

思考题

1. 农业资源具有哪些基本特点？它与农业生产的发展有何关系？
2. 在农业资源的开发利用、资源的合理配置过程中应遵循哪些基本原理？
3. 在农业资源的开发利用中为何必须兼顾经济、社会和生态三方面的效益？
4. 我国在农业气候资源利用上还存在哪些主要问题？如何合理开发利用和保护农业气候资源？
5. 我国土地和耕地资源的特点和主要存在的问题有哪些？怎样合理开发利用我国的土地资源？
6. 如果某石油资源的价格为 $P(t)$，需求为 $D(t)$，劳动投入为 $L(t)$，环境价值为 $A[S(t)]$，$S(t)$ 为石油的存量，$R(t)$ 为石油的年开采量，r 为贴现率。试写出该石油的社会最优开采决策模型和相应的 Hamiltonian 函数模型。
7. 计算：设狩猎场的河西绒山羊自然增长符合 Logistic 模式，其中内禀增长速度 $r=0.25$。最高环境容纳量 $K=200$ 只，进行狩猎时，每支猎枪的平均成本 $C=10$ 元/次，山羊的价格 $P=100$ 元/只。求达到"生物经济平衡"时，猎场的枪支数目和山羊的种群数量是多少？（设比例系数 $a=0.001$）
8. 如何看待农业生产过程的经济外部性问题？若要解决这些问题，有哪些手段可以采用？

参考文献

［1］ 宋家泰. 中国经济地理[M]. 北京：中央广播电视大学出版社，1985.
［2］ Baumol W J, Oates W E. The Theory of Environmental Policy [M]. Cambridge Cambridge University Press,1988.
［3］ 安德森. 改善环境的经济动力[M]. 北京：中国展望出版社，1989.
［4］ 兰德尔. 资源经济学[M].北京：商务印书馆，1989.
［5］ 李金昌,仲伟志. 资源产业论[M]. 北京：中国环境科学出版社，1990.
［6］ Musett A D,Harris G L,Bailey S W,et al. Buffer zones to improve water quality: a

review of their potential us in UK agriculture [J]. Agriculture Ecosystem and Environment,1993,45：59~77.

[7] Chen C M. Agricultural pollution assault on [N]. China Daily (North American ed.),1996,21~28.

[8] 平狄克鲁宾费尔德. 微观经济学[M]. 北京：中国人民大学出版社,1997.

[9] Colin A M. Agriculture,Resource Exploitation,and Environmental Change [J]. Environmental History,1998,3：548~550.

[10] 谢高地,齐文虎,章予舒,等. 主要农业资源利用效率研究[J]. 资源科学,1998,20：7~11.

[11] Gustafson A,Fleischer S,Joelsson A. Decreased leaching and increased retention potential cooperative measures to reduce diffuse nitrogen load on a watershed level [J]. Water Science and Technology,1998,38：181~189.

[12] Conrad Imhoff A B. Resource Economics [M]. Cambridge University Press,1999.

[13] McNeill J R. Agriculture,Resource Exploitation and Environmental Change [J]. Journal of World History, 1999,10：466~469.

[14] 谷树忠. 农业自然资源可持续利用[M]. 北京：中国农业出版社,1999.

[15] 马中. 环境与资源经济学概论[M]. 北京：高等教育出版社,1999.

[16] Amadou M D. Sustainable Agriculture：New Paradigms and Old Practices? Increased Production with Management of Organic Inputs in Senegal [J]. Environment,Development and Sustainability,1999,1：285~289.

[17] Nicholas S. Early utilization of flood-recession soils as a response to the intensification of fishing and upland agriculture：Resource-use dynamics in a large Tikuna community [J]. Human Ecology, 2000,28：73~108.

[18] 皮广洁. 农业资源利用与管理[M]. 北京：中国林业出版社,2000.

[19] 陈大夫. 环境与资源经济学[M].北京：经济科学出版社,2001.

[20] Owen L J. A theoretical framework for examining multi-stakeholder (group) conflicts over agriculture resource use and farming practices [M]. University of Guelph (Canada),2002,188~195.

[21] 朱鹤健,何绍福. 农业资源开发中的耦合效应[J]. 自然资源学报,2003,5：583~588.

[22] 靳京,吴绍洪,戴尔阜. 农业资源利用效率评价方法及其比较[J]. 资源科学,2005,1：146~152.

[23] Takale D P. Resource-use Efficiency in India Agriculture [M]. Prints India,2005.

[24] 汪安佑,雷涯邻,沙景华. 资源环境经济学[M]. 北京：中国地质出版社,2005.

[25] Alexandratos N. Countries with Rapid Population Growth and Resource Constraints：Issues of Food, Agriculture, and Development [J]. Population and Development Review,2005,31：237~243.

[26] 刘秀珍,巩天奎,张素瑛. 农业自然资源[M]. 北京：中国科学技术出版社,2006.

[27] Wang X W. Economic analysis of adoption of water saving land improvements in northern China [M]. Clemson University,2008,1~119.

[28] Charles P. Ecological Economics [M]. Sage,2008.

[29] 王宏燕,曹志平. 农业生态学[M]. 北京：化学工业出版社,2008.

[30] Colson G. Alternative approaches for sharing machinery,labor,and other resources among small-and medium-sized agricultural producers [M]. Iowa State University,2008,1~186.

[31] Dutson T. Mapping the Status of Bhutan's Renewable (Agricultural) Natural Resource [J]. Mountain Research and Development,2008,28：91~93.

[32] Joshua R,William H R. Natural Resources：Economics,Management and Policy [M]. NOVA,2008.

[33] Konishi Y. Essays on economics of information in environmental management [M]. University of Minnesota,2008,1~140.

[34] Li G P. Thought and practice of sustainable development in Chinese traditional agriculture [J]. China Agricultural Economic Review,2009,1：97~112.

[35] Green A M. The role of political institutions in economic development：An empirical investigation [M]. Cornell University,2009,1~154.

[36] Ojumu O A. The economics of water and land resource use [M]. Auburn University,2009,1~143.

[37] 骆世明. 农业生态学[M]. 2版. 北京：中国农业出版社,2009.

[38] Amacher G S. Economics of Forest Resources [M]. The MIT Press,2009.

[39] Corey J N. Three essays on resources, institutions and development across US States [M]. West Virginia University,2009,1~108.

[40] Keskin P. Impacts of intersectoral transfers of water resources [M]. Yale University,2009,1~86.

[41] Mertens T M. Three essays on macroeconomic consequences of stock market volatility [M]. Harvard University,2009,1~169.

[42] Hou Z Y. Market access and household welfare：Evidence from rural China [M]. The George Washington University,2010,1~182.

第八章 农业生态工程与技术

20 世纪中叶以后,随着工业化革命的发展,石油农业在发达国家取得了很大的成就。这种以高投入为中心的农业,到 20 世纪 70 年代已达到相当高的水平。然而,这种以高物质投入为特征、建立在以消耗大量资源基础上的农业生产形式带来了严重的弊端,并引发出一系列农业发展中的生态环境问题,特别是化肥和农药的过量使用导致各种环境污染加重,农业灌溉用水的大幅度增加导致水资源过量开采,过度垦荒、乱砍滥伐及超载过牧等导致水土流失及土壤沙化现象严重等。这些问题的出现,引起了农业、生态和生态经济等领域的科技工作者的高度重视,并开始重新认识农业发展的方向,促使人们反思农业发展的政策、技术与模式。

1970 年,美国土壤学家 Albreche 提出了"生态农业"的概念。我国自 20 世纪 80 年代初开始将"生态农业"作为新农业发展模式。1989 年,马世骏在《生态农业的理论与方法》的序中,指出"生态农业"一词系"农业生态工程"的简称,为我国生态农业的建设提供了理论基础。明确农业生态工程就是有效地运用生态系统中各生物种充分利用空间和资源的生物群落共生原理、多种成分相互协调和促进的功能原理,以及物质和能量多层次多途径利用和转化的原理,从而建立能合理利用自然资源、保持生态稳定和持续高效功能的农业生态系统,并以社会、经济、生态 3 大效益为指标,应用生态系统的整体协调、循环再生原理,结合系统工程方法设计的综合农业生产体系,在性质上属于社会-经济-自然复合生态系统类型。

我国的农业生态工程自诞生以来,虽时间不长,但发展之迅速,范围之广泛,效益之明显,皆使世界为之瞩目。并在传统农业的基础上,特别是在生态学原理指导下的轮作、套种、间作制度,农渔、农畜、桑渔、林牧综合经营,以及农家肥(秸秆)还田、物质多层分级利用、地力再生循环维持等农业技术被广泛应用,逐步形成了具有中国特色的农业可持续发展模式——中国农业生态工程,确立了生态农业是我国农业发展的战略措施之一。

第一节 农业生态工程原理

农业生态工程是将生态工程原理应用于农业生产和建设,是有效运用农业生态系统各生物物种,充分利用空间和资源的生物群落共生原理、多种成分(产业)相互协调和促进的功能原理,以及物质和能量多层次多途径利用和转化原理,运用最优化的方法设计和建立,能够合理利用自然资源、保持生态稳定和持续高效功能的一种农业生产工艺体系和技术。农业生态工程的基本原理包括"整体、协调、循环和再生",即包括系统学、生态学、经济学原理(李维炯等,2004)。

一、系统学原理

系统这一概念最早于 20 世纪初提出,指处于一定相互联系中的与环境发生关系的各组成成分的总体。农业生态系统是利用农业生物与环境之间、生物与生物之间的相互作用所建立的,并按人类社会需求进行物质生产的有机整体,是一种人类参与并控制的生态系统,不但受到自然环境的制约和自然规律的支配,而且还受到人为过程的影响和社会经济规律的调节(范志平等,2006)。

1. 整体性原理

系统是由相互作用和相互联系的若干组成部分结合而成的具有特定功能的整体。系统的任何一个要素都是系统所有要素函数的组成部分,而每一要素的变化也引起其他所有要素及整个系统的变化。系统整体效应不能表述为要素性质的简单叠加,这是因为要素与要素之间还存在着某种关系。贝塔朗菲则指出"一般系统论是关系整体"的一般科学,系统的基本特性就是集合性,表现在系统各组分间相互联系、依赖、作用、制约的不可分割的整体,整体的作用和效应要比各部分之和来得大。

农业是由生物、环境资源以及社会经济要素构成的社会-经济-自然的复合系统。农业生态工程与技术的建设要达到能流的转化率高,物流循环规模大,信息流畅,价值流增加显著,即整体效应最好,就要合理调配、组装协调农业的各个生产部门,使整个系统的总体生产力提高。整体效应的取得要取决于系统的结构,结构决定功能。系统的结构多样性和自主性体现了系统发展的稳定程度;系统的结构主导性和开放度则反映了系统发展的力度,只有稳度和力度的统一,才有可能使系统的发展持续稳定。农业复合生态系统的结构是由结构元、结构链和结构网组成的,结构元是构成系统的基本结构单元,是完成系统功能的基本组分,主要包括物理、生物、产业和管理等,结构链则包括产业链、加工链、消费链、资源利用链、污染治理链和管理链等,结构网是多条结构链通过一定耦合方式形成的网络关系,是系统结构的高级形式和较完整形式,主要包括资源环境网、生产网、市场网、基础设施网、社会文化网和信息网等。因此,我国生态农业及农业生态工程强调在不同层次上,根据自然资源、社会经济条件按比例有机组装和调节,以整体协调优化求得高产、高效、持续发展。

2. 关联性原理

任何具有整体性的系统,它内部的诸因素之间的联系都是有机的,彼此相互关联、相互作用,共同构成了系统的整体。各个因素在系统中不仅是各自独立的子系统,还是组成母系统的有机成员,同时系统与环境也处于有机联系之中。

系统与其外部环境之间的有机关联使得系统具有开放的性质,与外界环境有物质的、能量的、信息的交换,有相应的输出和输入以及量的增加或减少,系统也获得发展和更新。系统内部诸因素之间的关联,才能与系统的"开放"性质一致,保证系统的整体性。

在农业生态系统中,以营养关系为纽带,把生物与环境、生物与生物联系起来,进行物质的循环和能量的转化。如在小麦生态系统中为了获得 10 t/hm^2 的净生产力(4 t 种子和 6 t 麦秆都折合成 $C_6H_{12}O_6$),必须要从土壤和大气环境中获得 16 t H_2O 和 20 t CO_2。一些生态交错带在对过渡区生态系统间的物质、能量、信息流有着特殊作用,并缓冲邻近生态系统带来的冲击。

3. 动态性原理

系统的有机关联性不是静态的,而是动态的。一个生态系统几乎总是处在运动变化之中,而其变化过程常常是很复杂的。在天然或半天然植被中,一个植物群落都是经历了一系列发展演变的结果。农业生态系统是一个开放非平衡的系统,系统内各生物种群的生长、发育及生物量积累在时间上错落有序,构成充分利用自然资源的一种时序结构,如环境中光、温、水、气等因子的年节律和日节律,以及生物组分之间表现出不同的时相物候等。在农业生态工程的建设发展中,必须考虑如何使生物需要符合自然资源变化的规律,充分利用资源的时间结构,发挥生物的优势,提高其生产力。

4. 层次性原理

客观世界的结构是有层次的,如生物界有有机体、种群、群落以及生态系统的层次性结构。系统层次结构包括水平层次和垂直层次。组成客观世界的每个层次都有自己特定的结构和功能,形成自己的特征,同时,各层次间又具有相互关联和可认知性。农业生态系统的空间结构包括了生物的配置与环境组分的相互安排与搭配,因而形成了不同层次结构。其中水平结构是指由于环境组分因地理原因形成的水平渐变状态,或因社会原因形成同心圆式的水平分布方式,同时非地带性因子的作用还会使生物形成镶嵌分布,这种水平结构分布格局有均匀分布型、随机分布型、聚集分布型等不同格局。而农业生态系统的垂直结构又称立体结构,是指由于在不同山地高度、不同土层深度和不同水层梯度等农业生态系统中环境因子的垂直渐变所形成的分布格局,在不同梯度环境中会分布有不同的生物类型及数量,因此在生物群落内部,不同物种可配置形成不同形式的立体结构,同时这种垂直结构会影响到群落内的微生态环境而产生垂直差异。因此,在农业生态工程规划时,需理顺各个子系统的层次关系以及相互之间的能量、物质、信息传递关系,确定层次之间的结构,分析各组分在时间和空间上的位置、环境结构和经济结构的配置状况以及层次之间物质流、能量流、信息流、价值流的途径和规律。

二、生态学原理

农业生态工程设计的对象即为不同的生态系统,因而其设计原则需遵循生态学原理。

1. 互惠共生原理

自然生态系统中有多种生物共生的现象,这是长期自然选择协同进化的结果。在农业生态系统中利用不同种生物群体在有限空间内结构或功能上的互利共生关系,可建立充分利用有限物质与能量的共生体系。如稻田养鱼就是利用稻鱼共生,稻养鱼、鱼养稻的互惠关系建立的一种生态工程。在稻田生态系统中,水稻作为光合作用的主体,进行能量和物质的转化,但同时其生长受到田间杂草竞争、虫害等影响。而鱼食稻虫及杂草,鱼粪肥田,鱼疏通稻田空气与物质,水稻生长的遮阳作用,使稻田中的水温保持稳定,有利于鱼的生长发育,使鱼稻双丰收。生物共生现象还广泛地存在于生物界不同种群间,最常见的是异养生物与自养生物间的共生关系,异养者从自养者外获取食物,而自养者则从异养者得到保护,如农业生态系统中根瘤菌与豆科植物的共生。

2. 协同进化原理

在共生、寄生、共栖的物种之间可持续地相互反馈反应,进行协同进化,即是一个物种的行为受到另一个物种行为的影响而产生的两个物种在进化过程中发生的变化。农林植物对害虫的抗虫性防卫反应和害虫对抗性植物的适应性变异而产生种种生物型(biotype)是最典型的实例。而生态系统作为生物与环境的统一体,既要求生物要适应其生存环境,又同时伴有生物对生存环境的改造作用,这就是所谓的协同进化原理。协同进化原理认为生物与环境应看作相互依存的整体,生物不只是被动地受环境作用和限制,还在生物生命活动过程中,通过排泄物、死体、残体等释放能量、物质于环境中,使环境得到物质补偿,保证生物的延续。封山育林、植树种草、退耕还林都是为了改善农业生态环境。同时在对可更新资源(可再生资源)利用中做到保护其可更新能力,确保资源再生和循环利用,达到永续利用,从而充分保护环境,提高资源利用率。

3. 食物链原理

在自然生态系统中,由生产者、消费者、分解者所构成的食物链,从生态学原理看,它是一条能量转化链、物质传递链,也是一条价值增值链。绿色植物被草食动物所食,草食动物被肉食动物吃掉,植物和动物残体又可为微生物和腐生动物分解,以这种吃与被吃而形成了食物链关系。根据生态系统的食物链原理,在农业生态系统中,可以将各营养级因食物选择而废弃的生物物质和作为粪便排泄的生物物质,通过加环,即增加相应的生物进行转化,延长食物链的长度,并提高生物能的利用率。如在经济树林中养殖土鸡、鸡粪喂猪、猪粪制造沼气、沼渣肥田、稻田养鱼、鱼吃害虫保障水稻丰产,从而形成了一种以人为中心的网络状食物链的种养方式,其资源利用效率与经济效益要比单一种养方式高得多。

4. 限制因子原理

在自然界中,各种有机体和环境的相互关系是极其复杂的,环境因子对生物的作用也各不相同。生态环境中的生态因子如果超过或接近生物有机体忍受程度的极限时,就可能成为一个限制因子。只有当生物与其居住环境条件高度相适应时,生物才能最大限度地利用环境方面的优越条件,并表现出最大的增产潜力。澳大利亚曾开垦过数百万亩荒地种植牧草,但由于缺乏微量元素钼,使牧草生长不良,结果开垦区成了不毛之地,后来给土壤施用钼肥后,苜蓿生长良好,成为澳大利亚的重要牧场。1913年谢尔福德把生态因子的最大量和最小量对生物的限制作用称为耐性定律(杨京平等,2001)。即各种生物的生长发育过程中对各种生态因子都存在着一个生物学上限和下限,它们之间的幅度就是该种生物对某一生态因子的耐性范围。因此,在农业生态工程建设与生态工程技术应用时,必须考虑生态因子的限制作用原理。

5. 自组织原理

任一生态系统都有自适应能力与自组织能力,即遇到外界压力受损后在一定范围内能逐渐自我恢复。生态系统自组织功能是通过生态系统内部多种自我调控机制实现的。如通过正负反馈机制,生态系统各生物种群密度与群体增长率间保持着一种平衡关系。当种群密度增大时,种群的群体增长率减小,使得种群数量增加减速,负反馈机制使得种群数量逐渐处于平衡水平;在种群数量低的情况下,群体增长率提高,个体大量增加,种群密度就提高,形成正反馈。农田中害虫与天敌间的关系即是如此。

生态系统中还由于处于同一生态位上的不同组分相互补偿作用而减轻对系统的危害,这种多元重复现象保证了系统在某些成分发生变化的情形下系统的输出可以稳定不变,使系统稳定性得以有效地保持下去。如复杂的乔、灌、草、针阔叶林中,由于食虫鸟较多,马尾松较难发生松毛虫灾害,而在马尾松纯林中,则易暴发松毛虫灾害。

6. 循环再生原理

生态系统中物质通过初级生产、次级生产、加工、分解等完全代谢过程,完成在生态系统中的循环。农业生态系统中的物质循环,通常指生命活动必需的元素或无机化合物在农业生态系统中的循环流动,这种物质流动的频率、速度直接决定着系统的生产力大小,并受到生物种群特性、库的吸收固定及储存能力的影响。生物转换效率越高,库与库之间沟通流动越畅通,物质的转化效率就越高。农业生产的本身也就是在一定限度内获取物质转换、能量流动及经济效益最大化的过程。如秸秆还田,利用糖化过程先把秸秆作为家畜的饲料,经代谢后的排泄物及秸秆残渣来培养食用菌,生产食用菌的残余料又用于繁殖蚯蚓,最后才把利用后剩下的残物返回农田,增加土壤有机质含量,获得更好经济效益。

三、经济学原理

1. 平衡原理

生态经济平衡的内涵为生态系统物质、能量对于经济系统的供求平衡。现代经济社会是一个生态经济有机体,就是说现代经济社会不只是由单一经济要素所构成,而是一个含人口、资金、物资等经济要素和包含资源环境等生态要素的多层次、多目标、多因素的网络系统。这些经济要素和生态要素正是在社会生产和再生产过程中才相互结合成为层次更高、结构和功能更加复杂的生态经济有机系统。经济系统是从生态系统中孕育产生的,生态平衡是经济平衡的自然基础。人类经济越发展,其对生态系统的主体作用越强大,相应越要求承受经济主体的生态基础越加稳固和更加具有耐受能力,不仅要靠自身的调节,而且更重要的还要靠经济力量的促进。

2. 效益原理

生态经济效益是评价各种生态经济活动和生态工程项目的客观尺度,对任何一项生态工程项目都需要进行生态经济效益的比较、分析与论证,以选择最优或满意的方案。农业生态系统是一个社会、经济、自然复合生态系统,它具有多种功能与效益,不可只顾某一功能或某一效益。如现代农业建设与生态环境结合、资源利用与增殖结合等。农业生态工程技术的建设与应用都是以最终追求综合效益为目标。在其建设与调控中,只有将经济与生态工程建设有机交织地进行,才能获得生态效益、经济效益和社会效益的最大化。

3. 价值原理

自然资源,是指在一定的时间、地点条件下,能够产生经济价值,以提高人类当前和将来福利的自然环境因素和条件。从普通经济学的劳动价值理论或商品价值理论的观点出发,没有经过人类劳动加工的自然生物资源(物种、种群、群落),其所具有的使用价值或效益是没有价值的。然而,长期以来,由于传统价值观念的影响,人们以最大限度地对自然资源开采,生产尽可能多的产品为目的,自然资源价值得不到实现,资源损失的经济价值没有计入生产成本,自然资源被认为取之不尽、用之不竭,从而导致了资源环境问题。因此,生态经济价值原理,或生态资源价值问题,是目前亟待解决的生态经济理论问题。只有将资源质量的变化情况以成本的形式计入生产过程,表现出其潜在的价值,或恰当地进行人为活动的功利性评价,真正反映出生产的经济变化实质,杜绝滥用、破坏自然资源的现象,才能实现自然资源的永续利用。

第二节　农业生态工程的规划与设计

工程通常指按照人们要求,利用不同材料,遵循设计原理与材料特征,而建造的具有一定结构的工艺系统。农业生态工程不同于一般工程设计要求,它既满足客户的需求,又要结合生态环境,需考虑到环境因子的调控作用,如太阳能的充分利用,水资源的循环利用,生物的有效配置,无污染工艺的使用等。农业生态工程建设目标是使农业生态系统具有强大的自然再生产和社会再生产能力,实现农业高效持续发展。

一、农业生态工程的规划基本原则

农业生态工程要充分利用自然资源,通过人工合理调控与技术集成,建立起一个在功能上高效、在结构上合理、在效益上持续的复合生态系统。其设计与实施必须严格地遵循"整体、协调、循环和再生"的基本原理,充分体现整体协调原则、因地制宜原则、科技先导原则、可持续性原则以及市场协调原则。

1. 整体协调原则

农业生态工程是一个复杂的大型系统工程,需从生态、经济、社会学等角度去全面观察、思考、分析和解决问题,整体有序是农业生态工程建设规划的重要前提。由于农业生态工程建设是在农业生态经济系统内部进行的,其整体效应的产生源于系统结构形成过程中,需充分关注系统内外各组分之间相互联系、相互作用、相互协调的关系,将农、林、牧、副、渔各业合理组织,形成农业生态工程的高效率。

2. 因地制宜原则

农业生产具有特定的生物性、季节性、地域性特点,生态环境具有多样性特征,因此,农业生态工程结构的设计(平面结构、立体结构、时间结构、食物链结构)必须根据具体生态、环境、技术、社会经济条件来进行,紧密结合实际情况。需以市场为导向,选择市场潜力较好的生物物种,在生态工程的成本投入上必须是该地区农民可以承受的水平,整个生态工程的投入产出在经济上必须是可行的,同时还需考虑当地人们的传统生活、生产习惯、基础设施条件、技术水平等,否则所设计模式的可持续性会受到影响。

3. 科技先导原则

农业生态工程是具有一定的生产结构,并总是同一定的技术结构相适应。在规划设计过程中充分利用分析、模拟、规划、决策的手段和技术,在工程建设中体现科技进步对生态农业建设的作用和贡献,利用现代农业技术来实现农业的可持续发展,提高农业的生产力和生产效益。一个低功能的技术结构如果承担高功能生产结构,那么经济效益肯定是很差的。在当今世界,发达国家农业增长半数以上是源于技术进步。事实上,农业生态工程建设能否在农业生产中发挥重要作用,最终仍取决于技术的进步与否。即能否找到既能有效地提高农业产量和生产效率,又能有效地改善生态环境,提高资源利用率和保持农业资源永续性的实用技术,从而以全新的农业生产方式替代常规农业。

4. 可持续性原则

农业生态系统具有生产力、稳定性、持续性和公平性四大特性。持续性是农业生态系统最重要的特性之一,是指农业生态系统在受重大干扰时所具有的维持生产力的能力。农业生态工程的规划与设计,要求以确保达到和连续满足当代和后代人类需求的方式,实现经济效益、社会效益和生态效益的协调和统一,并在较长时段内对生态农业建设起指导作用,充分体现环境有效保护、资源合理有效利用和经济稳步增长的可持续发展观点。可持续发展必须作为一种思想意识和策略,贯穿于整个生态工程规划与设计过程之中,使生态系统的社会、经济、生态三大效益都得到提高,系统得到持续发展。

5. 市场协调原则

农业生态工程的产品市场需求情况,直接影响到该工程的经济效益,在农业生态工程设计时,充分考虑其产品的市场需求与潜在的市场前景,产品数量、质量要与市场需求协调统一。特定的农业生态工程是否适当,首先就要看所设计的这种农业生态工程最终能输出什么样的产品,在市场上能否行销并且使生产者获得满意的纯收益。如"鸡-猪-蘑菇-蚯蚓-鱼"等物质循环高效利用型农业生态工程,在经济发达地区和大中城市的城郊可行,但在边远的贫困山区,本地市场因收入水平与消费结构对商品的需求量小而难销,运到大中城市的运费又过高,因此这种结构模式并不合适。

二、农业生态工程的设计程序

农业生态工程设计的指导思想是协调资源的利用、保护和增值,平衡生物与环境关系、输入与输出关系,优化农业生产的效益,产生巨大的整体效应。不仅要重视系统的自我调节和自我组织,更要重视人为的多方面干预与调控,通过系统的结构、技术、输入输出与信息调控及优化,按预期目标调整复合生态系统结构和功能。在实际设计时,应注重运用系统工程的方法来组装生物措施与工程措施,对生态环境进行治理、立体种植与开发,在增强农田系统生产力的同时,使农、林、牧等产业优化组合,构成资源增值与开发同步的复合系统,实现生态良性循环,增强生态系统的稳定性与持续性。此外,还要遵循市场经济规律,以当地资源优势组建种养加、储运销的农副产品及资源开发增值链,促进结构调整、劳动力转移、增强经济实力和经济的适应性,实现经济的良性循环,提高农业经济系统适应市场的能力,增强经济发展持续性。开发物质良性循环、能量多级利用的再生资源高效利用技术,提高资源利用效率,实现物质流动的良性循环,增强可再生资源利用与环境容纳量的持续性。

生态工程规划与设计的一般程序为:生态调查-系统诊断-综合评价与分析-生态分区及生态工程设计-配套技术-生态调控。

1. 生态调查

生态调查是生态工程规划与设计的基础工作,是对环境的识别。生态调查主要是对某一系统或区域内生态环境状况(如土地、水、气候、生物、矿产资源)、社会经济状况、经营活动、各业生产水平及存在问题的调查。

2. 系统诊断

在生态调查的基础上,对生态系统进行系统诊断。摸清环境系统所包含的资源数量、质量及其时空分布特性,作出定性和定量的分析和评价,确定资源的开发利用价值和合理利用限度;分析环境对系统的限制、约束的因素和程度,特别是不利影响和障碍因子及其作用的大小,确定约束的临界值或极值等;预测环境的发展变化,特别是人类活动对于环境产生的积极和消极影响;找出造成系统现实状态、功能和理想状态、功能之间差距及其原因,提出要解决的关键问题和问题的范围,初步提出系统的发展方向和目标(杨京平等,2001)。

3. 综合评价与分析

运用数据库技术对生态系统信息进行综合评价,以投入产出分析技术对农业生态系统中能量的转化、养分的循环及其形成产品的价值的转移进行分析。投入产出分析是利用数学模型方法和计算机技术来研究产业部门投入与产出之间的数量关系与功能评价的方法,是一项重要的生态分析技术(杨京平等,2001)。

4. 生态分区及生态工程设计

生态分区是根据自然地理条件、区域生态经济关系及农业生态经济系统结构功能的类似性和差异性,把整个区域划分为不同类型的生态区域。现有的分区方法有经验法、指标法、类型法、叠置法、聚类分析法等。依据生态调查、系统诊断及综合评价的结果,运用定性和定量相结合的方法,进行生态分区,并绘制生态分区图。

并依据资源潜力、生态经济特点及持续发展的限制因素,进行分区设计。在模式设计阶段,主要的一项工作是对系统的结构进行调整。通过调整可以改善资源的利用方式,改善技术构成和系统对外部环境的影响。在系统的组分确定以后,各组分在时间和空间上的配置设计是关键,目前其配置方式主要有空间资源利用型(如农、林多层次平面套作间种,山地丘陵区果、粮、水产垂直分层种养)、生物共生互生型(如稻、鱼互生,林、农、草防旱御风保土互生,种、养、加食物链增值多级生产)、边际效益利用型(如基塘、鱼田水陆互补)及物质循环再生多级生产型(开发废物加工及生物能源的生产)。

农业生态工程在完成模式设计后,需对其进行可行性评估,判断所设计的农业生态工程是否具有经济、生态的持续性及利于社会发展的可行性。评估指标主要包括高产优质高效为主要内容的生产指标以及资源可以获得充分合理持续利用的指标,其中包括农林牧结构的合理性、资源承载力、土地生产率、劳动生产率、经济产投比、商品率、科技投入程度、劳动力结构合理性等,用定性与定量相结合的评估方法进行比较,并依据当地的实际情况选出最优方案。

5. 配套技术

在农业生态工程建设中,需以配套技术来实现生态经济的良性循环,自然资源的永续利用,环境改善的持续性发展。如水土治理技术、农村能源综合建设技术、因地制宜耕作技术、集约化配套技术、产业结构调整技术、农产品多级加工增值技术、种群环境适应性技术、生态位应用技术等。

6. 生态调控

生态调控通常是指通过对现有农业生态系统中的某个生产、加工环节或几个环节进行扩大、缩小、置换、添加或功能变换以及对其所处的生态经济环境进行适当的改变,不断地提高农业生态工程整体的生态经济效益。在农业生态工程的建设与技术调控中必须以自然生态系统稳定性的调节机制为基础,人工调节必须与系统内部的自然调控相互结合,人工调控途径按其对象分为环境调控、农业生物调控、系统结构调控、输入输出调控、复合调控等。环境调控主要是改善生态环境，满足生物生长发育的需要，如植树造林、改善农田小气候、地膜覆盖、提高地温与土壤水气、种植豆科绿肥、增加土壤肥力与改善土壤结构。农业生物调控则是通过良种选育、杂交良种应用、遗传与基因工程技术，创造出转化效率高、能适应外界环境的优良物种达到对资源的充分利用。而系统结构调控通过调整农业生态系统结构，可以改善系统中能量与物质的流动与分配，增强系统的功能。输入输出调控，如环境因子光、热、水、气以及肥料、种子等的输入需符合系统的内部运行机制与规律，其输出则有利于环境质量和系统功能的改善。农业生态工程的复合调控则是自然调控与社会调控两者之间交互联结而成的调控，即有自然调控、经营者直接调控、社会间接调控。除自然环境外，一些社会条件如政策和法律、市场交易、交通运输等均会影响到系统的运行规律及机制。因此，构建良好的复合调控机制不仅是农业生态工程的目的，也是实现良好的生态经济效益的有效途径。

三、农业生态工程设计的技术体系

农业生态工程设计的技术体系主要包括加环、延链和接口技术。

1. 加环技术

加环是指通过增加或减少某些食物链环节，使系统获得资源的充分利用，生产出相应的可为人类二次利用产品的过程。加环的过程实质上是增加环中的组分或增加形成环的接口。农业生态系统中加环主要是增加一些具有高的生态经济价值和能促使资源循环利用的环节，去掉一些低效高耗性环节。依据食物链加环的性质不同，可将加环分为生产环、增益环、减耗环、加工环、复合环等。

（1）生产环。生产环是指所加入的环节，可以使非经济产出组分或者生产过程中的副产品，直接生产出人类可以利用的经济产品。如利用工农业生产过程中的有机副产品（如畜禽粪便、棉籽壳等）培养出食用菌。生产环的设计一般可分为5步（如图8-1所示）。① 统计计算设计区农副产品可以提供于转化的数量、能量、营养物质含量；② 根据物质、能量的数量和组成，选择食物链的生物种群并计算生物种群的数量；③ 计算加环后的生产效益，包括主产品的经济效益和副产品的数量与再转化的可行性；④ 根据生产环需要及效益分析，计算必须由外系统输入的物质、能量的种类和数量；分析输入的可能性与经济上的合理性；⑤ 调整食物链的种群数量和外部输入量，并根据副产品输出的质和量，分析其新出路。例如，一个玉米淀粉厂的外延型食物链设计。利用淀粉厂的浆水和残渣为资源，新建一个养猪

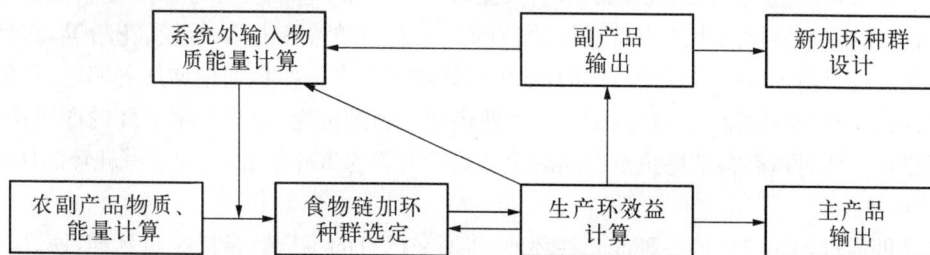

图8-1 生产型食物链设计流程

场,加入一个生产环——猪。根据淀粉厂生产所需要的玉米数量、养猪场和粪肥数量,计算还能够耕种多少平方米面积的玉米,以便为淀粉提供廉价原料(张壬午等,2000)。如安徽临泉县一户农民在自家的 3.5 亩土地上栽种 129 棵桃树,在桃树下又间作西瓜、药材、花椒等异花传粉作物,并在果园中放蜂 60 箱,以提高果树和经济作物的结果率或结实率,这提高了果园收入,又为蜜蜂提供了蜜源。

(2) 增益环。增益环是指所加入的环节,虽然不能直接生产出商品,但可以加大或提高生产环的生产效益。例如,利用副产品、垃圾、废品、动物粪便生产蚯蚓、蝇蛆,再利用蚯蚓和蝇蛆作为鸡、猪等缺乏的动物性蛋白饲料,从而使鸡、猪的产量增加。其中,蚯蚓和苍蝇就是鸡、猪一类的增益环(张壬午等,2000)。

(3) 减耗环。减耗环是指能够抑制食物链中的耗损环的生物种群。在食物链网中,每个环节均是生产者,但是,每个环节又都是上一营养级的消费者,其中,有些环节生产的产品人类没有利用价值,反而过度消耗上一营养级的资源。例如,农田害虫、田鼠等,这个环节称之为损耗环。在原来的损耗环上增加一些新的环节,或增大原有的环节,使之抑制和减弱损耗环的作用,加入的这种环节即为减耗环。例如,棉田中间作油菜,以在油菜为寄生植物上大量繁殖的蚜虫天敌——七星瓢虫来控制棉株上的棉蚜危害;三叶草套种白菜,可以使白菜甲虫发生的数量降低 90%(张壬午等,2000)。

(4) 加工环。加工环是将农业生产过程中产出的初级和次级产品改变形态、经济和营养价值的一种环节。它是农业生态系统产业化和人类社会发展的必然产物的必然产物。目前,农业生态系统产出的产品大多是以初级和次级产品形式输出,产值低,利用过程中营养物质的损耗大,营养物质的营养价值没有充分体现。同时,未经充分利用的部分产品又极易以废物形式输出,造成污染。如果将其进行适当加工处理,不仅可以大大提高产品的经济价值,而且可以大大提高产品的营养价值。例如,毛菜中的不可食部分(菜根、豆荚、老叶等)占毛菜重的 20%~40%,经市场流通最终成为有机垃圾,处理这些垃圾则需消耗大量的人力、物力和财力。如果增加加工环节,在原产地将毛菜变为净菜上市,不仅可以使城市垃圾减量,减少了大量投入,而且这部分在城镇居民家中为废物的产品,可在蔬菜生产基地经过再加工变为饲料,或成为生产沼气的原料,然后,这些加工的产品可增经济收益,而且加工的废物又可就地作为肥料还田,参加原系统的物质循环。加工环还可以使另一些生产环、增益环等相连接,实现增值。

(5) 复合环。复合环即将多种加环的有机结合,通过多种形式使生物物质多层次循环利用,最大限度地提高了能量利用率和物质转化率,实现了经济效益、生态效益及社会效益的最佳组合。例如,在一些农业生态系统中,引入蜜蜂这一环节,它不仅可将原本分散在各植物花中的花粉、花蜜,经转化后生产出有经济价值的商品蜜、蜂蜡、蜂王浆、蜂胶、花粉等,起到生产环的作用。而且由于蜜蜂传媒授粉作用,很多作物增产。在一些鱼塘中增加养鸭环节,鱼鸭混养,鸭具有生产环的功能,未摄食的饲料及粪便增加了鱼的饲料,鸭子起增益环的作用;鸭在鱼池中可摄食一些对鱼有害的昆虫及有病的鱼和活动力差的鱼种鱼苗,又起了减耗环的作用。

2. 延链技术

延链即通过增加或替换一种或几种环节,将原来已有的生产链条进一步延伸,使之在产品品种和效益等方面均能获得良好回报的过程。例如,由饲料养猪到饲料猪—蝇蛆—鸡。由于苍蝇产卵多,蝇蛆生长快,加上蝇蛆体营养丰富,粗蛋白含量高,氨基酸较完全,是一种较理想的动物蛋白饲料。试验证明,一般 2 kg 左右的干猪粪和 10 g 红糖即可收获鲜蛆 0.5 kg,用蝇蛆饲喂蛋鸡,产蛋率平均提高 10%,鸡重可增加 0.15 kg,1 kg 蛋节省 0.4 kg 饲料,效益明显。

3. 接口技术

接口即将原来构不成循环关系又互不相关的两条或多条食物链通过适宜的配置连接起来,形成一个闭合循环的食物网的技术。接口是能量、物质和信息的汇集交换场所。如肥料工程将畜禽粪便加工成种植业的肥料,完成养殖业到种植业的接口;同时,也将作物秸秆加工还田,完成不同作物间、上下茬口作物间的接口。饲料工程将种植业的主副产品加工处理,将加工的废物处理,为养殖业提供饲料,完成种植业到养殖业的接口。同时,将畜禽屠宰下脚料饲料化,完成养殖业内部不同畜种间的接口。加工工程将种植业和养殖业的产品加工后投放市场,完成系统同外部环境的接口。储藏工程既可储存生产原料,又可对农产品起保鲜和后熟作用,实现种植业和养殖业间及系统与环境间的接口。例如,饲料加蚯蚓养鸡,鸡粪养猪,猪粪加秸秆生产沼气,沼渣培养食用菌,菌糠或猪粪生产蚯蚓;或鸡粪养鱼,鱼粪加污泥肥桑田,以桑叶养蚕,蚕粪加饲料、桑叶脉等养鸭、鱼、猪,猪粪养蚯蚓。又如辽宁省昌图县将种植业生产出来的玉米和秸秆转化利用,生产出饲料、糠醛和白酒等产品,完成由种植业向加工业的接口。

第三节　农业生态工程技术模式与运用

我国是一个具有几千年历史的农业古国,是农业生态文明的发祥地之一,很早就开创出一条独有的发展农业生产的途径,并采用了一些农业生态工程原理和技术,产生了古代农业生态工程最早的雏形,并在我国传统农业的发展中得到应用。如在《汉书·食货志》记载:"种谷必杂五种,以备灾害。"这是生物多样性在农业生产上应用的最早范例。南宋《陈敷农书》中说:"……若桑圃近家,即可作墙篱,仍更疏植桑,令畦差阔,其下偏栽苎。因粪苎,即桑亦获肥益矣,是两得之也。桑根植深,苎根植浅,并不相防,而利倍差……诚用力少而见功多也。"桑树下种上浅根的苎,根系深浅配合,给苎施用的肥料渗入深层,正好为桑根截获,促进了桑树的生长,取得了两个种群的最大效益。元朝《农桑辑要》中记载:"桑田可种田禾,与桑有宜与禾不宜。如种谷必揭得地脉亢干,生蟊根吮皮等虫;若种蜀黍,其枝叶与桑等,如此丛杂,桑亦不茂;如种绿豆、黑豆、芝麻、瓜芋,其桑郁茂,明年叶增三分;种黍亦可,农家有云'桑发黍,黍发桑',此大概也。"明朝《渭崖文集·五山志林的辨物》篇中也有"顺德产蟛蜞(一种小螃蟹),能食谷芽,唯鸭能啖之,故鸭以广南为盛,以其蟛蜞能养鸭,亦有鸭能啖蟛蜞两相济也"。

一、农业生态工程基本技术

我国由于自然条件与社会经济条件差异很大,农业生态工程建设有着不同规模和多种多样的类型、模式与技术。归纳起来,农业生态工程建设的基本技术主要有农业生物立体共生技术、食物链结构工程技术、生物能利用工程技术、生态恢复工程技术和生物保护型生态工程技术等(杨京平等,2001;范志平等,2006)。

1. 农业生物立体共生技术

农业生物立体共生技术中包括种植业立体共生技术和种养业立体共生技术。种植业立体共生技术主要有充分利用光、热资源的有效措施,有桐粮间作、枣粮间作、茶粮间作、杉粮间作以及林木与经济作物间作,如胶茶间作、农田种菇、蔗田种菇、果园种菇等的农林复合立体共生技术;有林参间作,林下栽种黄连、白术、绞股蓝、芍药等,既可提高经济效益,又可塑造整体功能较高的人工林系统,促进了生态环境的改善的林药复合立体共生技术;以及利用各种农作物的轮作、间作与套种,最大限度地发挥光、热、水、气、土、肥等自然环境因子的作用,以达到增产增收的目的,提高复种指数和土地利用率的时空结构优化种植技术。种植业与养殖业立体共生技术即把种养两种或多种相互促进的物种组合在一个系统内,达到共同增产、改善生态环境,实现良性循环。在养鱼的稻田中,水稻为鱼提供庇荫、适宜温度和充足饲料,鱼为水稻除草、灭虫、充氧和施肥。稻鱼共生互利、相互促进形成良好的共生生态系统,既促进了渔业发展,又提高了水稻产量,减少了化肥、农药、除草剂的使用,提高了土壤肥力,又如稻鱼萍共生、苇鱼禽共生、稻鸭共生等。

2. 食物链结构工程技术

在生态系统中,能量流动的渠道主要通过"食物链"和"食物网"来实现。在现实的农业生产中,这种复杂的食物网络与连接构成了多种复合生态系统,如农林牧渔复合生态系统。依据农业生态系统中的食物链原理,进行种、养、加食物链增值多级生产技术。如选定适宜的生物种群,加设生产环,对废弃物中的营养物质和能量进行转化、富集和资源化利用,增加生产环的效益。利用糖化过程把秸秆变成饲料,秸秆残渣培养食用菌;生产食用菌的残余料用来繁殖蚯蚓,最后把剩下的残物返回农田培肥,就是典型例子。在农业生态系统中还可增设减耗环以及复合环,或使有害物质降解或脱离与人类相联系的食物链的解链技术,并通过产品加工提高工程效益。

3. 生物能利用工程技术

生物能利用工程技术主要包括沼气利用技术和生物热能利用技术。沼气利用技术主要利用生物转化功能,产生沼气用做燃料,沼液和沼渣用做有机肥,使有机废料资源化、多用化;沼气利用工艺技术主要包括沼气池的设计和建设工艺技术、沼气生产配比和投料技术、沼气池生产管理技术和沼气应用技术等。生物热能利用技术即利用植物残体、动物排泄物等有机物质,在发酵过程中释放热能的技术,包括生物产品收集与保管技术、生物热能生产设备设计与制造技术、生物热能生产管理技术、剩余副产品再利用技术等。

4. 生态恢复工程技术

生态恢复工程技术是指对已经被破坏或恶化的生态环境进行修复,使其恢复到被破坏或恶化以前的良性循环的状态的工程技术措施,如我国长期以来对土地荒漠化、水土流失、土地盐碱化以及草地或草场破坏等进行的生态恢复与重建技术;环境综合治理工程技术则主要针对我国农业、乡镇企业等生产过程中出现的生态破坏或环境污染而进行的综合整治途径或技术,如乡镇企业的清洁生产工艺、污水及废弃物资源化处理技术等。

5. 生物保护型生态工程技术

生物保护型生态工程技术主要包括温室育苗大田生产技术、辅助光照应用技术、温室鱼苗孵化露天养殖技术、"四位一体"生产技术和保护地栽培管理技术。

实际上,农业生态工程的建设绝不是上面所提到的某一项单项技术所能承担的,必须是多项技术的有机组合,不但要充分利用现代科学技术成果,而且更要沿用传统农业技术,组装配套到整个农业生态系统当中,通过一定的控制措施来完成最终的期望目标。

二、农业生态工程技术典型模式及其应用

在农业生态系统中,农林牧副渔是大农业的主要组成部分,是实现农业生态系统良性循环和高效有序运行的基础。综合各地发展的多种多样的农林牧副渔农业及其复合生态系统(范志平等,2006),农业生态工程技术典型模式主要有农林牧渔复合生态工程、多层次循环高效利用复合生态工程、庭院农业生态工程、环境保护农业生态工程、绿色食品农业生态工程和乡村旅游农业生态工程等 6 大类型。

(一)农林牧渔复合生态工程技术模式

1. 农-林-牧-加复合生态工程技术模式

农-林-牧-加复合生态工程技术模式主要包括农-林复合生态工程技术模式、林-牧复合生态工程技术模式、农-林-牧复合生态工程技术模式和农-林-牧-加复合生态工程技术模式 4 个基本类型,在每个模式当中又可根据结构组成分为不同的亚类型。

(1)农-林复合生态工程技术模式。农-林复合生态工程的分布较广,类型较为丰富,主要有农林模式、农果模式、林药模式、农经模式等类型。

农林模式在我国北方广大地区已普遍采用,尤其在黄河平原风沙区农田营造防护林,有效地控制了风沙灾害,改善了农田小气候,起到了保肥、保苗和保墒作用,保证了农田的稳产丰收。常见的有点、片、条、网结合农田防护林、桐粮间作和杨粮间作等模式。以河南省兰考县桐粮生态工程模式为例,实行农桐间作,以南北行种植泡桐,以株距 4~6 m、行距 40~60 m 为宜,每公顷栽植泡桐 30~60 株,在泡桐的行间种植小麦、玉米、棉花、大豆、花生等农作物,待泡桐生长 8~10 年成材后,进行间伐或轮伐,形成轮作更新、持续利用的循环系统。这种泡桐与农作物立体种植,可以充分利用土地、时间、空间和光热资源,有效地控制风沙灾害,改善农田小气候,起到保肥、保苗和保墒作用。农桐间作以及泡桐转化加工已成为该县改善生态环境、保障农民致富的一项支柱产业(杨京平等,2001;范志平等,2006)。颜单乡(江苏建湖县)马路村 1985 年营造池杉林 1.7 hm²,林中间种水稻、麦子,当年每公顷产麦 4.5 t,产稻 6.75 t,收入 4 500 元;翌年产麦 4.58 t,产稻 6.9 t,收入 4 650 元,林木平均增高 1.2 m,地径平均增粗 3.5 cm,林地抚育成本平均每公顷降低 300 元,减少化肥用量 225 kg(李维炯等,2004)。

农-果模式是以多年生果树与粮食、棉花、蔬菜等作物间作,常见的有枣粮、柿粮、杏粮、桃粮等模式。林-药模式是依据林下光照弱、温度低的特点,在林下栽种黄连、白术、芍药等,使不同的生态位合理组配。农-经模式是以多年生的灌木与粮食、牧草、油料及一年生草本经济作物进行间作,主要的搭配有茶粮、桑草、桐(油桐)豆、茶(油茶)瓜等。以林茶粮生态工程模式为例,利用向阳坡地梯田,以茶叶等经济林种为主栽植物,上层为喜光的乔木树种,下层为低矮耐阴的茶叶,在茶叶行间套种农作物,适用于老茶园、稀疏茶园和新植茶园。另外茶园采用茶农间作模式,在茶行间套种玉米、红豆、绿豆、绿肥等作物,建立茶粮、茶果粮、茶

绿肥等多种立体农林复合生态工程模式,既提高自然资源利用率,又促进生物多样性,减少作物病虫害。茶园完全施用有机肥,以利于改善土壤状况,增强土壤活性,提高土壤可耕性,很好地保水、保肥、促进土壤的健康发展。对病虫害防治,则采用以生物、物理、机械防治为主的综合防治措施。同时茶园采用等高种植,防止水土流失。

(2) 林-牧复合生态工程技术模式。林-牧复合生态工程是指林业的副产品如某些种类的树叶可以直接作为畜牧业的饲料,或在林地直接进行畜禽的饲养。如海南省文昌市的胶-茶-鸡模式,就属于林-牧复合生态工程模式的典型。胶-茶-鸡-林-牧复合生态工程是在改变传统粗放的小规模庭院养鸡方式基础上发展起来的,该模式充分利用当地橡胶地较多的自然资源条件,在半郁闭的橡胶林内间种茶树,并实行集约经营,大规模饲养文昌鸡。该模式主要特点是:改变庭院饲养为胶林放养,既克服了传统的周期长、耗料多的缺点,又避免笼养肉质差的不足,并配以园林饲养新技术,达到高产、优质、高效的目的(杨京平等,2001;范志平等,2006)。

(3) 农-林-牧复合生态工程技术模式。林业子系统为整个生态系统提供了天然的生态屏障,对整个生态系统的稳定起着决定性的作用;农业子系统则提供粮、油、蔬、果等农副产品;牧业子系统则是整个生态系统中物质循环和能量流动的重要环节,为农业子系统提供充足的有机肥,同时生产动物蛋白。因此,农、林、牧三个子系统的结合,有利于生态系统的持续、高效、协调发展。

以慈利县岩溶山区雨养旱作农-林-牧复合生态工程为例,根据慈利岩溶山区自然生态环境条件、社会经济基础以及旱土作物生长发育规律,围绕高产、高效、低耗、增产增收而形成的农-林-牧复合生态工程模式,实现雨养节水农业持续高产高效的目标(杨京平,2001)。具体地,针对岩溶山区生态环境条件和土地跑水、跑土、跑肥的现状,因地制宜地搞好农田基本建设,实施工程措施进行修梯田改造坡耕地,同时大力推广配方施肥,采取多种途径增施有机肥,进行立体多熟多层次种植,使地上部和地下部均呈立体结构,有利于防止水土流失。在作物布局方面采用高矮配置、禾本科与豆科配置、直立作物与葡萄配置等,改变种植规格,实行间作套种,充分利用光温资源提高复种指数,提高土地利用率。在品种布局方面,根据作物需肥需水规律,小麦一般选择抗性好、熟期适宜的川麦系列,而玉米以紧凑性的掖单系列以及雅玉 2 号、慈玉 1 号等高产良种为主,红薯以生育期适宜、淀粉含量高的南薯 88 为宜。在播期方面,海拔 600 m 以上地区,小麦于 10 月上旬,600 m 以下地区在 10 月下旬 11 月上旬播种;玉米在 3 月中、下旬采用地膜覆盖育苗;红薯于 5 月下旬麦收前移栽;绿豆、大豆在薯垄起垄栽播前移栽,这样顺自然降水和土壤水分变化的自然规律,合理安排了作物品种搭配与播期搭配,从而使需水量与降雨量相适宜而获得高产(杨京平等,2001;范志平等,2006)。农-林-牧复合生态工程的建立,使山林与农田交错分布,农业与林牧业相互依存,而形成一种以农、林、牧为主的社会、经济、自然复合的生态系统。以林促农、以农养牧、以林蓄水的综合系统工程,从根本上改善农业生态环境条件。同时在全面实行坡改梯建设的基础上,大力推广小麦/玉米+红薯间作套种多熟制,粮食产量持续稳定增长,从而走上协调、持续、稳定的发展道路。

(4) 农-林-牧-加复合生态工程技术模式。农-林-牧复合生态系统再加上一个加工环节,使农、林、牧产品得到加工转化,能极大地提高农林牧产品的附加值、有利于农产品在市场中的销售,使农民能做到增产增收,整个复合生态系统进入生态与经济的良性循环。以辽宁省昌图县的高产粮田农-林-牧-加复合生态工程模式为例,该模式主要有5项生态工程技术(见图8-2,表8-1)(杨京平等,2001;范志平等,2006)。实际上,这一模式主要包括1个循环系统和3个开放系统。1个循环系统为玉米根茬经过机械翻地归还农田。3个开放系统为:利用玉米轴生产糠醛,糠醛渣既可用于改良盐碱土地,又可用于栽培食用菌,菌渣又可作饲料;玉米秸秆饲料化发展畜牧业,牲畜粪尿可以还田;籽粒从单一粮食向饲料和工业原料过渡,工业原料的下脚料又是畜牧业的饲料,有机肥再还田。4个链条相互融会,分别进入市场,又多渠道还田,从根本上改变农民只卖玉米一条出路的现状。这一模式从优化农业内部结构和功能出发,通过6项重点工程技术科学组装配套,建立起以玉米为中心,集籽粒、根茬、秸秆、玉米轴"四位一体"综合利用的良性循环生态格局,完成了玉米带上的玉米经过工业的、生物的加工转化增值过程。

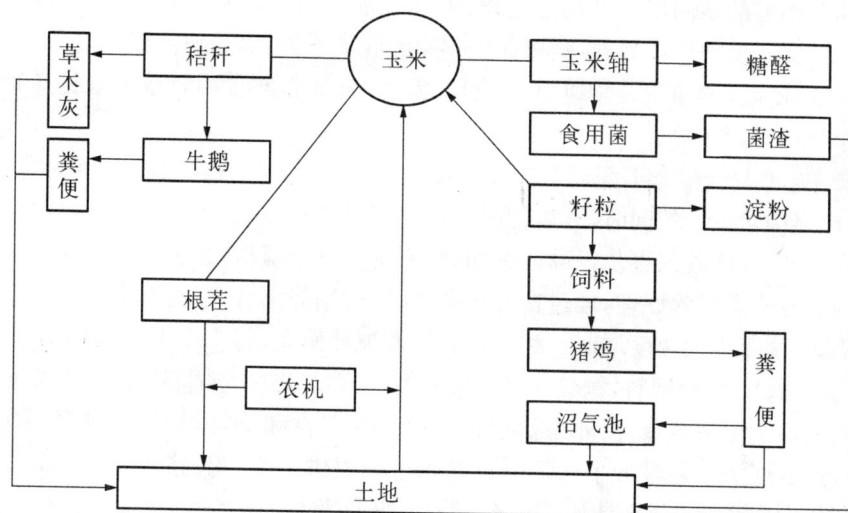

图8-2 高产粮田农-林-牧-加复合生态工程技术模式(杨京平,2001)

表8-1 农-林-牧-加复合生态工程技术模式

技 术 体 系	技 术 内 容
作物模式化栽培技术	玉米和小麦3:1间作,高矮、早晚搭配种植,边行优势明显。玉米平均每公顷产可达8 250 kg,小麦平均每公顷产1 875 kg,每公顷还可产麦秸2 250 kg,产玉米秆2.1×10^4 kg
农牧复合工程技术	以玉米为原料,进行饲料生产和籽粒、玉米秸加工利用,达到以农养牧、以牧促农的目的
农林复合生态工程技术	农田林网建设,风速平均降低27.7%,地面蒸发量减少12.5%,增加土壤微生物数量和酶的活性,改善了农田小气候
食用菌栽培技术	形成"玉米—玉米轴和秸秆养菇—养菇后肥料还田"的玉米链,把玉米秸秆转化为营养丰富的食用菌,菌渣还田,形成复合生态系统,使效益提高3.5倍
农-加接口技术	玉米和秸秆转化利用,生产出饲料、糠醛和白酒等产品,完成由种植业向加工业的接口

2. 农-牧-渔-加复合生态工程技术模式

（1）农-渔复合生态工程技术模式。农-渔复合生态工程技术模式以稻田养鱼生态工程最为典型，通过水稻与鱼的共生互利，在同一块农田上同时进行粮食和渔业生产，使农业资源得到更加充分的利用。在稻田养鱼生态工程模式中，运用生态系统共生互利原理，将鱼、稻、微生物优化配置在一起，互相促进，达到稻鱼增产增收。水稻为鱼类栖息提供荫蔽条件，枯叶在水中腐烂，促进微生物繁衍，增加了鱼类饵料，鱼类为水稻疏松表层土壤，提高通透性和增加溶氧，促进微生物活跃，加速土壤养分的分解，供水稻吸收，鱼类为水稻消灭害虫和杂草，鱼粪为水稻施肥，培肥地力，这样形成良性循环优化系统，系统综合功能增强，向外输出生物产量能力得以提高。一般单季稻大多养鱼种，如果是双季稻，则早稻田养鱼种，第二季稻田养食用鱼或饲养大规格鱼种。放养的种类以草鱼为主，再配养鲤鱼、鲫鱼或罗非鱼以及少量的鲢鱼。南方的冬闲田还可稻鱼轮作，如通过加高田埂，加注田水成了鱼池（水深可达70~100 cm），实行多种鱼类混养，稻田在一年中除收一季外，养鱼亩产量低者30~50 kg，高的达100~200 kg，其养鱼组合均以草鱼、鲤鱼为主，可饲养出食用鱼或大规格鱼种（张壬午等，2000；李维炯等，2004）。

（2）农-牧-渔复合生态工程技术模式。农-牧-渔生态工程将农、牧、渔、食用菌和沼气合理组装，在提高粮食生产的同时，开展物质多层次多途径利用，发展畜禽养殖，使粮菜畜禽鱼蘑菇均得到增产，经济收入逐步提高。例如，江苏省盐城市董村，过去仅单一生产粮食，近年来该村运用农业生态工程原理，通过在种植业中，实行用养结合，以有机肥为主，培养提高地力，粮食、棉花、油菜也大幅度增产。利用食物链发展养殖业，将150多吨饲料粮和稻草骨粉等原料加工成300 t配合饲料，饲养1 500只蛋鸡，用鸡粪加配合饲料喂养了900多头肥猪，猪粪投入沼气池和用来养鱼，使原来价值仅4万元的粮食和草等材料，通过多层次利用，产值达到23万元，经济效益增加了4.75倍，并为市场提供了蛋、鸡、猪、鱼等食品。利用加工链多层次利用农副产品，主要是加工配合饲料。发展沼气，提高生物能利用率。全村建有242个沼气池，几乎户户有沼气，还建了一个8 kW的沼气发电站。用沼气沼渣种蘑菇或养蚯蚓，塘泥也用来养蚯蚓，收蘑菇后的残料和蚯蚓粪上田，为粮、棉、菜等农作物提供肥料（李维炯等，2004）。

（3）农-牧-渔-加复合生态工程技术模式。德惠市以农业生产为基础的食物链型生产结构，以企业为龙头，发挥当地自然条件优势，开发当地资源潜力。以植树造林为重点的农业生态环境保护工程，农田水利建设工程及中低产田改造工程为工程配套技术，通过大型肉鸡、肉牛、玉米、大豆、水稻加工厂，搞好农畜产品的转化和精深加工，实现种植业-养殖业-加工业相配套，建设生产与生态良性循环的农牧渔加工业复合型农业生态工程。年可加工转化粮食 1×10^6 t，实现牧业产值18亿元，工业产值80亿元，利税18亿元，出口创汇2亿美元，安排农村劳动力6万人，增加农民收入4.3亿元，人均增收580元；增加市财政收入5亿元，基本实现全市粮食产品-饲料产品-畜禽产品-畜禽深加工产品的农、牧、工、贸之间的良性循环，形成以市场为导向，以加工企业为龙头，以农户为基础，产、加、销一条龙，贸、工、农一体化的良性生态经济系统。

（二）多层次循环高效利用复合生态工程技术模式

在生态工程建设过程中，不同地区地理气候条件差异很大，种植作物和养殖动物种类及由此组成的农牧复合系统的复杂程度也不尽相同,在农牧业连接的方式上也可以多方式连接,使农业有机废弃物"并联"成多层次循环利用,如生态果园工程模式、生态养殖场工程模式、基塘物质能量循环生态工程模式、作物-畜牧-鱼塘复合生态工程模式(见图8-3)、以蚯蚓为接口的复合生态工程模式等(见图8-4)(杨京平,2001;范志平,2006)。

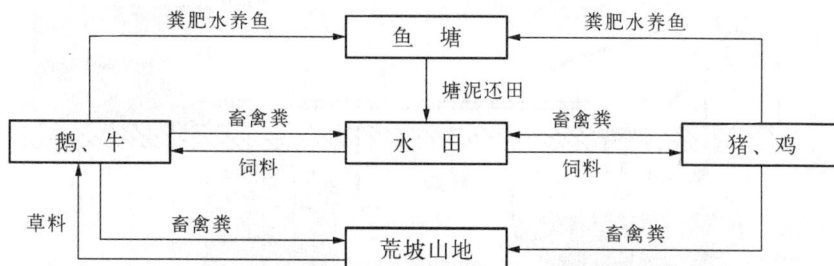

图8-3 作物-畜牧-鱼塘复合生态工程模式

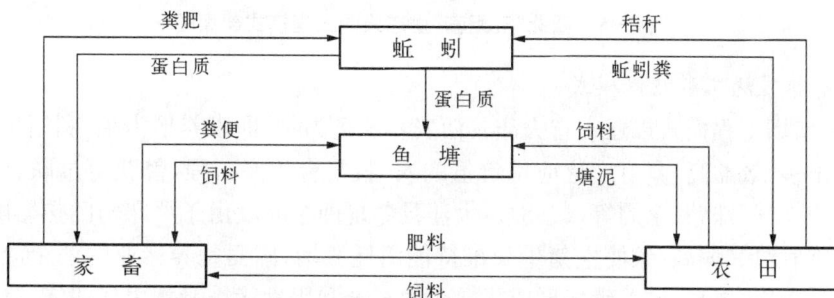

图8-4 以蚯蚓为接口的复合生态工程模式

1. 生态果园工程技术模式

以陕西渭北旱源地区的果园生态工程模式为例,该模式是以农户土地资源为基础,以太阳能为动力,以沼气为纽带,从有利于农业生态系统物质和能量的转换与平衡出发,建立起生物种群互惠共生、食物链结构健全,能量流、物质流良性循环的系统工程,形成了以农带牧、以牧促沼、以沼促果、果牧结合、配套发展的良性循环系统,被称为西北"五配套"生态果园工程模式(见图8-5)。沼气池是果园"五配套"的核心,起着联结养殖与种植、生活与生产的纽带作用;在果园或农户住宅前后养猪、养鸡,是实现以牧促沼,以沼促果,果牧结合的前提;配套建蓄水窖,用于生活、果园灌溉,防止关键时期缺水对果树生长的影响;在果树行间埋设渗灌管道,可以节约用水;在果园种草覆盖,可以起到保墒、抗旱、肥地、改土的作用。其技术模式主要包括4项:① 应用新型高效沼气发酵装置及工艺:生物能动搅拌高效沼气池和旋流布料自动循环高效沼气池,根据厌氧发酵动力学特性和流体力学原理,以沼气为动力,使入池原料沿特定的导流设施流动,实现了自动高效运行状态;② 太阳能猪舍:活动式带有保温层顶盖的太阳能猪舍,既能采光、聚热、保温,提高猪舍内的温度,使其全年正常运行产气,又能通过拉动顶盖,进行通风换气,为禽畜生长提供适宜的生态环境;③ 构建生态循环链:采取高新技术优化组装配套,把沼气池、太阳能畜禽舍和厕所有机结合在一起,使之成为一个良性的生物链系统,实现了能源系统中物流和能流的良性循环;④ 高效利用土地资源：沼气池建于地下，沼气池上建太阳能猪舍养猪，猪舍上部放笼养鸡，形成地下、地面、空中立体生产，使原来单一的果园变成了集约化经营的商品生产基地，实现了土地资源的高效利用。

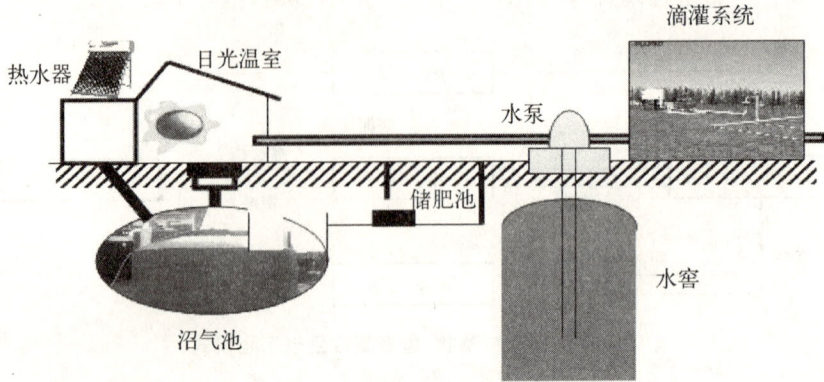

图 8-5 西北"五配套"生态果园工程模式剖面图

2. 生态养殖场工程技术模式

生态养殖场工程模式以辽宁省大洼县西安养殖场为例，即以养猪为主，利用生态模式净化废水，产出多、效益高，具有广泛应用价值的农-牧复合生态工程，曾获得过联合国环境规划署"全球 500 佳"殊荣(李周等，1998)。大洼县冬夏两个时段由于严寒与酷热影响，冬季气温偏低，夏季气温又偏高，致使生猪生长维持能消耗激增，因而是养猪业的两个淡季。经过多年的实践、改进、提高，该养殖场形成了一个由充分利用生猪排泄物中代谢能、降低生猪生长的维持能、提高生猪生长的生长能 3 个能量子系统构成的生猪养殖能量循环生态系统(见图 8-6)(杨京平等，2001；范志平等，2006)。这 3 个子系统以能量循环为纽带，形成了以四级净化、五步利用为特征的能量传递与多级利用为主要方式的平面闭路生态系统，以调节和

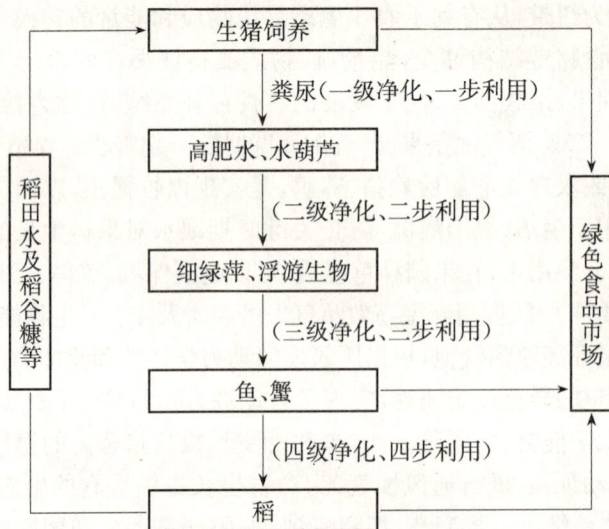

图 8-6 生态养殖工程模式

控制猪舍温度、降低生猪生长维持能为优势的立体生态系统,两者共同构成生态养殖循环系统。而采用这种立体生态系统可调节和控制猪舍的温度,降低生猪生长维持能消耗,提高能量的利用效率。目前,该生态养殖场已成为普及生态养殖业新技术的辐射源,这一典型的生态化养殖模式,已在该县内 14 个农场推广,并被北方 14 个省区引进应用。

3. 基塘物质能量循环生态工程技术模式

在我国南方,充分利用水陆资源而创造出一种较为完善的种养模式——基塘物质能量循环生态工程模式,它能充分利用水体与塘基上所提供的物质与能量,通过生物的分解、富集与再生获得较高产值,既保护了农村环境,又维护农业生态系统平衡(杨京平等,2001;范志平等,2006)。

(1) 桑基-鱼塘生态工程技术模式。利用鱼池(塘)堤坡栽植桑树,桑叶用于养蚕,将养蚕获得的蚕沙、蚕蛹投入鱼塘,为鱼类提供食料,鱼塘中鱼类吃剩的食料加上排泄物,可培育浮游生物,浮游生物又可供鱼类取食,而沉落到塘底的饲料残渣及排泄物则被微生物分解,形成富含有机质和其他营养元素的塘泥,经过一定时间的积累后挖取塘泥上桑基,既净化了鱼塘,又为桑基施入高效的有机肥,这样形成了相互促进的桑基-鱼塘生态工程模式。桑基-鱼塘系统一般要求鱼塘呈长方形,基高距水面 1 m 左右,鱼塘水深 2 m,基面宽 8~11 m,塘基比例以 1:1 为宜;鱼塘中的鱼应以不同品种综合搭配放养,可充分利用上、中、下三层水体;投放蚕沙、蚕蛹时事先将其与蚕粪、剩桑分离,并去除桑叶梗,将蚕粪放入水泥池内,加水、加盖浸泡 3~4 天,使其在密封条件下发酵,然后将发酵后的蚕粪按常规饲喂要求,投入鱼池即可。一般每亩桑园可生产桑叶 1 500~2 000 kg,每 100 kg 桑叶用于养蚕可获得鲜蚕沙 45~50 kg,蚕沙中含有机质 40%~50%、粗蛋白为 14.5%、粗脂肪 2.5%、粗纤维16.5%,既是鱼的理想饲料,又是鱼塘的好肥料,每亩桑基可净增鱼 250~300 kg。

(2) 草基-鱼塘生态工程技术模式。草基鱼塘是通过利用鱼塘的塘边坡地种草,以草养鱼,鱼池淤泥肥田肥草,节省投入的养鱼精料,降低养鱼成本,减少环境污染,提高养殖水平,来实现良性循环的基本模式。饲草的选择与栽培,多以黑麦草为主,因为其生长快、产量高、营养丰富、适应性强的特点,是草食性鱼类喜食的饲料。一般黑麦草于每年秋季种植,次年早春即可作为鱼的青饲料,黑麦草长大到 30 cm 高就可以开割,每年可以收割 5~6 次,栽培管理措施也较简单。鱼塘内鱼的品种以草食性鱼类为主,适当搭配滤食性和杂食鱼类,一般草食性鱼类应占 50%~55%,滤食性鱼类占 35% 左右,杂食性鱼类占 10%~15%。

(3) 桑蚕-猪-鱼生态工程技术模式。该模式是桑基-鱼塘生态工程模式的进一步发展,其生产流程是将蚕沙、蚕蛹、剩叶用于喂猪,猪粪施入鱼塘养鱼,加入生猪饲养这一环节更加提高了物质转化效率。蚕沙作为猪的饲料,一般采用青储法进行处理以改善蚕沙的适口性,一般将蚕沙和青草、秸秆、树叶等混合,补足水分,添加 0.1%~0.3% 的食盐和适量乙酸,装入缸中压实,充分发酵后连同辅料一起喂猪。另外可将蚕沙晒干粉碎,然后与其他饲料混合,制成符合标准的配合饲料进行喂养。饲料的配比按照蚕沙 25%~30%、玉米或大麦 20%~25%、脱毒菜饼 15%~20%、麸皮 25%~30%、豆料秸秆 5%~10%、适量骨粉及蛋壳粉的配方进行。猪粪施入鱼塘后,能繁殖大量的浮游生物,对以摄食浮游生物为主的鱼种非常适合。一般 30~40 kg 猪粪尿可增产 1 kg 左右鲜鱼。用蚕沙制作配合饲料养猪,平均每头猪可节省粮食 50 kg,成本降低 8%,瘦肉率提高 7%。

（三）庭院农业生态工程技术模式

庭院生态工程主要包括农户在庭院周边以自己的庭院土地、庭院设施为基本生产资料，以动植物、微生物为基本对象，采用多种经营方式，以经济、社会、生态效益相结合为特点的一种小规模的新型农村生产方式。在农业生态系统中，庭院的生态工程占据着重要的地位。在庭院范围内，有限的土地上集中了动物、植物、微生物等生产者、消费者、分解者，形成了复杂的食物链关系，并集生产空间与生活空间于一体，而且庭院的自然环境受到人类活动的高度调控，存在着生产、加工、储存等经济活动中的多种功能，形成了多层次物质能量利用的庭院生态工程技术。如生物及庭院空间的合理利用组装技术：运用生态位的原理，根据农业生物的生态特性及其生活在庭院生态系统中的时差和位差，合理地组装各种高产、优质、高效的农业生物，进行生产。物质多级利用和转化再生技术：在现有农业生物生产环节及食物链环节上，采取加环的办法，组成新的食物链，提高初级产品的转化和利用效率，增加产品种类、产量和产值，同时对环境起净化作用；种养加一体化配套生态技术：把加工业、养殖业紧密结合起来，如发展豆腐皮加工、豆渣养猪、猪粪肥田种豆等，使产品经过加工的环节增值，在加工中产生的废弃物可以在系统中进一步循环利用，使资源得到充分利用，提高经济和生态效益。能源的合理开发利用技术：在庭院生态工程中开发沼气技术，为系统提供了廉价的能源，带动整个庭院生态系统稳定良性循环；利用太阳能技术，如塑料大棚、太阳能日光温室进行蔬菜的旱季育苗与生产栽培，可拓展蔬菜的生长时间形成反季节蔬菜上市。在开发与发展中，由于地域、条件与技术上差异和要求的不同，农村庭院生态工程形成了多种类型和多样的模式，如庭院绿化型模式、种养结合型模式、立体栽培型模式、种-养-加复合模式、庭院微循环模式等。由于商品生产高度发展的引导，庭院生态工程在生产结构及经营结构方面同其他生态工程有很大的不同，在结构上体现出了高度的多样性。在空间结构上，以互补性为原则，在有限空间创造出多样化的结构，形成物种的多样化与集约化；在时间结构上，按照生物的生长发育规律来搭配一个合理的物质生产表，实现周年的生产与安排。因此，农村庭院生态工程模式更具独特性，更充分地体现集约性、经营性、立体综合性。

现以庭院微循环模式——"四位一体"庭院生态工程模式为例，介绍其主要构建技术。"四位一体"庭院生态工程模式是针对北方寒冷生态区发展生态工程存在的问题，经过科学试验而发展起来的，是以日光温室为主体，将沼气、家禽（畜）舍、厕所、蔬菜生产有机地结合在一起，利用塑料薄膜的透光和阻散性能，将日光能转化为热能，从而达到提高温室温度和保持湿度的目的，为蔬菜和家畜（禽）生长发育和沼气的产生提供适宜的环境。家畜（禽）、人粪便入沼气池，为沼气的产生提供原料，沼气作为农村生活能源，沼液、沼渣为蔬菜、农作物、果树等的生长发育提供优质有机肥，蔬菜的光合作用为家畜（禽）提供氧气。这样，合理利用了各种能源，实现了物质与能量的良性循环，减少了环境污染，改善了庭院的生态环境（见图8-7）（杨京平等，2001；范志平等，2006）。以辽宁省大洼县为例，每个沼气池年产气量为277.5 m³，全县现有能源生态模式户5 590户计，全年可产沼气 1.55×10^6 m³，折合标准煤1 230 t，每吨标准煤按245元计算，每年可节省资金30万元。庭院能源生态系统纯收入占农民总收入的48.2%，且消除了稻草、垃圾满地扔的现象，增加了土壤有机质含量，解决了粮食生产在持续高产中地力减退的潜在危机，厕所、猪舍模式的结合，减少了粪便污染，消除了对饮水源的污染,抑制了疾病发生,环境效益明显,同时,安排了大量的闲散劳力和剩余时间,提高了农民素质,社会效益显著。

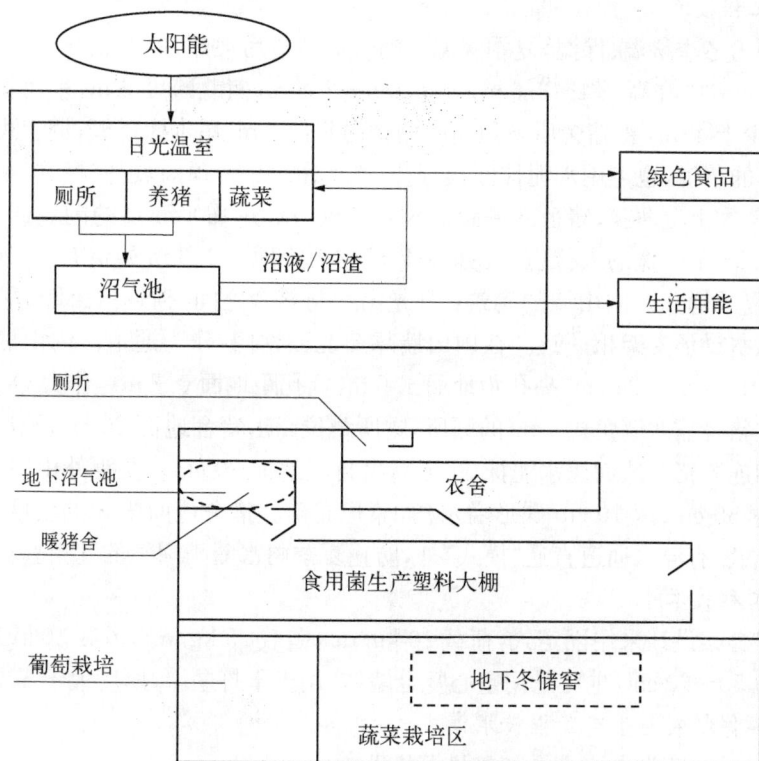

图 8-7　"四位一体"庭院生态工程模式

"四位一体"庭院生态工程技术主要包括沼气池工程技术、猪舍工程技术及温室工程技术。

1. 沼气池工程技术

(1) 场地选择。一般选择在农户房前,宽敞、背风向阳、没有树木和高大建筑物遮光的地方。一般面积为 $80\sim200$ m²。

(2) 方位要求。方位坐北朝南,东西延长,如果条件所限方位可偏西,但不得超过 15°。

(3) 整体规划。猪舍($15\sim20$ m²)和厕所(1 m²)。地下建成 $8\sim10$ m³ 沼气池,沼气池跟农舍灶房一般不超过 15 m,做到沼气池、厕所、猪舍和日光温室相连接。

在"模式"总体平面内确定日光温室、猪舍的面积、池的中心点,来修建沼气池,使池居"模式"的中间,避免降低池温。沼气池由发酵间、水压间、储气间、进料口、出料口、活动盖、导气管等部分组成。进料口把所收集的废料通过进料管注入沼气池发酵间,进料管设置采取直管斜插或直插方式,斜插管和池体成 30°夹角。进料口、出料口及池盖中心点位置均在"模式"宽度的中心线上。凡是建两个进料口的,进、出料口及池拱盖三处的中心点所形成的夹角不应大于 120°,长度不少于 4 m。水压间为便于提取池内肥液(渣)给温室施肥和出料口释放 CO_2,水压间建在温室内,砌成台阶。在反拱锅底形池底中心至出料间底部,设一个 V 形槽,下返坡度 5%,便于底层出料。活动盖盖口直径应为 50 cm,盖顶直径 55 cm。沼气池投料为半连续投料发酵方法,兼顾了生产沼气和用肥的需要。沼气发酵原料最大投料量为池子容积的70%,最小投料最应超出进料管下口上沿15 cm,以便封闭发酵间。

2. 猪舍工程技术

建筑原则为冬季增温、保温,夏季降温。猪舍应建成后坡短、前坡长起脊式圈舍,圈舍后墙高1.6～1.8 m,中柱高2.4～2.6 m,脊高2.6～2.8 m,南北跨度6 m,东西长度以养猪规模而定,但不少于4 m。由猪舍后坡顶向南棚脚向延伸1 m;用木椽搭棚,棚上用植物秸秆铺底,抹5 cm厚的草泥,也可用水泥抹面,起避雨遮光作用。舍顶前坡与"模式"南棚脚之间搭成拱形支架,冬季上覆薄膜,猪舍南墙距棚脚0.7～1 m,建0.8 m高的围墙或铁栅栏,在靠近北面墙留0.8～1 m宽的人行道。在猪舍后墙中央距地表1.3 m处留有40 cm×30 cm的通风窗,以便夏季通风。内山墙的砌筑:日光温室与猪舍之间,砌筑内山墙,宽24 cm,顶部高度与日光温室拱形支架相一致。在内山墙靠最北面留门,作为通道。内山墙中部留两个通气孔,孔口为24 cm×24 cm,高孔距地面1.6 m,低孔距地面0.7 m。作为O_2及CO_2气体的交换孔。在猪舍靠北墙角建1 m^2的厕所,厕所蹲位高出猪舍地面20 cm,厕所蹲坑口与沼气池进料口相连。猪舍地面用水泥抹成,要高出自然地面20 cm。在距外山墙1 m处,建一个长40 cm、宽30 cm、深10 cm碟形溢水槽,兼积粪槽。猪舍地面成5°的坡度,坡脚连溢水槽,溢水槽南端留有溢水通道直通"模式"外,防止夏季雨水灌满沼气的气箱。

3. 温室工程技术

日光温室骨架设计采用固定式,荷载10 kg/m^2,雪载25 kg/m^2,风载30 kg/m^2。后墙及外山墙厚度为50～60 cm,也可采用空心复合墙体,用土干打垒墙,厚度大于80 cm。

(四) 环境保护农业生态工程技术模式

1. 污水利用与净化农业生态工程技术模式

污水利用与净化农业生态工程不仅仅是某一项技术单一使用,而是多项技术的联合运用。例如,江苏对造纸厂污水进行了生物稳定塘-土地漫流田-鱼塘-稻田等试验,取得了突出效果。其工程技术即用水泵将混合排放的废水通过管道送入采用酸化技术的沉淀池中,水中大部分悬浮物在沉淀池中沉淀下来,送入污泥自然干化场。沉淀池出水进入储存稳定塘系统,稳定塘(种养了水葫芦、红萍)出水抽升到土地漫流田(种植了牧草和芦苇)中进入处理,在农业生产用水季节,部分稳定塘出水用于水稻的灌溉,漫流田混合水稻田的退水送入芦苇湿地,经湿地处理后,最终出水进入鱼塘(或水稻田)用于养鱼种稻试验。由稳定塘、土地漫流田、芦苇湿地、鱼塘构成的综合废水处理系统,除了有很好的污染物去除能力之外,且稳定塘和土地漫流田种植牧草等植物还可以有一部分经济收入。处理系统的能源主要来自太阳能,仅有部分电能能耗,运转成本低廉。尽管废水的进水浓度很大,其中进水COD值在800～2 600 mg/L之间,但由于整个处理系统是由几个单元组成的复式系统,抗冲击负荷能力很强,使得废水处理效果稳定。出水的COD值变化幅度很小,稳定保持在95～120 mg/L之间。BOD_5、COD和SS去除率分别达到了99%、94%和98%。净化出水水质远远高于使用常规二级处理所能达到的水平。在水稻生长期间,使用稳定塘出水浇灌作物会吸收一部分水中的有机物和养分。同时稻田水又成为一个类似好氧塘的处理系统,于是水质得到进一步净化,BOD_5的去除率在94%以上,SS的去除率也接近80%(张壬午等,2000)。

2. 工业废弃物资源化农业生态工程技术模式

利用工业废料制有机肥是工业废弃物资源化的一条途径。华南农业大学土壤化学系工业废料农用开发研究组以钢渣、造纸废液、糖蜜酒精废液、鸡粪、糠醛渣等工业废料为主要原料制成有机复合肥。在东欧80%以上的酒精蒸馏液来生产饲料酵母;美、日等国则将酒精蒸馏液用多效蒸发器浓缩后干燥制成固体饲料。据统计,黑龙江省糖厂排出的废醪达 50×10^4 t,可向农业提供尿素 6 080 t、磷肥 4 890 t、硫酸钾 1 600 t,以及作物生长不可缺少的铜、锌等微量元素。只要废醪在设计用量内使用,就不会造成污染,对土壤物理性质也不会造成不良影响。主要工业废弃物资源化农业生态工程如图 8-8 所示(张壬午等,2000)。

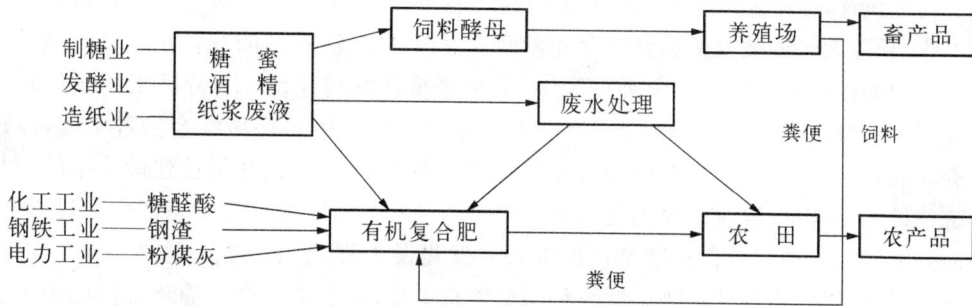

图 8-8 主要工业废弃物资源化农业生态工程模式

3. 农业废弃物资源化农业生态工程技术模式

农林业每年产生种类繁多、数量极大的植物性废物,如木屑、动物粪便等。以蓟县养殖业为主的生物质能再生循环利用农业生态工程为例。鸡粪中含有较多的未被消化吸收的养分,粗蛋白、钙和磷的含量均较高。利用半干乳酸发酵后的鸡粪喂猪,猪粪养蝇蛆喂鸡,形成一条养殖业内部无污染的生产工艺流程,不但有机废物转化为肉、鸡、蛋,而且可为农田提供有机肥料。鸡粪经半干乳酸发酵,可除臭杀菌,增加适口性(见图 8-9)。利用发酵后的鸡粪与其他饲料搭配喂猪,每头猪可比纯喂精料节省 188～282 kg,提高瘦肉率 2%～6%。又如江苏省建湖县以兔和鸡为食物链结构的起点,利用作物秸秆、青蔬菜及部分精饲料喂兔和鸡,兔和鸡粪配合精饲料喂猪,猪粪和剩余的兔、鸡粪施于农田,从而节约了成本,提高了生态、经济效益(张壬午等,2000)。

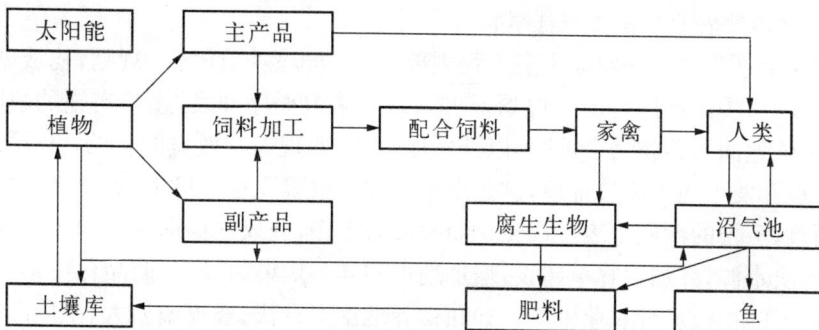

图 8-9 农业废弃物资源化农业生态工程模式

4. 水土流失治理农业生态工程技术模式

以治理水土流失为中心的农业生态工程,涉及自然生态、社会经济、科学技术等诸多方面内容的复合系统工程。主要以小流域为治理单元,合理布局水土保持各项生物与工程措施,依据系统工程方法,安排农、林、牧、渔、副各业用地,使各项措施互相协调,互相促进,形成综合防治技术体系。在治理水土的同时,使水土资源获得充分、高效利用,农业生产得到发展,获取较大的生态经济效益。以环境建设为突破口,实现资源永续利用、经济持续繁荣和保护生态环境。如位于黑龙江省中部拜泉县运用系统能量流、物质流和价值流分析方法,对全县及相应的农田、畜牧、加工等子系统输入结构、输出结构、产出投入比、循环转化效率等进行系统研究。根据实际情况,制定工程总体规划,在农业区划的基础上,进行四个分区优化工程的设计,即平原地区的林果畜粮综合经营型工程,漫岗半丘陵地区的粮牧经庭立体开发工程,丘陵地区的坡水田林路综合开发型工程,沼泽低洼地区的鸡猪鱼稻良性循环型工程。将规划的指标值分解到各个类型区中,分类进行开发与建设。与分区工程设计相对应的农业工程项目:以景观立体设计与治理水土流失为主的生态环境综合治理工程,以建设水土资源高效利用、高产稳产农田为目标的农田生态建设工程,以林果业建设为主的农林复合系统建设工程,以畜牧业建设为突破口的物质循环利用型农牧复合生态建设工程,以水面及湿地开发为主的种养结合基塘型水面综合开发建设工程,节能、增能、多能互补的能源综合开发工程,以沼气为纽带的物质循环利用型生态工程,以防治"三废"等环境污染为主的乡镇企业综合环境治理工程,以农副产品加工利用为主的乡镇企业资源开发型工程(包括食用菌开发等),庭院或庭园生态经济工程,环境资源与无污染生产技术相结合的绿色食品基地建设工程。其实施农业生产优化工程所采用的配套技术有以植树造林治沟治坡为重点的水土流失治理技术,坡耕地培肥保水技术,种群环境适应性、综合性、多效性及集约性的农田生产综合配套技术,农林牧协调发展的产业结构调控技术,农业产品多级加工增值技术,高效利用自然资源的农村能源生态综合建设体系。治理后的拜泉县在生态环境向良性循环转化的同时,使经济、生态与社会效益迅速提高。在提高当地水土资源利用效率、增加农业生产的同时,促进区域经济发展与农民致富。在实施上述工程的地区均可见到脱贫致富的显著效益,绿色植被率大大提高,水土流失状况明显改善,生态环境质量大大提高。坡耕地减少径流37%,泥沙流失量减少58%,土壤有机质含量增加0.4%,风速降低58%;空气湿度提高10%～14%,蒸发量减少14%～18%;连续9年没发生风蚀灾害;森林覆盖率由13%提高到20%(张壬午等,2000)。

5. 沙漠化治理农业生态工程技术模式

以沙漠化治理为中心的农业生态工程主要分3个步骤:① 统一规划,构成整体。在进行沙荒地开发时,关键要进行统一规划,整体考虑,采取循序开发,逐步实施的战略,运用工程控制,与加强地面覆盖相结合,达到以开发促治理,实现综合效益的目的;② 循序开发,逐步实施。沙地开发不同于一般荒地,这是由于沙地土壤蓄积水分极少,难以满足作物正常生长需要。而且,疏松的沙质土表层(0～10 cm)极易干燥,受风吹扬而不稳定。治理时首先是兴修水利,解决水源,并加强林草建设,增加地面覆盖;③ 集约经营,商品化生产。利用沙地的特殊自然条件,积极进行农业生产。如在初春地温上升快、昼夜温差大、土质疏松时,引进适宜于沙地生长的作物,水果、瓜菜和经济作物,以及包括药材、油料等。提高土地覆盖率,

<<<<

增加土地收益。以沙漠化治理为中心的农业生态工程配套技术主要有农田防护林体系建设技术,如树种的选择与搭配,设置好林带的结构,林网配置,造林技术;沙地培肥改土技术,如稳定沙面,选择适宜的作物种类和品种,确定合理的种植方式和密度等;沙地果树引种栽培技术,主要包括果树品种引种筛选、沙地果树定植、果树整形、沙地果树苗木培育和果树丰产栽培等技术(张壬午等,2000)。

6. 防洪涝农业生态工程技术模式

以防治洪涝为中心的农业生态工程多种多样,以黑龙江省木兰县沿江易涝区为例,工程主要包括修筑和加固水利设施,实施退耕还林、退耕还牧、退耕还渔和改种水田等项目,从改造区域环境入手,带动区域经济的大发展。实施退耕还林,在江岸扦插柳带,科学测算拦洪堤的位置和走向,堤里侧种植防风林带,堤外植防浪林带,建立以防洪堤为骨架的环境保护系统。实施退耕还牧技术,在防洪堤外建立泄洪缓冲保护湿地系统,同时又可建设草场放牧。实施退耕还渔,在低洼地块改建鱼塘,实施精密度养鱼,实施改建水田技术,把堤内的低地平原改建成水稻生产区,并建设完善的排灌渠系,建成高产高效农田系统。3 个系统的复合作用,相得益彰,既保护了生态环境,又保持了生物多样性,减少了病虫危害,防止了内涝外洪,改变了区域恶性的生态环境,形成了稳定的良性循环体系。该工程自 1986 年实施并运行以来,整个区域迅速推广,共完成黑鱼泡涝区、红光涝区和临江涝区的治理,彻底改善了区域生态环境,既维护了农田又保护了湿地的景观和草原,区域粮、牧、鱼产值分别实现 1.8 亿元、0.56 亿元和 3.6 亿元,区域推广模式 3.33×10^4 hm²,年可增加效益 5 000 万元,彻底改变洪涝灾害多发的恶性生态环境,实现区域经济的持续发展。

7. 低洼湿地开发与保护型农业生态工程技术模式

天津市宝坻区在洼地的治理过程中,依据大洼地区自然生态现状和农村经济发展水平,实行田、水、林、路综合整治,工程、生物、技术三项措施相结合,实现经济、生态、社会三大效益相统一,从改善农田生态环境入手,合理调整种植结构、用地结构及产业结构,充分利用空间,立体开发,建立一整套适合于宝坻区的多元种植与优化体系,促进多元化产业良性循环体系的形成。配套工程技术主要包括充分利用水资源的农田生态环境建设工程技术;种养多元复合生态结构调控技术,如粮—经多元种植型结构,农—牧复合结构,农—林复合结构,农—渔—种—养复合型结构;土地资源永续利用的沃土工程技术,即推广中、重度盐碱地治理技术和平衡施肥技术;以农业生态工程立体种植配套技术为先导,开展光热资源开发工程;配合沃土与农产品增值的畜禽养殖工程以及资源高效利用的农业生态工程接口工程建设。生态工程改善了生产条件,提高了系统产出的稳定性及高效性,还带动了该地区农村产业结构经济增长方式的转变,特别是农副产品加工业与其他乡镇工业的兴起,对大洼地区的经济发展起到了极大的推动作用。

(五)绿色食品农业生态工程技术模式

随着经济的发展和人民生活水平的提高,绿色食品农业生态工程日益受到世人的关注。绿色食品农业生态工程是围绕减少农产品污染和农业生态环境污染,少投入化学能和人工合成能,充分利用系统的物质循环和生物能的投入,提高生物能、太阳能的转化率,促进农业生产过程中废弃物的多次转化和再生利用率,来生产无污染农产品的农业生态工程。绿色食品农业生态工程是按照生态学、生态经济学的原理,运用系统工程的方法,发挥传统农业的精华和农业生产环境的优势,利用现代物理、化学和生物技术,依靠资源的高效配置和再生利用,将经济发展目标与环境保护相结合,将社会需求与农业持续发展相结合,最大限度地提高资源的利用效率,减少外部化学能量的投入,利用精准农业技术提高化学能的利用率,达到生态、经济、社会效益的统一。绿色食品农业生态工程按照产品的质量标准可以分为绿色食品生态工程和有机食品生态工程2个层次的基本类型和模式。

1. 绿色食品生态工程

绿色食品是指遵循可持续发展的原则,按照绿色食品标准生产,经专门机构认定,许可使用绿色食品商标标志的安全、优质食品,其重要特征是环保与安全两者并重。绿色是对无污染食品的一种形象表述。无污染、安全、优质、营养是绿色食品的特征。无污染是指在绿色食品生产、加工过程中,通过严密监测、控制,防范残留农药、放射性物质、重金属、有害细菌等对食品生产各个环节的污染,以确保绿色食品产品的洁净。绿色食品的优质特性不仅包括产品的外表包装水平高,而且还包括内在质量水准高。产品的内在质量又包括两方面:一是内在品质优良;二是营养价值和卫生安全指标高。为了保证绿色食品产品无污染、安全、优质、营养的特性,开发绿色食品有一套较为完整的质量标准体系。绿色食品标准包括产地环境质量标准、生产技术 标准、产品质量和卫生标准、包装标准、储藏和运输标准以及其他相关标准,它们构成了绿色食品完整的质量控制标准体系。绿色食品分为 A 级绿色食品和 AA 级绿色食品两大类(张壬午等,2000;范志平等,2006)。A 级绿色食品是指在生态环境质量符合规定标准的产地,生产过程中允许限量使用限定的化学合成物质,按特定的生产操作规程生产、加工,产品质量及包装经检测、检查符合特定标准,并经专门机构认定,许可使用 A 级绿色食品标志的产品;AA 级绿色食品等同有机食品,指在生态环境质量符合规定标准的产地,生产过程中不使用任何有害化学合成物质,按特定的生产操作规程生产、加工,产品质量及包装经检测、检查符合特定标准,并经专门机构认定,许可使用 AA 级绿色食品标志的产品。绿色食品生产必须同时具备以下条件:① 产品或产品原料产地必须符合绿色食品生态环境质量标准;② 农作物种植、畜禽饲养、水产养殖及食品加工必须符合绿色食品的生产操作规程;③ 产品必须符合绿色食品质量和卫生标准;④ 产品外包装必须符合国家食品标签通用标准,符合绿色食品特定的包装和标签规定。

2. 有机食品生态工程

有机食品是一种国际通称,是从英文 organic food 直译过来的,等同于我国的 AA 级绿色食品。这里所说的“有机”不是化学上的概念,而是采取一种有机的耕作和加工方式,即完全不使用人工合成的化学农药、肥料、生长调节剂、饲料添加剂等物质的农业生产体系。有机食品是指按照这种方式生产和加工的,产品符合国际或国家有机食品要求和标准,并通过国家认可的认证机构认证的一切农副产品及其加工品,包括粮食、蔬菜、水果、奶制品、禽畜产品、蜂蜜、水产品、调料等,其重要特征是重环保,强调特殊农产品安全。有机食品的主要特点是来自生态环境良好的有机农业生产体系,在生产和加工中不使用农药、化肥、化学防腐剂等合成物质,也不用基因工程生物及其产品。有机食品是一类真正源于自然、富营养、高品质的环保型安全食品。有机食品通常需要符合以下条件:① 原料必须来自已建立的有机农业生产体系,或采用有机方式采集的野生天然产品;② 产品在整个生产过程中严格遵循有机食品的加工、包装、储藏、运输等要求;③ 生产者在有机食品生产和流通过程中,有完善的跟踪审查体系和完整的生产、销售的档案记录；④ 必须通过独立的有机食品认证机构的认证审查(张壬午等,2000)。

（六）乡村旅游农业生态工程技术模式

人们对生活质量和健康质量的要求越来越高,乡村旅游成为人们旅游行为的重要选择,乡村旅游农业生态模式成为农业生态工程新的发展趋势和农业经济发展的重要组成部分。乡村旅游农业生态模式以城市居民为主要目标市场,以农业文化景观、农业生态环境、农事生产活动、农民日常生活与环境以及农村民俗风情为资源,融观赏、体验、休闲、度假、考察、科普、美食、娱乐等方式于一体的专项旅游活动(周玲强等,2004)。

目前乡村旅游已成为现代国际旅游的主要发展方向之一,显示出良好的发展前景(王兵,1999;周玲强等,2004)。从 20 世纪 50 年代以来,滑雪场、乡村观光旅游成为旅游目的地经济发展的一项主要项目,目前已发展为包括生态观光农业、生态体验农业、生态游乐农业、民俗体验旅游为主体的乡村旅游农业生态模式。生态观光农业即用最新技术成果装备农业,把农产品当作工艺品来生产,吸引客商和游客前来观赏生产过程,同客商建立长期可信赖关系。生态体验农业利用森林资源,由森林合作组织具体负责对森林进行间伐、整理树形、在林间空隙修建小木屋和游乐场所,让游人亲身体验农家生活,并且在种植、收获、修剪树枝、采集野生产品、栽花种草、烧木炭、编织加工中,亲身体验农活。生态游乐农业如部分地区通过兴建各种文化娱乐场地,兴办各种新兴的生态观光旅游业,以独特的雪国高原冬季观光、滑雪、雪塑、植纪念树、农园观光、游湖泛舟及富有民族色彩的娱乐活动,吸引大批游人。民俗体验旅游结合当地的民俗文化活动和地方传统节日,吸收游客参与到活动当中,发挥当地最大的文化资源优势,走出了乡村观光旅游农业的发展路子。

20 世纪 80 年代末,随着城市居民收入的进一步提高,我国国内旅游方式发生了新的变化,休闲度假旅游正逐步兴起。由此,乡村旅游出现了以休闲度假为主要目的的旅游方式,这些旅游者希望在目的地停留较长的时间,把乡村视作理想的休闲度假场所。这种新的需求趋势很快就导致了住宿接待设施的产品创新——"农家旅馆",番禺"绿野乡风"农业大观园模式、宝安"基塘生态农业园"模式、高要"广新农业生态园"模式、中山"岭南水乡"模式等多种模式出现。我国乡村旅游形成了以农业观光旅游为主,参与性专项旅游为辅,度假旅游为方向的乡村旅游产品结构新格局(王兵,1999;周玲强等,2004;范志平等,2006)。观光旅游农业是农业与旅游业相结合的新兴产业。近年来,光明食品集团长江农场主动融入崇明生态岛建设,致力于创建现代农业基地,并拥有近万亩"瀛丰五斗"有机米种植园区,成为目前华东地区最大的有机米生产基地,被农业部和国家环保总局分别命名为"农业部无公害示范基地农场"和"国家有机食品生产基地"。这些丰富的生态农业资源,为长江农场发展都市型休闲观光农业打下了坚实的基础。

综上所述,农业生态工程建设,归根到底,需要有一个良好的农业生产环境作为根本保障,否则一切都无从谈起。只有把现阶段实行的生态农业工程扩大到区域范围内,综合建设整个区域内的农业生产环境,配套集成农业生态工程技术,优化农业生态工程模式,才能实现现代农业"高产、优质、高效、生态、安全"的建设目标。近年来,以典型生态农场、生态村(镇)、生态县为主要模式的区域农业生态工程得到迅速发展。如西安生态养殖场模式,杭州浮山农场模式,被联合国命名为全球 500 佳"生态荣誉村"的浙江省的奉化滕头村模式,北京市大兴县在坚持治沙、治水、改造农业环境的基础上,通过现代化的手段促进光热资源利用效率的提高,逐步发展现代化的城郊型农业生态工程模式。吉林省德惠市实行的"种养加"产业化生态农业工程模式,以调整内部作物的种植结构为重点,稳定发展种植业,努力提高单位面积产量,为养殖业、加工业提供充足优质的原料;大力发展养殖业,在生态农业系统下把生产的植物蛋白转化为动物蛋白,并为动物产品加工业提供原料;加快发展食品加工工业,产生更大的经济效益,并为种植业提供所需有机肥源。

思考题

1. 农业生态工程的基本原理有哪些? 如何理解农业生态工程体系的"整体、协调、循环和再生"?
2. 如何开展农业生态工程的规划与设计? 农业生态工程设计的技术体系主要有哪些?
3. 请举例说明农业生态工程的基本技术应用。
4. 环境保护和绿色食品农业生态工程的主要模式有哪些? 其应用前景如何?
5. 我国农业生态工程的主要类型有哪些? 各有什么特点?
6. 举例说明"农-林-牧-加"及"农-牧-渔-加"复合生态工程的典型模式与技术。

参考文献

[1] 骆世明,陈聿华. 农业生态学[M]. 湖南:湖南科学技术出版社,1987.

[2] 马世骏,李松华. 中国的农业生态工程[M]. 北京:科学出版社,1987.

[3] 李维炯,倪永珍. 农业生态与资源利用[M]. 北京:中国矿业大学出版社,1989.

[4] 孙鸿良,颜京松. 国内外生态工程学研究现状及我国近期发展战略问题[J]. 中国生态学发展战略研究(第一集),1991,315~346.

[5] Aberley D. Futures by Design:the practice of ecological planning [M]. New Society Publishers,1994.

[6] Huyck L M. Ecological planning for sustainable landscape management [M]. Washington State University,1994,1~135.

[7] Altieri M A, Rojas A. Ecological Impacts of Chile's Neoliberal Policies,with Special Emphasis on Agroecosystems [J]. Environment,Development and Sustainability, 1999,1:55~61.

[8] 张壬午,卢兵友,孙振钧. 农业生态工程技术[M]. 郑州:河南科学技术出版社,2000.

[9] 杨京平,卢剑波. 农业生态工程与技术[M]. 北京:化学工业出版社,2001.

[10] Doyle G L. The soil organic matter continuum in the Great Plains:Native and managed ecosystem dynamics [M]. Kansas State University,2002,1~181.

[11] Youssef M A. Modeling nitrogen transport and transformations in high water table soils [M]. North Carolina State University,2003,1~290.

［12］ 李维炯,李季,许艇. 农业生态工程基础［M］. 北京：中国环境科学出版社,2004.

［13］ Wojtkowski P A. Landscape Agroecology ［M］. Food Products Press,2004.

［14］ David C. New Dimensions in Agroecology ［M］. Food Products Press,2004.

［15］ Sims P L. Connecting a Vital Region's Agriculture, Ecology, and People ［J］. Agricultural Research,2005,2～3.

［16］ 范志平,曾德慧,余新晓. 生态工程理论基础与构建技术［M］. 北京：化学工业出版社,2006.

［17］ Fabrizzi K P. Microbial ecology and carbon and nitrogen dynamics in agroecosystems ［M］. Kansas State University,2006,1～279.

［18］ Woitkowski P A. Introduction to Agroecology：Principles and Practices New title ［M］. The Haworth Press,2006.

［19］ Jarvis D I, Padoch C, and Cooper H D. Managing Biodiversity in Agricultural Ecosystems ［M］. Columbia University Press,2007.

［20］ Sparks B. Engineering Solutions ［J］. American Fruit Grower, 2008,128：26～28.

［21］ Brisbois M C,Jamieson R,Gordon R,Stratton G,et al. Stream ecosystem health in rural mixed land-use watersheds ［J］. Journal of Environmental Engineering and Science,2008,7：439～444.

［22］ Safferman S, Triponi M. A New Generation of Farm-Based Anaerobic Digesters ［J］. Resource,2008,15：25～27.

［23］ Salvati L, Zitti M. Natural resource depletion and the economic performance of local districts：suggestions from a within-country analysis ［J］. International Journal of Sustainable Development and World Ecology,2008,15：518～524.

［24］ Sedorovich D M. Greenhouse gas emissions from agroecosystems：Simulating management effects on dairy farm emissions ［M］. The Pennsylvania State University,2008,1～143.

［25］ Krishna P V,John C,Fred H,Isaac B,et al. Case Study of an Integrated Framework for Quantifying Agroecosystem Health ［J］. Ecosystems,2008,11：283～294.

［26］ Brian J H. Manufacturing Creates Wealth ［J］. Manufacturing Engineering,2009, 142：10～11.

［27］ Currey R C D. Diversity of Hymenoptera, cultivated plants and management practices in home garden agroecosystems, Kyrgyz Republic ［M］. Florida International University,2009,1～196.

［28］ Day J W, Hall C A, Yáñez-Arancibia A, Pimentel D, et al. Ecology in Times of Scarcity ［J］. Bioscience,2009,59：321～322.

［29］ Duffus C M, Krebs C. The Ecological World View ［J］. Experimental Agriculture, 2009,45：132～133.

［30］ Rouquette F M,Redmon L A,Aiken G E,Hill G M,et al. ASAS Centennial Paper：Future needs of research and extension in forage utilization ［J］. Journal of Animal

Science,2009,87: 438~447.

[31] Wezel A, Soldat V. A quantitative and qualitative historical analysis of the scientific discipline of agroecology [J]. International Journal of Agricultural Sustainability, 2009,7: 3~19.

[32] Wheeler S A. Exploring the influences on Australian agricultural professional's genetic engineering beliefs: an empirical analysis [J]. Journal of Technology Transfer,2009,34: 422~440.

[33] Zacharia J U, Mzimbiri M K, Mwakasendo J A. Integrating local knowledge with science and technology in management of soil, water and nutrients: implications for management of natural capital for sustainable rural livelihoods [J]. International Journal of Sustainable Development and World Ecology,2009,16: 151~154.

第九章　农业生态安全与健康

　　现代农业的建设就是以农业生态学理论为基础,以生态工程技术为手段,通过农业与环境,生态与经济的协调平衡,实现农业可持续发展、农业安全和人类健康的最终目标。因此,近年来,农业生态安全、农业生态健康和农业生态文明已引起广泛重视。为了实现我国现代农业"高产、优质、高效、生态、安全"5个基本目标,推进社会主义新农村建设,今后,必须加强我国农业生态安全、生态健康和生态文明的建设。

　　农业生态安全就是在农业生产中通过农业资源安全、农业生物安全和农业环境安全等"三者共同"作用,最终实现农业产品安全。即"农业更生态　产品更安全";农业生态健康就是农业生态系统中生物与环境关系的健康。农业生产本身是调节生物与环境关系的一个生态过程,因此,农业生态健康就是"生态过程的健康"。农业生态健康与农业生态安全关系密切,对农业生态安全影响也很大,并直接关系到人类的食物安全和身心健康;农业生态文明就是在提高人们的生态意识和文明素质的基础上,农业生产自觉遵循农业生态系统原理,运用高新科技,积极改善和优化人与自然的关系、人与社会的关系、人与人的关系。即"用生态文明观统领农村产业结构、农业发展方式和农民生活模式"。可以这样说,农业生态安全是"基础",农业生态健康是"前提",而农业生态文明是"结果"。

第一节　农业生态安全

一、农业生态安全的提出

　　"农业生态安全"一词的提出,我们可以从以下两方面去理解。

　　其一,由"农业安全"一词而来。2001年11月10日,我国正式加入WTO(世界贸易组织),这为我国农业的国际化提供了千载难逢的历史性机遇,同时也为我国农业的发展带来了前所未有的竞争和挑战。面对国际的激烈竞争和世界的严峻挑战,农业的"安全问题"也随之而来。国内有识之士纷纷提出农业安全问题(朱晓峰,2002;刘乐山,2002;王延涛等,2003;赵其国,2003),并认为农业安全主要包括农业资源安全、农业环境安全、农业生态安全、农业产品安全和农业经济安全等多方面内容。显然,农业生态安全是农业安全的重要组成部分和重要研究内容之一。

　　其二,由"生态安全"一词而来。从国际上来说,"生态安全"一词提出,至今已有20多年的历史了。早在1989年,国际应用系统分析研究所就提出要建立优化的全球生态安全监测系统,并指出生态安全的含义是指"在人的生活健康安乐基本权利、生活保障来源、必要的资源、社会秩序和人类适应环境变化的能力等方面不受威胁"。Norman Myers 于 1993 年指出生态安全涉及由地区的资源战争和全球的生态威胁而引起的环境退化,这些问题继而波及经济和政治的不安全,他将此概念广泛宣传于学术期刊和国际会议上。

从国内来说,"生态安全"的提出相对晚一些。由于 20 世纪 90 年代中后期至 21 世纪初,国内相继出现一系列重大生态环境问题,如:① 黄河断流。1997 年黄河下游利津站断流时间累计达 226 天,295 天无水入海,断流上延到开封口,长达 704 km,是历史上没有的;② 洪涝灾害。1998 年,我国长江、嫩江和松花江发生了"百年不遇"的特大洪涝灾害,全国受灾面积达 2 587 万公顷,成灾面积 1 585 万公顷,受灾人口 2.3 亿人,死亡人口 3 656 人,倒塌房屋 566 万间,直接经济损失 2 484 亿元;③ 沙尘暴。20 世纪 90 年代中后期,我国北方连续发生沙尘暴天气,且有愈演愈烈之势。如 20 世纪 50 年代,我国北方发生沙尘暴只有 5 次,60 年代为 8 次,70 年代为 13 次,80 年代为 14 次,90 年代上升至 23 次,2000 年一年就高达 13 次。基于严峻的生态环境形势,2000 年 11 月 26 日,国务院发布了《全国生态环境保护纲要》。《全国生态环境保护纲要》明确指出:"生态安全是国家安全和社会稳定的一个重要组成部分",并且认为,国家生态安全是指一个国家生存和发展所需的生态环境处于不受或少受破坏与威胁的状态。

由于我国是一个农业大国,研究生态安全问题就很自然地涉及农业生态安全问题,或者说,农业生态安全问题是我国生态安全问题的重要内容之一,要解决中国的生态安全问题,就必须研究中国的农业生态安全问题(章家恩,2004)。进入新世纪,农业生态安全问题已成为学术界研究的热点之一(熊鹰等,2003;张金萍等,2005;张保华等,2005)。

二、农业生态安全的含义与特征

(一)农业生态安全的含义

农业生态安全的含义可分为狭义和广义两个方面。就狭义而言,农业生态安全就是指农业生物和农业环境的安全,即农业生物的生长、发育,种类、数量和可持续发展能力等达到"安全"、"适应"、"有序"的要求,如农业生物多样性稳定发展、农业生物的外部环境稳定和"正常",农业生物的繁衍和可持续发展能力持续稳定等。与此相反,则是农业生态"不安全",具体表现为:农业生物多样性减少、野生种质资源消失、农业物种退化、农业病虫草害爆发、外来物种入侵、转基因生物风险,以及产生农业生物污染等。

从广义来讲,农业生态安全则包括农业资源安全、农业生物安全、农业环境安全、农业产品安全等多方面的内容。农业资源安全,就是要保持农业资源数量足、质量高;农业生物安全,就是要保持农业生物多样性和农业生物资源的可持续利用;农业环境安全,就是要使农业生物生长、发育的环境符合要求,对生物生长和发育有利,能适合并促进生物的生存和发展;农业产品安全,这既是农业生态安全的内容,也是农业生态安全的结果。农业产品安全,就是要保持农业产品种类、数量、质量等符合人们的需要,要使农产品种类多样、数量充足、质量"安全"(污染少)且品质优良(具有营养、保健作用)。可以说,要达到这一"优质"要求,必须在农业资源安全、农业生物安全和农业环境安全"三者共同"作用下方可实现,因此说农业产品安全是农业生态安全的结果。

显然,广义的农业生态不安全,必然是:农业资源不足,农业资源质量下降,如光照不足、光照过量、热量不足、热量过量、水资源短缺、水土流失、土地退化、土地短缺等；农业生物退化、灭绝，农业生物资源枯竭等；农业环境退化、农业环境不安全，如气候气象灾害（洪涝、干旱、持续低温、台风、沙尘暴、全球气候变化等）、地质灾害（崩塌、滑坡、泥石流等）、环境污染灾害（大气污染、土壤污染、水污染、核污染、放射性污染等）；农业产品不安全，农产品数量短缺、污染严重且质量变劣，具体表现为产量低而不稳、品质低劣、营养不足、重金属残留、农药残留、硝酸盐含量、生长调节剂、添加剂、着色剂超标等。毋庸置疑，农业生态不安全的后果是严重的，是我们所不愿意看到的，其对人们健康和人类社会的可持续发展是极其不利的。

在多数情况下，我们所说的农业生态安全，更多地是指广义的农业生态安全，因为只有广义的农业生态安全更具有实际意义，更能代表实际情况，对生产实践更具有指导意义。

（二）农业生态安全的特征

一般地，农业生态安全具有如下主要特征。

1. 整体性

农业生态安全具有整体性特征。任何局部性的农业生态环境的破坏，都可能引发全局性的农业生态环境问题，或者导致农业生态不安全，有的甚至会使整个国家和民族乃至全球的生存条件受到威胁。因此，各国应重视国家间的生态环境合作，以求得共同的生态安全利益。

2. 综合性

如上所述，农业生态安全内涵丰富，包括诸多方面内容，而每一方面又有诸多的影响因素，有生态方面的，也有社会和经济方面的，这些因素相互作用、相互影响，使农业生态安全显得尤为复杂，要实现农业生态安全，必须是众多因素综合作用的结果。

3. 区域性

农业具有区域性，同样，农业生态安全亦具有区域性的特征。农业生态安全的区域性，是指农业生态安全问题不能泛泛而谈，应该有针对性。选取的地域不同，对象不同，则农业生态安全的表现形式也会不同，各区域研究的侧重点也不同，而随之得出的结果、结论以及所应采取的对策和措施等均会不一致。

4. 动态性

农业生态安全是一个相对的、动态的概念。世界上万事万物无不在发展变化之中，农业生态安全也不例外。农业生态安全实质上是以人类和农业生物的生存、生活与可持续发展为核心，不同尺度农业生态系统、不同农业生物要素（包括人类自身）、资源要素、环境要素以及不同层面的农业生态环境相互作用关系和过程的一种健康与协调的程度或状态。这种程度或状态是在不停地运动和变化之中。农业生态安全会随着其影响要素的发展变化而在不同时期表现出不同的状态，可能朝好转的方向发展，也可能呈现恶化的趋势，即出现农业生态不安全现象。因此，不断控制好、维护好各个环节使其向良性方向发展是确保农业生态安全的关键所在。

5. 战略性

对于某个国家或地区乃至全球来讲，农业生态安全是关系到国计民生的大事，具有重要的战略意义。只有维持农业生态安全，才可能实现经济持续发展，社会稳定、进步，人民安居乐业；反之，经济衰退，社会动荡，农业生态难民流离失所。因此，国家和各地区在制定重大方针政策和建设项目时,应该把农业生态安全作为一个前提。

6. 长期性、复杂性与艰巨性

这里包含两层意思:一是要维护一个国家、一个地区的"长期"农业生态安全,确保农业生态与农业经济长期协调发展,这是一个非常不容易的事情,这一"工作"具有长期性、复杂性和艰巨性;二是一旦一个国家、一个地区的农业生态安全出现问题,或者说出现"生态不安全",要恢复与重建该国家、该地区的"农业生态安全",则绝不是一朝一夕就可以办到的,而应做大量耐心、细致甚至是长期性的工作,只有这样,农业生态安全才能得以恢复和重建。一句话,农业生态安全的维护与恢复均具有长期性、复杂性和艰巨性。

三、农业生态安全面临的问题

当前,我国农业生态安全面临的突出问题主要有生态破坏、水土流失、资源锐减、环境污染、生物入侵、物种消失、自然灾害、生物污染、产品污染、食品污染等。

(一)生态破坏

1. 耕地破坏

耕地破坏源于下列原因:一是工业建设破坏耕地,工业化、城市化、城镇化,导致大量"圈地运动",致使大片良田丧失;二是农业"发展"破坏耕地,实行家庭联产承包责任制,各家各户分别经营耕地,导致耕地"小块化"、"破碎化",耕地实际使用面积减少、质量下降;三是自然灾害损坏耕地,江西省 20 世纪 80 年代至 90 年代,每年因灾废弃耕地 1 292 hm²,最多的年份是 1992年,一年废弃耕地 1 547 hm²。2005 年江西全省因灾毁坏耕地高达 9.7 万公顷。

2. 森林破坏

由于对森林资源的"过度"需求和"不适度"消费,以及不合理的开发利用,导致森林破坏非常严重。

森林破坏的主要形式。根据调查,我国各地森林破坏的主要形式有以下几种:① 乱砍滥伐;② 重采轻育,采育失调、采育失衡;③ 矿山开发,森林被毁;④ 不合理的农业开发,如毁林种果、陡坡垦殖、开山造田等。江西省于 1997 年提出"在山上再造一个江西",全省各地大力实施"山上再造"工程,将"荒山变果园"、"山地变良田"、"林木变果树",结果导致大量森林被毁,由此造成的生态破坏的后果是极其严重的;⑤ 工业建设,如修铁路、造公路、建工厂、搞"工业园区"等,均不同程度地对森林资源产生破坏;⑥ 炼山造林;⑦ 森林火灾。

森林破坏的严重后果。由于人为对森林资源的破坏,已导致森林生态系统结构受损、功能变弱,可持续发展能力受到严重影响。其突出表现为:一是局部森林面积减少;二是森林质量降低。虽然全国总体森林覆盖率呈现上升趋势,但其中人工林和中幼龄森林占多数,林相单一,森林生态效益下降。安徽省森林资源总体质量下降,可采伐资源枯竭,林分质量和林龄结构恶化,幼林年占比例达 60% 以上,特别是大量天然阔叶林被伐殆尽;三是"逆转"现象严重。由于挤占林地,已导致很多地方有林地"逆转"为无林地、疏林地和灌木林地。

3. 山体破坏

由于开山修路、挖山采矿、采石、采沙,以及"切坡建房",中亚热带地区许多山体已遭受严重破坏,不仅改变了原有的地形、地貌,破坏了山地风景景观,更严重的是由此引发多种地质灾害,如采矿区崩塌、地面塌陷、沉降、地裂缝、滑坡、泥石流等。据统计,近 10 年来,江西省因矿山开发,破坏植被地貌面积达 538.4 km²。

4. 水体破坏

"水利是农业的命脉"。水体的破坏对农业的发展影响甚大。目前,我国水体破坏主要有以下几种形式:一是水面缩小。湖北省在 20 世纪 50 年代共有面积大于 6.667 hm²（面积百亩以上）的湖泊 1 332 个,到 20 世纪 80 年代仅存 843 个,减少了 36.7%;其中面积大于 3.333 km² 的大中型湖泊由 322 个减少为 125 个,消亡了 61.2%。二是库容锐减。长江流域共有水库 48 500 多座,每年因泥沙淤积损失库容 12.1 亿立方米。长江原有较大通江湖泊 22 个,面积为 17 198 km²,到 1980 年湖泊面积仅存 6 605 km²,湖面减少 2/3,湖泊容积相应减少了 567 亿立方米。三是水质污染。据研究资料,20 世纪 80 年代初期,湖南省无Ⅲ类以下水质的水域,到 1993 年就有 23.5% 为不能直接饮用的Ⅳ类水质,1998 年出现了 100 km² 的Ⅴ类水质。湖南省对湘江中下游断面统计结果表明,符合Ⅰ、Ⅱ、Ⅲ类水质标准的断面分别为 12.5%、7.5%、10%;属于Ⅳ类断面水质标准的断面占 62.5%。四是水利设施遭到破坏。根据有关部门调查和统计,由于生态破坏和长久失修,中亚热带地区各省、市的现有农田水利设施中,约有 1/3 是带病作业,1/3 因老化不能正常"工作"而被"闲置",只有近 1/3 的水利设施是完好而能坚持正常"运转"。

(二) 水土流失

我国是世界上水土流失最为严重的国家之一。长期以来,由于森林和草地的破坏,以及不合理的垦荒（尤其是坡耕地的开垦）等多方面的原因,已导致了我国严重的水土流失。目前,全国水土流失面积达到 356 万平方千米,占国土面积的 37.1%,其中水蚀面积 165 万平方千米,风蚀 191 万平方千米,且目前每年还以 10 000 平方千米的速度扩展。严重的水土流失使我国每年流失地表土壤 50 亿吨（约占世界年流失表土总量的 1/5）,并带走大量的氮、磷、钾营养元素。这是导致我国土壤（土地）退化的主要原因之一。

南方红壤地区（包括广东、海南、广西、福建、台湾、江西、湖南、云南、贵州、浙江以及安徽、湖北、四川、江苏与西藏南面的一部分,涉及 15 个省区,总面积 218 万平方千米,约占全国土地总面积的 22.7%）是我国水土流失严重地区之一。该区水土流失具有面积大、分布广、强度大、危害重的特点。目前,全区水土流失面积达 25 万平方千米,其中轻度侵蚀占14%,中度占 5%,强度占 0.1%,石山占 2.6%。从 20 世纪 50 年代至 90 年代,全区土壤侵蚀面积增加了 2.5 倍,但近 10 年中只增加了不到 20%。虽然近年来红壤侵蚀强度与面积明显减少,但仍有不少地区缓坡地侵蚀加强,区域水土环境恶化。

据有关资料,四川省水土流失面积已达 21.09 万平方千米,占幅员面积的 43.57%,是全国的 11%,占长江上游水土流失面积的 56%。该省年土壤侵蚀总量达 10 亿吨,占长江上游年土壤侵蚀总量的 42%,每年流入长江的泥沙总量达 3 亿多吨,每年全省人为新增水土流失面积 800~1 000 km²。

江西是我国南方水土流失比较严重的省份之一。据考证,江西水土流失严重的历史已有 300 多年,明清时期就有记载。据 2000 年遥感调查,全省水土流失面积仍有 3.35 万平方千米,占土地总面积的 20.1%,占山地总面积的 33.3%。全省 99 个县（市、区）中,水土流失面积在 3.33 万公顷（50 万亩）以上的市、县有 42 个,其中 6.67 万公顷（100 万亩）以上的县、市有 15 个。由于严重的水土流失,造成大量的泥沙下泄,淤积江、河、湖、库,降低了水利设施的调蓄功能和河道的行洪能力。新中国成立以来,全省河道通航里程缩短近9 000 km,赣、抚、信、饶、修"五大河流"上游几乎无法通航。赣江八一桥下淤高2.5～3 m,抚河下游最大淤高4.57 m,信江下游淤高2.5 m。信江梅港站1998年洪水洪峰流量12 900 m³/s,比1955年小700 m³/s,但水位却高出1.08 m。全省现有9 268座水库,每年因泥沙淤积减少库容1 000多万立方米,相当于损失1座中型水库。

显然,严重的水土流失,已对我国农业生态安全和经济社会可持续发展产生诸多不利影响。

(三)资源锐减

我国是世界上资源总量丰富、人均资源占有量较低的国家之一。当前,我国资源锐减突出表现在3个方面:首先是资源数量减少。由于我国"工业化"、"城市化"、"城镇化"速度的日益加快,其对耕地资源的破坏、浪费和占用已到了相当严重的程度,导致耕地数量急剧减少。由此还带来了水资源的污染、浪费和过度消耗。此外,森林资源、能源资源、肥料资源等均存在数量减少的问题。其次是资源质量下降。目前,水体的"富营养化"、耕地的重金属污染等已随处可见,资源的更新速度降低,再生能力减弱,资源的破坏、浪费和占用非常严重。第三是资源开发利用的难度越来越大。这里重点讨论耕地资源、水资源面临的问题。

1. 耕地资源

我国耕地资源面临的问题:一是数量减少;二是质量下降。已有资料显示,我国人均耕地占有量只及世界人均拥有量的40%,并且以每年几百万亩的速度下降,如2005年全国净减少耕地36.16万公顷(《人民日报》2006年6月8日);2/3的耕地属于中低等地力,土壤有机质含量平均量只有1%上下,含量低于0.6%的农田已占耕地总面积的12%以上;土壤耕层变浅,蓄水保水能力呈下降趋势的农田面积不断扩大;土壤养分严重失衡,全国严重缺钾的农田面积已占56%,50%的土地缺乏必要的微量元素。

据统计资料显示(见表9-1),从1997～2004年间,全国共减少耕地面积745万公顷,依据当年粮食产量和耕地面积的相关性分析,测算出这8年间(1997～2004)我国因耕地减少导致粮食减产2 700万吨。不言而喻,耕地资源的减少,即意味着我国粮食产量的减少和耕地粮食生产能力的减弱,这对确保"粮食安全"和实现经济社会的可持续发展是极为不利的。

表9-1 从1997～2004年我国耕地面积减少导致的粮食减产情况

年 份	耕地总面积/万公顷	当年粮食总产量/万吨	年内耕地减少/万公顷	耕地减少导致当年粮食减产量/万吨
1997	12 990.31	49 417	13.61	51.77
1998	12 964.21	51 230	26.10	103.14
1999	12 920.55	50 839	43.66	171.79
2000	12 824.31	46 218	96.23	346.81
2001	12 761.58	45 264	62.74	222.53
2002	12 592.96	45 706	168.62	612.00
2003	12 339.22	43 070	253.74	885.68
2004	12 244.43	46 950	80.04	306.91
小计	101 637.57	378 694	744.74	2 700.63

注:根据相关年份的《中国农业统计年鉴》资料整理而得

2. 水资源

一是水量不足。我国人均水资源占有量仅为世界平均水平的 1/4,是世界上 13 个贫水国家之一。我国可利用水资源为 8 000～9 000 亿立方米,接近我国可用水资源的极限。二是水质不好。由于废水大量排放,加上处理率低,导致我国水质污染十分严重,水资源质量下降、变劣。2002 年,我国约有 192.4 亿吨废水超出环境自净能力。2003 年,全国工业和城镇生活废水排放总量为 460.0 亿吨,比上年增加 4.7%。其中,工业废水排放量为 212.4 亿吨,比上年增加 2.5%;城镇生活污水排放量 247.6 亿吨,比上年增加 6.6%。由于废水处理率很低,许多废水未经任何处理就排入江、河、湖、海,导致我国主要河流普遍污染,劣 V 类水质占全国 7 大水系的 40.9%,75% 的湖泊出现不同程度的富营养化。海洋污染也比较严重,2003 年近岸海域 237 个监测点位中,Ⅰ、Ⅱ 类海水比例占 50.2%,Ⅳ、劣 Ⅳ 类海水比例占 30.0%。三是缺水严重。目前,全国有 2/3 的城市出现供水不足,上百座城市甚至严重缺水;仍有 3.6 亿农村人口饮水尚未达到卫生标准。

(四) 环境污染

我国环境污染问题越来越严重。

1. 大气污染

由大气污染引发的酸雨污染已遍及我国许多省、区、市。酸雨被认为是自然界"对人类的一场化学战",被称作"空中死神"。在国际上,20 世纪 50 年代前后,酸雨仅在美国东北部和欧洲地区出现;60 年代,酸雨范围迅速扩大,酸度增加,频率增大;70 年代,酸雨蔓延到欧洲所有国家和北美以及亚洲的日本、韩国等;接着,酸雨罕至的中国、印度也出现了酸雨。到目前为止,全国已有 20 多个省、市、自治区发现了酸雨。上海、南京、杭州、广州、武汉、重庆、成都、贵阳、柳州乃至北京等城市每年都有漫长的时期沉浸在酸雨和酸雾之中,面积之广、酸度之强、危害之大,不亚于欧美国家。中国正成为继北美、欧洲之后的世界第三大酸雨区!

2. 水质污染

一是河流污染。据统计,在全国 78 条主要河流中,有 54 条已受到污染,其中 14 条受到严重污染;在大约 5 万条支流中,75% 受到污染。在近年进行调查的江河中,已被污染的河流和长达 1.8 万千米,其中 1.26 万千米河流的水已不能用于灌溉,鱼虾绝迹的水体达数千千米,许多河段在非汛期实际上变成了"污水沟"。根据水利部水文司 1995 年 12 月发布的中国水资源质量评价,我国的太湖流域、淮河流域和黄河流域等 3 大江河流域已遭受严重的水资源污染,Ⅳ 类以上污染河的长度太湖占 72.8%、淮河占 72.6%、黄河占 71.3%。

二是地下水的污染。由于大量投入化肥、农药等化学制品,已造成我国地下饮用水的严重污染。北京、天津、河北、山东等省市农业地区 200 个地点的抽查显示,46% 样点地下水硝酸盐含量超过 50 mg/L,其中最高达 500 mg/L。

三是海水污染。在淡水受到污染的同时,海水的污染则是不可避免的。目前,近岸海域无机氮、无机磷等严重超标,一类海水、二类海水、三类海水、超三类海水面积比率分别为 18.7%、21.4%、6.5%、53.4%。这也是导致我国近年赤潮灾害急剧发展的重要原因。

3. 土壤污染

据统计,我国重金属污染的土壤面积达 2 000 万公顷,占总耕地面积的 1/6。因工业"三废"污染的农田近 700 万公顷,使粮食每年减产 100 亿千克。

据调查,南方红壤区污染的土壤面积达 320 万公顷。一方面,工业污染的排放日趋增加;另一方面,农业的面源污染也不断扩大。湘、赣、粤、闽 4 省有 68% 的重金属采样点发生污染,其中赣、粤两省的镉的污染已相当严重。有资料报道,近 20 年来,在南方经济发达地区的一些污灌区土壤镉的污染超标面积增加了 14.6%,在东南地区,汞、砷、铜、锌等元素的超标面积占污染总面积的 45.5%。华南地区有的城市郊区有 50% 的农地遭受镉、砷、汞等有毒重金属和石油类的污染。长江三角洲地区有的城市郊区有万亩连片农田受镉、铅、砷、铜、锌等多种重金属污染,致使 10% 的土壤基本丧失生产力,也曾发生千亩稻田受铜污染及水稻中毒事件,一些主要蔬菜基地土壤镉污染普遍,其中有的市郊大型设施蔬菜园艺场中,土壤中锌含量高达 517 毫克/千克,超标 5 倍之多。

(五) 生物入侵

一般来说,生物入侵主要包括植物入侵、动物入侵和微生物入侵。生物入侵是当前及今后我国面临的重大农业生态安全问题,尤其是在经济全球化、农业国际化的发展背景下,如处理得不好或采取的措施不及时、不到位、不得力,生物入侵所带来的农业生态安全问题将严重影响我国农业及经济社会的可持续发展,对我国构建社会主义和谐社会极为不利。对此,我们应有足够的认识。

根据研究资料,全世界每年由于外来生物入侵造成的经济损失要超过 4 000 亿美元。我国因外来生物入侵造成的损失也是相当惊人的,中国每年因为外来物种造成的总体经济损失达到 1 198 亿元,已经占到国内生产总值(GDP)的 1.36%,其中 11 种主要外来入侵物种每年造成的全国经济损失就达 574 亿元人民币。

1. 植物入侵

从植物入侵来看,其造成的危害是非常之大的。根据目前国内外的研究资料,我国至今已发现至少有 300 种入侵植物,其造成的危害也是很大的。如 20 世纪 50 年代我国大量引入的水葫芦疯狂繁殖,堵塞河道,影响通航,严重破坏了江河生态平衡,每年打捞费用高达 5 亿~10 亿元,造成经济损失近 100 亿元。

据浙江省植保总站调查,从 2004 年 4 月份到 11 月份,该省 11 个市都有"加拿大一枝黄花"发生,全省"加拿大一枝黄花"发生面积 16.786 5 万亩,其中最严重的地区嘉兴有 6.9 万多亩,宁波 3.9 万多亩,舟山 3.7 万多亩。主要分布在荒地、河滩、路边铁路两边的荒地,城市住宅区附近,绿化带上面。调查还发现部分农田已经被"一枝黄花"入侵,舟山 5 000 多亩果园,700 多亩农田,嘉兴市 118 亩农田受害。

2. 动物入侵

根据研究,我国已查明有 32 种外来入侵动物。外来动物入侵我国有以下特点:一是蔓延速度快,受害面积大。1982 年入侵我国的松材线虫,扩散蔓延极为迅速,至 1999 年发生面积约 7.4 万公顷。1988 年被人为携带传入广东的湿地松粉蚧,至 1999 年扩散至 35.24 万公顷,其中受害面积达 23.16 万公顷。二是防治费用高,造成损失大。1994 年入侵蔓延的美洲斑潜蝇,2002 年在全国的发生面积就在 100 多万公顷,若以防治费用 450 元/公顷计算,则每年的防治费用就需 4.5 亿元。1988 年稻水象甲(*Lissorhoptrus oryzophilus*)在我国河北省唐海县爆发成灾,其后发生面积达 33 万公顷。水稻受害后,一般产量损失 5%~10%,严重田块达 40%~60%,少数田块基本无收成。可见,动物入侵造成的损失是非常大的。

3. 微生物入侵

随着国际交流的增多和国家开放度的增大,微生物入侵不可避免,尤其是我国加入WTO后,微生物入侵只会增加不会减少。

(1)危害。由于微生物形体微小,极易通过各种途径入侵、扩散,而目前的检疫、检测措施又难以及时发现和阻隔,因而微生物入侵对社会稳定、国家安全和人民健康均构成严重威胁。近年来,国际上发生的"恐怖事件"及使用的"生物武器",均直接或间接地采用了"微生物入侵"的手段,或者说,是通过"微生物入侵"才达到其破坏的目的。

(2)特点。微生物入侵较植物入侵、动物入侵更具有隐蔽性强、变异频率大、潜伏时间短和危害性持久等特点,因而微生物入侵具有极强的破坏性和毁灭性,若处理不好,微生物入侵还可能造成"生态灾难"。对此,我们应有高度警觉。

(3)现状。以美国为例,据不完全统计,已进入美国的微生物外来种超过20 000种(包括动、植物病原微生物和其他土壤微生物),每年由于微生物入侵造成的经济损失和用于防治的耗费超过400亿美元。微生物入侵已给我国的经济和社会发展造成严重影响。一是水稻细条病,1918年在菲律宾发现,1955年在我国广东省发生,目前已蔓延到华南及长江流域,直接威胁我国主要稻区的农业生产;二是棉花黄萎病和棉花枯萎病,20世纪上半叶通过棉花引种侵入我国,目前已成为我国棉区的主要病害,由于缺乏有效的防治措施,两种病害每年都造成棉花严重减产;三是甘薯黑斑病,1937年从日本侵入我国辽宁省,到1980年已经蔓延到全国26个省、市、自治区,引起大规模的窖烂和死苗,而且染病的甘薯还会产生对人畜有毒的物质,引起头晕,乃至死亡,给我国造成了巨大的经济损失;四是鳟鱼传染性胰腺坏死病毒,于1940年在加拿大发现,现已传播到欧洲、亚洲和美洲,中国内地和台湾也曾爆发过此病。该病毒具有广泛的寄主范围,除鳟鱼外,还能侵染七鳃鳗、圆口纲脊椎动物、硬骨鱼类和一些甲壳类动物,对我国野生水生动物生存和水产养殖业的发展构成严重威胁。

(六)物种消失

物种消失,生物多样性衰减已成为我国突出的农业生态安全问题。目前,中国濒危或接近濒危的高等植物有4 000~5 000种,占全国高等植物总数的15%~20%。已确认有354种野生植物和258种野生动物濒临灭绝。联合国《国际濒危物种贸易公约》列出的740种世界性濒危物种中,中国占189种,约为总数的1/4。江西东乡野生稻由20世纪70年代的9处减少为2处,广东、海南17个野生稻分布点中13个已经消失。中国野生稻的70%以上已经被破坏。由于野生生物资源的日益减少,造成全国经常使用的500多种药材每年约有20%的短缺,尤其是占药材市场80%供应量的野生药材严重短缺,对中药产业的发展带来了不利影响。生物多样性的锐减和物种资源的大量流失,已经给中国造成了无形的巨大损失。

由于受到自然和人为的严重影响,安徽省农作物品种的"多样性"受到威胁,品种种类减少极为严重。20世纪50年代全省主要农作物粮食品种有3 572种,现在只有1 604种,减少1 968种,损失55%。

鄱阳湖生物资源数量减少的突出表现是水生生物的生物量逐年下降。例如,鄱阳湖区鱼类总捕捞量从20世纪60年代前期的2.27万吨,降为70年代后期的1.27万吨,20年减少了43.9%。90年代初湖区有名的"鹤湖"大湖池,由于1998年的特大洪涝灾害,洪水停留、浸泡的时间太长,造成湖草大量减少,鱼、虾、螺等数量也不及20世纪90年代的一半。

不仅鱼捕捞量减少,而且鱼获物的群体越来越低龄化和小型化。

湖南省目前已有 59 种野生动物濒临灭绝,121 种高等植物极为稀少,25 种成为濒危植物,除洞庭湖等一些湖群有候鸟外,其他地方已难以找到其踪迹。尤其严重的是,水生生物大量减少。由于滥捕,加上拦河筑坝以及水域污染,导致鱼类及其他生物资源减少,水生生物多样性降低。目前,该省天然水域水生生物种类和数量均呈衰减之势,主要经济鱼类所占比例下降,大型洄游性经济鱼类如鲤、鳗、鲫等和半洄游性的青、草、鲢、鳙等大量减少,同时捕捞鱼群由高龄趋向低龄。

（七）自然灾害

我国是世界上农业自然灾害最严重的国家之一。至今,危及我国经济和社会发展的农业自然灾害有数十种至上百种,如由气、海变动引起的自然灾害有旱、洪、涝、风、尘、雾、冻、热、潮、浪、冰、赤潮等;由地壳变动引起的自然灾害有地震、火山、放气、崩、滑、流、沉陷、地裂等。此外,还有农业生物灾害,如病、虫、草、鼠、兽、火灾,等等。

我国自然灾害发生的面积之大、范围之广,在世界上也是不多见的。如 1998 年发生的特大洪涝灾害,全国 29 个省、区、市均不同程度地遭受了洪涝灾害的危害;2005 年的沙尘暴更是"横扫"了我国 140 多万平方千米的国土,受灾人口达 1.3 亿人。2006 年 8 月份发生的重庆特大干旱灾害,是重庆自 1891 年有气象记录以来最严重的一次。共有 2 100 万人受灾,2 000 万亩农田受灾,2/3 的乡镇、街道计 795 万人、735 万头牲畜出现饮水困难。

农业自然灾害造成的损失是多方面的,也是极其严重的。一是经济损失。按 1990 年可比价格计算,20 世纪 50 年代我国因自然灾害造成的经济损失平均每年为 362 亿元,60 年代年均为 458 亿元,70 年代年均为 423 亿元,80 年代年均为 555 亿元,1990～1998 年平均每年损失为 1 120 亿元。据报道,2006 年 8 月以来,由于特大干旱灾害,致使重庆市共发生森林火灾 92 起,过火面积超过 8 000 亩;全市直接经济损失 63.75 亿元,其中农业损失 51.28 亿元;造成目前重庆有 2/3 的溪流断流,275 座水库处于死水。二是人员伤亡。新中国成立 60 多年来,全国每年有 1.5 亿～3.5 亿人口受灾,约占全国总人口的 25%～30%;严重灾年受灾人口达 4 亿以上,超过总人口的 1/3。1949～1998 年,各种自然灾害共造成约 61 万人死亡,平均每年死亡 12 200 人。三是生态环境遭受巨大破坏。四是对社会稳定一定程度上还带来严重威胁。

（八）生物污染、产品污染、食品污染

由于大气、水体、土壤的污染,势必导致农业生物污染、农产品污染和食品污染。一是有毒有害物质残留量高,产品、食品合格率低。据赵其国研究,江苏省苏南地区几乎有 1/3～1/4 耕地受过量施用的氮肥、磷肥、重金属及有机残留化合物的严重污染,几种蔬菜中的 Cd、Cr、Pb 超标率为 20%、60%、60%。此外,春季蔬菜中的甲胺磷、甲拌磷等农药含量也超标,不利于社会及人体健康。二是产品出口受阻。如 1990 年我国出口到日本的 1 万吨肉鸡,由于检出抗球虫药氯羟吡啶的残留量超标,要求我国政府销毁所有产品,给我国造成巨大经济损失。三是食物中毒事件增多,严重危及社会稳定。根据卫生部公布的数据,1998～2006 年,我国共发生食物中毒事件 2 748 起,中毒人数 100 618 人,造成死亡人数 1 685 人,相当于平均每年发生中毒事件 305 起,中毒 11 180 人,死亡 187 人,见表 9-2（赵其国等,2007）。

表9-2　我国近年来发生的食物中毒事件(1998~2006)

年　份	中毒事件/起	中毒人数/人	死亡人数/人
1998	55	5 838	88
1999	97	4 999	103
2000	150	6 273	150
2001	706	22 193	184
2002	128	7 126	138
2003	379	12 876	323
2004	381	14 229	268
2005	256	9 021	235
2006	596	18 063	196
合　计	2 748	100 618	1 685

资料来源：根据卫生部公布的有关数据及因特网上的相关资料整理而成

四、加强生态建设，维护生态安全

针对上述存在的农业生态不安全的现状，必须采取切实有效的对策和措施，以维护农业生态安全，实现农业可持续发展。具体对策与措施包括：

（一）建立健全法律法规

近些年来，我国在生态立法方面已做了大量工作，取得的明显成效是有目共睹的。但随着国内外形势在进一步发展，为确保新世纪我国农业生态安全，必须要更加重视农业生态安全方面的立法工作，建立、健全相关法律、法规，为维护我国农业生态安全提供法律和制度保障。

（二）大力推行清洁生产

首先，工业上要开发利用清洁能源和"替代能源"，减少对不可更新资源的利用和消耗，减少对农业环境的污染；其次，农业上要尽量减少化肥、农药的使用量，对各种化学制品（化肥、农药、农膜、除草剂等）要遵循"少用、适用、慎用"或"最好不用"的原则，以确保农业生态环境质量的不断提高；第三，要在全社会树立和倡导"节约资源、珍惜资源"的良好风尚，并千方百计减少垃圾的排放量，做到垃圾的"减量化、资源化、无害化"。

（三）积极发展生态农业

从长远来讲，要彻底解决农业生态环境的安全问题，生产出绿色、健康、安全食品，必须大力发展生态农业。近20多年来，我国生态农业有了长足发展，取得了国内外公认的成就。今后，必须在扩大面积、优化模式、推广技术，以及加强科普和培训，提高人员素质等方面下大力气，真正把我国生态农业的发展推向一个新的高潮。

（四）开展环境治理，提升环境质量

对于已经遭受破坏和受到污染的大气、水体、农田土壤和工矿区，要运用物理的、化学的、生物的手段，对其进行综合治理，真正从根本上提升环境质量，以造福于全社会、全中国。

（五）建立预警系统，维护生态安全

要尽快建立适合不同地区、不同类型的农业生态安全预警系统及其高效运转机制，防止出现农业生态"不安全"的因素,真正做到"防患于未然";一旦出现农业生态"不安全"的因素或迹象,应及时采取有效的"应急"措施,以确保农业生态安全。

第二节　农业生态健康

一、生态健康与农业生态健康及其重要意义

（一）生态健康、农业生态健康的提出与兴起

生态健康（ecological health）、生态系统健康（ecosystem health）是近 10 多年来出现的新的研究领域（王宏燕,2008）。从国外来看,1989 年,Rapport 论述了生态系统健康的内涵;同年,国际"水生生态系统健康与管理学会"在加拿大成立,这是国际上首次成立的有关生态系统健康的学术团体。1990 年,来自学术界、政府、商业和私人组织的代表,就生态系统健康定义问题,在美国召开了专门讨论会。1992 年,*Ecosystem Health* 和 *Journal for Ecosystem Health and Medicine* 两种杂志创刊。1996 年,ISEH 召开了"第二届国际生态系统健康学术研讨会",这次大会与"96'生态高峰会"联合在丹麦哥本哈根召开。1999 年 8 月,"国际生态系统健康大会——生态系统健康的管理"在美国加州召开。

从国内来看,2004 年 12 月 6～7 日,由中国农工民主党主办的"首届中国生态健康论坛"在北京举行,与会者就如何让环境更安全、发展更持续、身心更健康、社会更和谐展开了热烈讨论。2005 年 10 月 21 日,"第二届中国生态健康论坛"在内蒙古乌海市隆重召开,这次论坛的主题是：生态健康与循环经济。2006 年 11 月 27 日,由中国农工民主党中央和广西壮族自治区人民政府共同主办的"第三届中国生态健康论坛"在桂林市召开,该次论坛的主题是"生态健康与社会主义新农村建设"。2008 年 9 月 25 日,由中国农工民主党中央委员会和山东省人民政府共同主办的"第四届中国生态健康论坛"在山东青州召开,论坛主题为"生态健康与生态文明建设"。"第五届中国生态健康论坛"于 2009 年 11 月 6～8 日在湖北省武汉市召开,论坛主题为"建设生态健康与两型社会"。除举办生态健康论坛之外,国内还有许多学者通过其他形式对生态健康、生态系统健康等进行深入研究和广泛交流,并发表大量研究成果。据 2009 年 10 月 16 日《中国知网》（http://ckrd.cnki.net/grid20/scdbsearch/cdbIndex.aspx）以"生态健康"为标题进行检索,共检索出学术成果 1 940 条（篇）,其中中国期刊全文数据库 836 条（篇）、中国重要报纸全文数据库 398 条（篇）、中国重要会议论文全文数据库 129 条（篇）、中国优秀硕士学位论文全文数据库 83 条（篇）、中国博士学位论文全文数据库 16 条（篇）、国家科技成果数据库 10 条（篇）,等等。这说明,到目前为止,我国有关"生态健康"的研究成果是大量的、丰硕的。

由于我国是农业大国,研究生态健康、生态系统健康,必然要涉及农业生态健康、农业生态系统健康的内容,或者说,农业生态健康、农业生态系统健康就是我国生态健康、生态系统健康的组成部分和研究内容。从这一意义来说,生态健康、生态系统健康研究的提出与兴起,也即是农业生态健康、农业生态系统健康研究的提出和兴起。

（二）农业生态健康的内涵与意义

究竟什么是农业生态健康？其研究内容是什么？这正是国内外学者正在积极研究和探

索的问题。

首先,什么是生态健康。生态健康是指人与环境关系的健康,是测度人的生产、生活环境及其赖以生存的生命保障系统的代谢过程和服务功能完好程度的系统指标,包括人体和人群的生理和心理生态健康,人居物理环境、生物环境和代谢环境的健康,以及产业和区域生态服务功能的健康。正如全国人大常委会副委员长、农工党中央主席蒋正华在"第二届中国生态健康论坛"指出的:"生态健康从本质上讲是一种生态关系的健康,也就是说人与环境关系的健康,包括个体的生理和心理环境健康,人居物理环境、生物环境和代谢环境的健康,以及产业、城市和区域生态系统的健康。"

目前,国内外普遍认为,生态健康是指居民的衣、食、住、用、行环境及其赖以生成的生命保障系统的代谢过程和服务功能的健康程度,包括居民的生理和心理生态健康,产业系统和代谢过程的健康;景观和区域生态系统格局和生态服务功能的健康;以及人类生态意识、理念、伦理和文化的健康。生态健康失调到一定域值就危及生态安全。生态安全不保会殃及社会安全、经济安全和治安安全。生态健康是一个社会-经济-自然复合生态系统尺度上的功能概念,涉及水、能、土、气、生、矿等自然过程;生产、消费、流通、还原、调控等经济过程;认知、体制、技术、文化等社会过程。生态健康旨在推进一种将人与环境视为相互关联的系统而不是孤立处理问题的系统方法,通过生态恢复、保育和保护去促进人、生物和生态系统相互依赖的健康。生态健康是人与环境关系的健康,不仅包括个体的生理和心里健康,还包括人居物理环境、生物环境和代谢环境的健康,以及产业、城市和区域生态系统的健康。可见,生态健康范围之广、内容之丰富,其与生态安全关系之密切、对生态安全影响之大。因此,必须高度重视生态健康问题。

其次,什么是农业生态健康。农业生态健康,或称农业生态系统健康,是指具有良好的生态环境、健康的农业生物、合理的时空结构、清洁的生产方式,以及具有适度的生物多样性和持续农业生产力的一种系统状态和动态过程。具体来说,农业生态健康主要包括以下内容:

(1) 农业生物健康。即高产、优质、高效、多抗的农业生物品种,无病源微生物,无恶性入侵生物或害虫,无转基因物种风险等。

(2) 农业环境健康。即组成农业生态系统的各环境因子的健康,具体内容包括:① 土壤健康,即无养分亏缺或养分冗余,无污染,无土传性病害,清洁(无污染)、高效(土壤肥沃,生产力高)、可持续(无障碍因子,"后劲"足)的土壤;② 农业水环境健康,即无污染、无化学异常、无亏缺与冗余(即无干旱与洪涝灾害);③ 大气环境健康,即无污染、无化学异常(如无酸沉降等);④ 农业生态结构合理、和谐,即合理的物种空间配置和时间配置,适度的生物多样性,农作物无构件冗余(如无茎叶冗余、无根系冗余等);⑤ 高产、稳产能力强,即系统具有持续的农业生产力,表现为高产;同时,系统又具有强抗灾、抗逆能力,如抗旱、耐涝能力,抗病、虫能力,等等;⑥ 具有物质源/汇功能,如小气候调节、空气调节、对周围系统不输出或少输出废物等健康的环境服务功能。

(3) 农产品健康。即系统能生产出安全、无污染、有营养、有保健作用(或价值)的健康产品,包括绿色产品(或绿色食品)和有机产品(或有机食品)。

由上可见,农业生态健康的含义是从生态健康"演变"过来的,与生态健康密切相关,但与生态健康的含义不尽相同,农业生态健康内涵更具体、更实际,更具有实践性和可操作性。

由于农业生态系统是半人工的生态系统,其演变与发展强烈地受到人为因素的影响和干扰,因此,农业生态健康与否很大程度上受到人为的调节与控制。合理、适度的"人为"措施,有利于农业生态健康;相反,不适宜、不合理、过度、过量的人为"调控",则会引起生态破坏、水土流失、土壤退化、环境污染、产品(食品)"不安全"等,并最终导致农业生态"不健康"。这在农业生产实践与管理中必须引起注意。

二、农业生态不健康的主要表现

近一二十年来,由于不合理的农业生产方式和生活方式,已导致我国出现严重的农业生态"不健康"现象,并产生不良后果。具体表现如下:

(一)农用化学品投入大

据中国工程院院士朱兆良研究,我国农业中使用化肥的强度独一无二,特别是氮肥,中国有着不到世界1/10的耕地,但是近年来氮肥的使用量却占全世界的1/3。实际上,中国也是最大的农药使用国。近10多年来,农药使用量每年基本稳定在23万吨左右(有效成分),各种制剂(实物量包括有效成分和各种辅剂)约120万吨,已注册登记投入使用的农药品种约600多种。目前中国农药的过量施用在水稻生产中约达40%,在棉花生产中超过了50%。我国目前使用的农药主要以杀虫剂为主,其中高毒农药品种仍然占有相当高的比例。许多被禁止的农药依然在使用,这不仅损害环境,而且导致了在食品中的有害残留。

(二)农业面源污染严重

由于过量使用农药、化肥等农用化学制品,已导致严重的农业面源污染。目前,农业面源污染影响了土壤、水体和大气的环境质量。

由于我国农业生产中过量使用化肥和农药相当普遍,已经导致东部沿海地区严重的面源污染(也称为非点源污染),成为中国水环境和大气环境污染的重要原因之一。目前水体污染物中来自工业、生活和农业面源污染的大约各占1/3。在不久的将来,城市和工业垃圾导致的点源污染对水质污染的影响将逐渐减少,而由规模化养殖业导致的点源污染和作物种植导致的面源污染将成为水质污染的主要原因。

首先是累积于饮用水源和土壤中的化肥和农药对沿海省份的广大居民健康构成了威胁。2002年7个省份处于硝酸盐污染的高风险区,按目前的发展趋势,到2010年,处于高风险区的省份可能增加到13个。调查表明,目前50%的城市地下水不同程度地受到污染,其中华北地区的污染尤为严重。其次是引起湖泊、河流、浅海水域生态系统的富营养化,水藻疯长,鱼类等水生动物因缺氧数量减少甚至全部死亡,还引发赤潮。同时氮肥气态损失的成分(氧化亚氮)是对全球气候变化产生影响的温室气体之一,并破坏臭氧层。同时,过量施肥和施用农药降低了我国农产品在国际市场的竞争力。化肥和农药投入及伴随的劳力成本是我国粮食生产成本的主要组成部分。化肥和农药的过量使用导致成本不必要的增加,而且农药残留使农产品质量下降。同时农民收入减少,农田净收益减少10%~30%。

根据调查与研究,造成我国各地农业面源污染的原因是多方面的。主要原因:第一,农民施用过多的化肥(特别是氮肥)和农药,以及不合理的施用方法,导致肥料和农药的利用效率低下,损失大,污染环境;第二,缺乏农业技术推广服务,这也是导致农业面源污染加重的重要原因之一;第三,公众尤其是农民缺乏环境意识,自觉或不自觉地在生产、生活过程中破坏环境、污染环境,因此,提高广大干部、群众的环境意识是当务之急。

（三）人类健康受到威胁

目前,由于农业生态不健康,大气污染、水域污染、固体废物污染以及农药和其他工业化学用品的污染等,都已对人类的生存安全构成重大威胁,成为人类健康、经济和社会可持续发展的重大障碍。据世界卫生组织估计,世界 25% 的疾病和死亡是由环境因素造成的,全世界每年死亡的 4 900 万人中 3/4 是由于环境恶化所致,其中儿童是环境恶化的最大受害者。

据有关研究,从水的方面说,全国有监测的 1 200 多条河流中,850 多条受到污染。资料显示,中国饮用受到有机物严重污染的饮水人口约 1.6 亿。在土壤方面,由于暴露在污染的土壤和尘土中,特别是脆弱群体的妇女和儿童,更会受到在污染环境中生长的植物的威胁。在食物方面,人类接受的持久性有毒化学品的食物链的变化,对人类的健康状态造成影响。交通也是城市地区许多疾病的起因。空气污染、交通事故、静止的生活方式等,使人们的生态健康受到威胁,世界上每年约有 50 万人死于交通事故。噪声的危害也不容忽视,还有二噁英、环境激素、重金属等持久性有机污染物(POPs)危害人们的生态健康。

中国科学院生态环境研究中心研究员王如松认为,健康问题的产生与环境的恶化密不可分。北京阜外医院的调查结果表明,10 年间我国男性冠心病的发病率增加了 42.2%,女性增加 12.5%。另外,目前我国有 4.25 亿人口生活在缺碘地区,30 个省区市 1 230 个县市的 2 亿多人口受地氟病威胁,15 个省区市 321 个县市的 5 000 万人口受克山病威胁,14 个省区市 315 个县市 3 400 万人口受大骨节病的威胁;霍乱、病毒性肝炎、钩端螺旋体病、腹泻病、血吸虫病、疟疾、出血热、乙型脑炎等传染病仍在危害着人们的健康。

据《新华网》(2009 年 10 月 16 日)报道,20 年前,我国育龄人群中的不孕不育率仅为 3%,处于全世界较低水平。而如今,全国平均每 8 对育龄夫妇中就有 1 对面临生育方面的困难,不孕不育率攀升到 12.5%～15%,接近发达国家 15%～20% 的比率。据 2009 年 8 月底召开的"2009 中国不孕不育高峰论坛"公布的《中国不孕不育现状调研报告》显示,我国不孕不育者以 25 岁至 30 岁人数最多,呈年轻化趋势。

导致我国不孕不育率上升的原因是多方面的,如工作压力过大、生活节奏过快、饮食结构不合理等,但环境因素(主要是环境污染)是其最主要原因之一。据研究,导致中国不孕不育夫妇迅速增加的一个重要原因是在工业化和城市化过程中,环境污染的加剧,使男性无精症、少精症、弱精症病人明显增加,生精细胞严重受损,精子质量下降。据相关统计表明,与三四十年前相比,中国男性每毫升精液所含精子数量从 1 亿个左右降至目前的 2 000 万～4 000 万个。现代化程度越高的地区,精子质量下降速度越快。显然,环境问题应引起全国各方面的重视并采取切实措施。

三、农业生态健康的影响因子及其分析

影响农业生态健康的因子是多方面的,既有促进农业生态健康的起"正"作用的因子,也有抑制农业生态健康的起"负"作用的因子。这里着重从以下 5 方面进行讨论。

（一）农用化学品投入

农业生产中大量使用杀虫剂、杀菌剂、除草剂、土壤改良剂、植物生长调节剂、饲料添加

剂等各种农用化学制品,在有效防治病、虫、草害,促进生物(作物或畜禽)方面起着重要作用。但同时不容否定,由于过施、滥施、偏施等不合理施用农用化学品,不仅导致对农业(农田)生态系统中天敌和有益生物的杀伤,破坏农业或农田的生物多样性,而且对农业(或农田)生态环境带来严重污染,从而对农业生态健康产生极其不利的影响。

（二）农业生物技术

基因改良生物体释放于环境可能产生潜在的不良效应。转基因植物的释放对农业环境影响的问题,已越来越多地引起人们的重视,因为转基因植物本身可能变为杂草或使其他野生近缘种变为杂草。如果转基因植物具有很高的适合度和竞争力,就可能引起种群爆发,破坏生物多样性,从而改变生物群落的结构,影响农业生态系统的能量流动和物质循环,从而影响农业生态健康。

（三）农业生物入侵

生物入侵是指外源生物引入本地区,种群迅速蔓延失控,造成其他土著种濒临灭绝,并伴生其他严重危害的现象,其对农业生态健康的影响是巨大的和不利的,更有甚者,可使整个农业生态系统崩溃且难以逆转。

据农业部近年统计,目前已有400多种外来物种"全面"入侵我国,在国际自然保护联盟公布的全球100种最具有威胁的外来生物中,入侵我国的物种有50余种,仅其中11种主要外来生物每年给我国造成的经济损失就高达570亿元! 近10年来,新入侵我国的外来生物至少有20余种,平均每年新增约2种,外来生物入侵呈现出传入数量增多、频率加快、蔓延范围扩大、发生危害加剧、经济损失加重的趋势。

根据广西壮族自治区植物检疫站统计(吴志红,2003),迄今为止对广西影响较大的外来入侵物种约有31种,其中动物类11种、植物类8种、微生物12种。这些入侵物种对广西的农业、林业、生态环境和人类社会的发展均带来严重影响。入侵重庆的外来生物多达53种。其中有8种属于国家环保总局首批公布16种最具危害性的外来入侵生物,比例高达50%。主要有紫茎泽兰、空心莲子草(革命草、水花生)、毒麦、凤眼莲(水葫芦)、假高粱、蔗扁蛾、福寿螺、牛蛙等。其中毒麦、假高粱、蔗扁蛾属于国家检疫检测对象,2003年蔗扁蛾又被列为我国检疫检测补充对象。有10种外来入侵生物属于国家林业局公布的林业有害植物,另外35种是可能对本地生物带来巨大影响的危险性外来入侵生物。据不完全统计,上海地区每年由于外来有害生物入侵造成的农林业及贸易经济损失高达30亿元。如凤眼莲作为上海黄浦江上的主要外来入侵种之一,其造成的危害至少有两个方面:一是打捞和控制的人工与费用不断升高。如1975年上海市水域保洁队在苏州河、黄浦江每天只打捞0.5吨凤眼莲,1995年就达50吨/天,2001年约250吨/天,最高时甚至超过400吨/天。其耗费的人工和所花的费用可想而知。二是堵塞河道和港口,影响通航。由于大量凤眼莲"捞不胜捞",在黄浦江上成片漂浮,严重妨碍港口工作的正常进行,其所造成的经济损失是难以估算的。1999年因人工打捞凤眼莲,浙江省温州市花费1 000万元以上,福建省莆田市耗费500万元。

（四）农业自然灾害

农业自然灾害是威胁农业生态健康的重要因素之一。如地震、火山爆发、干旱、洪涝灾害、龙卷风、森林火灾等均对农业生态系统产生巨大破坏,有的甚至是毁灭性的。根据2009

年 5 月 11 日国务院新闻办公室发表的《中国的减灾行动》白皮书,中国的自然灾害具有以下几个主要特点:

(1) 灾害种类多。中国的自然灾害主要有气象灾害、地震灾害、地质灾害、海洋灾害、生物灾害和森林草原火灾。除现代火山活动外,几乎所有自然灾害都在中国出现过。

(2) 分布地域广。中国各省(自治区、直辖市)均不同程度受到自然灾害影响,70%以上的城市、50%以上的人口分布在气象、地震、地质、海洋等自然灾害严重的地区。2/3 以上的国土面积受到洪涝灾害威胁。东部、南部沿海地区以及部分内陆省份经常遭受热带气旋侵袭。东北、西北、华北等地区旱灾频发,西南、华南等地的严重干旱时有发生。各省(自治区、直辖市)均发生过 5 级以上的破坏性地震。约占国土面积 69%的山地、高原区域因地质构造复杂,滑坡、泥石流、山体崩塌等地质灾害频繁发生。

(3) 发生频率高。中国受季风气候影响十分强烈,气象灾害频繁,局地性或区域性干旱灾害几乎每年都会出现,东部沿海地区平均每年约有 7 个热带气旋登陆。中国位于欧亚、太平洋及印度洋三大板块交汇地带,新构造运动活跃,地震活动十分频繁,大陆地震占全球陆地破坏性地震的三分之一,是世界上大陆地震最多的国家。森林和草原火灾时有发生。

(4) 造成损失重。1990~2008 年 19 年间,平均每年因各类自然灾害造成约 3 亿人次受灾,倒塌房屋 300 多万间,紧急转移安置人口 900 多万人次,直接经济损失 2 000 多亿元人民币。特别是 1998 年发生在长江、松花江和嫩江流域的特大洪涝,2006 年发生在四川、重庆的特大干旱,2007 年发生在淮河流域的特大洪涝,2008 年发生在中国南方地区的特大低温雨雪冰冻灾害,以及 2008 年 5 月 12 日发生在四川、甘肃、陕西等地的汶川特大地震灾害等,均造成重大损失。

2008 年 5 月 12 日,发生在四川汶川的特大地震灾害,就对包括农业生态系统在内的整个区域生态系统造成毁灭性破坏——破坏生物生产力、降低生物多样性、摧毁大量建筑物、损毁生命线工程、诱发次生灾害、引发疫情、污染环境、损坏自然资源、损害人力资源,以及危及社会稳定。据民政部报告,截至 2008 年 8 月 11 日 12 时,四川汶川地震已确认 6.922 5 万人遇难,37.464 0 万人受伤,失踪 1.793 9 万人;汶川地震造成公路受损里程累计 5.329 5 万千米,受损供水管道累计 4.827 6 万千米,电信光缆损毁里程合计 3.664 7 皮长千米,四川、甘肃、陕西因灾受损商业网点(含个体工商户)总计 13.896 0 万家。据初步估计(《科学时报》,2008 年 7 月 18 日),汶川特大地震造成的直接经济损失约为 8 500 亿~9 000 亿元。可见,这次特大地震灾害对区域生态系统造成的破坏之大、危害之重、损失之多,都是新中国成立以来前所未有的。

可以预见,当前和今后一个时期,在全球气候变化背景下,极端天气气候事件发生的概率会进一步增大,降水分布不均衡、气温异常变化等因素导致的洪涝、干旱、高温热浪、低温雨雪冰冻、森林草原火灾、农林病虫害等灾害可能增多,出现超强台风、强台风以及风暴潮等灾害的可能性加大,局部强降雨引发的山洪、滑坡和泥石流等地质灾害防范任务更加繁重。随着地壳运动的变化,地震灾害的风险有所增加。这些都将对生态健康产生不利影响,应引起我们的警觉和重视。

(五) 农业生产措施

不合理的农业生产措施,如土地的过度开垦和耕作、作物的不当种植方式、过度放牧、化学制品(农药、化肥、农膜等)的过量使用等,都将严重影响农业生态健康。如作物的单一种植和长期连作,必然造成农田病、虫、草害加剧,土壤理、化、生物学性状变劣,土壤中有毒、有害物质大量积累,以及土壤污染日益加重等,这对生产安全农产品、绿色产品和有机产品极为不利。

四、治理农业生态环境,保障农业生态健康

（一）加强认识

要保障农业生态健康,必须首先加强对农业生态健康重要性的认识。农业生态健康是人与农业生态环境关系的健康,不仅包括个体的生理和心理健康,还包括人居物理环境、生物环境和代谢环境的健康,以及农业产业和区域农业生态系统的健康。农业生态健康本质上是一种农业生态关系的健康,即人与自然、人与环境、人与系统(农业生态系统)之间的良好关系、和谐关系。

正如《全球 21 世纪议程》中指出的:"如果没有健康的人,也就不可能有健康的发展。大多数发展活动会影响环境,从而通常会引起或加剧健康问题。与此同时,如果缺少发展,也会对许多人的健康造成不良影响。"这段话高度概括了人类健康与可持续发展的彼此联结互为因果的辩证关系。由此可以看出,农业生态健康与人、与环境、与可持续发展的关系甚为密切,值得引起全世界的高度重视。

（二）统筹规划

保障农业生态健康,既需要政府的支持、科技的投入和企业的参与,更需要全社会的理解与支持,而进行统筹规划则是至关重要的。

保障农业生态健康,必须始终注重统筹规划与系统管理农业生态健康,将生态健康列入贯彻科学发展观的重要内容和各级政府、企业的绩效考核指标,实现经济资产和生态资产并重管理,社会服务和生态服务统一考核;在各级政府建立生态健康管理的协调和预警机制,系统维护和调配各类生态资产,综合协调和及时处理各相关部门的健康管理问题;实行对社会生产生活全过程健康状况的在线监测、综合管理、社会监督和全程问责。

（三）全民参与

为保障农业生态健康,还应倡导全民参与农业生态健康运动,在全社会大力宣传、普及农业生态健康的科学理念和保健方法,强化农业生态健康教育和研究,唤起社会各阶层对农业生态健康的危机感和责任心,改变传统的生产方式和消费模式,加大社会资源对生态健康的投入力度。通过政府引导、科技催化、企业运作、民众参与、舆论宣传等手段强化和保障生态安全,确保全社会成员都能获得清洁的空气、干净的饮水、安全的食物、宜居的住房、舒适的环境、低风险的交通,以及可靠的防灾减灾措施。

（四）改善卫生条件

在推进农村卫生体系建设方面,应加速面向生态健康的公共卫生政策和体制改革,在全国城乡普及对粪便、污水和垃圾资源化、减量化和无害化的科学理念,加大对农村卫生工程的投入力度,确保农村环境的净化、绿化、美化、活化与人性化。尤其应加快卫生条件较差的农村和贫困地区不同类型生态厕所和生态人居的推广进程,建设节水、节能、截污、肥田、低投入和低感染的城乡生态卫生体系。

（五）发展生态产业

生态健康不仅只是一个花钱的项目,通过振兴生态健康产业,还将有望创造出一个包括生态食品、生态建筑、生态交通、生态药业、生理心理保健和健康咨询服务等在内的巨大商机。通过将传统中医药学和现代高新技术相结合,系统研究、开发、孵化和推进生态健康和生态服务产业,将使健康产业成为循环经济,特别是欠发达地区经济跨越式发展的切入点。以典型生态健康企业和生态产业园区为龙头,积极推进面向循环经济的产业生态转型——以对社会的服务功能而不是以产品为经营目标,将生产、流通、消费、回收、环境保护及能力建设纵向结合,将不同行业的生产工艺横向耦合,将生产基地与周边农田的第一性生产、当地社区发展和区域环境保护纳入生态产业园统一建设和管理,谋求资源的高效利用、社会的充分就业和有害废弃物向系统外的零排放。

（六）实行综合整治

保障农业生态健康,加快农业生态健康的各项工程建设,难点在于体制条块分割、管理短期行为、生态意识低下、技术手段落后。现实发展大多追求经济发展的数量和速度,把追求经济财富的积累、物质文明的增长和社会服务的改善视为硬道理,而把生态资产的增值、生态服务的保育和农业生态的建设视为"软"道理。在落实科学发展观中,必须把农业生态健康列入实施可持续发展的重要内容和各级政府、企业的绩效考核指标,要求经济资产和生态资产并重、社会服务和生态服务共建,财富、健康、文明齐抓,在物质文明、精神文明和政治文明建设中加入生态文明的内涵。

第三节 农业生态文明

2007年10月,党的十七大报告提出:"要建设生态文明,基本形成节约能源资源和保护生态环境的产业结构、增长方式、消费模式。"我国作为发展中农业大国,建设生态文明,首先应建设农业生态文明。那么,什么是农业生态文明? 为什么要建设农业生态文明? 以及如何建设农业生态文明? 这些问题正是本节要讨论的内容。

一、农业生态文明的含义

要弄清楚什么是农业生态文明,首先必须搞清楚什么是文明? 什么是生态文明?

（一）文明

文明是人类文化发展的成果,是人类改造世界的物质和精神成果的总和,是人类社会进步的标志。

《周易》说:"见龙在田,天下文明。"唐代孔颖达注疏《尚书》时将"文明"解释为:"经天纬地曰文,照临四方曰明。""经天纬地"意为改造自然,属物质文明;"照临四方"意为驱走愚昧,属精神文明。在西方语言体系中,"文明"一词来源于古希腊"城邦"的代称。

至今,人类文明经历了3个阶段。第1阶段是原始文明。约在石器时代,人们必须依赖集体的力量才能生存,物质生产活动主要靠简单的采集渔猎,为时上百万年。第2阶段是农业文明。铁器的出现使人改变自然的能力产生了质的飞跃,为时1万年。第3阶段是工业文明。18 世纪英国工业革命开启了人类现代化生活，为时 300 年。从要素上分，文明的主体是人，体现为改造自然和反省自身，如物质文明和精神文明；从时间上分，文明具有阶段性，如农业文明与工业文明；从空间上分，文明具有多元性，如非洲文明与印度文明。

（二）生态文明

300 年的工业文明以人类征服自然为主要特征。世界工业化的发展使征服自然的文化达到极致；一系列全球性生态危机说明地球再也没有能力支持工业文明的继续发展。需要开创一个新的文明形态来延续人类的生存，这就是生态文明。如果说农业文明是"黄色文明"，工业文明是"黑色文明"，那生态文明就是"绿色文明"。

生态文明，是指人类遵循人、自然、社会和谐发展这一客观规律而取得的物质与精神成果的总和；是指人与自然、人与人、人与社会和谐共生、良性循环、全面发展、持续繁荣为基本宗旨的文化伦理形态。

生态文明是人类文明的一种形态，它以尊重和维护自然为前提，以人与人、人与自然、人与社会和谐共生为宗旨，以建立可持续的生产方式和消费方式为内涵，以引导人们走上持续、和谐的发展道路为着眼点。生态文明强调人的自觉与自律，强调人与自然环境的相互依存、相互促进、共处共融，既追求人与生态的和谐，也追求人与人的和谐，而且人与人的和谐是人与自然和谐的前提。可以说，生态文明是人类对传统文明形态特别是工业文明进行深刻反思的成果，是人类文明形态和文明发展理念、道路和模式的重大进步。

（三）农业生态文明

我国是发展中农业大国，农业生态文明建设是我国生态文明建设的重要组成部分。可以说，只有实现了农业生态文明，才能算全国真正实现了生态文明、完全实现了生态文明。

农业生态文明是一个综合性的农业文明成果，不仅包括农业生态文明的物质成果，亦包括农业生态文明的精神成果，是两者成果的总和，是两种成果的双发展、双丰收。就农业生态文明的物质成果而言，应包括高度发达的农业生产力，满足人民日益增长的农产品数量与质量需求；农业产业结构乃至农村产业结构合理；农业增产、农民增收、农村富裕、农村社会繁荣；农村社会化服务和农村社会保障满足人民需求；农业生态环境优化、美化，人（主要是农民）与自然关系协调、和谐；农业经济效益、生态效益与社会效益同步发展、良性循环。就农业生态文明的精神成果而言，则应是农民素质不断提升，农村人与人之间关系融洽，农民生态观念与意识的产生并增强，农民热爱自然、爱护环境理念牢固树立，农民精神面貌改善并不断提高，农村生态文化形成并不断发展等。显然，由于农业生态文明建设是我国生态文明建设的重要组成部分，因此只有农业生态文明建设取得实际效果，我国的生态文明建设才会有根本性的改变和质的飞跃。

二、农业生态文明的特性

总体来说，我国农业生态文明具有以下若干特性（戴圣鹏，2008）：

（一）必然性

21 世纪是生态文明世纪，这是人类社会历史发展的基本规律和必然趋势。首先，生态文明是人类对工业文明造成生态环境危机从而危及人类生存的深刻反思的结果。这是人类社会孕育生态文明的内在因素；其次，生产力的发展，特别是现代信息技术、生物技术、新材料科学等高新科学技术的发展,使人类能够更加充分地发挥主观能动性,为生态文明的实现提供了可能;第三,随着人类生态文明意识的不断提高和科学技术的不断发展,生态文明将不断地向纵深发展,成为人类社会的主导;第四,我国是农业大国,农业生态文明虽然可能会慢一点到来、晚一点实现,但最终必然会到来、会实现,而且由于党中央的高度重视,农业生态文明必然快一点到来、早一点实现。一句话,农业生态文明的建设与发展,是我国经济社会和现代化建设的必然趋势与必然结果。

（二）阶段性

同任何事物的发展一样,农业生态文明的发展也具有阶段性的特征,即不同阶段的农业生态文明具有不同的特点。人类社会的农业先后经历了原始农业、传统农业、近代农业(工业化农业),并已经或正在向现代农业发展,农业发展的阶段性,相应地也必然有农业生态文明的阶段性。当前,我国农业正在向现代农业发展,并大力推进中国特色农业现代化,这时的农业生态文明正具有信息化、科技化、集约化、高效化、生态化和可持续发展的特征。

（三）全面性

全面性是指我国农业生态文明的建设与发展具有全面性和普遍性,它不是某一地区、某一区域的农业生态文明,而是全国各地的农业生态文明;它不是某一方面、某一项内容的生态文明,而是整个农业的生态文明;它不仅是农业物质成果的生态文明,而是包括农业物质成果、农业精神成果和"人"(农村居民)的素质与"关系"(人与人的关系、人与自然的关系、人与社会的关系)的生态文明;它不仅是要现在的农业生态文明,而且需要今后、长久的农业生态文明。

（四）综合性

农业生态文明的综合性体现在3个方面:一是农业生态文明内容的综合性。就农业生态文明包含的内容来讲,它不仅包括了人与自然的和谐关系,而且实际上也涵盖了人自身的和谐、人与人关系的和谐、人与社会的和谐等多方面的内容和"关系",因此其内容具有综合性;二是农业生态文明评价的综合性。由于农业生态文明内容的广泛性和综合性,因此对农业生态文明的衡量标准和评价体系也应是多指标的、综合的和全面的;三是要达到农业生态文明的要求、实现农业生态文明的目标,必须各方面共同努力,采取综合配套的措施,方能如愿以偿。

（五）长期性

农业生态文明,作为现代生态文明的基本追求和重要内容之一,并以人与自然的和谐共处、和谐发展为标志,其实现是一个长期的过程,需要我们把握不同阶段、不同领域农业生态文明的特点,并采取积极的行动,推动农业生态文明建设从初级阶段向高级阶段不断发展。

（六）艰巨性

首先,由于农业生态文明涵盖的内容十分广泛,时空跨度非常之大,加之农业生态文明作为一种理想境界和崇高目标,要实现起来是有难度的。从这一意义来说,建设农业生态文明社会是非常之艰巨的;其次,从我国现实的体制、机制,以及人民的观念等各方面来看,我国农业人口众多,农业基础薄弱,离建设农业生态文明的社会还有相当大的距离,从这一点来说,建设农业生态文明是一个长期而艰巨的任务,必须全国人民齐心协力、共同努力,方能实现之。

（七）持续性

农业生态文明以农业生态系统为中心，以自然、社会、经济复合系统为对象，以各个系统相互协调共生为基础，以农业生态系统承载力为依据，以人类持续发展为总目标，因此，持续发展本身就是一个生态学概念，也是农业生态文明的一个重要特点。

三、建设农业生态文明的重大意义

（一）建设农业生态文明是落实科学发展观的具体体现

党的十七大报告明确提出了科学发展观的"核心是以人为本"。这就要求，不论是经济的发展还是社会的发展，都是以人为主体来进行的，人的发展和人类福利才是"一切发展"（包括经济发展、社会发展等）的根本目的，离开了人的发展来谈发展，这样的发展毫无意义也根本无法发展，这样的发展注定无法长久，是不可持续的。

以人为本是21世纪的人类发展的主旋律。人的生命和生活始终是第一位的，关爱人的生命，改善人的生存条件、提高人的生活质量是发展的第一要义。

建设农业生态文明的一个重要出发点和落脚点，就是提高广大人民群众生活质量，保证人居环境清洁、优美、舒适、健康、安全，人民安居乐业，使人类能够持续永恒地生存和发展。

（二）建设农业生态文明是构建社会主义和谐社会的客观需要

"构建社会主义和谐社会"是我们党的执政理念和治国方略，是人类孜孜以求的一个社会理想，"和谐社会"体现了国家发展的价值取向。"和谐社会"战略目标的提出是由我国社会的深刻变化所决定的。和谐社会应该是"民主法治、公平正义、诚信友爱、充满活力、安定有序、人与自然和谐相处"社会。可见，"人与自然和谐相处"既是和谐社会的内容，更是构建社会主义和谐社会的客观需要，只有人与自然和谐相处、和谐发展，才能为建设社会主义物质文明、政治文明、精神文明的协调发展提供良好的自然环境和生态基础，而人与自然的和谐正是农业生态文明建设之精髓所在。

（三）建设农业生态文明是全面建设小康社会的重要内容

党的十七大报告提出了全面建设小康社会目标的新的更高要求，这就是："增强发展协调性，努力实现经济又好又快发展"、"扩大社会主义民主，更好保障人民权益和社会公平正义"、"加强文化建设，明显提高全民族文明素质"、"加快发展社会事业，全面改善人民生活"和"建设生态文明，基本形成节约能源资源和保护生态环境的产业结构、增长方式、消费模式。循环经济形成较大规模，可再生能源比重显著上升。主要污染物排放得到有效控制，生态环境质量明显改善。生态文明观念在全社会牢固树立。"而要实现上述目标与要求，首先必须大力发展农业、大力建设农业生态文明，只有实现了农业生态文明，才能真正建成全面意义上的"小康社会"。

（四）建设农业生态文明是实现经济又好又快发展的客观需要

党的十七大报告指出："增强发展协调性，努力实现经济又好又快发展。""转变发展方式取得重大进展，在优化结构、提高效益、降低消耗、保护环境的基础上，实现人均国内生产总值到2020年比2000年翻两番。"

在经历了20多年的高速增长之后，我国的经济建设正遭受着资源、能源、生态、环境等多种问题的严重制约，我们已没有足够的资源和空间来支撑高消耗、高污染的经济增长方式,只有转变经济发展方式、实现又好又快发展才是今后长远发展、可持续发展的出路。而建设农业生态文明,正是实现经济、社会又好又快发展的"切入点"、"着力点"和"突破口"。

四、建设农业生态文明存在的主要问题

(一)农业基础薄弱

长期以来,我国广大农村存在自然条件和资源禀赋的缺陷,农业生产经营粗放,加上城市倾斜的二元经济结构导致工业抽吸农业、城市吸吮农村,国家对农业投入不足,宏观调控体系不健全,农业科技含量低,技术装备水平差,农业单位面积产量低,农业劳动生产率低,仅相当于国内第二产业劳动生产率的 1/8 和第三产业的 1/4 左右,农村生态环境不佳。农产品供给处于"紧平衡"状态,农民积极性受到影响。特别是近年来农田水利设施老化失修严重,2006 年,我国耕地有效的灌溉面积为 8.48 亿亩,仅占总面积的 46.41%,每年自然灾害损失的粮食就超过 350 亿千克。农业基础薄弱,必将影响我国农业生态文明的建设与发展。

(二)农业资源约束

一是耕地面积持续减少。2006 年底,我国耕地面积为 18.27 亿亩,人均耕地 1.41 亩,仅为世界平均水平的 40% 左右。

二是淡水资源短缺。目前我国人均淡水总资源仅为 2 100 立方米左右,是世界人均水平的 1/4 左右,且水资源的时空分布极不均衡,北方地区总体上严重缺水。

三是农业面源污染严重。由于农业生产大量使用化肥、农药等,不仅制约了我国农产品质量安全水平的提高,而且导致了农业面源污染日益严重。据统计,目前,我国化肥年使用量达 4 600 多万吨,氮肥当季利用率只有 30% 左右,造成地表水和地下水污染的农田面积达 1.36 亿亩;地膜的大量使用也形成了新的污染源。上述条件的制约,极大地阻碍了我国农业生态文明的实现。

(三)农业科技制约

要建设农业生态文明,必须大力发展现代农业。而发展现代农业必须依靠增加大量现代工业装备和物质投入、开放的高效农业系统,以产业化为重要途径。通过多种形式联合起来,实现种养加、产供销、贸工农一体化生产,使农业生产呈现专业化、规模化、科学化和商品化,使农业的内涵不断得到拓宽和延伸,农业的链条通过延伸更加完善,这都需要强大的农业科技支撑。但我国对农业科技的投入不足,科技人员数量不多,科技成果的转化和推广力度不够,制约着现代农业发展的步伐,也必须影响农业生态文明的建设。据统计,我国农业科技贡献率只有 50%,科研成果转化率只有 30%,分别比发达国家约低 30%~40%。

(四)农业综合生产能力制约

改革开放以来,在政府的推动下,我国的农业综合生产能力不断提高,粮食连年增产,不少农产品的生产总量都位居世界前列,但以经济效益来看,仍明显落后于发达国家,如我国谷物、肉类、禽蛋、水果的产量均居世界第一位,但投入成本过高,如 2005 年我国每千公顷化肥的使用量高达 366.5 吨,是世界平均水平的 3.5 倍,分别是日本、美国、法国的 1.6 倍、3.6 倍、6 倍,农业比较效益低下,制约了现代农业的发展,也制约着农业生态文明建设。

(五)农民科技文化素质偏低

发展现代农业、建设农业生态文明,固然必须提高农业的设施和装备水平,但归根到底,

还必须依靠现代农民。目前,我国农村劳动力的科学文化整体水平偏低,据调查显示,全国5亿多农村劳动力中,初中文化程度的占50.2%,小学及以下文化程度的占37.3%,其中不识字或识字很少的占6.87%。农村劳动力素质低,影响新知识的吸收和农业科技的推广,进而影响农业现代化的推进,也同时制约着农业生态文明建设的向前推进。

此外,农业生态破坏、水土流失、环境污染、生物多样性衰减等均影响和制约着我国农业生态文明建设。

五、转变农业发展方式,建设农业生态文明

在我国社会主义新农村建设中,为推进农业生态文明建设,必须转变农业发展方式,切实解决农业和农村生态环境问题,并采取如下各项对策与措施。

(一)倡导绿色 GDP,对环境资源进行核算,转变政绩考核方式

推进农业生态文明建设,首先要转变农业干部(亦包括广大群众)政绩考核方式,以使"正确"、"先进"的理念和评价方式深入人心并付诸实施,从而从根本上促进生产、节约资源、保护环境。而倡导绿色 GDP,对环境资源进行核算,转变政绩考核方式,这对于推进农业生态文明建设具有直接作用和现实意义。

国内生产总值(GDP)一直被认为是衡量国民经济发展最重要的指标,但是现行 GDP 只反映了经济总量的增长,却没有全面反应经济增长对资源环境的影响及可持续发展能力,容易高估经济规模与经济发展,给人一种扭曲的经济图像。所谓绿色 GDP,就是把资源和环境损失因素引入国民核算体系,即在现有的 GDP 中扣除资源的直接经济损失,以及为恢复生态平衡、挽回资源损失而必须支付的经济投资。建立以绿色 GDP 为核心指标的经济发展模式和国民核算新体系,不仅有利于保护资源和环境,促进资源可持续利用和经济可持续发展,而且有利于加快经济发展方式的转变,提高经济效益,从而增进社会福利。同时,采用绿色 GDP 这一总量指标,也有助于更实际地测算一国或地区经济的生产能力。

(二)倡导绿色产品,加强生态农业的产业化生产与经营,转变农业生产方式

发展农业生产,提高农业综合生产能力,是推进农业生态文明建设的基础和基本要求。要通过大力发展生态农业、有机农业,推进农业生态文明的发展。一是要加强绿色产品、有机产品的产业化生产和经营;二是要加紧起草《绿色产品、有机产品的管理办法》;三是要广泛宣传绿色产品、有机产品,引导市场树立健康的消费方式,使绿色产品、有机产品深入人心;四是要提出科学、合理、完善的《全国绿色产品、有机产品的发展规划》,按照农业产业结构调整和农民增收的要求,分区域、分步骤、有重点地开展安全农产品示范基地建设。

(三)倡导科技兴农,加大农业科技投入力度,转变农业"支撑"方式

"科学技术是第一生产力。""农业的根本出路在于科技进步。"要建设农业生态文明,必须大力发展农业科学技术,充分发挥农业科技在促进农业发展、推进农业生态文明建设方面的"支撑"作用。

要加大对农业科技的投入,推动农业科技的发展,让更多的企业参与到科技创新中来,倡导生物农药和生物肥料,研制出更多低毒、高效、环境友好型的新农药推广到市场中去,加快化肥的替代,逐渐停止那些对水体、土壤有着严重污染、残留量高的农药及化肥的使用,从生产的根本上解决化学污染的源头问题,从而缓解农业对生态环境所带来的巨大压力。

（四）倡导"以法治农"，加快农业立法工作，转变农业"保障"方式

首先，加快相关法律法规的出台。虽然在《全国农业和农村经济第十一个五年计划》中已经把有关农药安全、农业污染等问题纳入其中，但还没有一个完善的法规来对农业生态环境的保护进行有力的管理，因此加快《全国农业生态环境保护条例》的立法，依法加强对农业生态环境的监督管理，对于建设农业生态文明至关重要。

其次，农业部门、监督检测部门等相关部门要加强合作，进一步加强农业环境、渔业水域、草原牧区的监测体系建设，加大环境监测力度。定点、定期对主要农畜产品污染情况开展例行监测；开展对大中城市郊区、工矿企业周围等重点区域土壤环境的例行监测；定期对农产品实行抽查，加强农产品原产地追溯管理制度的建设与监管。对不合格的、不符合标准的要坚决取缔，对那些只图个人利益而以身试法的生产经营者要予以有力的惩罚。真正做到"以法治农"，推进农业生态文明建设。

（五）倡导"天人合一"，保护自然资源和生物的多样性，转变农业资源利用方式和农业环境保护方式

建设农业生态文明，要大力倡导"天人合一"、"人地和谐"理念。首先，要热爱自然、爱护环境；其次，要保护自然资源，保护生物多样性；第三，要发挥资源与环境优势，充分挖掘资源与环境的潜力，走"可持续发展"之路，从而真正转变农业资源的利用方式和农业环境的保护方式，实现农业资源利用的"可再生性"和"可持续性"，农业环境保护的"自觉性"和"永续性"。

思考题

1. 什么是农业安全？什么是农业生态安全？两者有何联系？请结合具体事例加以说明。

2. 当前，我国农业生态安全面临哪些问题？为什么？如何解决？

3. 什么是生态健康？什么是农业生态健康？保障生态健康和农业生态健康有何理论与实践意义？

4. 农业生态不健康有何具体表现？原因何在？

5. 什么是农业生态文明？为什么要建设农业生态文明？如何建设农业生态文明？请以具体事例予以说明。

6. 以你所在地区（省、县、乡、镇或村）为例，分析在现实生活和生产实际中，应采取哪些对策和措施以维护地区农业生态安全与健康，建设生态文明的"和谐农村"？

参考文献

[1]　朱晓峰. 论我国的农业安全[J]. 经济学家，2002(1)：25～30.

[2]　刘乐山. 中国"入世"后的农业安全问题及其对策[J]. 喀什师范学院学报，2002，23(1)：23～26.

[3]　王延涛，周博文. WTO与中国农业安全[J]. 农业经济，2003(3)：12～13.

[4]　赵其国. 现代生态农业与农业安全[J]. 生态环境，2003，12(3)：253～259.

［5］ 熊鹰,王克林,吕辉红. 湖南省农业生态安全与可持续发展初探［J］. 长江流域资源与环境,2003,12(5)：433～439.

［6］ 章家恩,骆世明. 农业生态安全及其生态管理对策探讨［J］. 生态学杂志,2004,23(6)：59～62.

［7］ 张金萍,张保华,刘衍君,等. 中国农业生态安全及相关研究进展［J］. 世界科技研究与发展,2005,27(2)：42～46.

［8］ 张保华,张二勋,张秀省. 农业生态安全评估指标体系研究［J］. 河南农业科学,2005(12)：5～7.

［9］ 黄国勤,石庆华. 中国生态安全问题研究［J］. 江西科学,2006,24(2)：194～200.

［10］ 黄国勤. 农业可持续发展导论［M］. 北京：中国农业出版社,2007.

［11］ 赵其国,黄国勤,钱海燕. 生态农业与食品安全［J］. 土壤学报,2007,44(6)：1127～1134.

［12］ 戴圣鹏. 农村生态文明建设的实践模式探索［J］. 南京林业大学学报(人文社会科学版),2008,8(3)：183～187.

［13］ 王宏燕,曹志平. 农业生态学［M］. 北京：化学工业出版社,2008.

［14］ 黄国勤. 四川汶川地震灾害对生态环境的影响及对策［J］. 可持续发展研究,2008(3)～(4)：55～57.

［15］ 黄国勤. 生态文明建设的实践与探索［M］. 北京：中国环境科学出版社,2009.

第十章　农业可持续发展与都市农业

　　可持续农业作为一种新的农业可持续发展战略已得到全球性的响应,它一方面努力满足现代人类需求;另一方面要保护资源和生态环境,有利于农业生产的长远发展。自 20 世纪 90 年代可持续农业兴起以来,世界各国在理论和实践上的探索不断深入,尽管做法各不相同,但总的发展目标是相同的,即农业可持续发展。

　　都市区域范围内的现代农业,正由城郊型向都市型转变,其综合生产能力明显加强,都市农村经济的发展也非常迅速。但是,在都市农业的发展过程中,仍存在许多亟待研究解决的问题,诸如:城乡生态环境问题,农业生产的普遍兼业化问题,农业生产规模(特别是农户经营规模)狭小问题,以及农产品的生产、加工、销售分割,导致利益分配不合理等问题。显然,都市农业的建设一定要解决以上问题,要进一步探讨符合专业化、集约化、市场化、科技化要求的都市农业可持续发展对策。

第一节　可持续发展的理论与实践

　　人类社会的发展创造了灿烂的物质文明和精神文明。然而,这种发展犹如一把双刃剑,在向贫困和落后开战的同时,也刺伤了人类自己的家园——地球村,显现了这种发展所带来的破坏性。1962 年美国海洋生物学家 R·卡逊的科学著作《寂静的春天》问世,吹响了保护家园的号角,同时也促使全人类觉醒和采取行动。然而停止生产有机杀虫剂能根本上使人类逢凶化吉、遇难呈祥吗?除此之外有没有更宽广的化险为夷,避开灾难的道路?依旧使人惆怅,政治家们在反思,经济学家和社会学家们在探索,曾提出过各种各样的救世方案。经过一代人的努力,即 25 年之后——1987 年,终于在《我们共同的未来》报告中揭示了这条道路,即走"可持续发展"之路。

一、可持续发展的概念

　　可持续发展(sustainable development),是指既能满足当代人需求,又不损害后代人满足需求的能力的发展。它包含"可持续性"和"发展"两个基本概念。"可持续性"指的是资源环境的持续性、经济的持续性和社会的持续性。资源环境的持续性要求资源受到保护并合理地利用,不断增强资源的再生能力,用法律限定不可再生资源的使用,保持生态平衡,使当代和后代人都能与自然界和谐地相处。经济的持续性要求产业结构合理,经济效益不断提高,工农业产品在市场上具有较强的竞争能力,从而保持经济持续增长。社会持续性要求保障产品有效供给和市场繁荣,不断满足人们生活水平提高的需求,安居乐业,社会稳定。"发展"指的是经济要有意义的、实质性的增长。它是一个国家或地区使所有人的利益不断提高的经济和社会变迁的过程,这就要求整个社会的区域发展平衡,人与人之间就业机会均等,利益分配公平,从而使贫富差距逐渐缩小。因此,发展是使大多数人的事情朝着有利于他们的更美好方向变化、前进的过程。

目前,对于可持续发展的概念的理解还不尽相同。《我们共同的未来》报告中,提出了"三性":公平性、持续性、共同性。主张资源的公平分配,兼顾当代与后代的需求,建立一个能保护地球自然系统的经济持续增长模式,达到人与自然的和谐相处。这些原则可以说是可持续发展的纲。然而,不同学者因视角差异尚有不同的看法,生态学家认为"可持续发展是自然资源与其开发利用之间的平衡";工程技术学家认为"可持续发展是转向更清洁、更有效的技术——尽可能接近零排放或'封闭式'工业,减少能源和自然资源消耗";经济学家则认为"可持续发展是在保护自然资源质量的前提下,使经济发展的净利益增加到最大限度"。

近年来,我国学者对可持续发展也提出了见解,他们认为可持续发展是一项系统工程,从内涵方面来看,其思想基础——人是自然的一员;行为准则——平等和公正;战略选择——控制人口、节约资源、保护环境;操作过程——政府调控、科技保障、公众参与;侧重点——经济发展、社会发展、生态发展。从特性方面来看,可持续发展可概括为"经济讲效率,生态讲持续,社会讲公正"等。虽然对于可持续发展的认识和理解有差异,但是殊途同归,大家都相信可持续发展的基本哲学——人与自然和谐相处。

综上所述,可持续发展强调公平公正,任何国家和地区的社会经济发展既要满足当代人自身的需要,又要考虑后代人进一步发展的需要,即代际是公平的。在当代,一个国家或地区的发展不应损害另一个国家或地区的发展,一部分人的发展不应以损害另一部分人的发展为代价,即代内也是公平的。可持续发展之路是广阔无限的,对所有人是公平和公正的,它是人类全新的发展观,让我们走上科学的、正确的、可持续发展道路,建立可持续发展的经济体系、社会体系,并保持与之相适应的可持续利用的资源和环境基础,以最终实现经济繁荣、社会进步、生态安全。

二、可持续发展的实践

在全球社会、经济发展所面临的人口、资源、环境等问题的情况下,环境与发展成为当今世界最为关注的热点课题。可持续发展是人类对自身的生产、生活、行为的反思,是从现实与未来的忧患中领悟出来的,是人类全面总结自己的发展历程,重新审视自己的经济、社会行为而提出的一种新的发展思想和发展战略。

(一)《21世纪议程》的实施

1987年联合国世界环境和发展委员会在长篇专题报告《我们共同的未来》中,明确提出了"可持续发展"的道路和实现可持续发展的长期对策。1992年联合国环境与发展大会在巴西里约热内卢召开,会议通过了《里约热内卢环境与发展宣言》、《21世纪议程》等公约。其中《21世纪议程》就是全世界可持续发展的纲领和行动指南。《21世界议程》的主要内容有:① 关于可持续发展理论与跨领域问题;② 关于与人口有关的问题;③ 关于全球性环境保护问题;④ 关于生态问题;⑤ 工业化与环境保护问题;⑥ 关于公众参与问题。可持续发展战略的实施,既要有长远性,又要有近期可操作性;既要各行各业的分头实践,又必须有多方面的相互协调。

1993 年以来,联合国每年都召开可持续发展理事会,专门讨论可持续发展的进展,还通过了一系列重要的有关文件、条约,包括气候变化框架条约、生物多样化公约、防止荒漠化公约,以及修订过的蒙特利尔保护臭氧层的国际公约。可持续发展正成为世界各国的共识,目前全球的实施情况良好,主要表现在:

(1) 一些国际公约正在认真履行。从《21 世纪议程》衍生出来的一些协定,如《保护臭氧层维也纳公约》、《关于消耗臭氧层物质的蒙特利尔议定书》、《保护臭氧层赫尔辛基宣言》等已经实实在在地履行,并已取得成效。特别是 1989 年 1 月 1 日起生效的蒙特利尔议定书,对 5 种氯氟烷烃物质和 3 种卤族化合物的生产、使用的控制规定了具体时间表。即每一个缔约国,每年受控氯氟烷烃使用量,从 1989 年 7 月 1 日起,不得超过 1986 年的使用量,1993 年 7 月 1 日起不得超过 1986 的 80%,1998 年 7 月 1 日起不得超过 1986 的 50%,发展中国家可按此时间表推后 10 年。实际上,实施还有所前提,德国等一些欧盟国家率先垂范,1996 年 1 月 1 日起已经停止生产和使用氯氟烷烃和卤族的臭氧层耗损物质。根据《联合国气候变化框架公约》和《京都议定书》确定的"共同但有区别的责任"原则,发展中国家要求发达国家 2020 年在 1990 年的水平上温室气体至少减排 40%。不过发达经济体所作的承诺均与之有较大差距。欧盟承诺 2020 年的排放在 1990 年的基础上减少 20%;日本则表示,如果其他经济体愿意承诺类似目标,日本 2020 年时可以减排 25%。2009 年 11 月 25 日,在哥本哈根气候大会召开前夕,美国政府承诺,在 2020 年美国温室气体排放量将降低 17%。

(2) 有些国家的资源保护和环境治理坚决而有力。一些发达国家利用他们资金和技术优势,扩大了投资,加强了管理,严明了资源和环境法纪,环境治理卓有成效。伦敦泰晤士河、新加坡河、莫斯科运河等河水相继变清,鱼跃虾跳,水生生物重返家园。昔日的雾都伦敦,光照强度已经增加了好几倍。特别是在有些欧洲国家,放眼远望则满目郁郁葱葱、清风明月、鸟语花香的优美环境十分宜人。与此同时,发展中国家在持续发展和环境治理方面也初见成效。

(3) 人们的可持续发展和环境意识得到加强。由于环保意识的增强,人们正在运用现代科技去解决环境与发展中棘手的问题,并有望取得突破性的进展和成果。如研制不用汽油的无污染汽车确实是一个难题,但令人欣慰的是,经过几年努力,新型汽车的问世已为期不远了。再如,二氧化碳总量增加,会使地球变暖,目前减少二氧化碳的科学试验也已取得进展。

(二)《中国 21 世纪议程》的实施

我国于 1994 年制订了《中国 21 世纪议程》。《中国 21 世纪议程——中国 21 世纪人口、环境与发展》白皮书共 20 章 78 个方案领域,20 余万字。可分可持续发展总体战略、社会可持续发展、经济可持续发展、资源合理利用与环境保护 4 个部分。我国选择可持续发展道路既是我国政府履行联合国环境和发展大会的庄严承诺,又是根据我国国情的需要所作出的必然选择。《中国 21 世纪议程》经国务院批准后,作为中国走可持续发展道路的纲领,已经组织各部门、各地方认真贯彻实施,并制定了第一批优先项目计划,包括需解决的领域或项目。其中 9 个优先领域分别是:① 综合能力建设;② 可持续发展农业,包括农业发展战略与示范区建设、农业节水、生物农药与绿色产品开发等；③ 清洁生产与环保产业，包括清洁生产管理、主要工业企业清洁生产工艺引进示范、环保产业等；④ 清洁能源与交通发展；⑤ 自然资源保护与利用；⑥ 环境污染控制，包括水污染控制与废水资源化、湖泊水质恢复、固体废物无害化管理与处理，以及酸雨控制等；⑦ 清除贫困与区域开发整治；⑧ 人口、健康与人居环境；⑨ 全球气候变化与生物多样化保护。

实施可持续发展是我国迈向 21 世纪的国策之一。江泽民总书记在党的十五大报告中强调指出："我国是人口众多、资源相对不足的国家，在现代化建设中必须实施可持续发展战略。"《中国 21 世纪议程》的实施得到了全国人民的支持，并由各界人士积极参与，在实施过程中，对于走可持续发展道路是"振兴中华民族唯一可行之路"的认识和自觉性不断提高，并已在日常的社会活动或产业经营中贯彻落实可持续发展战略。

（1）控制经济增长速度，降能耗、增效益。过去一段时期资本主义国家经济增长的年平均速度达到 1%～2%。而我国的经济增长速度高达两位数（10%）以上。这是由于我们在发展内涵再生产方面没有相应的潜力和路子，只好"增投资、铺摊子、上项目"去发展外延再生产。结果原材料消耗比工业发达国家高 50%～200%，每度电的综合煤耗仅相当于欧美国家 20 世纪 60 年代的水平，每吨钢的综合能耗比日本高 830 千克标准煤。自从实施了可持续发展战略，"九五"计划的第一年在强有力的宏观调控下，经济开始"软着陆"，发展的速度也比较适当，不少企业的降耗增效成果明显，已开始扭亏转盈。近年来，全国各地认真贯彻落实科学发展观，大力推进资源节约型、环境友好型社会建设。在"十一五"规划中，我国明确提出，到 2010 年单位 GDP 能耗要比 2005 年降低 20% 左右，主要污染物排放总量减少 10%。2009 年 11 月 26 日，中国正式对外宣布控制温室气体排放的行动目标，决定到 2020 年单位国内生产总值二氧化碳排放比 2005 年下降 40%～45%。这项将作为约束性指标纳入国民经济和社会发展的中长期规划，并制定了相应的国内统计、监测以及政策措施和行动。

（2）科学合理地实施既定方案的优先项目。增加投资是实施可持续发展战略的基础和关键，不计成本地执行计划，是不符合可持续发展思路的。因此，科学合理地实施既定方案项目，也是我国的一个特色。如消耗臭氧层物质逐步淘汰方案的执行，既合理又有效。由于最初人们误认为氯氟烷烃是一种惰性物质，对人体和环境无害，故非常广泛应用于制冷、消防、工业和日用领域，到 1993 年我国使用的臭氧耗损物质约占世界上总使用量的 7%。1991 年 6 月我国开始贯彻经过修正的蒙特利尔议定书，决定到 2005 年在制冷工业中淘汰臭氧层耗损物质（ozone depleting substances，ODS），到 2010 年各行业中完全淘汰 ODS。这样既遵守了议定书的控制规定，又为获得过渡多边基金提供资金和技术援助创造了条件。我国实现逐步淘汰 ODS 相应项目有 140 余项，增加额外费用约 14 亿美元，这也是我国可向联合国多边基金委员会谋求的赠款数额。前些年我国引进了数十亿美元的冰箱生产线，无氟改造需要 2.6 亿美元，故对推行绿色冰箱持积极又审慎态度，既要与国际接轨又不急躁冒进。1996 年 9 月我国有 8 家企业获得了 1 320 万美元的无氟化改造的世行赠款，用于对空调、冰箱压缩机、喷雾剂的无氟化改造。

（3）各个层次上落实可持续发展战略。《中国 21 世纪议程》是我国实施可持续发展战略的总目标，而各地区、各部门乃至企业制定的《21 世纪议程》或《行动计划》是构成目标网络系统的分目标（或称子目标），这些具体分目标在各个层次上的贯彻和落实，是实施我国可持续发展战略总目标的基础。例如,为推进都市经济可持续发展战略的实施,上海成立了领导小组,由常务副市长任组长。于 1997 年编制完成了《中国 21 世纪议程——上海行动计划》,该计划的主要领域有:① 上海市可持续发展的总体战略;② 上海市经济可持续发展;③ 上海市社会可持续发展;④ 上海市城市可持续发展与建设;⑤ 上海市资源开发与可持续利用;⑥ 上海市环境保护与绿化建设等六个方面。《中国 21 世纪议程——上海行动计划》深化、细化了《上海市国民经济和社会发展"九五"计划与 2010 年的远景目标纲要》,是指导上海走向 21 世纪可持续发展的行动指南。为落实该计划,上海市还制定了《中国 21 世纪议程——上海优先项目计划》,同时加强上海可持续发展的能力建设,如举办可持续发展培训班;开展可持续发展公众宣传;成立可持续发展研究机构等。上海交通大学、复旦大学等高校相继成立了可持续发展研究中心或 21 世纪发展研究院,围绕上海可持续发展战略的理论与实践开展了相应的研究工作。

第二节 可持续农业的概念、原理及其实施

可持续农业(sustainable agriculture),是可持续发展思想渗透进农业及农村经济发展领域后形成的一个新概念,它代表着一种全新的农业发展观,是实施可持续发展战略的重要组成部分。自 1991 年联合国粮农组织在荷兰召开会议,首次正式采用"可持续农业"一词以来,可持续农业的概念及其思想很快得到世界各国的认同和接受。

在此之前,20 世纪 70 年代世界各国的一些有远见的学者早已开始了对常规农业现代化,即发达国家的工业化农业模式的反思,提出了侧重面有所不同的各类替代农业模式,但没有得到普遍响应。而可持续发展概念的提出,本身就带有强烈的对高能耗、高产出的常规经济发展模式进行批判、反思的时代色彩。在这一点上,恰好涉及当时各种流派的替代农业模式的共性问题,而且由于可持续发展思想的影响力如此之大,使得以往一大批对代表农业发展新思潮的各类替代农业持反对或保留态度的人,纷纷表示对可持续发展这一划时代概念的拥护和接受。正是在这种背景下,可持续农业成为一棵"大树",汇集了各种替代农业的思潮,把大家团结在可持续发展的旗帜下,而摒弃在一些具体细节上无休止的争论,共同描绘农业生态系统的未来。

一、可持续农业的概念

可持续农业是指一种能够保护并维护土地、水和生物资源,不会造成环境退化,同时在技术上适当可行、经济上有活力、能够被社会广泛接受的农业(联合国粮农组织,1991)。它是全球农业现代化发展的一种大趋势,也是替代农业运动进一步发展的新阶段。可持续农业的基本内涵有三方面:首先,强调不能以牺牲子孙后代的生存发展权益作为换取当今发展的代价;其次,把可持续农业当作一个过程,而主要不是当作一种目标或模式;第三,要求兼顾农业生产的经济、社会和生态效益。

可持续农业的基本特征可作如下表达:可持续农业是短期行为的对立面,换言之,农业和农村发展中的一切短期行为是可持续农业的死敌。市场经济并非万能和完美无缺,在强

调发展市场经济的同时,必须清醒地看到市场经济不能解决诸如公正性、发展平衡性、反短期行为等方面的问题。可持续农业要求达到社会、经济和生态三方面效益的统一和协调,但实际操作起来难度极大。且不说三个效益都达到最优绝不可能,即使是要求三者同时达到较为理想的状态,也决非易事。如果没有对常规农业技术不断的创新和突破,没有在观念上的改变,政策的调整,以及体制和机制的改革,可持续农业就可能永远停留在理想化和概念的阶段。

可持续农业绝不仅仅是一种口号或标志,它是一门正在发展和完善的学科。可持续农业的根本宗旨是正确处理农业发展同资源、环境、社会的关系,特别是人与自然的关系。它除了有与众不同的多学科理论和科学基础之外,还正在形成自己的一整套独特的工程和技术系统。因此,可持续农业是一种全新的农业发展体系。

二、可持续农业的原理

可持续农业作为一门独立的学科,由于它要研究和解决问题的复杂性,决定了它只能是跨学科、跨部门和跨地区的综合体系,以及研究方法的多学科综合性。只有掌握了与之关系密切的相关学科的基本原理,才能使我们对可持续农业从理论上做到清醒而坚定,进而才能正确指导实践。

（一）农业生产的持续性

农业是自然再生产与经济再生产的复合体。农业生产的持续性表现为生态持续性、经济持续性和社会持续性等3方面。

1.生态持续性

生态持续性主要指合理利用资源并使其永续利用,同时防止环境退化和污染。农业资源包括可更新资源和不可更新资源。可更新资源如光、热、水、土、生物等自然资源,可以年复一年地自然更新被重复利用;不可更新资源如化肥、农药、机械、水电等,这类资源用一点少一点,不可再生。除太阳能源用之不竭外,大部分农业资源的可更新能力也是有限度的,如用之合理可以永续利用,用之不当或不注意保护可能耗竭消失。

2.经济持续性

经济持续性主要指经营农业生产的经济效益及其产品在市场上竞争能力保持良好和稳定。这直接影响到生产是否能维持和发展下去。在以市场经济为主体的情况下,经营者首先关心的是自身的经济效益,一种生产模式和某项技术措施能否推广和持久应用,主要看其经济效益如何。农副产品在国内外市场的竞争能力大小,即经济可行性是决定其持续性的关键因素。

3.社会持续性

社会持续性主要指农业生产与国民经济总体发展协调,农副产品能满足人民生活水平提高的要求。具体体现为:产品供应充分,保持农产品市场的繁荣和稳定,尤其是粮食和肉蛋产品的有效供给;产品优质、安全性好,且价格合理,能为社会普遍接受,满足不同消费层次对优质农产品的需求;农业生产结构和布局合理,满足社会经济总体发展的需求;区域和地区发展平衡,人民安居乐业,社会稳定等。

农业生产持续性是以上3个方面的持续性的综合反映,不能偏废某一方面,把持续性仅仅理解为生态持续性是完全片面的,也是脱离农业生产实际的。

（二）农业生产的三大目标

1. 保护资源环境的永续性循环

实现这一目标,一方面要有效地控制生态环境破坏和污染,增加农业对自然灾害的抵御能力;另一方面要高效、节约地利用资源,注意各项资源投入的效益,尤其对稀缺资源更要合理配置,并寻求替代途径。

2. 增加农民收入,扩大农村就业机会和脱贫致富

实现农民致富的关键在于振兴农村经济。通过调整农村产业结构,发展规模农业,逐步由农业为主的单一结构,向农村工业、第三产业综合经营的结构转化,逐步由生产初级产品的单一结构,向农产品生产、深度加工、市场销售一体化结构转化。同时,要努力提高农民素质,建立和健全农村社会化服务体系,并改善生活环境,提高现代文明程度。

3. 保证食物供给的有效性和安全性

要实现这一目标,就要积极改善农业生产条件和经营水平,适当增加对农业的投入,包括资金、物质和科学技术等的投入。尤其对发展中国家,人口越来越多,提高集约化程度以充分提高单位面积产品产出量是必然选择。

农业生产的以上三大目标是相辅相成的,三者不可分割。可持续农业就是追求农业生产"三大目标"的有机统一,即在合理利用资源和保护生态环境的基础上,努力增加产出,满足人类不断增长的物质需求,同时促进农村经济发展,提高农民收入和社会文明。

三、可持续农业的实施

可持续农业的概念最初在美国出现,1985 年在加利福尼亚州议会通过《持续农业研究教育法》,1986 年明尼苏达州议会通过《持续农业法案》;随后 1987 年世界环境与发展委员会提出《2000 年:转向持续农业的全球政策》的报告,1988 年,联合国粮农组织制订《持续农业生产:对国际农业的要求》的文件,1988 年 9 月、10 月相继在美国阿肯色州和俄亥俄州召开国际持续农业大会,世界 55 个国家的代表参加了会议。从此,可持续农业作为一种新的农业发展思想和战略得到全球性的响应。在具体实施中吸取了 20 世纪 70 年代以来发达国家推行的各种替代农业模式对资源保护的思想和做法,但也不排斥现代农业高产高效的特征。同时,对可持续农业内涵的理解也不断深化和发展,从最初的"低投入持续农业"逐步转向综合发展的可持续农业;从偏重于强调资源环境保护转向强调生产发展与生态建设的同步和统一。

（一）美国的低投入（或高效率）持续农业

美国是当今世界上农业最发达国家之一,农业生产水平相当高,农产品出口量世界第一,其劳动生产率很高,平均一个农民可以养活 95 个人。针对工业化农业由于大量投入化学产品及能源,导致成本上升、水体污染、土壤侵蚀及对人类和牲畜健康造成威胁等现象,于 20 世纪 80 年代中期提出建设"低投入持续农业"。其内容主要包括:① 利用种草养畜增加有机肥料,依靠种植豆科作物、轮作换茬来解决养分供应,减少化肥的施用量;② 采取综合防治方法控制农田病虫草害,减少农药、除草剂使用;③ 进行品种改良及调整种植制度,以适应低投入技术要求。

但是,从1990年起,美国农业部为了更准确地反映可持续农业的实质,提出建设"高效率持续农业"。用以强调可持续农业并非泛泛地提倡低投入,而是要通过智力的高投入来适当减少生产资料的投入。与低投入有所不同,其目标是增加农产品的生产,扩大出口量,并依靠先进农业科技,在高产高效的同时,保持农业生态平衡,减轻环境污染。

(二)德国的综合农业

德国大体在20世纪80年代中期以后,根据经济发展的需要和自然环境现状,制定了农业发展目标和战略,提出了"综合农业"的观点。综合农业明显地强调生态系统、土壤保护、水资源保护和农业经济各因素之间的相互作用和协调发展。为了促进综合农业的建设,德国专门成立了综合农业促进委员会,致力于农业的可持续发展的研究和推广应用。

德国农业人口占全国人口的5%,每个农民可养活64人,农业生产水平较高。从20世纪80年代中期以来,欧共体的食品生产过剩抑制了德国农业的发展,加上工业化农业带来的环境污染问题,使德国开始向可持续农业即综合农业方向发展。德国的综合农业包括4方面的内容:① 强调生态平衡和农业生产系统的良性循环;② 重点防止土壤肥力下降与土壤退化,加强对土地利用、水土流失及病虫害防治的管理;③ 注意水资源的高效利用,严格控制水源的污染;④ 努力降低生产成本,提高农产品在市场上的竞争能力,并且重视生态环境发展与经济发展的关系,加强宏观调控,等等。

(三)日本的环保型持续农业

环保型可持续农业是指在保持农业经济发展的同时注重环境保护,保持生态环境的良好状态。通过正确使用农药和化肥,使用秸秆以及家畜粪便等有机物来改良土壤,达到维持和增强农业的自然循环功能的农业生产方式。

20世纪60年代以来,日本在农业领域大量采用以石油制品为原料的化肥和农药,推动了农业的迅速发展,结果大量消耗了资源,为了解决污染环境造成的社会公害,当农业可持续发展浪潮到来之时,日本推出了环保型的农业持续发展模式。一是降低农场外部如化肥、机械、农药等投入来保护环境,防止土地盐碱化,保持和逐步提高土地肥力;同时利用现代生物技术培育适于水地、盐碱地、荒漠和生态敏感区耕作的作物品种,扩大耕地面积,弥补耕地不足;二是以提高效率来保护环境。重视农业系统内部各部门的效率及其与资源系统关系的协调,强调种植业、渔业、林业和畜牧业的比例结构与区域农业自然资源及其组合特点的相吻合,以防止自然资源的浪费和自然生态结构的破坏;三是对农业资源特别是森林进行经济效益评价和测算,指出了森林在防止水土流失和动植物多样性及净化空气等方面的价值,以期保护绿色资源。农业经济、社会、生态"三效益"的统一形成环保型农业,为农业的可持续发展创造一个良性的宏观环境。

从整个生产、生活和产品销售的过程看,物质流、能量流、产品流完全处在一种良性生态循环之中。日本政府为推动环保型可持续农业建设,通过建立环保型农户为载体,从政策、贷款、税收上给予支持,以提高环保型农户经济效益和社会地位。据农林水产省分析,到2001年底,全国从事环保型农业的农户可望达到50万户,占农户总数的20.6%。日本政府确定环保型农户的标准是拥有耕地0.3公顷以上,年收入50万日元以上。经农户申请,并附环保型农业生产实施方案,报农林水产县行政主管部门核实审查后,报农林水产省审定,对合格的确定为环保型农户,银行可以提供额度不等的无息贷款,贷款时间最长可达12年,在设施农业建设上,政府或协会支助 50％的资金扶持,在税收上第一年可减免 7％～30％,往后 2～3 年内还可酌情减免税收。

（四）印度的可持续农业

印度是亚洲农业大国,20 世纪 90 年代以农为主的人口约占 6.8 亿,占总人口的 60％,农产品有部分出口,但粮食基本上是低水平自给。从 60 年代开始的"绿色革命"使农业加快发展,粮食总产由 50 年代初的 5 000 万吨增加到 90 年代初的 1.7 亿吨,达到了农业增产的效果,使印度的粮食严重短缺的局面得到明显的缓解。到 80 年代初,印度已基本实现粮食低水平自给。但大量的化肥和农药的投入带来的生态环境问题也日益严重,全国 80％的居民得不到安全饮用水,水土流失、沙漠和干旱面积扩大趋势加剧。从 20 世纪 70 年代起,印度政府开始关注环境污染问题,20 世纪 80 年代制定了有关法规并增加财政投入,致力于解决环境问题。1992 年印度农村发展部提出了一份关于可持续农业现状的报告,其基本思路是,生态的、经济的、社会的和文化的必须有机地同环境结合起来,从而开发出一种成本低廉、能源效率高和环境优良的经营管理体制。它既适合当地的特点,又能取得发展,并且还能持续不断。近年来,印度在发展可持续农业方面采取了多种具体措施。其主要内容包括:① 研制和推广生物肥料,节约化肥施用,推广运用生物农药,减少化学农药;② 成立农工商企业集团,加强对资源的有效开发及振兴农村经济。

（五）中国的生态农业

我国生态农业的概念是 20 世纪 80 年代初提出的,此后有大批学者及地方政府开始生态农业理论探索和生产实践,经过 20 多年的发展,已形成较大的影响和声势。初步统计,到 20 世纪 90 年代中期我国已有不同类型、不同规模的生态农业试点 1 200 多个,而且从 1994 年起,国家 7 个部委在全国开始了 50 个生态农业试点县的建设工作,使生态农业建设正式纳入政府行为。2000 年启动了全国第二批生态农业试点县(50 个)建设工作。

我国生态农业的兴起与发展,一方面受当时国际替代农业思潮的影响;另一方面也与我国传统农业基础及农村经济发展需求密切相关。而且,与国外的生态农业相比,两者是两类不同的模式。我国的生态农业的基本特征是在充分利用传统农业精华技术的同时,充分发挥现代科技及物质投入的重要作用,把保护资源环境与提高生产力作为统一的发展目标,使生态效益、社会效益和经济效益达到有机统一,符合我国的国情,在实践中易于发展。而国外的生态农业则讲究尽量不用或少用化肥、农药、机械等现代工业支农产品,依靠农业生态系统自身调节功能组织生产,突出强调农业生态效益的提高,因而有其一定的局限性。

显然,中国的生态农业思想的产生受到可持续发展思潮的影响,而且在某种意义上也可以说,是总结发达国家常规农业现代化经验教训的产物。中国生态农业的主要内容有:① 强调现代科学技术与传统农业技术的结合;② 劳动密集型与技术密集型相结合;③ 因地制宜构建多样化农业结构,提高系统生产力及效益;④ 农业资源的深度开发和综合利用;⑤ 强调整体结构的系统优化,发挥农业生态系统的总体功能等。因此,立足中国国情,既注重经济效益,又不忽视生态、社会效益,以"整体、协调、循环、再生"为指导思想,通过建立多种高效人工生态系统、农林牧副渔综合发展的中国的生态农业实践,不失为在可持续农业方面进行的先导性和形式独特的有益探索(见表 10-1)。

表 10-1   中国生态农业与国际上流行的可持续农业的比较(程序,1997)

项　目	中国生态农业	可持续农业
起　因 (时代背景)	20世纪70年代末,对不按自然、经济规律办事的反思,并受探索具有中国特色的现代化农业的推动	自1962年起,特别是经70年代初发生人口、资源、粮食、能源危机后,对高投入常规现代化农业的反思
指导思想	"整体、协调、循环、再生"(马世骏)	生态学,生态道德观,资源和环境经济学,人与自然关系由征服、索取转为和谐、共昌
理论基础	农业生态学,生态经济学	生态学,伦理学,经济学(资源经济学、区域经济学、环境经济学),人类生态学,社会学
基本目标	生态、经济、社会效益的优化和统一	在不损害后代人使用自然资源和享有良好环境的权益的前提下,争取和保持当代人的较高生产率水平和生活质量
侧重面	用生态学的原理指导农业的经济再生产过程	社会的公正性,脱贫;农村发展
运用者	自下而上的自发活动与自上而下的政府行为(制订推行"生态县"计划)相结合	"自下而上"的方法论,即强调农民(尤其是妇女)的参与及首创精神
保证、支撑体系	农业生态工程及农业生态技术,各级农业生态建设体系网络	强调观念的更新,机制和体制的变革,激励制约政策的配套;同时强调技术上的突破
特　色	吸收中国传统农业的精华;融汇中国传统思想文化的精髓——"天人合一"观	从可持续发展观派生而成,继而成为西方对常规现代农业进行反思形成的各种学派都接受的共识性提法
实施方法	生态系统分析,区域(村、乡、县)生态农业规划,生态工程;当前主要通过试点、示范,推广成功经验开展各个层次的培训;进一步实施生态农业设计等	研究人员与农民一起,以后者为主,在实践中探索可持续农作技术;并通过立法,使农业政策转向可持续农业的方向;生态设计与景观生态设计;计算机信息系统,决策支持系统及专家系统

第三节　都市农业的可持续发展对策

　　都市农业既是现代农业的一种地域分工,又是21世纪可持续农业的一种具体形式。都市农业的可持续发展,应当体现生态持续性、经济持续性和社会持续性的统一;强调要以都市农业系统整体效益最大化为原则,正确处理好眼前利益和长远利益的关系;要把农业看成既是一种基础产业,又是一种战略性产业;实现农产品生产、加工、销售的一体化,使都市农业发展成为集约、持续、高效的产业。因此,都市农业建设要达到以上可持续发展目标,需要开创农业产业化的道路,使农业经济由单一经济转向综合经济,产品输出由初级产品转向深加工产品,从而使都市农业从弱质产业变成具有强大活力的、可持续发展的优势产业。

　　实现都市农业的可持续发展,是一项长期而又艰巨的任务。必须要从都市农业的基本功能出发,结合都市农业的产业表现形态,构建我国实施都市农业可持续发展战略的重点领域。都市农业就其功能看,必须从都市经济发展和都市建设对农业的多种需求出发,拓展农业的多功能性。使原先局限于食物保障型的城郊农业,加速转型为融食物保障、生态保育、生技载体、休闲旅游、文化教育、出口创汇、示范辐射等于一体的都市农业。就其表现形态看,可以归纳为两种基本类型:① 产品型都市农业,包括生态农业、设施农业(装备农业)、创汇农业等;② 服务型都市农业,包括休闲农业、绿化农业(景观农业)、会展农业等。

一、产品型都市农业

人类有两种基本消费需求:一种是有形的物质需求;另一种是无形的精神需求即生态需求。建设产品型都市农业,可满足人们的物质需求,而发展服务型都市农业,能满足人们的生态需求或精神需求。产品型都市农业的实质就是利用现代先进的科学技术,生产出能满足城乡居民对安全优质农产品消费需求的农业产业形态。

（一）生态农业

在都市经济的三大产业中,农业与都市自然环境的关系是最密切的,生态循环的作用直接在农业上表现出来。滥施化肥、农药等农业短期行为造成都市城乡生态平衡的破坏是人所共知的,而大气、水体和土壤的污染也会带来农业的歉收甚至绝收。因此,发展都市生态农业,不仅是实现都市农业高产高效优质目标的需要,而且也是创建园林化现代大都市的客观要求。

生态农业是运用生态学原理和系统科学方法,把现代科学成果与传统农业技术精华相结合而建立起来的具有生态合理性、功能良性循环的一种现代农业体系。依据我国国情,中国的生态农业把经济效益、社会效益与生态效益三者统一起来,它既代表我国现代农业发展的新途径,又代表全球可持续农业发展的一种具体形式。生态农业的基本目标有两个:一是促进社会经济长期稳定和协调发展,满足人类日益增长的物质和精神需要;二是实现自然资源的永续利用,保护人类赖以生存的生态环境。这两者是相辅相成,缺一不可的。

可见,生态农业就是工业化农业与有机农业的结合,它主要着眼于农业生态系统内部的物质循环和能量流动的最适化,以及整个农业生态系统的动态平衡。目前,都市城乡生态环境问题仍非常突出,建设生态农业更具重要意义。中共中央十四届五中全会《关于制定国民经济发展"九五"计划和 2010 年远景目标的建议》提出了"大力发展生态农业,保护农业生态环境"的任务。作为现代化的大都市,生态农业建设更是任重道远,必须加大建设力度,建立高产、高效、生态有序化和资源总量平衡的都市农业体系。今后在都市农业的建设中,可重点发展一定规模的都市生态农业系统,如绿色食品生产系统、都市园林绿化系统、生态农场系统和生态牧场系统等。

近年来,建设都市生态农业的实践,逐渐在我国各大都市兴起,并有迅速发展的势头。目前,生态农业建设主要依靠地方政府的支持和群众的自力更生,国家主要在规划设计、技术培训、技术方法上提供指导帮助,对先进典型进行宣传和鼓励。各大都市都注重发展资金投入相对少,产品成本低,技术简便实用,易于推广的新技术。这些内容不仅充分体现了可持续农业的主要内涵,而且已具可操作性。事实上,我国已经出现了不少良性生态循环的都市生态农业典型。2009 年起,上海自在源农业发展有限公司在上海青浦现代农业园区内,通过实施稻田养蛙生态种养配套技术,形成了稻田以养殖虎纹蛙捕食害虫,以蛙粪、绿肥等为有机肥料;以稻养蛙,以蛙护稻;生态种养,稻丰米香的"蛙稻米模式"。

上海市截至 2009 年末,全市有 370 家企业、800 个产品获得农产品认证。其中,绿色食品有 45 家企业、55 个产品;有机农产品有 17 家企业、162 个产品。认证产品论总数,似乎已经不少了,但若按照上海的科技力量来衡量,则其生产潜力尚未充分发挥出来。例如上海每个生产绿色食品的单位(农场或工厂)只生产 1~2 种绿色食品,最多的也不过 3 种。而北京每个生产单位往往生产 2~4 种绿色食品,最多的可达 6 种。沈阳市肉用鸡加工厂一个单位则有 8 种绿色食品。这些说明上海的生产单位还不善于利用经过环境保护部门监测合格的同一个自然环境去生产出品种尽可能多的绿色食品来,以致投入多(如环境监测费用等)而产出少。在绿色食品的品种上,还存在"四多四少"现象。即植物产品多,动物产品少;天然产品多,经过深加工的产品少;内销产品多、外销产品少;附加值低的产品多、附加值高的产品少。总的来说是经济效益还没有充分发挥。与国内其他地区比较,大都市居民相对地对食品的质量安全比较重视。因此,都市开发绿色食品具有一定的优越条件。目前,凡是已经取得绿色食品证书和使用标志的产品,其销售和市场占有率方面都比原来未获绿色食品证书时有不同程度的增长。

(二)设施农业

设施农业又称装备农业,是在一定的设备条件下,由人工控制环境条件,对农业生物进行科学管理的一种生产方式。设施农业起步于蔬菜的保护地栽培,目前已广泛地应用于种植业、畜牧业和水产养殖业。设施农业从简单到复杂,从原始到现代化有多种形式,其结构、性能及应用也各不相同。就作物生产而言,设施农业有地膜覆盖、塑料小拱棚、塑料大棚和温室四大设施栽培的生产形式。其中温室是作物生产,特别是园艺作物(蔬菜、果树、花卉等)生产中最重要,应用较广泛的生产设施。它对环境因子的调控能力较强,能基本不受地区和季节的限制,做到周年均衡生产。一些发达国家如荷兰、以色列、法国等温室生产水平较高,而我国的温室蔬菜等生产,主要以塑料薄膜日光温室为主,现代化程度较低。自 20 世纪 80 年代起,我国先后从日本、荷兰、以色列、法国等国家引进现代化温室建造与环境控制技术,用于蔬菜瓜果和花卉苗木的生产,在北京、上海、黑龙江、广东等地形成了现代化温室生产的雏形。

温室工程是设施农业发展的高级阶段,它是以综合国力的强盛为背景,以农用工业的发展为基础,以生物技术、工程技术和信息技术等高新技术在农业上的应用为依托,逐步形成并发展起来的。温室工程的建设能使种植业生产由室外转移到室内,最大限度地摆脱季节、气候、自然灾害等环境条件的制约,实现高度的集约化生产,使农产品周年均衡供应,从而提高土地生产率和劳动生产率。一些发达国家和地区把温室与无土栽培技术相结合应用于蔬果、花卉的集约化生产,研制了计算机自动控制温度、光照、气体交换、滴灌、营养液循环的现代化温室,即自控温室,加上育苗、移栽、植保、采收、清洗、包装等操作过程也实现了机械化、自动化,从而实现了农业的工厂化生产。在日本,每天每公顷无土栽培生产生菜、菠菜等蔬菜 500 千克。以色列依靠 1 500 多公顷的现代化温室,在土壤贫瘠、缺水严重的半干旱地区创造了番茄 30 万千克/公顷、黄瓜 22.5 万千克/公顷的生产奇迹。以"园艺王国"著称的荷兰,玻璃温室面积达 1 万多公顷,占世界总面积的四分之一以上,出口鲜花在世界市场的占有率已达 60% 以上,每年收益达 112.5 亿美元。

温室工程的建设和发展是都市农业建设的重要组成部分。它可以依靠大都市雄厚的工业基础和资金、科技、人才优势,通过引进、消化、吸收国外温室工程研究和生产技术的先进经验,将温室的硬件制作和软件开发结合起来,形成集温室硬件(设备)开发、基地示范生产、农艺技术培训为一体的新型设施农业产业。1995 年,中国政府和以色列政府达成了农业发展协议,在北京市创建了中以合作园艺场,进行温室工程示范;上海市政府在 5 个农业企业生产基地引进了荷兰和以色列的现代化温室 15 公顷,并组织了跨学科、跨专业的科技攻关队伍,进行国外温室及蔬果栽培技术的消化、吸收等基础性研究,以及温室设备和技术的国产化研究与开发。

随着都市农业建设的不断推进,都市设施农业的现代化是一种必然趋势,因此,温室工程将逐渐发展成为都市设施农业的主要形式。发展温室工程既要面对国际市场的竞争,又受到国内经济现状和都市工业发展条件的制约,对其研究内容科学定位和生产市场前景的客观评价是保证这一系统工程可持续发展的关键。上海市农委把温室工程作为“四大农业攻关工程”之一,并选择了一些设施比较先进的园艺场作为项目实施单位,并借鉴国外设施农业的先进经验,致力于温室工程的研究与开发工作。温室工程建设、技术攻关和技术改造的内容很多,如温室材料与设备的国产化;温室环境系统的自动化控制;温室作物生产技术农艺软件开发等。涉及的学科领域也多。因此,一定要组织多学科的联合科技攻关队伍,以现代化工业来装备农业,把材料科学、工程科学、信息科学、生命科学、应用化学等多学科发展的最新成果综合应用于温室工程建设,加速温室工程产业化步伐,最终形式高科技的温室产业。

宾馆农业作为都市设施农业的一种特殊形式也已悄然兴起。宾馆农业是指设施园艺生产基地供应宾馆所需的农产品,以及宾馆内的各种动植物装点。都市的宾馆农业,应重视建设和发展以塑料大棚、玻璃温室为主体,有土和无土栽培相结合,一年四季均能供应适合宾馆特殊消费的蔬菜、瓜果、花卉、盆景等生产。当然这种生产基地应与宾馆建立比较密切的合作关系,利益共享,并实行产加销一体化经营。同时,对宾馆内部大空间或客房角落,可按回归大自然的情趣,用花草、树木、盆景、假山造景,或以宠物进行装点,客房布置也不限于草本植物,甚至还可用一些观赏价值高的乔灌木。在宾馆屋顶或其他部位可装备现代化的设施农业系统,由于高空阳光充足,温差大,湿度较低,通气好,屋顶蔬果长势和生产力甚至比地面更好。而且,还可以利用宾馆的剩余能源,通过无土栽培和人工调控小气候,生产出本宾馆特供的无污染的优质蔬果。据保守估计,目前上海宾馆农业一年的产值可达 4 亿元左右。上海虹桥园艺场常年无土栽培蔬菜面积 6.7 hm^2,品种 100 多个。几乎全部进入宾馆,旺季时每千克售 1 元,淡季时每千克售 5~6 元,该场年产值近 1 000 万元。上海华漕花卉园艺场近年来已经成为沪上各大宾馆装点扮靓的专业公司,他们为 70 多家宾馆常年出租发财树、巴西木、棕竹、绿萝等 2 000 多盆。

(三) 创汇农业

创汇农业是以农副产品出口创汇为中心的现代农业经营形式,是商品经济发展过程中一个较高层次的农业系统。荷兰自 1989 年以来农产品出口额稳占世界第三,仅次于美国和法国。根据荷兰统计局的资料,2002 年荷兰农产品出口额达到了 470 亿欧元,占全部商品出口额的 20%,也占欧盟(15 国)农产品出口的 20%。而我国目前农业商品经济发展还处于较低水平,整个农业经济仍属于内向型。据海关统计,2009年我国农产品进出口贸易总值为913.5亿美元,其中出口391.8亿美元,进口521.7亿美元,农产品项下累计贸易逆差129.9亿美元。同时,我国农产品出口创汇中也存在一些问题,主要是出口农产品结构不合理,出口产品层次低、附加值低。今后,我国在发展创汇农业方面,应立足国内,突出"高产、优质、高效、生态、安全",瞄准国际市场,在扩大传统农副产品出口的同时,大力发展农副产品出口加工业,促进农副产品加工品的出口创汇。据国内专家研究,按照我国人口每年自然增长平均800万人计算,到2020年我国人口可能在14.3亿甚至更多。如果人均粮食需求仍然确定为380千克,预计到2020年,我国的粮食需求总量将超过5.4亿吨(于保平,2010)。因此,我国必须在保证国内农产品特别是粮食市场稳定、供应充足的情况下,才能更加积极有效地发展外向型农业,开拓国外农产品市场。

在都市农业建设过程中,利用大都市资金、科技、信息等优势,发展创汇农业,提高都市农业的外向化程度以及在国际市场上的竞争力,有利于都市农业产业结构的优化和经济效益的不断提高。都市创汇农业的建设一定要走在全国的前列,并率先实现国际化经营。但是,目前我国都市农业的外向化程度仍很低,要改变这一状况,必须依托大都市对外开放和国际中心城市良好的口岸条件等优势,逐步扩大都市农副产品出口创汇规模。同时,吸纳都市周边地区和中西部地区成本相对较低的农副产品,通过深加工出口创汇,使都市农业逐步冲破地域界限,实行与国际市场接轨的大流通、大贸易经济格局,并为全国农副产品国际贸易作出贡献。

都市创汇农业实质上是一种市场农业,它的建设与发展是都市农业加速与世界现代农业接轨的一条捷径。深圳市在建立特区之前,农业比较落后,基本上属自给封闭型。自经济特区建立以来,采取改革开放政策,一是大力发展鲜活农副产品,出口香港;二是受到香港庞大农产品消费市场的刺激,并抓住香港农副产品生产基地向深圳及内地转移的机遇,从而使深圳都市农业迅速迈向外向型农业阶段。上海市将建设成为国际经济、金融、贸易和航运中心之一,这就为上海都市创汇农业的发展创造了有利条件。目前,上海农产品出口保持稳定。2007年,郊区农产品出口总额17.52亿元。农产品出口结构进一步优化,出口商品涉及蔬菜、花卉、食用菌、水果、特种水产、优质畜禽加工等,销往日本、韩国、东南亚、美国、欧洲等国家和地区。上海从事农产品出口的企业已经有180多家。今后,除了进一步建设老基地外,还必须大力开拓新产品,特别是一些名、特、优、稀的出口农副产品,如无花果、银杏、牛蒡和芦笋等,以赚取更多外汇。同时,要进一步利用外资,开发创汇农业新领域。

都市创汇农业的发展所面临的任务也是艰巨的。创汇农业一定要以国际市场为目标,以对外贸易为龙头,实行多种形式的贸、工、农一体化,要采取农业生产、加工、销售和服务等部门共同参与,以及商品、资金、技术、劳务合作与交流的相互渗透与协调发展的战略。具体措施可归纳为:① 转变观念,增强发展外向型农业的意识。树立大农业、大流通的市场经济观念,把发展创汇农业作为都市农业跻身世界农业,并走向国际化的重要途径;② 提高出口农产品质量和档次。按照国际质量标准,来组织生产、加工和销售,并逐步做到出口农产品优质化、品种多样化、包装新颖化;③ 积极开拓多元化国际市场。要继续巩固和发展以港澳、日本、美国为主的亚太市场,大力开拓西欧和拉美市场,稳定发展独联体和东欧、中东和非洲市场;④ 进一步加强农产品外贸体制改革。建立多渠道、少环节的贸易流通体系,大力发展贸工农一条龙的外贸公司,并允许有实力的农业企业集团直接开展农产品对外贸易,增强竞争能力;⑤ 重视智力、技术、资金引进,积极开拓技术性劳务输出。继续加强资金、技术人才等引进工作,同时组织大规模的劳务输出,开拓发展中国家间的技术合作;⑥ 重视农业的可持续发展。重视都市农业资源利用和环境保护,确保生产无污染、安全优质农副产品及其加工制品,全面提高产品质量。

二、服务型都市农业

(一)休闲农业

都市农业的未来必将更多地强调它的环境、公益和文化等功能,因此,以旅游观光、休养度假为主的休闲农业(旅游农业)的发展也是都市农业建设的一个重要方面。据报道,我国台湾近年来一直鼓励凡从事农林牧业的个人和团体法人申请开辟"休闲农业区",一般要求在休闲农业区内,公共服务性设施面积不超过总面积的10%,同时,为合理利用农业及农村资源,指导发展休闲农业,特制订了《台湾休闲农业辅导办法》。在休闲农业区规划各具特色的休闲活动小区,如农业生产与农业体验,民俗技艺与传统文化,景观与自然生态,休闲度假设施等小区。如台湾龙头休闲农场是一高山农场,位于阿里山旅游区附近。场内分茶园区、自然景观区、竹林游乐区、游园区、滑草区、度假山庄。人们在此不仅可参与从采茶、烘焙到品茗的全过程,学习茶道的有关知识,而且可滑草、烤肉、享受竹淋浴等,是一个休闲、度假的好去处,也是人们去阿里山旅游的中间休息站。2006年上海市旅游委、市农委制订了《上海市乡村旅游发展三年行动计划》(2006~2008)。该计划在"战略布局与市场定位"中提出着力形成四大休闲农业区域。据上海市农委统计,2008年,全市农业旅游共接待游客850多万人次,涉农旅游总收入12亿元。2010年3月,浦东孙桥现代农业园区、上海鲜花港,闵行的韩湘水博园、响水湾生态园,嘉定的马陆葡萄园、华亭人家,奉贤的申隆生态园、玉穗绿苑等60家农业旅游点被正式命名为"上海世博观光农园"。目前,我国大多数都市的休闲农业开发还刚刚起步,休闲农业资源的开发潜力很大。如上海休闲农业资源也比较丰富,完全可以选择有"海"特色的浦东新区芦潮港地区、有"湖"特色的青浦区淀山湖地区、有"山"特色的松江区佘山地区,以及有"岛"特色的崇明生态岛横沙国家旅游度假区,结合旅游景点的开发,逐步开辟成休闲农业区。这些休闲农业资源的利用与开发,将使上海都市农业展现全新的风貌。

休闲农业的实质是都市农民利用农业的自然属性满足市民休闲、旅游、度假等休闲生活需要的农业生产形式。休闲农业除了具有农业生产、生活、生态等功能外,更进一步结合农业资源与乡村景观环境,提供市民休闲活动而兼具一、二、三产业功能的农业经营。就其休闲景观而言,除自然景观外,尚有风吹草低见牛羊及播种的希望、成长的期待、丰收的喜悦等农耕景观;以及各种民俗、游艺、插花、茶道、农产品促销活动等人文景观。而这些资源、景观皆为都市所无而为市民所期盼。长期生活在车水马龙,灯红酒绿的闹市居民,在节假日能与家人或亲友到休闲农业区游览、休养、度假,可以尽兴享受大自然的恩泽,增加新的生活情趣。因此,休闲农业在都市经济中有着重要作用:① 休闲农业满足了都市居民的休闲需求,它具有开放的空间、优美的景观。这正是都市化地区市民在紧张、单调的工作之余,倾向于恬淡宁静、回归自然的旅游去处;② 休闲农业增加了城乡的关联性。休闲农业除继续维持粮食生产外,将致力于自然景观、文化资源的维护,从而创造吸引人的居住环境,农民虽离农至都市工商部门就业,亦可离农不离村,而且吸引部分从事服务业的市民移居乡村;③ 休闲农业改善农业生产结构及经营形态,可提高农民所得。一、二、三产业结合起来共同发展,尤其新鲜瓜果鲜菜采摘使市民自行参与,享受丰收的喜悦,体验劳动的艰辛,从而认识乡村农民及其产品,并建立信心,有利于农产品树立品牌形象,扩大销售。

都市休闲农业的开发一是要坚持以农业为基础,利用农业、农村资源,兴办休闲旅游事业,然后逐步过渡到旅、农、工、贸综合发展,从而在农村创造出都市旅游点无法与之媲美的景观特色。具体来讲,要注意以下经营策略:① 拓宽休闲农业的功能。突出功能多样化和功能互补两大特色,休闲农业应具有以下功能:为游客提供休闲场所的休憩功能;为农民增加就业机会,并提高收益水平的经济功能;为大都市发展创造一个优美洁净的生态环境的生态功能;为增进市民与农民接触,推进城乡一体化的社会功能;为游客提供农业体验、医疗保健服务的保健功能等;② 把休闲农业置于都市旅游系统的整体之中。休闲农业是对都市休养度假业的扩展,应该采取与旅游部门联营、联合开发等形式,合理设置休闲农业区。都市有关部门也要将休闲农业列为一个重点项目进行规划、扶持和建设;③ 要有与都市农业相配套的长远规划。休闲农业作为都市农业的一个组成部分,应当成为都市农业的一个重要生长点加以规划和建设。休闲农业自身设计和规划必须强调独创性开发,从而使休闲农业在开拓发展中更具特色、更趋完善。

（二）绿化农业

现代都市的发展,创造了前所未有的巨大生产力,推动人类现代文明的蓬勃发展。但是几乎所有人口与规模急剧膨胀的大都市,都面临着生态破坏、环境恶化的困扰,对都市的生存与发展构成严重的威胁。因此,改善都市生态环境,实现人口、社会、环境和资源相互协调的可持续发展,已成为当今都市建设中一个极为重要的课题。目前我国都市绿化与都市基本建设和经济发展还不协调,如上海市至 2008 年底,市区人均公共绿地面积为 12.5 m^2,市区绿化覆盖率 38.0%,与其他国际化大都市相比差距仍很大。如法国巴黎、美国华盛顿人均公共绿地面积都在 20 m^2 以上。这些大都市园林绿化的共同特点是:有一个布局合理的园林绿地系统;公园多,面积大;绿化效果好,基本没有裸露的土地等。都市农业具有生产、生活、生态等功能,而绿化农业是都市农业的重要组成部分,是发挥生态功能的主要手段之一。

绿化农业(又称景观农业)集生态效益、社会效益和经济效益于一体,关系到都市的生存与发展。它在都市经济建设中具有极其重要的地位和作用,主要表现为:① 改善都市生态系统,提高城乡环境质量。绿化造林可以改善大气环境,一般来讲,都市的大气污染比较严重,如北京市尤以冬季采暖期大量燃煤,大气质量超标较严重。据试验观测表明,绿色植物在维持都市碳、氧平衡,减轻大气污染,缓解都市热岛效应,降低噪声等方面有明显的净化环境的作用;② 美化环境,提高人们生活质量。植物种群的造型、季相、色彩、气味,可以形成丰富的自然景观,使都市呈现出盎然的生机。森林、绿地、果园、花圃能使日益拥挤的都市中的人们呼吸到清新的空气,在满目青翠中消除疲劳。工作之余,人们通过宽敞的绿地、优美的园林,进行人际沟通、交往,建立起相互理解、友好的人际关系。风景名胜、湖光山色、奇花异木可以丰富人们的知识,陶冶情操,满足人们多层次的精神需要;③ 绿化农业是一项新兴的农业产业,可以促进城乡经济全面发展。绿化农业的发展,可带动园林、游乐设施、房产的建设,促进旅游业的发展;为二、三产业的发展提供优良的环境,有利于吸引外资,更蕴含着巨大的经济效益;花卉、苗木的生产方兴未艾,随着人们生活水平的提高,市场前景广阔;林业、果树业的发展,为市场提供了丰富的林副产品、林特产品、干鲜果品等,也是农民收入的重要来源之一。

绿化农业建设必须坚持与都市经济发展、城乡基本建设同步规划、同步实施和同步发展的原则,才能真正发挥绿化农业在创建现代化文明都市中的积极作用,实现都市农业的可持续发展。具体来讲,都市绿化农业应当抓好以下几方面的内容:① 树立新观念,建设生态园林化都市。其一要树立都市园林以人为中心的指导思想,一切着眼于方便市民,为市民及投资者、国内外游客创造优美的生活环境、工作环境和投资环境;其二要树立现代园林为主、传统园林为辅的发展观点,依靠科技,防止短期行为;其三要树立园林环境建设也是发展生产力的观点,发展集团化、专业化和产业化的绿化农业产业;② 都市绿化农业建设与都市建设同步协调发展。一要把绿化农业建设纳入都市社会、经济总体发展规划中,同时,绿化农业也要求规划先行;二要增加都市绿化建设的投入,除了政府要有足够的投入外,还可依靠企业、团体等多渠道投入;三要培养国际一流的设计队伍、施工队伍和管理队伍,才能建设世界一流的生态园林都市;③ 根据都市的特点,建设各具特点的都市绿化农业。都市的生态园林可以运用不同风格的设计,形成都市的特色风貌。如北京市古典园林的维护和发展,即体现了历史文化名城的风韵,而具有现代气息的清新、明快、整洁的园林、绿地,又增添了都市现代化的色彩。2007 年起北京市开始实施北京市都市农业走廊“1+N 模式”建设,利用京承路等高速公路两侧,规划建设景观农业带。又如深圳市则可利用面临大海的地理位置,发展海滨型园林的特点,创建现代化滨海生态园林大都市;④ 加快都市城乡绿化网络建设,有步骤地发展绿化农业。要部署市区绿化地带和绿化小区的建设,推广家庭阳台养花、屋顶绿化,墙面绿化;建设花园工厂、花园学校、花园机关大院;重视市区街道、郊区公路的绿化带建设;与旅游农业相结合,开辟若干森林公园;完善郊区农田林网化建设,发展林、路、田、渠、河相协调的植树绿化等。如上海市提出园林绿化建设要做到“点上绿化成景,面上绿化成片,线上绿化成荫,环上绿化成带”。可以相信,通过都市绿化农业的建设和发展,我国的现代都市一定能建成为空气清新、环境优美的现代化国际大都市。

(三) 会展农业

都市农业可以搭建农产品会展、农产品加工、农产品质量认证、农业信息和科技 5 大服务平台,全面实施服务全国融入全国战略。特别是会展农业的发展,不仅为全国提供农产品展示、展销的平台,而且为全国农产品提供物流平台。会展农业是会展业和都市农业发展到一定阶段的必然产物,是会展业和都市农业的有机结合。会展农业在促进农产品贸易、带动都市农业产业升级和布局结构调整方面具有不可替代的作用。在我国,会展农业的作用越来越为人们所认识,我国大都市正在积极创造条件利用会展农业这种有效的营销手段来集中展示都市农业领域的新产品和新成果,以推动都市农业产业化的快速发展。

我国的大都市可以利用优越的会展条件,为全国提供农产品展示、展销的平台。目前,北京的会展农业主要包括 3 种形态:以农产品和农业生产资料贸易为主的各类展销;以农业科学技术交流为主的专业性、学术性会议;以展示农业文明并与旅游休闲融为一体的各类节庆活动。近年来,上海国际农展中心已成为上海农民与国内外农民共闯大市场的舞台。

美国、加拿大、法国、荷兰、丹麦、山东、江西、浙江、安徽、新疆等国家和地区的优质农产品、新技术、新设施每年都到上海展示。2009年4月2日,上海国际花卉园艺展"荷兰花店日"首次在上海国际花卉园艺展览会上举办。荷兰可利鲜公司与荷兰实践培训中心PTC+,以及来自Tall设计公司的荷兰花艺师为专业的中国花店举办培训和展示,主题是如何提高产品推广和市场营销概念,在花卉设计(包括包装)方面如何实现最新的趋势和发展。在展示环节使用的具有创新性的新产品和品种由荷兰公司提供。中国国际有机食品博览会成为中国最大的国际有机食品博览会。在2009年来自15个国家的238家参展商参加了在上海举办的此次盛会。从2007年到2009年专业观众的数量增加了30%,表明了对有机食品和服务的强烈兴趣。2009年中国国际有机食品博览会一共吸引了39个国家和地区的10 375名观众,包括中国内地、中国香港、中国台湾、日本、韩国、新加坡、泰国、马来西亚、欧洲、美国、澳大利亚等地区和国家。国际有机食品博览会凭借其成功的理念以及在纽伦堡、日本、北美、南美和印度的博览会,为我国农业企业搭建了与国内外众多商家对接的平台。2009年底在上海举办了第九届全国农产品交易博览会,五天的交易会,现场成交额3亿多元,意向签约12亿元人民币,使一些农民企业所生产的绿色、纯天然、有机食品在上海这个国际大都市有了一席之地,销售并拥有一定的份额。

同时,我国的大都市可以利用现代交通和市场优势,为全国农产品提供物流平台。如上海市每年消费农产品900~1 000亿元。每天消费:猪2万头、蛋750吨、水产800吨、禽40万只、蔬菜5 000吨、粮食1.5万吨。2003年上海有19家农业龙头企业在全国开辟了90多个种植业生产基地和60多个养殖业生产基地。如上海大山合食用菌集团近年来在全国发展了10万亩标准化食用菌生产基地,带动了12 000户农民,使他们每户增收了1 200元,而大山合集团自己也在干香菇出口量上占到了全国第一。2007年10月,上海西郊国际农产品交易中心开工建设。该交易中心占地面积1 658亩,总建筑面积45万平米,分批发交易区、展示直销区和检测服务区等3个区域。它以统一品牌、统一管理、统一经营、统一结算、统一服务的运营模式兴市旺市,以国际理念引领潮流,以卓越区位汇聚财气,以优异管理规范运作,提供批发交易、展示直销、物流配送、进出口代理、电子商务、信息发布等全方位服务,汇集四海农商,荟萃八方农产。该交易中心是上海及长三角地区现代化、综合性的农产品中央批发市场,它立足上海、服务全国、联结海内外,是农产品进入上海、走向世界的主要通道。它突破传统的农商交易模式,致力于业态提升、运作规范、食品安全、设施先进,创建一个大型农产品综合交易王国。展示直销区于2010年9月27日试运营,全国各地11大类近万种具浓郁特色的农副产品缤纷亮相,不少农产品是首次来沪直销,如西藏就是第一次携农副产品进入上海。

会展农业是促进都市农业和相关服务产业发展的一种新型农业产业形态。会展农业可以引领都市农业发展;带动相关产业发展;拉动区域经济社会全面发展。但是,我国会展农业发展中还存在着大量问题,如会展设施尚不完善,高级管理人才稀缺,会展品牌化意识淡薄等。2010年上海世博会的成功举办,为我国的城市建设注入了新的活力,对都市会展农业的发展也产生了巨大的影响,以上海世博为契机,我国上海、北京等大都市今后应全面完善会展农业发展所需的软件与硬件环境,实施规范化和专业化的运作及管理,进而实现建设国际会展农业中心城市的战略目标,大力促进我国都市农业的可持续发展。

以上两大类型 6 种产业形态的都市农业,就是我国都市农业可持续发展战略的重点研究领域或实施内容。都市农业的可持续发展,要纳入都市经济的可持续发展规划建设中,并要求政府管理部门与农业产业部门密切配合,共同构建我国实施都市农业可持续发展战略的保障体系。具体来讲:

对于政府管理部门要求履行以下职能:① 应在战略高度上重视都市农业建设,强调其生态效益、社会效益和经济效益的统一,并提供相应的政策性支持和规范化管理;② 将都市农业纳入都市发展计划,制订相应的发展战略与可行性规划;③ 加大对都市农业的投资力度,特别是加大对城乡基础设施的投资;④ 实施科教兴农战略,重视农业科学技术的研究,特别加强以生物技术和信息技术为核心的涉农高新技术产业化,率先在设施农业上实现高智能化;⑤ 要以都市农业生态系统的整体功能最优化为原则,建立政府引导与市场导向相结合的调控机制;⑥ 建立和健全以科技、信息为主体的都市农业服务体系,配套和完善产前、产中、产后的各种社会化服务等。

对于农业产业部门要求采取的对策有:① 结合知识创新工程,确定开发何种主导产业和产品,如全方位开拓外向型农业领域、优先发展农业信息产业等;② 鼓励大中型工商企业,特别是民营科技企业进入农业,并适应市场化融资体制改革,实行投资多元化;③ 实现都市农业的高度产业化,建立农副商品专业生产、深度加工和市场销售相结合的生产经营体系;④ 探索多种形式的新型股份合作关系的实践,在城乡土地制度、社会保障制度等方面实行相应变革;⑤ 无论是家庭农场、合作农场、承包大户、园艺场和畜禽场等农业经济实体,还是农业产业化的龙头企业,都要实行严格、科学、企业化的管理;⑥ 一定要借鉴现代工商企业在生产和营销等方面的管理方式,建立农业企业形象,创立品牌,注册商标等。

思考题

1. 可持续发展的概念是什么?当前在我国的实施情况如何?
2. 请说明"可持续发展"与传统意义上的"发展"有什么不同。
3. 您认为有哪些技术有助于农业向可持续方向发展?
4. 为什么说中国的生态农业是实现我国农业可持续发展的必然现实选择?
5. 试述如何促进常规农业发展模式向可持续农业发展模式转变。
6. 为什么说都市农业是可持续农业的一种具体形式?
7. 如何根据不同都市地区的特点,实施都市农业的可持续发展战略?
8. 在当前我国大都市地区提出发展服务型都市农业有哪些举措?

参考文献

[1]　陈家勤. 创汇农业产品论[M]. 北京:中国人民大学出版社,1991.

[2]　农业部. 发展高产优质高效农业[M]. 北京:中国农业出版社,1993.

[3]　程序. 可持续农业导论[M]. 北京:中国农业出版社,1997.

[4]　陈龙庭. 构建贴近生活的都市型农业体系[J]. 上海经济,1997(1):46~47.

［5］ 张德永. 21 世纪现代农业的发展——关于农业新纪元的时代特征、中国特色、都市型特点的若干思考［J］. 上海农学院学报,1997,15(1)：1～7.

［6］ 梁彦. 深圳农业可持续发展战略［M］. 深圳：五洲传播出版社,1998.

［7］ 陈锡根. 第三产业［M］. 上海：上海科学普及出版社,1998.

［8］ 北京市城郊经济研究会等. 都市农业的理论与实践(城市化与都市农业论文集)［M］. 北京：北京出版社,1998.

［9］ 刘燕华,申茂向. 工厂化——中国农业创新的探索与实践［G］. 1999.

［10］ 曹林奎. 都市农业导论［M］. 上海：上海科学技术出版社,1999.

［11］ 朱颂华. 发展上海都市农业之我见［J］. 上海农业学报,1999,15(2)：6～14.

［12］ 骆世明. 农业生态学［M］. 北京：中国农业出版社,2001.

［13］ 上海市统计局. 2009 年上海市国民经济和社会发展统计公报. http://www.stats-sh.gov.cn,2010－02－13.

［14］ 王小伟. 2010 年世博会对上海会展业发展的影响［J］. 经济研究导刊,2009(17)：252～254.

［15］ 马俊哲,张文茂,刘树,等. 对北京市发展会展农业的若干认识与建议［J］. 北京农业职业学院学报,2010,24(2)：15～18.

［16］ 农业部中国绿色食品发展中心. 2010 中国国际有机食品博览会［EB/OL］. http://www.shac.gov.cn,2010－05－20.